ÉTUDE PRATIQUE

SUR

LES MARÉES FLUVIALES

ET NOTAMMENT SUR

LE MASCARET,

APPLICATION AUX TRAVAUX DE LA PARTIE MARITIME
DES FLEUVES,

PAR

M. COMOY,

INSPECTEUR GÉNÉRAL DES PONTS ET CHAUSSÉES EN RETRAITE
COMMANDEUR DE LA LÉGION D'HONNEUR.

TEXTE.

PARIS,

GAUTHIER-VILLARS, IMPRIMEUR-LIBRAIRE
DU BUREAU DES LONGITUDES, DE L'ÉCOLE POLYTECHNIQUE,
DES COMPTES RENDUS DE L'ACADÉMIE DES SCIENCES,
Quai des Augustins, 55.

1881

ÉTUDE PRATIQUE

SUR

LES MARÉES FLUVIALES

ET NOTAMMENT SUR

LE MASCARET.

LABORA ET NOLI CONTRISTARI

ÉTUDE PRATIQUE

SUR

LES MARÉES FLUVIALES

ET NOTAMMENT SUR

LE MASCARET,

APPLICATION AUX TRAVAUX DE LA PARTIE MARITIME
DES FLEUVES,

PAR

M. COMOY,

INSPECTEUR GÉNÉRAL DES PONTS ET CHAUSSÉES EN RETRAITE,
COMMANDEUR DE LA LÉGION D'HONNEUR.

TEXTE.

PARIS,

GAUTHIER-VILLARS, IMPRIMEUR-LIBRAIRE
DU BUREAU DES LONGITUDES, DE L'ÉCOLE POLYTECHNIQUE,
DES COMPTES RENDUS DE L'ACADÉMIE DES SCIENCES,
Quai des Augustins, 55.

1881

AVANT-PROPOS

L'étude, dont je présente les résultats dans cet écrit, a été motivée par des recherches sur le mascaret, que j'avais primitivement entreprises.

Le mascaret est, en apparence du moins, très irrégulier de sa nature. Il n'existe pas sur tous les fleuves, et, là où il se montre, il est très variable d'importance. Sur le même fleuve, on le voit parfois s'atténuer, disparaître même, et souvent pour reparaître bientôt avec sa première intensité.

Des vues diverses ont été émises sur le mascaret. Mais, de quelque manière que l'on envisage ce phénomène, il faut avant tout reconnaître qu'il est intimement lié à celui des marées.

Il importait, par conséquent, d'examiner les conditions d'existence des marées de la mer, les caractères particuliers des marées fluviales et les rapports qui s'établissent entre ces deux phénomènes.

Les marées, d'autre part, quelque immenses qu'elles soient dans leur ensemble, sont des ondes dont la constitution est analogue à celle des petites ondes qui se développent dans toute masse liquide agitée par une force quelconque.

La connaissance du régime des petites ondes intéresse donc à son tour celle des grandes ondes marées.

C'est ainsi que j'ai été conduit, par l'étude du mascaret, à m'occuper des ondes et des marées.

Ce sont des matières qui ont été traitées par trop de savants illustres pour qu'il y ait autre chose à faire qu'à s'instruire à la lecture de leurs écrits. Aussi n'aurai-je qu'à rappeler les principes connus et les faits constatés.

Je n'ai toutefois pas l'intention de résumer tout ce que les études théoriques ont appris sur les ondes et les marées, et je ne m'attacherai qu'aux principes qui intéressent les marées fluviales, but principal de cet écrit.

Je dois ajouter que, tout en recourant, lorsqu'il est nécessaire, aux résultats donnés par la théorie, c'est surtout à la science expérimentale que j'emprunterai les bases de cette étude.

Enfin je me bornerai à énoncer les résultats des recherches auxquelles ces importantes questions ont donné lieu, sans exposer les considérations qui les justifient. C'est exclusivement à ce point de vue pratique que je me suis placé.

Il est cependant une circonstance des phénomènes ondulatoires que je signalerai d'une manière particulière, et au sujet de laquelle j'entrerai dans plus de développements. Je veux parler du mouvement propre des molécules liquides, au milieu du mouvement général de la propagation des ondes.

Pendant le passage des ondes, les molécules d'eau éprouvent un certain déplacement en dehors de la verticale où elles étaient situées, et elles parcourent des trajectoires dont la forme dépend de la nature des ondes.

Ce mouvement propre des molécules liquides amène, dans les phénomènes ondulatoires, des résultats de la plus grande importance. C'est à lui qu'il faut rapporter les courants de marée qui jouent un si grand rôle dans le régime des mers et de la partie maritime des fleuves.

En examinant les circonstances de ce mouvement particulier des molécules de l'eau, dans les phénomènes ondulatoires, je n'ai eu pour but que de comparer, sous ce rapport, l'onde marée fluviale aux autres ondes. Je n'ai nullement voulu pénétrer dans l'examen ana-

5° De l'influence des travaux d'amélioration de la partie maritime des fleuves sur les marées fluviales.

6° Du régime de la partie maritime des fleuves à marée de France.

J'ai inséré, dans les chapitres qui les concernent, la plupart des documents recueillis pendant les marées des 19 et 26 septembre 1876.

Ceux de ces documents, qui n'ont pas trouvé place dans le corps du Mémoire, sont réunis dans un Appendice, où j'ai, en outre, indiqué les rectifications que quelques-uns de ces documents ont dû subir.

Je me servirai, pour désigner la marée montante et la marée descendante, des expressions *Gagnant* et *Perdant*, usitées dans le Génie hydrographe, et qui, tout en exprimant clairement la nature des phénomènes, ont l'avantage de faciliter et de simplifier le discours.

Avant d'entrer en matière, qu'il me soit permis de témoigner ma vive gratitude à l'Administration des Ponts et Chaussées, pour le bienveillant appui qu'elle n'a cessé de me donner pendant cette longue étude.

Je renouvellerai aussi à mes collègues des Ponts et Chaussées et à nos camarades les Ingénieurs du Génie hydrographe l'expression de toute ma reconnaissance pour l'extrême obligeance avec laquelle ils ont répondu aux demandes que je leur ai faites et pour les judicieuses remarques que plusieurs d'entre eux ont bien voulu m'adresser.

Je n'ai point cité, dans le corps du Mémoire, les Ingénieurs qui ont participé aux observations de marées faites pendant le mois de septembre 1876, mais je considère comme un devoir de faire connaître ici leurs noms, et je leur adresse de nouveau tous mes remerciements pour le concours dévoué qu'ils m'ont donné.

Voici, par ordre alphabétique, les noms de ces Ingénieurs :

MM. les Ingénieurs en chef Bellot, Botton, de Carcaradec,

Chanson, Courbebaisse, Daguenet, Dinet, Eon Duval, Fénoux, de La Roche-Tolay, Leblanc, Marchegay, Pelaud, Plocq, Rousseau, Stœcklin.

MM. les Ingénieurs ordinaires Alard, André, Baumgartner, Bechmann, Boreux, Bourdelles, Cartault, Gouton, Guillain, Iuncker, Joly, Jourjon, Lasne, Lavoinne, Mengin, Meyer, Perrin, Pichon, Pihier, Pocard-Kerviler, Polony, Quinette de Rochemont, Régnauld, Thévenet, Vétillard, Vivenot.

Depuis 1876, plusieurs Ingénieurs ont été promus à des grades supérieurs, et quelques-uns sont décédés. Les listes précédentes se rapportent à l'état des différents services tels qu'ils existaient en 1876.

ÉTUDE PRATIQUE

SUR

LES MARÉES FLUVIALES

ET NOTAMMENT SUR

LE MASCARET

CHAPITRE PREMIER

DES ONDES DE TRANSLATION ET D'OSCILLATION.

---

1. *Origine des mouvements ondulatoires.* — Toute force qui s'exerce sur une masse liqüide y développe des ondes.

Suivant la nature de la force qui fait naître le mouvement ondulatoire, et les circonstances dans lesquelles cette force agit, les ondes affectent des formes très variées et prennent des caractères très différents.

On peut voir une énumération de différentes ondes à la troisième Section de la première Partie du Mémoire de J. Russell sur les phénomènes qui accompagnent le mouvement des corps flottants [1].

2. Parmi toutes ces ondes, il en est deux que l'on rencontre très fréquemment dans les phénomènes ondulatoires, et que leurs formes particulières rendent très faciles à distinguer. Ce sont les *ondes de translation* et les *ondes d'oscillation.*

[1] Une traduction de ce Mémoire a été insérée aux *Annales des Ponts et Chaussées,* année 1837, 2ᵉ semestre.

Je ne parlerai que de ces ondes, les seules, comme on le verra, qui intéressent les phénomènes naturels dont je m'occupe dans cet écrit.

Je rappellerai d'abord les caractères généraux de ces ondes. Puis j'examinerai leur mode de propagation et les conséquences qui en découlent.

§ 1er. — Caractères généraux des ondes de translation et d'oscillation.

I. — ONDES DE TRANSLATION.

3. *Mode de génération des ondes de translation.* — Les ondes de translation se produisent sous l'influence d'une force qui comprime la masse liquide dans le sens horizontal.

Quand, par exemple, un bateau se meut dans un canal, l'eau qu'il refoule devant lui, en plus ou moins grande quantité, suivant son degré d'immersion, s'échappe en grande partie le long de ses bords et retourne à l'arrière du bateau. Mais une certaine partie de cette eau se soulève au-dessus de la surface supérieure du canal, et, si l'on arrête le bateau, on voit bientôt, après une agitation tumultueuse du liquide, se former une onde qui se détache et court, sur la surface des eaux, dans le sens que la marche du bateau lui a imprimé. L'onde ainsi formée est une onde de translation.

C'est une onde de translation produite par ce moyen qui est devenue le point de départ des recherches que J. Russell a faites sur les ondes de cette espèce et qu'il a consignées dans le Mémoire dont j'ai parlé plus haut.

4. On détermine encore la formation d'une onde de translation en projetant horizontalement, dans un canal, une masse d'eau animée d'une certaine vitesse. Le choc de cette eau contre la masse liquide du canal produit des effets analogues à ceux du bateau immergé des expériences de J. Russell.

Ce dernier procédé a été employé par M. Bazin pour produire les ondes de translation, sur lesquelles il a fait les expériences très intéressantes consignées dans son Mémoire sur la propagation des ondes, auquel j'aurai de nombreux emprunts à faire ([1]).

5. *Forme de l'onde de translation.* — L'onde de translation est unique pour chaque action exercée sur la masse liquide. Elle a reçu aussi, pour cette cause, le nom d'*onde solitaire.*

Cette onde a pour caractère principal d'être entièrement en saillie sur la surface des eaux, ainsi que le montre la *fig.* 1.

Fig. 1.

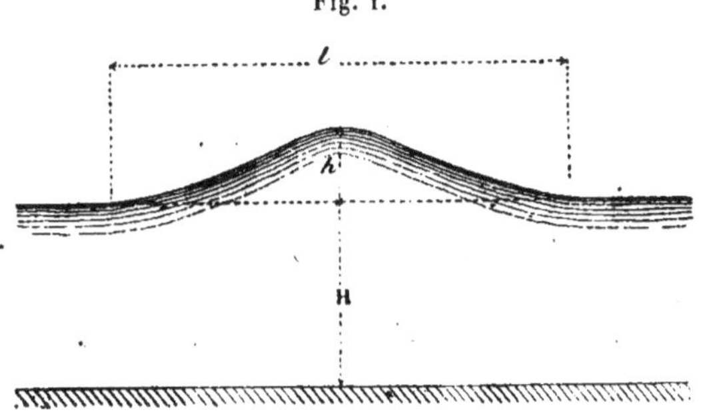

Parfois il se produit, à la suite de l'onde de translation, des ondulations résultant de l'agitation communiquée au liquide. C'est un fait que M. Bazin a constaté dans ses expériences ([2]).

Mais ces mouvements de l'eau sont tout à fait distincts de l'onde de translation, dont ils n'altèrent pas la forme.

6. *Agitation causée dans les eaux par l'onde de translation.* — La force horizontale qui donne naissance à une onde de translation ne s'exerce, que sur une partie limitée des eaux. Cependant l'onde s'étend sur toute la largeur du lit. En outre, elle imprime aux eaux un mouvement qui se fait sentir sur toute leur profondeur.

([1]) *Recherches expérimentales sur la propagation des ondes,* par M. Bazin; 1861. Paris, Dunod, éditeur.
([2]) *Ibid.,* p. 12.

La première de ces propriétés ne peut faire l'objet d'aucun doute, car on voit toujours l'onde de translation régner d'une rive à l'autre du canal où elle se propage.

Lorsqu'en se propageant l'onde de translation arrive dans une partie de canal dont la largeur est plus grande, elle ne conserve pas la largeur qu'elle avait auparavant, mais prend celle du canal élargi. C'est un fait que M. Bazin a observé sur le canal de Bourgogne [1].

En changeant ainsi de largeur suivant les dimensions du canal où elle se propage, l'onde de translation change en outre de hauteur, mais en sens contraire. J. Russell a constaté qu'une onde de translation qui atteint une partie rétrécie d'un canal y prend plus de hauteur [2]; et de même une onde diminue de hauteur quand elle arrive dans un canal ayant une plus grande largeur.

L'onde de translation a encore la propriété, comme je l'ai dit plus haut, de mettre l'eau en mouvement sur toute sa profondeur. Cette propriété ressort de la loi de propagation de l'onde de translation. La vitesse avec laquelle cette onde se propage dépend principalement, en effet, nous le verrons plus loin (34), de la *profondeur totale* des eaux. Elle croît et décroît avec cette profondeur. Il s'ensuit que les couches profondes contribuent comme les couches supérieures à donner à l'onde de translation la vitesse qui l'anime.

Voici d'ailleurs une expérience de J. Russell qui met en évidence cette propriété de l'onde de translation. Chevallier a rapporté cette expérience dans son Cours de travaux maritimes à l'École des Ponts et Chaussées [3], et dans les termes suivants : « M. Russell a analysé les mouvements de la vague solitaire dans un canal à parois vitrées. Des filaments suspendus à de petits flotteurs équidistants

---

[1] *Mémoire sur le touage à vapeur dans le souterrain du point de partage du canal de Bourgogne,* par M. Bazin (*Annales des Ponts et Chaussées,* année 1868; 2ᵉ semestre, p. 353).
[2] Mémoire précité de M. J. Russell, p. 196.
[3] *Leçons* de 1871 - 1872, p. 41.

se sont rapprochés *parallèlement* sous le passage de la vague, et ils ont ensuite repris leur écartement, mais en conservant un faible déplacement en avant. »

Sans parler en ce moment de la cause du déplacement des filaments, que j'examinerai plus loin, le parallélisme que conservent les filaments démontre que l'agitation subie par l'eau pendant le passage de l'onde se fait sentir d'une manière égale sur toute la profondeur (¹).

7. *Dimensions de l'onde de translation.* — Le volume de l'intumescence d'une onde de translation est très variable, suivant les circonstances dans lesquelles l'onde se produit.

Il en est de même du rapport qui s'établit entre la hauteur et la longueur de l'onde, comme le montrent les *fig.* 2, 3 et 4, qui

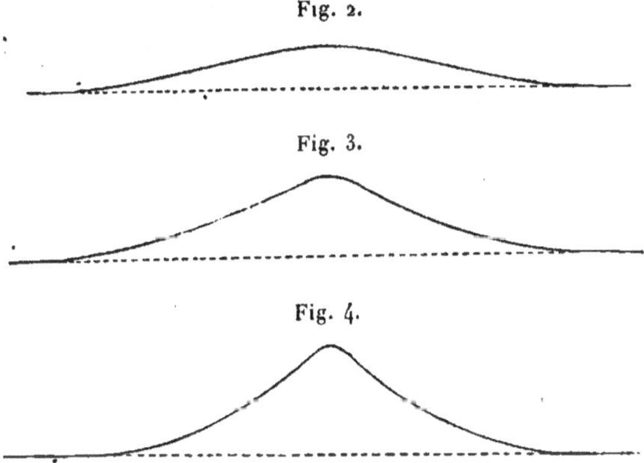

Fig. 2.

Fig. 3.

Fig. 4.

représentent les profils de diverses ondes observées par J. Russell sur le canal de l'Union. Une onde de translation peut ainsi avoir

(¹) Les faits que je viens de rapporter et les conséquences qui en découlent concernent les ondes de translation qui se propagent dans des eaux ayant des dimensions finies en largeur et en profondeur. Il est bien constaté que, dans ces conditions, le mouvement ondulatoire se communique jusqu'au fond des eaux et sur toute la largeur du lit, quelque modification en plus ou en moins que subissent la profondeur et la largeur du canal.

Qu'arriverait-il si une onde de translation se propageait dans des eaux de proune intumescence de même volume, tout en prenant des dimensions très différentes en hauteur et en longueur.

8. *Vitesse de propagation de l'onde de translation dans une eau stagnante.* — Si nous considérons une onde de translation se propageant dans un canal d'eau stagnante, et ayant acquis une certaine forme, qui devient permanente, comme nous le verrons plus loin (37), la vitesse de propagation d'une pareille onde est donnée par la formule

$$V = \sqrt{g(H + h)},$$

dans laquelle g représente la gravité, H la profondeur d'eau du canal et h la hauteur de l'onde ([1]).

Quelque forme, d'ailleurs, que l'onde affecte, les deux quantités H et h exercent sur sa vitesse une influence prépondérante, ainsi que le montre la formule du n° 34. La vitesse de propagation croît et décroît généralement avec ces quantités.

fondeur et de largeur indéfinies ? C'est là certainement une question très intéressante. Pour la résoudre, il faudrait savoir de quelle manière le mouvement ondulatoire se transmet, comme nous l'avons vu, en profondeur et en largeur, au delà, du lieu où s'est exercée la force qui l'a produit.

Mais je ne fais qu'indiquer ces graves questions, qui sortiraient du cadre que je me suis tracé, et qui, en outre, exigeraient des résultats d'expérience qui font défaut. On n'a point observé, que je sache, d'onde de translation se propageant dans une masse liquide indéfinie, telle que la mer.

D'ailleurs, ces questions n'intéressent pas les études qui font l'objet de cet écrit; car les ondes de translation dont j'ai à m'occuper se propagent dans des eaux ayant des dimensions finies et médiocres, en largeur et en profondeur, telles que celles d'un canal ou d'une rivière; et, dans ces conditions, je le répète, le mouvement ondulatoire se fait toujours sentir sur toute la largeur et la profondeur des eaux.

([1]) Cette loi, constatée par les expériences de J. Russell et vérifiée par celles de M. Bazin, avait été donnée par Lagrange dans la *Mécanique analytique*, mais, ainsi que l'a fait remarquer M. Bazin, et comme on le verra plus loin (34), dans le cas restreint d'une onde très petite cheminant dans un canal horizontal.

Dans le rapport présenté à l'Académie des Sciences sur le Mémoire de M. Bazin, il est dit que, « si restreintes que soient les hypothèses dans lesquelles Lagrange se place, il convient de faire remonter à lui la découverte de la loi que J. Russell a eu le mérite de vérifier dans des conditions de grandeur finie, quoique encore bien restreintes. »

L'influence de la profondeur de l'eau sur la vitesse de propagation de l'onde de translation a été constatée expérimentalement par J. Russell, qui a rendu compte des faits observés dans les termes suivants ([1]) :

Après avoir produit une onde qui avait une vitesse 12 873^m par heure, on la suivit jusqu'à un point où l'eau devenait plus profonde et où sa vitesse fut tout d'un coup accélérée.... Et, lorsque l'onde arrivait de nouveau à une portion de lit régulier, sans aucune addition accidentelle de hauteur, elle reprenait sa vitesse primitive.

9. *Vitesse de propagation de l'onde de translation dans un lit dont la section transversale varie en profondeur.* — Il résulte encore des observations de J. Russell ([2]), que si, dans une même section transversale, le lit des eaux présente des profondeurs différentes, l'onde prend une vitesse de propagation unique qui est la moyenne des vitesses dues aux différentes profondeurs.

10. *Vitesse de propagation d'une onde de translation dans une eau courante.* — Quand l'onde de translation se propage dans une eau courante, sa vitesse est diminuée ou augmentée de celle du courant, suivant que l'onde marche en sens contraire ou dans le sens du courant. L'onde se propage alors, suivant le cas, avec une vitesse donnée par la formule

$$V = \sqrt{g(H + h)} \mp U,$$

en désignant par U la vitesse de l'eau courante.

11. *Réunion d'ondes de translation animées de vitesses différentes.* — Lorsque plusieurs ondes de translation, se propageant dans les mêmes eaux, ont des hauteurs inégales, elles s'avancent avec des vitesses différentes, puisque la hauteur de l'onde est l'un des éléments de la vitesse de propagation.

([1]) Mémoire précité de J. Russell, p. 166.
([2]) *Ibid.*

J. Russell a constaté ([1]) que, « lorsqu'une petite onde en précédait une grande, les deux ondes venaient bientôt à se confondre, la grande atteignant la petite ».

L'onde qui résulte de cette réunion a de plus grandes dimensions que chacune des deux ondes qui l'ont formée.

12. *Séparation d'ondes de translation formant une onde composée.* — Les ondes simples qui se rencontrent et se réunissent, comme je viens de le dire, ne continuent pas toujours à se confondre. On les voit quelquefois se séparer, après s'être réunies, l'onde la plus élevée passant alors avant l'autre.

On peut présumer que cette séparation résulte de ce que les arêtes supérieures des deux ondes ne sont pas exactement parallèles; et c'est peut-être dans une circonstance semblable que J. Russell a constaté ce qui suit ([2]) :

La partie la plus élevée d'une onde composée se mouvait plus rapidement que le reste de l'onde. Elle s'en séparait enfin pour prendre une forme élémentaire déterminée.

La *fig.* 5, qui représente une onde composée, est extraite du Mémoire de J. Russell.

Fig. 5.

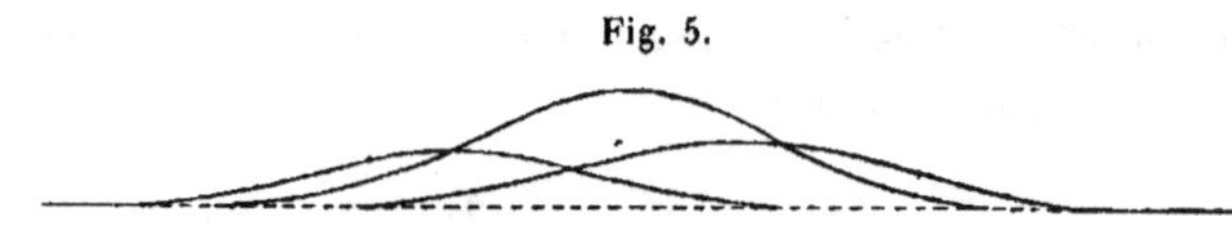

13. *Modification de l'onde de translation dans une eau stagnante de profondeur constante.* — Il existe pour chaque onde de translation, ainsi que je l'ai déjà dit (8) et comme on le verra plus loin (37), une certaine forme vers laquelle l'onde converge; et l'onde se modifie même dans une eau stagnante, de profondeur constante, jusqu'à ce que cette forme soit réalisée.

Quand ce résultat est obtenu, la forme de l'onde devient per-

----

([1]) Mémoire précité de J. Russell, p. 166.
([2]) *Ibid.*, p. 199.

manente. Cependant les dimensions de l'onde s'atténuent alors sans cesse par suite des frottements.

Cette atténuation est d'ailleurs très faible et très lente. J. Russell cite une onde de 6 pouces de hauteur qui a diminué de 1 pouce seulement dans un parcours de 700 pieds; et une autre onde de 6 pouces qui avait encore 2 pouces après avoir franchi 3200 pieds. Mais, quoique très faible, l'atténuation ne s'en produit pas moins d'une manière continue, et, sans que l'onde perde sa forme régulière, il arrive un moment où elle cesse d'exister.

14. *Modification de l'onde de translation dans une eau stagnante de profondeur variable.* — Lorsque l'onde de translation se propage dans une eau stagnante de profondeur variable, elle éprouve, quelle que soit la forme de sa surface libre, des modifications différentes de celles dont je viens de parler.

M. Bazin a observé la transformation que subit une onde de translation qui se propage dans un canal dont le fond se relève sans cesse, et il a décrit les effets produits dans les termes suivants [1] :

La forme extérieure de l'onde variait beaucoup pendant la durée d'une même expérience. Au départ, lorsqu'elle cheminait sur une grande profondeur, elle présentait une forme allongée, à courbure très régulière et très lisse; à mesure que la profondeur diminuait, la base de l'onde se raccourcissait, elle prenait une forme plus aiguë en s'exhaussant peu à peu; sa crête s'inclinait en avant, et enfin, lorsqu'elle ne rencontrait qu'une profondeur insuffisante, elle se brisait subitement. La surface parfaitement lisse et régulière qu'elle présentait un instant avant s'effaçait tout à coup et disparaissait dans un tourbillon d'écume.

Des altérations analogues se produisent dans la forme des ondes, lorsque certaines irrégularités se présentent, soit au fond, soit sur les bords des eaux.

Parmi les causes de ces altérations, il faut sans doute placer les réactions du lit des eaux, quand des surfaces inclinées, soit dans le sens horizontal, soit dans le sens vertical, coupent obliquement

[1] *Recherches sur la propagation des ondes,* par M. Bazin, p. 23.

la direction du mouvement ondulatoire. Il se produit alors de petites ondes réfléchies, qui modifient les conditions d'existence de l'onde principale.

Mais, quelles que soient les causes de ces altérations, il est constant que l'onde, dans ces conditions, subit des changements de forme, qui se continuent tant que durent les irrégularités du lit des eaux.

15. *Déferlement causé par le défaut de la profondeur des eaux.* — L'expérience de M. Bazin, citée plus haut, démontre que les circonstances qui causent ainsi l'altération des formes de l'onde de translation peuvent arriver jusqu'à produire la destruction de l'onde. Si la profondeur de l'eau se trouve en deçà de certaine limite, l'onde se désagrège. De ses débris se forment des ondes plus petites, qui ne tardent pas à se désagréger de nouveau, si la profondeur de l'eau continue à diminuer, et l'onde s'anéantit entièrement.

J. Russel avait constaté, dans les expériences qu'il a faites sur un canal de petites dimensions, que le déferlement se produit lorsque la hauteur de l'onde devient égale à la profondeur de l'eau. Mais il résulte des expériences de M. Bazin, faites sur un canal d'assez grandes dimensions (¹), que le déferlement a lieu avant que la profondeur de l'eau se trouve à cette limite, et que l'onde ne peut se propager régulièrement que dans une profondeur d'eau notablement supérieure à sa hauteur.

16. *De la hauteur de l'onde de translation considérée comme cause de déferlement.* — Nous verrons plus loin (27) que les ondes d'oscillation déferlent, comme l'onde de translation, par défaut de profondeur des eaux.

Les ondes d'oscillation sont soumises à une autre cause de déferlement, qui réside dans le rapport de la hauteur à la longueur

(¹) *Recherches sur la propagation des ondes,* par M. Bazin, p. 24.

de l'intumescence de l'onde (28); et cette cause amène la désagrégation de l'onde, même en eau profonde.

L'analogie porte à penser que l'onde de translation se désagrégerait également, en eau profonde, si sa hauteur dépassait certaine limite par rapport à la longueur de sa base.

Les faits justifient cette manière de voir. Car c'est par l'acuité du sommet de l'onde que le déferlement s'annonce; et, comme le montrent les observations de J. Russel (*fig.* 2, 3 et 4), l'onde de translation devient plus aiguë quand le rapport de la hauteur à la longueur de la base augmente.

Mais aucune observation directe n'a été faite, que je sache, à ce sujet.

Il est même, sans doute, difficile que des faits de cette nature soient constatés; car si la force qui donne naissance à l'onde de translation était assez énergique pour que l'onde prît une hauteur trop grande par rapport à la longueur de la base et pour qu'elle n'eût pas de stabilité, le premier effet de la désagrégation serait de rejeter de l'intumescence de l'onde le volume qui s'y trouverait en excès, et la forme de l'onde ne tarderait pas à reprendre les surfaces lisses de l'état régulier; comme on voit (15) des ondes régulières plus petites se former dans les débris d'une onde de translation qui déferle par défaut de profondeur des eaux. Dans le cas qui nous occupe, le déferlement de l'onde primitive se produirait sans doute pendant la période tumultueuse de la formation de l'onde (3), et ne saurait en être distingué.

II. — ONDES D'OSCILLATION.

17. *Divers modes de génération des ondes d'oscillation.* — Les ondes d'oscillation ont divers modes de génération, et quoique les ondes produites dans les différents cas aient des formes semblables et jouissent de propriétés, sinon indentiques, au moins analogues, il importe de les distinguer.

De quelque manière qu'elles soient produites, les ondes d'oscillation vont toujours par groupe, et en plus ou moins grand nombre, suivant les circonstances.

Elles proviennent, soit d'une action unique qui communique à l'eau un mouvement oscillatoire d'où naissent les ondes successives, soit de plusieurs actions donnant lieu chacune à une onde, mais s'exerçant périodiquement, de manière que les diverses ondes produites se succèdent régulièrement.

Les premières sont *les ondes d'oscillation ordinaires*, et les secondes *les ondes périodiques*.

18. *Génération des ondes ordinaires d'oscillation.* — Les ondes ordinaires d'oscillation se forment dans une masse liquide toutes les fois que les eaux sont sollicitées par une force verticale qui détermine une dépression momentanée de leur surface sur une certaine étendue.

Un corps solide qui tombe sur la surface du liquide et pénètre dans son intérieur, produit ainsi des ondes d'oscillation.

Lorsque le corps arrive à la surface du liquide, le choc soulève une quantité d'eau plus ou moins considérable, suivant le poids et la vitesse du corps solide; et l'eau, ainsi projetée tumultueusement au-dessus de son niveau, retombe et opère à la surface des eaux la dépression momentanée dont je parlais plus haut.

Parfois, suivant la forme du corps solide, les eaux soulevées par le choc de ce corps se dirigent de divers côtés et deviennent, en retombant, les centres de plusieurs actions distinctes. Alors différents groupes d'ondes d'oscillation se manifestent, chaque groupe ayant son régime propre. Mais je ne considérerai, dans ce qui va suivre, que le cas simple d'un seul centre d'action résultant de la chute du corps solide dans l'eau.

On peut se représenter de la manière suivante la formation des ondes d'oscillation résultant ainsi de la chute d'un corps solide.

Considérons la surface de la masse liquide après la période

tumultueuse ci-dessus décrite, et à partir du moment où l'eau projetée au-dessus de la surface du liquide exerce, en retombant, une pression régulière.

La surface de l'eau, sur laquelle s'exerce la compression verticale, est momentanément abaissée en AB (*fig.* 6), à une certaine distance d de la surface supérieure du liquide. L'eau déplacée par cette compression reflue nécessairement autour de la surface comprimée ; elle vient former l'intumescence S, S d'une première onde.

Fig. 6.

Mais la surface abaissée prend bientôt un mouvement ascensionnel. Dans ce mouvement, elle dépasse son niveau primitif d'une certaine quantité, comme il arrive toujours en pareille circonstance, et vient occuper la position A'B' (*fig.* 7) à une distance d' de la

Fig. 7.

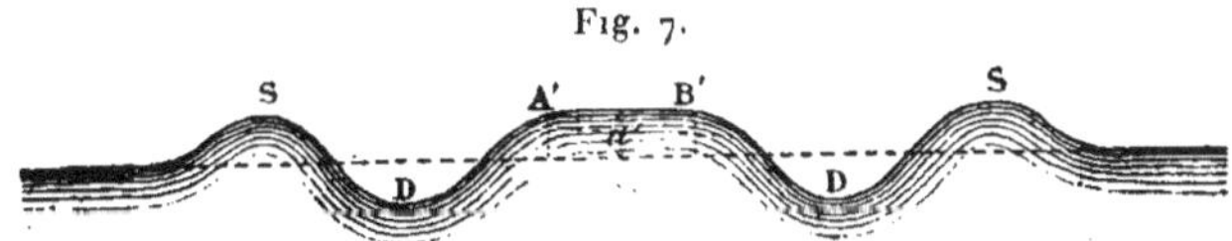

surface supérieure du liquide, un peu plus petite que la distance d de la *fig.* 6.

Cette surélévation de la surface centrale ne peut se faire qu'au moyen d'une certaine quantité d'eau prise autour de cette surface, et entraînée de l'extérieur à l'intérieur vers le centre primitif d'action. Ce mouvement de liquide détermine autour de la surface centrale une dépression D, D qui suit l'intumescence précédente S, S pendant que cette dernière continue à s'avancer dans le sens que lui a imprimé l'action primitive.

La première évolution de la surface centrale, que je viens de décrire, est immédiatement suivie d'une seconde évolution semblable, dans laquelle la surface centrale descend en A''B'' (*fig.* 8), à une distance d''' de la face supérieure des eaux plus petite que la distance d' de la *fig.* 7. En s'abaissant ainsi, la surface centrale détermine une seconde intumescence S′,S′, faisant suite à la dépres-

Fig. 8.

sion précédente D, D ; puis elle recommence le mouvement ascensionnel précédemment décrit.

Une troisième évolution suit la seconde, et ainsi de suite, jusqu'à ce que la surface centrale, dont les oscillations vont en diminuant d'amplitude, revienne à sa position normale.

Cette surface rentre ainsi en repos après un nombre d'oscillations variable, suivant l'intensité de la force qui l'a d'abord déprimée, et quelquefois assez considérable quand la force l'est elle-même.

Les ondes successives ainsi produites par les oscillations de la surface centrale ont des hauteurs qui diminuent progressivement, comme le font les amplitudes des oscillations d'un pendule abandonné à lui-même.

Ces ondes se propagent en s'éloignant, dans tous les sens, du lieu où elles ont pris naissance.

Si la masse liquide a une surface d'une grande étendue, les ondes d'oscillation forment autour de la surface centrale des cercles dont les diamètres vont sans cesse en augmentant.

Si les ondes se développent dans un canal de largeur restreinte, elles se propagent à droite et à gauche du centre d'action.

19. Si la force verticale, au lieu de comprimer d'abord une certaine partie de la surface des eaux, la soulevait momentanément au-dessus de son niveau, il est évident que l'effet produit serait le même.

La seule différence entre les deux effets consisterait en ce que, dans le second cas, le mouvement ondulatoire commencerait par une dépression au lieu de commencer par une intumescence.

20. *Génération des ondes périodiques.* — Les ondes périodiques se succèdent comme les ondes d'oscillation ordinaires ; et, comme ces dernières, elles présentent une suite de sommets et de creux qui, alternativement, s'élèvent au-dessus du niveau normal des eaux et s'abaissent au-dessous de ce niveau. Mais chacune d'elles a sa cause particulière, et leur périodicité tient à la régularité de la force qui s'exerce sur les eaux et qui produit une onde chaque fois qu'elle agit.

C'est ainsi, comme nous le verrons au chapitre suivant de ce Mémoire, que la régularité de la marche apparente de la Lune et du Soleil amène la périodicité des marées qui sont dues à l'action de ces astres sur les eaux de la mer.

La force qui agit sur la masse liquide doit produire alternativement une intumescence et une dépression à la surface des eaux. Ce n'est que dans ces conditions que se développent les ondes périodiques que nous considérons en ce moment.

Cette force n'est pas assujettie à être verticale comme celle qui produit les ondes d'oscillation ordinaires. Elle peut avoir toute autre direction, pourvu qu'elle donne naissance aux intumescences et aux dépressions dont je viens de parler.

Les ondes périodiques aussi définies sont les seules, parmi les ondes d'oscillation, dont la science ait donné la constitution. C'est aux ondes de cette espèce que se rapportent les résultats théoriques énoncés au paragraphe suivant (50 et 51).

C'est, du reste, la théorie des ondes périodiques qui intéresse principalement les études dont je rends compte dans cet écrit; les marées ayant, comme je l'ai dit plus haut, tous les caractères des ondes de cette nature.

21. *Forme générale des ondes d'oscillation ordinaires et périodiques.* — D'après ce qui précède, les ondes d'oscillation ordinaires et périodiques affectent toutes la forme suivante. Elles se succèdent en plus ou moins grand nombre, suivant les circonstances. Leurs sommets s'élèvent au-dessus du niveau normal des eaux et leurs points les plus bas s'abaissent au-dessous de ce niveau.

En cela, elles diffèrent de l'onde de translation, qui, dans sa forme régulière, est tout entière en saillie sur la surface des eaux, sans dépression ni en avant ni en arrière (5).

22. *Ondes d'oscillation produites par le vent.* — C'est encore aux ondes d'oscillation qu'il faut rattacher les ondes produites par le vent qui frappe obliquement une nappe d'eau.

La composante verticale de l'effort exercé par le vent donne bien naissance à des ondes d'oscillation ordinaires, mais le phénomène prend ici un aspect très confus, par suite de la multiplicité des centres d'action, qui deviennent, à chaque instant, le point de départ d'ondes nouvelles.

En outre, la composante horizontale de l'effort exercé par le vent oppose une résistance à la propagation des ondes qui marcheraient en sens contraire de sa direction. Aussi voit-on les ondes soulevées par l'action du vent se diriger généralement dans le même sens que le vent.

23. Les vagues de la mer sont les plus importantes et les plus remarquables des ondes d'oscillation produites de cette manière.

Ces vagues, qui se forment partout où le vent se fait sentir, sur la surface de la mer, et qui s'accroissent par la continuité du vent, présentent une très grande irrégularité dans leur forme, comme dans leurs dimensions, tant que dure le vent qui les soulève.

Si le vent cesse, les vagues n'en continuent pas moins à se propager dans les conditions où elles se trouvent en ce moment. Certaines d'entre elles se réunissent, et il ne tarde pas à s'établir un régime régulier d'ondes d'oscillation plus ou moins grandes, que l'on voit se propager sur les mers jusqu'aux rivages, même par les temps calmes. C'est ce qui constitue la *houle*.

Les ondes de la houle, ainsi résumées, ont bien, au large, la forme des ondes d'oscillation, c'est-à-dire que leurs sommets et leurs creux sont alternativement au-dessus et au-dessous du niveau normal des eaux, mais elles n'ont plus alors le caractère particulier des ondes d'oscillation ordinaires, qui consiste en ce que chaque onde a moins de hauteur que celle qui la précède; et c'est parmi les ondes périodiques qu'il convient de les classer.

24. *Agitation causée dans les eaux par les ondes d'oscillation ordinaires et périodiques.* — Les ondes d'oscillation, soit ordinaires, soit périodiques, occasionnent dans la masse liquide où elles se propagent une agitation qui diffère de celle causée par l'onde de translation.

Cette dernière, quand elle se propage dans un liquide ayant des dimensions finies et médiocres, comme je l'ai dit à la note du n° 6, met les eaux en mouvement sur toute leur profondeur.

L'agitation produite par les ondes d'oscillation ordinaires et périodiques se fait bien sentir au-dessous de la surface libre, et des ondulations de même longueur que celles de la surface ont lieu dans la profondeur des eaux; mais, comme nous le verrons plus loin (48), à mesure qu'on s'éloigne de la surface libre la hauteur de ces ondulations diminue. La diminution est très rapide, et tellement, qu'à une assez faible profondeur au-dessous de la surface libre, l'agitation de l'eau est à peu près insensible. L'ondulation se continue néanmoins dans la masse liquide au delà de cette profondeur, mais d'une manière si minime qu'elle ne peut plus être constatée et ne produit plus aucun effet.

C'est ce qui fait dire que les ondes d'oscillation ne mettent les eaux en mouvement que sur une partie de leur profondeur.

Voici quelques faits qui justifient ce qui précède.

Les vagues de la mer n'exercent d'action que jusqu'à une certaine profondeur sur les matières du fond de la mer et sur les matériaux employés dans les ouvrages des ports.

Les enrochements cessent d'être remués, dans les plus gros temps, à 7^m ou 8^m au-dessous du creux des lames à Cherbourg et à 10^m ou 12^m à Alger.

Les sables sont remués à une plus grande profondeur; mais, sur la côte de l'Algérie, on estime que les grandes vagues cessent de les soulever à 15^m quand ils sont purs et à 30^m quand ils sont vaseux.

Les vases pures cessent d'être remuées sur la même côte à 150^m de profondeur [1].

Enfin, d'après M. Cialdi, pendant les tempêtes, les vagues peuvent déplacer les sables fins jusqu'à 40^m de profondeur dans la Manche, 50^m dans la Méditerranée et 200^m dans l'Océan.

Si l'on compare les deux derniers de ces chiffres aux profondeurs de la Méditerranée et de l'Océan, qui sont, en beaucoup de points, de 3000^m et 4000^m, on voit que les profondeurs auxquelles l'action des vagues cesse d'être appréciable sont de beaucoup inférieures aux grandes profondeurs de la mer.

Je citerai encore une expérience de J. Russell, dont Chevalier a rendu compte en ces termes [2] :

Dans un petit canal à parois vitrées ayant $0^m,102$ de profondeur, J. Russell a vu, sous le passage de petites lames de $0^m,013$ de hauteur et $0^m,305$ de longueur, des corpuscules en suspension décrire des cercles dont le diamètre avait $0^m,012$ à la surface et décroissait rapidement au-dessous. *A $0^m,025$ au-dessus du fond, le mouvement était insensible.*

25. *Vitesse de propagation des ondes d'oscillation ordinaires et périodiques.* — D'après ce qui précède, les ondes d'oscillation ordinaires et les ondes périodiques occasionnent, dans les eaux où elles se propagent, un mouvement qui diminue d'intensité en

---

[1] Ces divers renseignements sont extraits du *Cours des travaux maritimes* de M. Voisin Bey.
[2] *Cours des travaux maritimes,* 1871-1872, p. 42.

descendant et finit par être insensible à une certaine profondeur.

Il faut, par conséquent, distinguer deux cas dans la propagation de ces ondes : celui où les ondes ont une faible importance par rapport à la profondeur des eaux, et celui où la profondeur des eaux est faible par rapport à l'importance des ondes.

Dans le premier cas, l'agitation que subit la masse liquide au passage des ondes peut être considérée comme insensible au delà d'une certaine profondeur.

Dans le second cas, l'agitation règne sur toute la profondeur des eaux.

Cette distinction est basée sur une propriété qui, au moins dans ses caractères généraux, est commune aux ondes d'oscillation ordinaires et aux ondes périodiques. Toutefois, la vitesse de propagation des ondes n'a été étudiée, ainsi que je l'ai déjà dit (20), que pour les ondes périodiques. C'est aux ondes de cette espèce que s'appliquent les formules que je relate plus loin (50 et 51), et qui donnent les vitesses de propagation des ondes dans les deux cas que je viens de spécifier.

Les ondes marées, dont il sera question au Chapitre suivant de ce Mémoire, sont au nombre des ondes périodiques (20); et nous verrons (65) qu'elles se trouvent dans le second des cas ci-dessus définis, c'est-à-dire que l'agitation causée par leur propagation se fait sentir sur toute la profondeur des eaux. Je n'en donnerai pas moins, au paragraphe suivant, les formules qui expriment la vitesse de propagation dans les deux cas.

En ce moment, je mentionnerai seulement encore quelques faits qui montrent que la vitesse de propagation des ondes d'oscillation ordinaires augmente avec l'importance des ondes, autrement dit avec leur hauteur et le volume de leur intumescence.

Brémontier a constaté que des ondes d'oscillation, développées par la chute d'une petite pierre arrondie de $0^m,03$ à $0^m,04$ de diamètre, ont marché avec une vitesse de $0^m,50$ par seconde; tandis que, sous l'influence de la chute d'un corps pesant 250^{kg}, les ondes d'oscillation plus volumineuses que les premières ont pris une vitesse de 1^m par seconde.

J'ai eu l'occasion d'observer les effets produits par des poids de 1^{kg} et 2^{kg} tombant de $1^m,8o$ de hauteur dans une longue pièce d'eau stagnante de 10^m de largeur et $1^m,5o$ environ de profondeur. Les ondes développées par le poids le plus fort ont été les plus volumineuses. Les premières des ondes développées dans l'un et l'autre cas ont respectivement marché avec $o^m,45$ et $o^m,62$ de vitesse moyenne dans les $3o$ premiers mètres.

26. *Atténuation des ondes d'oscillation.* — Les ondes d'oscillation ordinaires et les ondes périodiques s'atténuent en se propageant, même dans des eaux profondes et d'une grande étendue. Les ondes n'ont point alors à subir l'influence du fond et des rives, mais le frottement des molécules d'eau entre elles apporte une diminution graduelle dans le volume de l'intumescence des ondes.

Cette diminution est plus rapide dans les ondes d'oscillation ordinaires, à cause de l'accroissement de longueur que prennent constamment ces ondes en s'éloignant circulairement du centre d'action.

Tout en s'atténuant de cette manière, les ondes conservent une forme régulière et des surfaces lisses jusqu'au moment où elles disparaissent.

27. *Déferlement des ondes d'oscillation par défaut de profondeur des eaux.* — Il n'en est plus ainsi quand les ondes d'oscillation arrivent dans des eaux ayant assez peu de profondeur pour que l'amplitude des ondulations intérieures (24) soit encore appréciable vers le fond des eaux. Alors la propagation des ondes met les eaux en mouvement sur toute leur hauteur, et la profondeur des eaux exerce une influence sur la forme des ondes, comme nous avons vu (15) qu'elle le fait pour l'onde de translation.

Quand, par exemple, les vagues de la mer, s'approchant du

rivage, arrivent dans des lieux où la profondeur de l'eau est faible, on les voit, à un certain moment, prendre plus de hauteur et en même temps se raccourcir. Le changement de forme s'accentue de plus en plus, jusqu'à ce qu'enfin les vagues se brisent et viennent expirer sur le rivage en déferlant.

Il y a beaucoup d'analogie, dans ces circonstances, entre les ondes d'oscillation et les ondes de translation; et sans doute le déferlement tient alors, pour les premières comme pour les secondes, à ce que le rapport de la profondeur de l'eau à la hauteur des ondes descend au-dessous d'une certaine limite.

28. *Déferlement des ondes d'oscillation tenant au rapport de la hauteur à la longueur des ondes.* — Les ondes d'oscillation sont soumises à une autre cause de déferlement qui est indépendante de la profondeur des eaux et dont les effets se manifestent, quelque grande que soit cette profondeur.

C'est dans le rapport de la hauteur à la longueur des ondes que réside la cause de déferlement dont je parle en ce moment.

Je reviendrai sur ce sujet au paragraphe suivant de ce chapitre; et je dirai seulement ici que les ondes d'oscillation ne conservent leurs surfaces lisses qu'autant que leur hauteur est moindre que le tiers de leur longueur. Au delà de cette limite, les ondes déferlent.

Les ondes d'oscillation ordinaires, formées par la chute d'un corps pesant dans une masse liquide, n'arrivent pas à déferler par cette cause.

Mais on observe des déferlements de cette nature sur la mer, lorsqu'un vent violent accroît la hauteur des vagues de manière à leur faire dépasser la limite ci-dessus indiquée. Alors, on voit les vagues déferler et produire des flots d'écume au large et par de grandes profondeurs; circonstance que l'on exprime ordinairement en disant que la *mer moutonne*.

29. *Vues diverses émises sur la constitution des ondes d'oscillation.* — Avant de quitter ce sujet, je rappellerai que, dans les études théoriques auxquelles les ondes d'oscillation ont donné lieu, ces ondes ont été envisagées de différentes manières.

On a cherché l'explication de leur marche tantôt dans une oscillation verticale des molécules d'eau, analogue à celle qui a lieu dans les deux branches d'un siphon, tantôt dans un mouvement orbitaire qui serait imprimé aux molécules d'eau.

C'est à cette dernière manière de voir que les hydrauliciens se rattachent généralement aujourd'hui.

On verra au paragraphe suivant (59) que le mouvement orbitaire des molécules d'eau dans les ondes d'oscillation est la résultante naturelle des divers mouvements produits dans la masse liquide par la force qui donne naissance aux ondes.

§ 2. — Mode de propagation des ondes de translation et d'oscillation.
Vitesse de propagation des ondes et vitesse de déplacement horizontal du liquide.

30. *Les ondes se propagent par communication de mouvement.* — L'eau soumise à un mouvement ondulatoire n'est pas entraînée, transportée horizontalement avec la vitesse dont les ondes sont animées. Il n'y a dans ce phénomène qu'une communication de mouvement.

Il ne reste aucun doute sur ce point, et l'on peut très facilement se convaincre de l'exactitude de cette assertion en observant le mouvement d'ondes développées dans une eau stagnante sur la surface de laquelle on aurait jeté des corps légers. On voit ces corps successivement soulevés et abaissés pendant le passage des ondes; mais, quand les ondes sont passées, on retrouve les corps surnageant à très peu près dans la position qu'ils occupaient auparavant.

Voici comment M. Bazin s'exprime à ce sujet en parlant de l'onde de translation (¹) :

(¹) *Recherches sur la propagation des ondes,* par M. Bazin, p. 10.

Il est facile de s'assurer qu'il n'y a là, comme dans tous les phénomènes ondulatoires, qu'une simple transmission successive de mouvement. Chacune des tranches d'eau contenues dans le canal, au moment où elle est atteinte par le mouvement de propagation, se soulève graduellement, puis redescend ensuite en passant par les mêmes positions, et rentre dans le repos après avoir communiqué ce mouvement à la tranche suivante.

Cette description du phénomène ondulatoire s'accorde avec l'expérience que je citais plus haut. Il est constant que la marche des ondes résulte d'une suite de transmissions de mouvement pendant lesquelles les molécules d'eau, successivement élevées et abaissées, subissent des déplacements dans le sens vertical, et non pas de grands transports s'effectuant avec la vitesse de l'onde dans le sens horizontal.

31. *La propagation des ondes entraîne un certain déplacement horizontal de liquide.* — Toutefois, s'il est vrai de dire que la masse des eaux n'est, dans aucune de ses parties, transportée horizontalement avec la vitesse de propagation des ondes, il ne faudrait pas en conclure que cette propagation s'opère sans occasionner d'une manière absolue aucun déplacement des molécules d'eau en dehors de la verticale que chacune d'elles occupait primitivement.

Une tranche verticale de liquide ne peut, en effet, augmenter de hauteur, vu les propriétés physiques de l'eau, que si une certaine quantité d'eau vient s'ajouter à celle qui la composait; et de même cette tranche ne peut ensuite diminuer de hauteur que si une certaine quantité d'eau en est expulsée.

Il arrive donc nécessairement, dans les mouvements ondulatoires, que des molécules d'eau passent successivement de quelques-unes des tranches verticales dans d'autres tranches; et cet échange donne lieu à un certain déplacement horizontal de liquide (¹).

(¹) Les molécules d'eau prennent ordinairement, dans le mouvement qui leur est propre, une direction un peu différente de l'horizontale. L'expression *déplacement horizontal* des molécules d'eau ne doit donc pas être prise dans un sens rigou-

Le trajet qu'effectue chaque molécule, soit pour venir s'ajouter aux tranches qui augmentent de hauteur, soit pour sortir de celles qui diminuent, est très différent suivant la nature des ondes. Mais, quel que soit leur parcours, les molécules d'eau éprouvent toujours un certain déplacement en dehors de la verticale passant par leur position primitive. Ce déplacement est l'accompagnement obligé de tout mouvement ondulatoire.

32. *La propagation des ondes donne lieu à des vitesses de deux natures.* — La propagation des ondes occasionne donc deux espèces de vitesses bien distinctes : la vitesse de propagation de l'onde, qui mesure la rapidité de la transmission du mouvement ondulatoire, et la vitesse de déplacement horizontal des molécules d'eau, qui est celle du courant auquel donne lieu le mouvement ondulatoire.

Ces deux vitesses jouent un grand rôle dans le phénomène des marées.

Pour apprécier exactement les effets qu'elles produisent, il est nécessaire de fixer les idées sur leur constitution; et j'examinerai d'abord ici cette question dans les ondes de translation et d'oscillation.

I. — ONDES DE TRANSLATION.

33. *Particularités de la propagation des ondes de translation.* — J'ai dit précédemment (13) que l'onde de translation ne subit pas de déformation sensible dans un temps assez court, quand elle se propage dans un canal dont le fond est horizontal.

Nous avons vu, en outre (14), que l'onde se déforme, qu'elle se raccourcit tout en prenant plus de hauteur, et que sa crête vient

---

reux. Je l'emploie par opposition au *déplacement vertical* des molécules qu'occasionne la transmission de mouvement d'une tranche du liquide à l'autre. Elle doit s'entendre de tout déplacement que subit une molécule d'eau en dehors de la verticale où elle se trouvait primitivement.

alors en avant, quand elle se propage dans un lit dont le fond se relève sans cesse.

Il ressort de ces faits observés que les diverses tranches verticales d'une onde (¹), faites par des plans verticaux parallèles à l'arête supérieure de l'onde, ne se comportent pas toujours de la même manière. Dans certains cas, toutes les tranches verticales sont animées d'une vitesse de propagation unique; et, dans d'autres, elles prennent des vitesses différentes; ce qui arrive notamment lorsque le fond du canal est incliné (14).

Dans ce dernier cas, en effet, l'onde ne peut se raccourcir que si la tranche verticale située à l'extrémité antérieure de la base de l'onde va moins vite que celle qui correspond à l'extrémité postérieure. Le sommet de l'onde ne peut, de même, se rapprocher de l'arête antérieure de la base que si la tranche qui lui correspond a plus de vitesse que celle de l'extrémité antérieure de l'onde.

Parmi les diverses tranches verticales que je viens de considérer, celles qui doivent prendre plus de vitesse sont celles qui, en même temps, ont le plus de hauteur.

On peut donc inférer de là que, dans le cas qui nous occupe, les différentes tranches verticales de l'onde se propagent avec des vitesses qui varient dans le même sens que la hauteur de ces tranches.

Mais l'onde de translation qui se propage dans un lit régulier à fond horizontal se compose également de tranches verticales de hauteurs différentes, et cependant nous avons vu (13) que, dans ces

---

(¹) Les *tranches verticales* d'une onde que je considère ici sont supposées comprises entre deux plans verticaux parallèles à l'arête supérieure de l'onde et distants l'un de l'autre d'une quantité infiniment petite.

J'aurai souvent l'occasion d'employer cette expression dans le cours de cet écrit. Il importe d'en préciser le sens.

Il ne s'agit pas d'un assemblage de molécules d'eau composant une section verticale de l'onde et se déplaçant toujours unies entre elles; pas plus que, dans la propagation de l'onde, il ne s'agit du transport, avec la vitesse de propagation, de toutes les molécules d'eau qui composent l'onde à un instant donné (3o). La tranche verticale de l'onde doit s'entendre de la section faite à un instant quelconque en un point de l'onde déterminé de position par rapport au sommet et aux arêtes de la base de l'onde. Cette tranche se transporte avec la vitesse de propagation de l'onde, mais elle est composée à chaque instant de nouvelles molécules d'eau.

conditions, l'onde ne se déforme pas. Dès lors se présente la question de savoir pourquoi les différentes tranches d'une pareille onde sont toutes animées de la même vitesse de propagation quoique ayant des hauteurs différentes.

Les vues exposées par M. Boussinesq, dans la savante théorie qu'il a donnée de l'onde solitaire ([1]), permettent de répondre à cette question.

34. *Expression générale de la vitesse de propagation des tranches verticales d'une onde de translation.* — En négligeant, dans son analyse, tous les termes très petits en comparaison du rapport de la hauteur de l'onde à la profondeur primitive, M. Boussinesq arrive d'abord à la loi de Lagrange, qui consiste en ce que toute intumescence de petite hauteur se propage en conservant sa forme et avec une vitesse égale à la racine carrée du produit de la gravité par la profondeur primitive. Mais, à une deuxième approximation, cette loi n'est plus vraie, et M. Boussinesq a été conduit à l'expression suivante de la vitesse de propagation d'une tranche, considérée isolément, de l'onde de translation.

Le carré de la vitesse de propagation d'une tranche de l'onde est égal, à un instant donné quelconque, au produit de la gravité par la somme : 1° de la profondeur primitive, 2° d'une fois et demie la hauteur actuelle de la partie considérée de l'intumescence, 3° de la courbure qu'affecte la surface libre multipliée par l'inverse de la même hauteur et par le tiers du cube de la profondeur primitive.

Ce qui s'exprime par la formule :

$$V^2 = g\left(H + \frac{3}{2}h + \frac{H^3}{3h}\frac{d^2h}{dx^2} \right),$$

dans laquelle V exprime la vitesse de propagation, H la profondeur primitive de l'eau, et h la hauteur de la partie de l'intumescence que l'on considère.

[1] *Théorie des Ondes et des Remous,* de M. Boussinesq, insérée au XVII° Volume, 2° série, année 1872, du *Journal de Mathématiques pures et appliquées,* de M. Liouville.

D'après cette formule, la vitesse de propagation change, en général, en passant d'une tranche à l'autre; ce qui rend compte des transformations que subit l'onde de translation quand la profondeur primitive varie. La formule montre, en outre, que les vitesses peuvent varier et, par suite, faire changer la forme de l'onde, même quand la profondeur primitive de l'eau reste constante.

35. *Forme de l'onde de translation qui assure l'égalité de vitesse à toutes les tranches de l'onde.* — Dans ce dernier cas, c'est-à-dire lorsque l'onde se meut dans un canal à fond horizontal, il existe cependant, parmi toutes les formes que peut prendre le profil transversal de l'onde, une forme qui assure à toutes les parties de l'onde la même vitesse de propagation.

M. Boussinesq a décrit dans les termes suivants la courbe qui donne ce résultat :

Cette courbe est symétrique par rapport à la verticale menée par son sommet, et a deux points d'inflexion situés aux deux tiers de la hauteur. Entre ces deux points, elle est convexe; en deçà et au delà, elle est concave, et se raccorde asymptotiquement (¹) au profil longitudinal primitif de la surface libre. Sa hauteur est égale aux trois seizièmes du carré du volume de l'intumescence par unité de largeur du canal, divisé par le cube de la profondeur primitive.

36. *Expression de la vitesse de propagation commune à toutes les tranches d'une onde dont la forme est permanente.* — Lorsqu'une onde de translation a pour profil transversal la courbe dont je viens de transcrire la définition, cette onde se propage, en supposant la profondeur d'eau constante, sans éprouver de déformation, ou du moins sans subir d'autre changement que celui qui

---

(¹) D'après cela, l'onde, douée d'une égale vitesse de propagation dans toutes ses parties, aurait théoriquement une longueur infinie. Mais ce résultat des calculs analytiques ne saurait se réaliser dans la nature. Les propriétés de la matière s'y opposent, et la longueur de l'onde se limite nécessairement d'une manière quelconque. Je considérerai toujours dans cet écrit la longueur de l'onde de translation comme finie et comprise entre deux points du profil longitudinal dont la hauteur, au-dessus du niveau primitif des eaux, est, sinon nulle, au moins très petite par rapport à la hauteur de l'onde à son sommet.

résulte de l'atténuation produite par les frottements (13), et la vitesse unique de propagation dont cette onde est alors animée dans toutes ses parties est donnée par la formule que j'ai déjà indiquée au n° 8

$$V = \sqrt{g(H + h)},$$

H étant la profondeur des eaux du canal et h la hauteur du sommet de l'onde au-dessus de la surface primitive des eaux.

37. M. Boussinesq admet d'ailleurs que, quand le profil transversal d'une onde de translation diffère peu de la courbe qui assure une égale vitesse de propagation à toutes les tranches de l'onde, il tend à s'en rapprocher et arrive bientôt à en prendre la forme.

C'est ainsi que les ondes solitaires, sur lesquelles ont été faites les expériences rapportées plus haut (13), seraient arrivées à se propager en conservant leur forme générale, tout en s'atténuant par le frottement.

38. *Cas où le volume de l'intumescence de l'onde est très considérable.* — Lorsque le volume de l'intumescence est très considérable, M. Boussinesq admet que l'onde ne saurait plus acquérir une forme permanente; car la grandeur du volume donnerait à la courbe qui assure l'égalité de vitesse à toutes les tranches de l'onde une hauteur telle, que l'onde n'aurait plus de stabilité et arriverait au déferlement.

Dans ce cas, chaque tranche verticale de l'onde est douée de la vitesse particulière précédemment indiquée (34). Cette observation se rapporte surtout aux remous semblables à ceux sur lesquels M. Bazin a fait ses expériences.

On peut présumer qu'elle s'applique aussi aux grandes ondes marées, dont l'intumescence a la valeur considérable dont parle M. Boussinesq, et qui, quoique différant par leur nature de l'onde de translation, agitent comme elle l'eau sur toute sa profondeur (65).

En outre, sur la longueur immense que les ondes marées occupent dans les mers, la profondeur de l'eau est très variable ; circonstance qui, seule, empêcherait ces ondes de prendre une forme permanente.

39. *Rapports entre elles des diverses tranches d'une onde de translation douées de vitesses de propagation différentes.* — D'après ce qui précède, lorsqu'une onde de translation n'a pas pour profil transversal la courbe qui assure la permanence de sa forme, les diverses tranches verticales de l'onde sont douées de vitesses de propagation qui leur sont propres.

En vertu des divers éléments qui entrent dans leur composition (34), les vitesses de propagation des tranches consécutives peuvent être égales ou inégales ; et il est naturel de penser que c'est aux différences qui s'introduisent entre ces vitesses que sont dus les changements qui surviennent alors dans la forme de l'onde et qui tendent à rapprocher cette forme de la courbe qui assure l'égalité de vitesse de propagation à toute les tranches de l'onde (37).

Mais je ne crois pas que rien ait été dit de précis sur les rapports qui s'établissent entre les tranches douées de vitesse différentes.

Ce sujet intéresse, comme nous le verrons, le régime des ondes marées fluviales ; et, à défaut de données précises, je présenterai ici quelques considérations sur les actions qui s'exercent dans les transformations de l'onde de translation, dont je viens de parler.

Je suppose qu'une onde de translation, dont la section transversale n'affecte pas la courbe qui assure la permanence de sa forme, vienne à se raccourcir, on est fondé à penser qu'alors quelques tranches verticales de l'onde se réunissent entre elles.

Si une pareille onde prend, au contraire, plus de longueur, on peut attribuer son allongement à ce que quelques tranches se sont divisées en plusieurs autres.

Il se passerait alors entre les tranches de l'onde quelque chose d'analogue à ce qui se produit (11 et 12) entre des ondes de translation isolées animées de vitesses de propagation différentes. C'est à la différence de vitesse de propagation des tranches consécutives que serait due la réunion de ces tranches ou leur séparation.

La vitesse de propagation des tranches de l'onde dépend de la profondeur des eaux, de la hauteur de la tranche au-dessus de la surface supérieure des eaux et de la courbure de la surface libre de l'onde (34). Si la profondeur est constante, il y a encore deux éléments qui influent sur la vitesse de propagation. Les réunions et séparations, s'opérant entre tranches consécutives, auraient alors pour but d'apporter, soit dans la hauteur des tranches, soit dans la courbure de la surface libre de l'onde correspondant à chaque tranche, des modifications qui rendraient égales les vitesses des tranches consécutives. Les réunions ou séparations s'opéreraient toujours aux lieux où les différences des vitesses de propagation seraient les plus grandes ; lieux qui, sans doute, changent de position à chaque instant, suivant les actions déjà opérées. Ainsi se produiraient les changements continuels que subit la forme de l'onde, tantôt dans un point, tantôt dans un autre, jusqu'à ce que cette forme soit devenue, si les circonstances le permettent, celle qui assure l'égalité de vitesse de propagation à toutes les tranches, et par suite la permanence de la forme de l'onde.

40. *Mouvements propres des molécules d'une masse liquide que parcourt une onde de translation.* — Dans ce qui précède, j'ai rappelé les diverses circonstances au milieu desquelles se fait la propagation des ondes de translation, et indiqué l'influence que ces circonstances exercent sur la vitesse avec laquelle les ondes se propagent.

Je vais maintenant m'occuper du déplacement horizontal de liquide qui accompagne la propagation des ondes, et de la vitesse du courant auquel ce déplacement de liquide donne lieu.

Considérons l'onde de translation BSA′ (*fig.* 9). Cette onde résulte, comme je l'ai dit (3), d'une compression horizontale exercée

sur la masse liquide. La compression se fait sentir sur une certaine épaisseur AA′, qui dépend sans doute de l'intensité de la force

Fig. 9.

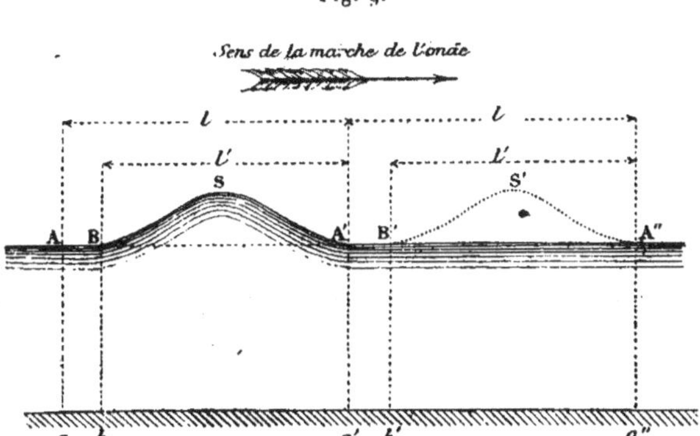

comprimante, et elle réduit à BA′ la longueur primitive AA′ de la
masse liquide limitée sur laquelle son action s'exerce, en forçant
le liquide à refluer au-dessus de la surface primitive des eaux, et
à donner à la surface libre la forme BSA′. L'aire de l'intumescence
.BSA′ de l'onde est, par conséquent, égale à celle du quadrilatère AB ba (¹).

En quittant la position BSA′ l'onde s'avance dans la direction
qui lui est imprimée par la force initiale, et, au bout d'un certain
. temps, elle a fini sa première évolution, c'est-à-dire que l'intumescence BSA′ est complètement effacée, que l'eau qui la formait
est rentrée dans la masse liquide où l'onde se propage, et que le
plan A′a′ qui, dans la position primitive, formait la face antérieure de l'onde, s'est avancé en B′b′ de la même quantité dont la
face postérieure Bb s'était avancée par rapport à Aa. Le plan B′b′
devient à son tour la face postérieure de l'onde, qui occupe alors

(¹) Je néglige ici les petites surfaces qui pourraient exister entre la ligne supérieure
des eaux et la courbe de l'onde prolongée asymptotiquement à gauche du point B
et à droite du point A′. (*Voir* la note du n° 35.)

la position B′S′A″. A partir de ce moment, l'onde fait une seconde évolution semblable à la première ; et ainsi de suite.

Il résulte de là que le prisme d'eau compris entre les plans verticaux Aa et A′a′, dans lequel s'est faite la première évolution de l'onde, se trouve, quand cette évolution est terminée, dans la position BB′b′b, s'étant déplacé de la quantité AB égale à A′B′.

Si, au lieu de considérer l'onde dans deux positions extrêmes BSA′ et B′S′A″, comprenant une évolution entière, on la supposait placée dans une position intermédiaire, les rapports que je viens de décrire s'établiraient toujours entre les situations d'un prisme de la masse liquide de la longueur AA′, quand l'onde l'occupe entièrement et quand elle l'a entièrement quitté. D'où il suit que chaque section verticale de la masse liquide éprouve, pendant le passage de l'onde, le léger déplacement horizontal AB ci-dessus défini.

41. Les considérations qui précèdent s'accordent de la manière la plus satisfaisante avec les faits constatés par J. Russell, dans l'expérience qu'il a faite sur une onde de translation se propageant dans un canal à parois vitrées, et que j'ai précédemment citée. (6).

Dans cette expérience, les filaments verticaux suspendus à de petits flotteurs se sont déplacés *parallèlement* à eux-mêmes, d'une faible quantité, pendant le passage de l'onde ; et c'est exactement de la même manière que se déplacent, dans l'explication qui précède, les tranches verticales de la masse liquide, dont quelques-unes sont représentées par les filaments de l'expérience.

Je n'entends pas dire que les tranches verticales de l'onde se déplaceraient ainsi parallèlement à elles-mêmes sur toute la profondeur des eaux, si cette profondeur était indéfinie (note du n° 6). On n'est pas éclairé, d'ailleurs, sur la manière dont le déplacement des tranches se ferait alors. Mais en supposant, comme dans ce qui précède, une valeur finie et médiocre à la profondeur des eaux, le déplacement des tranches parallèlement à elles-mêmes est admissible. Si cette proposition n'est pas rigoureusement exacte, elle est si rapprochée de la vérité que l'on doit la considérer comme suffisante.

42. *Mode de transport des molécules d'eau déplacées horizontalement par un mouvement ondulatoire.* — Avant d'aller plus loin, il importe de remarquer que ce ne sont pas les molécules d'eau composant le volume AB*ba* (*fig.* 9), qui passent elles-mêmes du lieu qu'elles occupaient au lieu où se forme l'intumescence BSA' de l'onde. Les molécules d'eau composant le prisme AB*ba* restent à proximité de la face postérieure B*b* de l'onde et remplacent un même nombre de molécules qui, plus rapprochées de l'intumescence de l'onde, contribuent à la former.

Il résulte de cette observation que, dans le changement de la surface plane AA' en la surface ondulée BSA', le liquide qui forme l'intumescence de l'onde provient des tranches verticales les plus voisines de celles qui augmentent de hauteur. L'emprunt fait à chaque tranche est comblé par un autre emprunt fait à la tranche suivante, et ainsi de suite, de proche en proche, jusqu'à ce que l'intumescence de l'onde soit formée et que la tranche verticale A*a* se soit transportée en B*b*.

C'est ainsi d'ailleurs, par échange de liquide de proche en proche, que s'opère tout transport horizontal de liquide déterminé par un mouvement ondulatoire quelconque. Cette observation s'applique donc à tout déplacement horizontal de liquide (¹) accompagnant la propagation des ondes, dont je parlerai dans la suite de cet écrit.

43. *Relation entre la vitesse de déplacement des molécules d'eau et la vitesse de propagation de l'onde de translation.* — Cela dit, je reviens au déplacement horizontal du liquide qui s'opère dans la propagation des ondes de translation.

(¹) L'expression *déplacement horizontal* de liquide doit toujours être entendue dans le sens indiquée à la note du n° 31.

Ce déplacement, représenté par la distance AB, est toujours une faible partie du déplacement de l'onde elle-même dans le même temps. En d'autres termes, la vitesse du liquide qui se déplace horizontalement est toujours faible comparativement à la vitesse de propagation de l'onde.

Ces deux vitesses concernent des choses de natures différentes ; une transmission de mouvement et un transport de matière.

Cependant, l'une de ces vitesses dépend de l'autre, et toutes les deux sont influencées par les mêmes circonstances, à savoir la profondeur de la masse liquide dans laquelle l'onde se propage et la hauteur de l'onde. Une relation doit donc exister entre ces deux vitesses, et je crois qu'on peut l'établir, approximativement du moins, par les considérations géométriques suivantes :

Appelons

V la vitesse de propagation de l'onde,

v la vitesse du déplacement horizontal des diverses tranches verticales du liquide,

L la longueur primitive AA′ du prisme dans lequel l'onde se forme,

L' la longueur BA′ que prend ce prisme quand l'onde l'occupe entièrement,

H la profondeur des eaux,

$2h$ la hauteur de l'onde.

Pendant le temps que l'arête antérieure de l'onde, arrivée en A (*fig.* 9), met à s'avancer jusqu'en A′, la tranche verticale du liquide qui, à l'origine du mouvement de l'onde, se trouvait en Aa, se déplace horizontalement pour s'avancer jusqu'en Bb. Les distances AA′ et AB sont donc parcourues dans le même temps, la première par l'onde qui se propage et la seconde par le liquide qui se déplace horizontalement. Elles peuvent, par conséquent, servir à comparer les vitesses de la propagation de l'onde et du déplacement horizontal du liquide.

On a ainsi

$$\frac{v}{V} = \frac{L - L'}{L}.$$

Or, en considérant la section BSA' de l'intumescence de l'onde comme un triangle, ce qui s'éloigne très peu de la vérité, l'aire de cette section est $L'h$. L'aire du quadrilatère ABba est égale à H $(L - L')$. Ces deux aires sont égales, comme je l'ai dit plus haut ; on a donc

$$L'h = H(L - L'),$$

d'où

$$L' = L\left(\frac{H}{H + h}\right) ;$$

substituant la valeur de L' dans celle du rapport $\frac{v}{V}$ donnée ci-dessus, on obtient

$$\frac{v}{V} = \frac{h}{H + h}.$$

h étant très petit par rapport à H, la vitesse du déplacement horizontal du liquide est très faible comparativement à celle de la propagation de l'onde.

Mais tant que h conserve une valeur finie, si faible qu'elle soit, la vitesse du déplacement horizontal du liquide ne saurait être nulle.

En d'autres termes, toute onde de translation, même des plus minimes dimensions, donne nécessairement lieu à un certain courant dans la masse liquide que cette onde parcourt.

44. *Dans tout déplacement minime de l'onde, il y a égalité entre l'accroissement du gagnant et la diminution du perdant.* — J'ai considéré dans ce qui précède l'onde de translation dans deux positions consécutives disposées de telle manière que l'onde ait entièrement abandonné le prisme du liquide qu'elle occu-

pait dans sa première position, quand elle se trouve dans la seconde.

Si l'on considère l'onde dans deux positions plus rapprochées l'une de l'autre, telles que ASB et A′S′B′ (*fig.* 10), pendant que

Fig. 10.

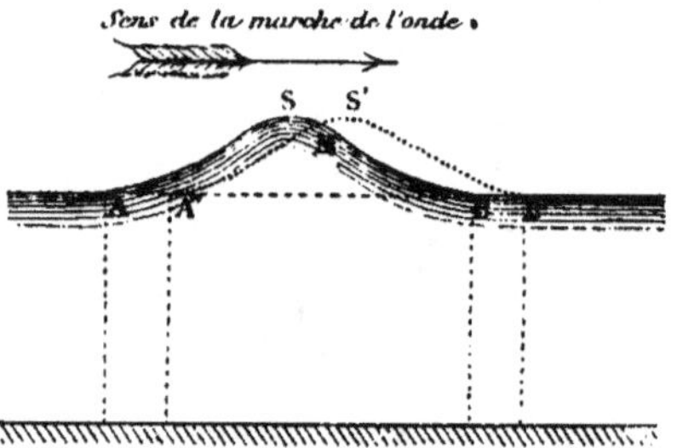

l'onde s'est propagée de la première de ces positions à la seconde, il est arrivé deux choses. En avant de l'onde, il s'est produit un accroissement de liquide suivant MS′B′B, et en arrière de l'onde il y a eu diminution de liquide suivant ASMA′.

En négligeant l'affaiblissement de l'onde, qui est extrêmement petit dans un temps aussi court, il y a évidemment égalité entre le volume de l'accroissement du côté du gagnant de l'onde, et celui de la diminution du côté du perdant.

Il en est ainsi de tout mouvement ondulatoire, en mettant toujours de côté l'affaiblissement que la propagation amène dans le volume de l'intumescence de l'onde; et j'ai voulu signaler ici cette propriété des ondes dont j'aurai souvent l'occasion de parler dans le cours de cet écrit.

45. En passant de la position ASB à la position A′S′B (*fig.* 10), un certain volume d'eau s'ajoute du côté du gagnant de l'onde, et un volume égal disparaît du côté du perdant. Mais, ainsi que je l'ai déjà fait remarquer (42), ce ne sont pas les molécules d'eau composant le volume ASMA′ qui sont venues elles-mêmes en MS′B′B

pour composer le volume de l'accroissement de l'onde. Cet échange
du liquide se fait de proche en proche, comme je l'ai déjà dit,
depuis le point où les molécules les plus voisines ont formé l'accroissement du gagnant jusqu'à celui où se fait la diminution du
perdant.

46. *Dans l'onde de translation, le déplacement horizontal
de l'eau se fait dans le sens de la marche de l'onde.* — Le
déplacement horizontal des molécules d'eau, dont je viens de
parler, donne lieu à des courants momentanés qui se produisent
dans le liquide pendant le passage de l'onde.

Les courants ainsi développés par l'onde de translation sont
toujours dirigés dans le sens de la propagation de l'onde. C'est ce
que prouve l'expérience de J. Russell, rapportée plus haut (6).
Car les filaments verticaux atteints par l'onde se rapprochaient
d'abord de ceux qui étaient encore immobiles, en avant de l'onde.
Puis, après le passage de l'onde, ils se retrouvaient à la même distance qu'auparavant, tous les filaments étant alors reportés en avant
d'une faible quantité. Mais J. Russell ne signale aucun retour en
arrière des filaments ; ce qui aurait eu lieu si les courants tempo-
raires créés par le passage de l'onde avaient été dirigés tantôt dans
un sens et tantôt dans l'autre.

47. *Mouvement des eaux expulsées de l'onde de translation,
par suite de son atténuation.* — Toutefois, il se produit sans
doute dans l'onde de translation quelque autre mouvement de liquide, qui, sans intéresser essentiellement la propagation de l'onde,
comme le font les courants dont je viens de parler, en est cependant
dant la conséquence.

L'onde de translation, en effet, quoique s'affaiblissant avec beaucoup de lenteur, comme je l'ai déjà fait remarquer (13), diminue
sans cesse de hauteur et de volume, à mesure qu'elle se propage,
jusqu'à ce qu'elle disparaisse. Il y a donc nécessairement, à chaque
instant, pendant la propagation de l'onde, un certain volume d'eau

qui se trouve en excès dans l'intumescence de l'onde et qui en est expulsé. C'est cette eau excédante qui produit le mouvement de liquide dont je parle, et comme le liquide ainsi rejeté reste en arrière de l'onde, son mouvement doit être dirigé en sens contraire de la marche de l'onde.

Dans les petites ondes de translation qui parcourent de très grandes distances avant de s'effacer, l'atténuation que subit l'onde pendant la durée d'une de ses évolutions est extrêmement faible, et le mouvement rétrograde de liquide auquel cette atténuation donne lieu doit être impossible à constater. C'est sans doute ce qui fait que l'expérience de J. Russell n'a montré aucune circonstance de cette nature.

Mais, quoique extrêmement minime, ce mouvement rétrograde du liquide rejeté par l'onde ne peut pas être nul. Nous constaterons d'ailleurs plus loin son existence dans les ondes marées fluviales, où il se produit d'une manière très marquée.

II. — ONDES D'OSCILLATION.

48. *Particularités de la propagation des ondes d'oscillation.* — J'ai dit précédemment (24) que l'agitation causée par les ondes d'oscillation se fait sentir au-dessous de la surface libre, et que, dans la profondeur des eaux, il se produit des ondulations de même longueur que celle de la surface, mais de hauteurs qui vont en diminuant à mesure qu'on s'éloigne de la surface libre.

M. de Bénazé, ingénieur des constructions navales, a donné, dans un remarquable mémoire sur la houle (¹), des chiffres qui feront juger de la rapidité avec laquelle l'amplitude des ondulations diminue en descendant au-dessous de la surface libre des eaux. Ces chiffres se rapportent aux vagues de la mer, et j'ai déjà

(¹) *Théorie de la houle*, par M. de Bénazé, insérée dans la *Revue maritime et coloniale*. Tome XLII, année 1874.

fait remarquer (23) que ces vagues peuvent être assimilées aux ondes d'oscillation périodiques.

D'après les calculs de M. de Bénazé, à des profondeurs égales à la demi-longueur et à la longueur de l'onde, les amplitudes ne sont plus respectivement que de $\frac{1}{23}$ et $\frac{1}{533}$ de la demi-hauteur de l'onde à la surface libre.

49. Il résulte de là que si, théoriquement, l'ondulation se continue à toute profondeur dans la masse liquide, ses effets sont insensibles au delà d'une certaine profondeur, et que l'on peut considérer, pratiquement, les ondes d'oscillation comme ne mettant les eaux en mouvement que sur la profondeur où l'agitation est capable de se faire sentir.

Cette profondeur dépend des dimensions, en longueur et hauteur, des ondes à la surface libre. Elle est la même pour des ondes de mêmes dimensions, quelle que soit la profondeur des eaux.

50. *Expression de la vitesse de propagation des ondes périodiques dans les eaux profondes.* — Les recherches théoriques sur les vitesses de propagation des ondes d'oscillation n'ont porté, comme je l'ai dit (20), que sur les ondes périodiques. C'est aux ondes de cette espèce que s'appliquent les résultats que je vais relater.

Lorsque la profondeur des eaux dépasse celle dans laquelle l'agitation produite par le passage des ondes est appréciable, c'est d'après la longueur des ondes et la durée de leur oscillation que la vitesse de propagation se règle, et voici les formules auxquelles sont arrivés M. de Bénazé, dans le mémoire précité sur la houle, et M. Boussinesq dans la savante théorie qu'il a donnée des ondes périodiques ([1]).

([1]) *Théorie des ondes liquides périodiques,* par M. Boussinesq, insérée au Tome XX, année 1872, des *Mémoires présentés par divers savants à l'Académie des Sciences.*

En appelant :

V la vitesse de propagation de l'onde,

L sa longueur,

T la durée de son oscillation,

on a, entre la vitesse de propagation et la durée de l'oscillation, la relation suivante :

$$V = \frac{g}{2\pi}\,T.$$

En remarquant que $L = VT$, la vitesse de propagation s'exprime en fonction de la longueur de l'onde de la manière suivante :

$$V = \sqrt{\frac{g}{2\pi}\,L}.$$

51. *Expression de la vitesse de propagation des ondes périodiques dans des eaux de médiocre profondeur.* — Si l'on suppose maintenant que la profondeur des eaux soit moindre que la distance de la surface libre à laquelle l'agitation produite par l'ondulation cesserait d'être appréciable en eaux profondes, la hauteur totale des eaux exerce alors de l'influence sur la vitesse de propagation des ondes d'oscillation.

C'est ce qui résulte de la théorie des ondes périodiques de M. Boussinesq, dont j'ai parlé plus haut. L'équation qui doit fournir la vitesse V de propagation est transcendante en V. En développant les exponentielles de cette équation et se bornant aux deux premiers termes, M. Boussinesq est arrivé à la valeur suivante de la vitesse de propagation,

$$V = \sqrt{g\,H},$$

dans laquelle, suivant les notations que j'ai adoptées, H représente la profondeur primitive des eaux.

Cette valeur de V ne convient que quand la durée de l'oscillation est très longue ; et en prenant, dans l'équation, un plus grand nombre de termes, on arrive à d'autres valeurs de V qui s'appliquent aux cas ordinaires.

Mais comme c'est principalement des ondes marées que je m'occupe dans cet écrit, et comme ces ondes ont une très longue durée d'oscillation, je me borne à mentionner la formule ci-dessus, qui leur est applicable; et l'on verra plus loin (66) que les vitesses obtenues par cette formule s'accordent avec les résultats des observations.

52. *Du déferlement des ondes d'oscillation dans des eaux ayant peu de profondeur.* — J'ai précédemment parlé (27) du déferlement des vagues de la mer, quand, s'approchant du rivage, ces vagues arrivent dans des eaux de faible profondeur.

Il ne paraît pas que la question du déferlement des ondes d'oscillation ordinaires ou périodiques, par défaut de profondeur des eaux, ait fait l'objet d'observations ou de recherches théoriques.

Cette question ne présente d'ailleurs pas d'utilité pour les études que j'ai principalement en vue dans cet écrit; et je me contenterai de signaler, comme je l'ai déjà fait (27), l'analogie qui paraît exister sur ce point entre les ondes d'oscillation et les ondes de translation, analogie qui porte à penser que les ondes d'oscillation déferlent quand la profondeur des eaux descend au-dessous d'une certaine limite, par rapport à la hauteur des ondes.

53. *Du déferlement des ondes d'oscillation dans les eaux profondes.* — Nous avons vu (28) que les vagues de la mer arrivent à déferler dans les eaux profondes quand la hauteur des ondes devient considérable par rapport à leur longueur.

Cherchant la plus grande hauteur que puisse atteindre une lame dont la durée d'oscillation est connue, M. de Bénazé, dans son mémoire précité, est arrivé à la valeur suivante :

$$h = \frac{2\,V^2}{g}.$$

en appelant h la hauteur de l'onde et V la vitesse de propagation.

Si l'on remplace V^2 par sa valeur $\dfrac{g\,L}{2\pi}$ précédemment donnée (50), on obtient, pour le maximum de la valeur de h,

$$h = \frac{L}{\pi}.$$

La plus grande hauteur que puisse prende une onde d'oscillation est donc, comme je l'ai précédemment indiqué (28), le tiers environ de la longueur de cette onde.

54. Suivant d'ailleurs que la hauteur d'une onde d'oscillation est plus ou moins grande par rapport à la longueur, la forme de l'onde varie.

M. de Bénazé décrit de la manière suivante les différentes formes que prennent les vagues de la mer eu égard au rapport de la hauteur à la longueur de ces vagues.

La forme de la vague est ordinairement une trochoïde, courbe intermédiaire entre la sinusoïde et la cycloïde.

La courbe de la surface libre prend la forme d'une sinusoïde lorsque le rapport de la hauteur à la longueur de l'onde est très faible.

Elle devient une cycloïde quand le rapport atteint la limite $\frac{1}{\pi}$ ci-dessus indiquée.

55. *Mouvements particuliers des molécules d'une masse liquide que parcourent des ondes d'oscillation.* — J'arrive maintenant à la question du déplacement horizontal de liquide occasionné par la propagation des ondes d'oscillation, déplacement horizontal qu'il faut toujours entendre dans le sens indiqué à la note du n° 31.

Les ondes de cette espèce se succèdent en présentant une suite d'intumescences séparées par des dépressions qui s'enfoncent, au-dessous du niveau normal des eaux, à peu près de la quantité dont les parties saillantes s'élèvent au-dessus de ce niveau.

Si à un instant quelconque l'une de ces ondes a la position

DSD' (*fig.* 11), après le temps nécessaire pour qu'une onde fasse
son évolution entière, le sommet de l'onde suivante se trouvera à
son tour en S, et la courbe instantanée des ondes, au point que
nous considérons, aura exactement la même forme qu'à l'origine

Fig. 11.

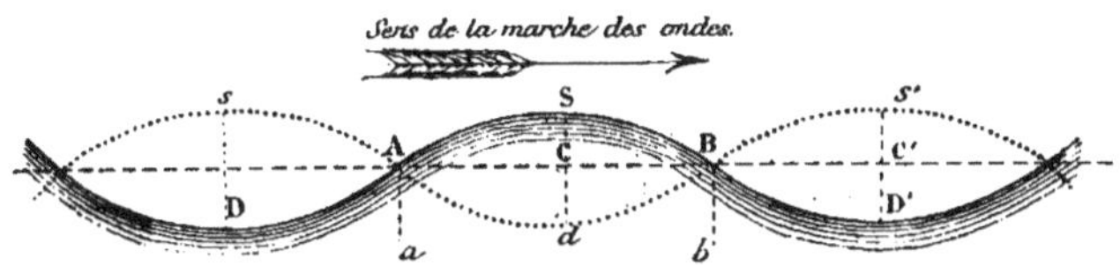

de ce temps. Je fais abstraction de la légère différence de hauteur
que les frottements et autres causes peuvent occasionner d'une
onde à la suivante.

Au milieu de la durée de l'évolution entière d'une onde, l'ordre
des parties saillantes et des parties déprimées est inversé, et la
courbe instantanée des ondes devient alors *sds'*.

En passant de la position initiale des ondes à la position inverse que je viens de décrire, la forme de la surface libre des eaux
subit un changement considérable. La surface est déprimée là où
elle était saillante, et réciproquement.

Après la demi-durée de l'évolution d'une onde, le volume d'eau,
qui a pour section ASB*d*, se trouve en moins dans l'espace compris entre les verticales A*a* et B*b* passant par les points A et B. Ce
volume doit dès lors se trouver en plus quelque part. En quels
lieux est-il passé?

Il n'y a que deux dispositions possibles. Le volume en question
est passé tout entier dans le sens du mouvement des ondes pour
former la nouvelle intumescence *s'* au-dessus de l'ancienne dépression D'; ou bien il s'est partagé entre les deux intumescences *s* et *s'*
en arrière et en avant de la position primitive S, pour contribuer
à former ces nouvelles intumescences.

56. Je rappelle ici ce que j'ai dit (42) au sujet des ondes de

4

translation : le volume d'eau qui formait l'intumescence S se trouve bien, à l'expiration du temps que l'on considère, en d'autres lieux, mais ce ne sont pas les molécules elles-mêmes du volume ASBd qui ont passé dans de nouvelles intumescences de l'onde; et c'est par le déplacement horizontal de liquide, de proche en proche, que l'échange des volumes s'opère.

57. Si l'on considère le volume du liquide ainsi déplacé horizontalement, ce volume est le même dans les deux cas ci-dessus indiqués; car il s'agit de pourvoir à un même supplément de volume, à savoir : le supplément entier correspondant à l'intumescence s dans le premier cas, et la moitié des deux suppléments correspondant aux intumescences s et s' dans le second.

Mais si l'on considère la distance moyenne à laquelle se fait, dans l'un et l'autre cas, le transport de liquide, de proche en proche, auquel donne lieu le mouvement ondulatoire, les deux cas ne se trouvent plus sur le pied d'égalité. La distance moyenne de transport est égale à CC′, soit à la demi-longueur d'une onde dans le premier cas; et, dans le second, elle est égale à la moitié des intervalles qui séparent les centres de gravité des triangles curvilignes ASd et AsD d'une part, et BSd et BsD d'autre part, c'est-à-dire approximativement aux deux tiers de la demi-longueur d'une onde.

La quantité d'action serait donc plus grande dans le premier cas que dans le second.

Donc, *en vertu du principe de la moindre action qui régit les phénomènes naturels*, c'est la seconde disposition qui doit se réaliser.

58. *Déplacement horizontal alternatif des molécules d'eau dans les ondes d'oscillation.* — Il suit de là que, dans la propagation des ondes d'oscillation, certaines molécules d'eau se déplacent horizontalement dans le sens de la marche des ondes au passage de chacune d'elles, et d'autres molécules en sens contraire.

Ces déplacements de liquide donnent lieu à des courants momentanés dirigés tantôt dans le sens de la marche des ondes, tantôt dans le sens opposé. Ces deux courants se produisent alternativement en chaque lieu, pendant le passage de chacune des ondes qui se succèdent, et ils cessent d'exister quand toutes les ondes ont passé.

Il serait extrêmement difficile d'observer les courants alternatifs dont je viens de parler dans les petites ondes d'oscillation, dont l'évolution est très courte et la longueur très petite.

Mais le phénomène des courants alternatifs devient très appréciable dans les ondes marées de la mer, qui sont des ondes d'oscillation périodiques (20 et 63), et l'on verra que les faits observés dans la mer confirment les considérations qui précèdent.

59. *Mouvement orbitaire des molécules d'eau dans les ondes d'oscillation.* — Le déplacement de liquide dans le sens horizontal, dont je viens de parler, n'est pas le seul auquel donne lieu la marche des ondes d'oscillation. La propagation de ces ondes fait naître en outre des déplacements dirigés verticalement dans chaque tranche, en montant lorsque la hauteur de la tranche augmente, et en descendant lorsque cette hauteur diminue.

Il se produit donc, dans une masse liquide parcourue par les ondes d'oscillation, des actions qui tendent à imprimer aux molécules d'eau un mouvement horizontal dirigé alternativement dans le sens de la marche des ondes et dans le sens contraire, et d'autres actions qui tendent à imprimer aux molécules un mouvement vertical dirigé alternativement en montant et en descendant.

Ces actions combinées rendent compte du mouvement orbitaire des molécules d'eau, pendant le passage des ondes d'oscillation; mouvement qu'a observé J. Russell (24), dans un canal à parois vitrées où se trouvaient des corpuscules en suspension.

On sait, en effet, que si deux systèmes, doués de vitesses dont les directions sont perpendiculaires entre elles, sont assujettis l'un et l'autre à parcourir une certaine longueur, tantôt dans un sens, tantôt dans le sens opposé, un point de l'un des systèmes trace dans l'autre une courbe dont la forme dépend des relations qui existent entre les vitesses des deux systèmes et entre les espaces qu'ils parcourent. La courbe devient un cercle si les vitesses des deux systèmes sont égales ainsi que les longueurs de leur déplacement.

CHAPITRE II

DES ONDES MARÉES

---

60. *Causes des marées.* — Les marées sont produites, comme on le sait, par l'attraction de la Lune et du Soleil sur les eaux de la mer.

Elles forment de grandes ondes qui se succèdent à certains intervalles de temps.

Ces temps sont en corrélation avec la durée des jours lunaires, l'action de la Lune étant prépondérante dans ce phénomène.

61. *Forme des ondes marées.* — Les ondes marées présentent une suite d'intumescences et de dépressions qui s'élèvent au-dessus du niveau normal des eaux et s'abaissent au-dessous de ce niveau, à peu près de la même quantité.

Elles affectent ainsi la forme des ondes d'oscillation, et l'on va voir qu'elles se rattachent également à ces ondes par leur mode de génération.

62. *Dispositions diverses des ondes d'oscillation.* — Je rappelle que les ondes d'oscillation sont des deux natures.

Les unes sont formées par une force verticale qui agit une seule fois sur les eaux, et qui, par les oscillations, décroissantes d'amplitude, qu'elle détermine dans la partie de la surface des eaux sur laquelle son action s'est exercée, donne lieu à une suite d'ondes qui vont également en diminuant d'intensité; ce sont les ondes d'oscillation ordinaires (18).

Les autres, tout en se succédant comme les précédentes, résultent chacune d'une action particulière de la force qui s'exerce sur les eaux. Les hauteurs des ondes successives ne sont plus soumises à la loi de décroissance qui distingue les ondes précédentes. Chaque onde a une hauteur particulière qui dépend de l'intensité de la force qui l'a produite. Ce sont les ondes périodiques (20).

63. *Nature des ondes marées.* — Les ondes marées se rattachent aux ondes d'oscillation par la direction verticale de la force qui les produit. Mais la force qui leur donne naissance n'agit pas une seule fois. Elle s'exerce incessamment et se résume chaque jour en deux actions qui correspondent, en chaque lieu, au passage de la Lune au méridien, au-dessus et au-dessous de l'horizon. Chaque marée est le résultat de l'une de ces actions, et a par conséquent sa cause particulière et déterminée.

Cette cause est variable suivant la position des astres et de la Terre. Les marées successives ont donc des hauteurs différentes. Chaque onde est plus ou moins élevée que la précédente suivant la puissance que prend la force attractive des astres, le jour auquel cette onde marée correspond.

Les ondes marées ont donc tous les caractères des ondes périodiques.

C'est ainsi que je les considérerai dans les explications qui vont suivre.

Je rappellerai d'abord les caractères généraux des ondes marées; puis j'examinerai leur mode de propagation et le régime des courants de marée qui naissent de leur marche.

§ 1ᵉʳ. — Caractéres généraux des ondes marées.

64. *Durées et hauteurs des marées.* — Ainsi que je viens de le dire, il se produit deux marées pendant la durée de chaque jour lunaire ; et dans chaque lieu, à quelque instant que la marée arrive, par suite de circonstances dont je parlerai plus loin, deux marées entières consécutives ont toujours ensemble la durée du jour lunaire auquel ces marées se rapportent.

Les marées de syzygies, ou *marées de vive eau*, sont plus fortes que les marées de quadrature, ou *marées de morte eau.*

Les plus fortes marées de vive eau ont lieu aux époques d'équinoxe, et aux mêmes époques les marées de morte eau prennent au contraire leurs plus faibles hauteurs.

Les eaux, dans une même marée, s'élèvent et s'abaissent à peu près de la même quantité par rapport à un certain niveau moyen qui est sensiblement le même en chaque lieu pour toutes les marées, et qui varie dans d'assez étroites limites en passant d'un lieu à un autre.

Il s'ensuit que les eaux s'abaissent plus, à mer basse, en vive eau qu'en morte eau, et que c'est aux époques d'équinoxe que l'on observe les mers les plus basses en vive eau et les moins basses en morte eau.

65. *Agitation produite dans les eaux de la mer par les ondes marées.* — La force attractive des astres, qui détermine le soulèvement des eaux de la mer et la formation des ondes marées, s'exerce sur toute la masse des eaux, et aussi bien sur les couches profondes qu'à la surface.

Ce motif serait suffisant pour conclure que l'agitation produite dans les eaux par les ondes marées règne sur toute la profondeur de la mer, si, à tout instant de leur marche, les ondes marées subissaient l'influence directe des astres.

Mais, comme nous le verrons plus loin, il n'en est pas ainsi (68).

Pour les motifs qui seront exposés (71 et 72), les ondes marées, une fois développées, échappent à l'influence directe des astres, du moins en ce qui concerne leur propagation. Elles ne sont plus que des ondes dérivées qui se propagent en vertu des lois du mouvement ondulatoire.

Cependant, les ondes marées n'en produisent pas moins partout une agitation qui est sensible sur toute la profondeur des eaux.

Nous avons vu, en effet (24), que les ondes d'oscillation déterminent, dans l'intérieur de la masse liquide qu'elles parcourent, des ondulations dont la longueur est celle des ondes elles-mêmes, et dont l'amplitude verticale diminue à mesure que l'on descend au-dessous de la surface supérieure des eaux.

L'amplitude que conservent les ondulations, à une profondeur donnée, dépend de la longueur de l'onde et est d'autant plus forte que l'onde a plus de longueur.

M. de Bénazé a calculé l'amplitude des ondulations intérieures, dans la houle (48); et à une profondeur égale à la moitié de la longueur de l'onde, il l'a trouvée de $\frac{1}{23}$ de la demi-hauteur de l'onde à la surface libre.

La houle, comme je l'ai dit (23), est de la nature des ondes périodiques, et l'on peut, sans craindre, je crois, de se jeter hors de la vérité, appliquer le résultat précédent aux ondes périodiques qui constituent les marées.

Or, l'onde marée a toujours une longueur immense.

Cette longueur est d'environ 900 000^{m} dans des mers de 40 à 50^{m} de profondeur, comme la Manche, et de 8 000 000^{m} dans des mers ayant de 3000 à 4000^{m} de profondeur, comme l'Atlantique.

La profondeur de la mer n'est donc, en toutes circonstances, qu'une fraction extrêmement petite de la longueur de l'onde marée.

Cette fraction est environ $\frac{1}{20\,000}$ dans une mer de 40^{m} à 50^{m} de profondeur et de $\frac{1}{2300}$ dans une mer de 3000^{m} à 4000^{m}. Il y a très loin de ces fractions à celle de $\frac{1}{2}$ pour laquelle M. de Bénazé a trouvé que l'amplitude de l'ondulation est encore $\frac{1}{23}$ de la demi-hauteur de l'onde à la surface libre.

Il faut conclure de là qu'au fond des mers, même les plus profondes, les ondulations développées par les ondes marées dans l'intérieur des eaux ont encore pour amplitude une fraction assez importante de la hauteur de l'onde à la surface. On peut donc justement dire que les ondes marées mettent les eaux de la mer en mouvement sur toute leur profondeur.

66. *Vitesse de propagation des ondes marées.* — Nous avons vu (51) que, lorsque les ondulations produites dans l'intérieur des eaux par les ondes périodiques conservent une valeur appréciable jusqu'au fond, la vitesse de propagation des ondes est donnée, en négligeant certains termes, par la formule :

$$V = \sqrt{g\,H},$$

H étant la profondeur des eaux.

C'est le cas où, d'après ce qui précède, se trouve l'onde marée.

Par conséquent, la vitesse de propagation de cette onde doit être donnée par la formule ci-dessus.

L'observation des faits justifie cette appréciation. Il résulte, en effet, des renseignements donnés par M. Voisin Bey dans le cours des travaux maritimes à l'Ecole des Ponts et Chaussées, que la vitesse de propagation de la pleine mer est de 176^m par seconde du cap de Bonne-Espérance à Ouessant, et de 21^m d'Ouessant à Boulogne. En calculant les profondeurs d'eau qui correspondent à ces vitesses d'après la formule $V = \sqrt{g\,H}$, on trouve pour valeur de H, savoir 3160^m dans l'Atlantique et 45^m dans la Manche ; et les sondages directs, nombreux surtout pour la Manche, ont donné des profondeurs moyennes peu différentes.

67. L'onde marée couvre des espaces très considérables, et, sur son étendue, la mer présente les profondeurs les plus variées.

La vitesse de propagation dont une onde marée est animée n'est donc pas unique dans toute l'étendue de l'onde, mais elle varie suivant la profondeur.

C'est une question sur laquelle je reviendrai plus loin ; et pour le moment je présenterai quelques chiffres qui feront voir comment la vitesse de propagation de l'onde marée se comporte par rapport à la profondeur des eaux, indépendamment de toute variation de cette profondeur. Ce sont les vitesses que prendrait l'onde marée dans des mers ayant une profondeur constante.

Hauteur constante des eaux	Vitesse de propagation de l'onde marée	Hauteur constante des eaux	Vitesse de propagation de l'onde marée
mètres	mètres	mètres	mètres
50.	22,14	500.	70,03
100.	31,32	1000.	99,04
150.	38,36	3000.	171,55
200.	44,29		

68. *Retard des marées par rapport à la position des astres.* — Les marées ne s'accordent pas, en temps, avec la position des astres qui les produisent.

La pleine mer, correspondant à un jour lunaire donné, n'arrive, en effet, en chaque point des mers qu'un certain temps après que la Lune a passé, ce jour-là, au méridien du lieu que l'on considère. Le retard de la marée est variable suivant les lieux et suivant la position des astres.

Toutefois, ce retard se retrouve toujours le même, en chaque lieu, aux jours de syzygies où la Lune se trouve à ses distances moyennes de la Terre.

69. *Établissement des ports.* — L'heure à laquelle la pleine mer a lieu, dans chaque port, aux jours que je viens d'indiquer, par suite du retard de la marée, constitue ce que l'on appelle l'*Établissement du port.* On connaît cet élément du régime des

marées pour les points principaux du littoral des différents pays.

En France, et pour ne citer que quelques points importants, l'établissement du port est, savoir :

> à Cordouan. . . . . $3^h 53^m$
>
> à Brest. 3 46
>
> au Havre 9 18
>
> à Dunkerque 12 13

70. *Désaccord entre la direction de l'onde marée et celle des astres.* — Les ondes marées ne se progagent généralement pas dans la direction que l'influence des astres tend à leur imprimer, celle du mouvement apparent des astres de l'E. à l'O. On voit, au contraire, les marées prendre les directions les plus variées dans les différentes mers.

Voici, par exemple, ce qui arrive dans l'Atlantique et les autres mers qui baignent l'O. de l'Europe.

L'onde marée qui arrive au S. de l'Afrique, en marchant de l'E. à l'O. entre dans l'Atlantique, après avoir contourné le cap de Bonne-Espérance, et s'y propage en marchant du S. au N.

En s'approchant de l'Europe, elle s'incline du N.-O. au S.-E., et c'est dans cette direction qu'elle aborde l'ensemble des côtes de France et d'Angleterre.

Elle vient s'amortir contre ces diverses côtes. Mais, entre la France et l'Angleterre, elle pénètre dans la Manche et s'y propage en marchant de l'O. à l'E.

Après avoir contourné les Iles Britanniques au N. de l'Ecosse, elle se propage dans la mer du Nord en marchant du N. au S.

Elle rentre enfin dans la Manche par le Pas-de-Calais, en marchant cette fois de l'E. à l'O., et elle y forme des interférences avec l'onde qui se propage dans cette mer de l'O. à l'E., comme nous l'avons vu plus haut.

71. *Influence des continents sur la direction suivie par les ondes marées.* — Les ondes marées subissent donc dans leur

marche des perturbations auxquelles l'influence des astres est étrangère.

La question de savoir s'il y a, dans l'étendue des mers, un lieu où les marées correspondent exactement à la position des astres et en sont le résultat direct, a été très controversée. Mais, qu'un pareil lieu existe, ou qu'en tout point des mers les marées soient la résultante de l'action des astres et des circonstances terrestres, il arrive toujours qu'une onde se dévie à la rencontre de tout continent qui se trouve sur sa marche. L'onde ainsi détournée se propage dans une direction différente de celle qu'elle avait auparavant, jusqu'à ce qu'elle rencontre un autre continent qui apporte un nouveau changement dans sa direction, et ainsi de suite.

72. *Influence de la profondeur de la mer sur la marche des ondes marées.* — La présence des continents n'est pas la seule cause des perturbations que subit l'onde marée dans sa marche. Il en existe une seconde dans la variation de la profondeur des mers et surtout dans l'insuffisance de cette profondeur.

La vitesse de propagation des marées dépendant, comme nous l'avons vu (66), de la profondeur de la mer, les différentes valeurs que prend cette profondeur apportent des changements dans la vitesse de propagation des marées; changements qui ne peuvent s'accorder avec la marche régulière des astres.

En outre, la profondeur des mers est insuffisante pour assurer aux ondes marées une vitesse qui soit en rapport avec la marche des astres. Si l'on calcule, en effet, les différentes vitesses avec lesquelles une onde marée devrait se propager, en supposant qu'aucun continent ne vînt la dévier de sa marche, pour qu'elle restât toujours en concordance avec la position de la Lune, on trouve, en faisant abstraction, pour cette évaluation sommaire, de l'obliquité de l'écliptique, que la vitesse de l'onde devrait être d'environ 450^m par seconde à l'équateur et de 315^m à $45°$ de latitude; ce qui correspond à des profondeurs de $20\,000^m$ et $10\,000^m$. Les profondeurs de la mer sont loin d'atteindre de pareils chiffres. Elles doivent donc exercer une influence marquée sur le régime des marées.

Telles sont les principales causes des retards et des directions variées que présentent les ondes marées aux différents points des mers.

73. *Les perturbations que subissent les ondes marées n'altèrent pas leur périodicité.* — Mais, quelque actives que soient ces causes de perturbations, quelque compliqués qu'en deviennent l'aspect et le régime des marées, la périodicité que leur imprime la cause première se conserve exactement et se retrouve toujours.

C'est le principe sur lequel s'est appuyé Laplace dans ses recherches sur le phénomène des marées et qu'il a exprimé en ces termes :

L'état d'un système de corps dans lequel les conditions primitives du mouvement ont disparu, par les résistances que ce mouvement éprouve, est périodique comme les forces qui animent le système.

On voit ainsi toujours revenir après $12^h 20^m$ environ en vive eau, et $12^h 40^m$ en morte eau, le phénomène de la marée en chacun des points des mers, quelque direction que suivent les ondes marées et quelque forme qu'elles affectent, même lorsqu'elles présentent deux maxima, comme on l'observe en quelques lieux.

74. *Influence directe des astres sur les ondes marées dérivées.* — Telles apparaissent les ondes marées dans leur marche à travers les différentes mers.

·Soulevées par l'influence des astres, c'est à cette influence qu'elles doivent la régularité de leur apparition en chaque point des mers. Mais leur direction et leur vitesse de propagation sont dues à des causes entièrement terrestres, à savoir, la présence des continents et la profondeur plus ou moins grande de la mer.

Faudrait-il en conclure que les astres n'exercent plus d'influence directe sur les marées ainsi dérivées et modifiées par les actions terrestres? Il me semble que cette influence directe ne peut pas être annihilée; et si l'on faisait des observations comparatives sur les côtes O. d'Afrique et d'Europe, en même temps que sur les côtes E. de l'Amérique, je suis porté à penser que les ondes marées, parcourant l'Atlantique du S. au N., se présenteraient différemment sur les rivages de l'ancien et du nouveau continent, suivant que les astres qui coupent la direction des ondes à angle droit, de l'E. à l'O., exerceraient principalement leur influence vers les côtes d'Afrique et d'Europe ou vers celles de l'Amérique.

Mais, si les astres exercent une influence directe de cette nature, il n'en résulte sans doute, pour les ondes qui la subissent, qu'un peu plus ou un peu moins de hauteur en certains lieux et à certains moments, sans que rien soit changé aux lois et circonstances principales de leur propagation.

Quelque intéressante que puisse donc être la question de l'influence directe des astres sur les ondes marées dérivées, cette question n'a pas d'importance au point de vue de la constitution de ces ondes, et je n'en parlerai pas davantage.

75. *Partage de la durée totale des marées entre le gagnant et le perdant.* — J'ai dit plus haut (73) que la durée totale d'une marée, c'est-à-dire le temps qui sépare une basse mer de la basse mer suivante, est à peu près de 12^h20^m en vive eau et de 12^h40^m en morte eau.

La durée totale de la marée reste constante dans tout le parcours d'une même onde; mais le partage de cette durée totale entre le gagnant et le perdant de la marée varie suivant les localités.

Le tableau suivant donne la décomposition de la durée totale de la marée de vive eau du 19 septembre 1876, d'après les observations faites en différents points du littoral de la France, dans l'Atlantique et la Manche, observations dont j'ai déjà parlé à l'avant-propos de ce mémoire.

INDICATION DES LIEUX	DURÉE		DURÉE TOTALE DE LA MARÉE
	DU GAGNANT	DU PERDANT	
	h. m.	h. m.	h. m.
Embouchure de l'Adour.	5 15	7 o3	12 18
Royan (Gironde)	6 oo	6 18	id.
Fort Boyard (Charente).	5 56	6 22	id.
Port-Louis	6 oo	6 18	id.
Brest.	6 oo	6 18	id.
Portrieux.	5 5o	6 28	id.
Saint-Malo	5 25	6 53	id.
Cherbourg	5 43	6 35	id.
Pointe-du-Siège (Orne) (¹)	2 3o	9 49	12 19
Le Havre.	4 19	8 oo	id.
Fécamp.	5 36	6 43	id.
Dieppe	5 29	6 5o	id.
Boulogne.	5 o3	7 16	id.
Calais.	5 10	7 o9	id.
Dunkerque	5 23	6 56	id.

Dans les observations de la nature de celles d'où sont tirés les chiffres ci-dessus, il y a toujours un peu d'incertitude sur l'heure précise où l'on doit placer la basse mer. La durée totale de la marée n'en ressort par conséquent pas avec une précision absolue. Cependant, les observations n'ont été nulle part en désaccord marqué avec les durées totales de la marée inscrites à la dernière colonne du tableau ci-dessus et qui sont extraites de l'*Annuaire des marées*.

76. *Unités de hauteur des marées.* — La hauteur totale des marées, comptée depuis le niveau de la basse mer jusqu'à celui de

(¹) Les durées du gagnant et du perdant de la marée du 19 septembre 1876, à la Pointe-du-Siège, portées au tableau ci-dessus, diffèrent notablement de celles qui résultent des données de l'*Annuaire des marées* et qui sont respectivement de $4^h 11^m$ et $8^h 8^m$.

Ces différences proviennent sans doute de ce que l'*Annuaire des marées* donne l'heure de la basse mer au large de l'embouchure de l'Orne, tandis que les observations du 19 septembre 1876 ont été faites à l'embouchure même du fleuve, dont le fond est de 3^m environ au-dessus du niveau de la basse mer au large.

Voir, à ce sujet, les observations du n° 402 et la rectification (*Pl.* II) qui mettrait la courbe locale de la marée, à l'embouchure de l'Orne, d'accord avec les indications de l'*Annuaire des marées*.

la pleine mer, acquiert des valeurs différentes pour une même onde, aux différents point des mers, au large comme sur le littoral.

Toutefois, les rapports qui s'établissent entre les hauteurs d'une marée, en des lieux différents, restent les mêmes, quelle que soit l'importance de la marée. On a pu, par suite, déterminer pour chaque port un chiffre de hauteur, qui, multiplié par un coefficient représentant d'une manière générale l'importance de la marée, à un jour donné, fait connaître la hauteur que la marée atteindra ce jour-là dans le port que l'on considère.

Le chiffre adopté pour cela est *la moitié de la hauteur totale de la marée* que produisent les astres quand ils sont l'un et l'autre dans le plan de l'équateur, à leurs distances moyennes, et passent ensemble au méridien. On lui a donné le nom d'*Unité de hauteur*.

D'autre part, l'*Annuaire des marées* donne chaque année, et pour tous les jours de l'année, les coefficients, exprimés en centièmes, qui représentent l'importance de toutes les marées consécutives.

Il suffit, dès lors, de multiplier l'unité de hauteur d'un port par le coefficient qui convient à une marée donnée, pour avoir la moitié de la hauteur totale que prendra cette marée au port que l'on considère.

Les unités de hauteur font ainsi juger des variations de hauteur qu'éprouve une même onde marée en passant aux différents lieux, dans son mouvement de propagation.

Le tableau suivant donne les valeurs des unités de hauteur aux différents ports de France sur l'Atlantique et la Manche.

Indication des lieux.	Unités de hauteur.	Indication des lieux.	Unités de hauteur.
Royan	$2^m,80$	Le Havre	$3^m,55$
Fort Boyart	2 ,83	Fécamp	3 ,70
Port-Louis	2 ,24	Dieppe	4 ,60
Brest	3 ,30	Boulogne	3 ,96
Saint-Malo	5 ,84	Calais	3 ,12
Cherbourg	2 ,93	Dunkerque	2 ,70
Pointe-du-Siège	3 ,44		

77. *Courants de flot et de jusant.* — A toute marée, il se produit en chaque lieu des courants dirigés alternativement dans le sens de la marche de l'onde et en sens contraire. On appelle les premiers *Courants de flot* et les seconds *Courants de jusant.*

Ces courants alternatifs sont surtout sensibles dans les mers peu profondes. Leur vitesse est d'autant plus grande que la profondeur de la mer est moindre. Elle atteint $1^m,5o$ et 2^m par seconde dans la Manche, avec une profondeur d'environ $4o^m$, et ne dépasse pas $o^m,75$ en avant d'Ouessant, par des fonds de $12o^m$.

A proximité de certaines côtes, les courants de marée deviennent giratoires, dans un sens ou dans l'autre. Ce sont des perturbations du phénomène dues à des circonstances locales. J'en parlerai plus loin (102).

78. *Étales de flot et de jusant.* — Les courants de flot et de jusant ont ensemble, dans chaque lieu, une durée à peu près égale à celle de la marée, et ils se partagent la durée totale de la marée à peu près comme le font le gagnant et le perdant de l'onde, principalement pour les marées de vive eau. Mais les instants où les courants changent de direction ne coïncident pas avec ceux de pleine et de basse mer. Le courant de flot continue quelque temps après la pleine mer, quoique la hauteur des eaux diminue, et le courant de jusant continue quelque temps après la basse mer, quoique la hauteur des eaux augmente.

On nomme *Étales de flot et de jusant* les états de la marée qui correspondent aux instants où les courants de flot et de jusant cessent de se faire sentir et sont bientôt remplacés par un courant contraire (¹).

Les étales de flot et de jusant sont donc en retard, comme je

---

(¹) Dans les ports, on donne aussi le nom d'*étales* aux deux états de la mer qui correspondent aux instants où la marée atteint sa plus grande ou sa plus petite hauteur. Il importe de ne pas confondre ces étales de pleine mer et de basse mer avec les étales de flot et de jusant qui se rapportent aux instants où les courants de marées se renversent.

viens de le dire, sur les instants de pleine mer et de basse mer. Le retard est variable suivant les circonstances. Souvent les étales ont lieu à mi-marée, mais quelquefois aussi un peu plus tôt ou un peu plus tard.

79. *Rapidité d'ascension et d'abaissement des eaux de la mer pendant la durée d'une marée.* — Pour achever la description du régime des marées, il me reste à parler de la rapidité plus ou moins grande avec laquelle la mer s'élève ou s'abaisse aux différents instants d'une même marée, et à indiquer les procédés adoptés pour représenter graphiquement le mouvement des marées et la forme des ondes.

Si l'on divise, en temps égaux, la durée d'une marée montante, les quantités dont s'élèvent les eaux de la mer, pendant tous ces temps, ne sont pas égales. Très faibles quand la mer commence à monter, elles augmentent ensuite progressivement jusqu'à la mi-marée, puis diminuent de même pour reprendre de faibles valeurs à l'approche de la pleine mer.

Les quantités dont la mer s'abaisse pendant la marée descendante se comportent de la même manière.

80. *Courbes locales des marées.* — Si l'on représente graphiquement les mouvements de la marée, *dans un lieu donné*, en prenant les temps pour abscisses et les hauteurs d'eau pour ordonnées, on obtient une courbe qui a généralement la forme d'une sinusoïde (*fig.* 12).

C'est ce qu'on appelle la *Courbe locale* de la marée.

Lorsque les marées se propagent dans une mer ouverte, de profondeur à peu près constante, les courbes locales diffèrent très peu d'une sinusoïde régulière. Elles s'éloignent de cette régularité si les variations de profondeur et les accidents naturels des côtes introduisent une différence marquée entre les durées du gagnant et du perdant. Cependant, les courbes conservent encore, dans presque tous les cas, la forme sinusoïdale.

Il existe toutefois, sur quelques côtes, des causes de perturbation si puissantes, que la courbe locale des marées en acquiert des
formes très irrégulières, présentant alors, soit un aplatissement

Fig. 12.

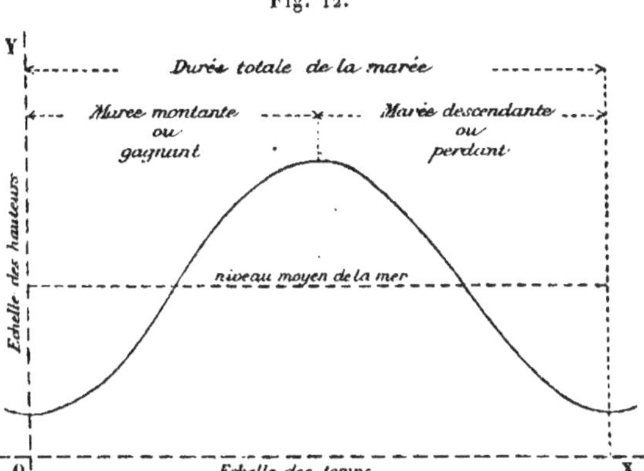

marqué à son sommet, soit des protubérances qui donnent deux
maxima à la marée, comme nous le verrons dans la suite de ce
mémoire.

Fig. 13.

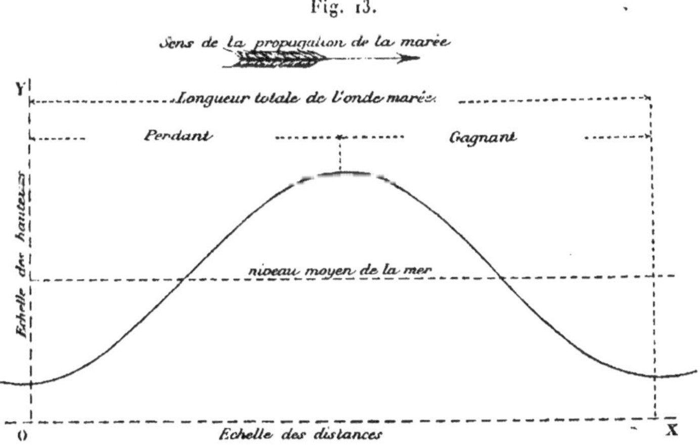

81. *Courbes instantanées des marées*. — Si l'on fait une section de l'onde marée, à *un instant donné*, par un plan vertical

dirigé dans le sens de la marche de l'onde, on obtient ce que l'on appelle la *Courbe instantanée* de la marée.

Dans ce mode de représentation, les distances forment les abscisses et les hauteurs d'eau les ordonnées (*fig.* 13).

Les courbes instantanées affectent ordinairement la forme sinusoïdale, comme les courbes locales; et cette forme est plus ou moins régulière suivant la manière dont les diverses profondeurs de la mer se répartissent sur la longueur qu'occupe l'onde marée à l'instant que l'on considère.

82. *Courbes cotidales.* — Les courbes locales et les courbes instantanées dont je viens de parler donnent divers éléments des ondes marées dans le sens vertical. On a, en outre, représenté la forme des marées dans le sens horizontal au moyen de courbes auxquelles on a donné le nom de *Courbes cotidales.*

Ces courbes sont les projections en plan de l'arête supérieure de l'onde marée, aux différents instants de sa propagation. En d'autres termes, elles sont les lieux géométriques de tous les points où la pleine mer a lieu à la même heure. Ces lieux géométriques ont été déterminés, dans les différentes mers, pour toutes les heures de la journée.

Les courbes cotidales changent de position aux différentes marées. Mais nous avons vu (68) que les marées reviennent toujours à la même heure, en chaque point des mers, aux jours de syzygies où la Lune est à ses distances moyennes de la Terre. Ces jours-là, les courbes cotidales se retrouvent dans les mêmes positions aux différentes heures; et ce sont ces positions que l'on a tracées, avec l'indication des heures, sur les cartes où les courbes cotidales sont figurées.

Dans le Cours des travaux maritimes fait à l'École des Ponts et Chaussées, M. Voisin Bey a donné une réduction de la carte des courbes cotidales du Globe, dressée d'après les renseignements recueillis par MM. Lubbock et Whewell.

§ 2. — Propagation des ondes marées. Courants de marée.

83. *Mode de propagation des ondes marées.* — Les marées, dont le caractère ondulatoire est hors de doute, se propagent, comme toutes les ondes (30), par simple transmission successive de mouvement.

Cette communication de mouvement ne peut d'ailleurs s'opérer, ainsi que je l'ai déjà dit (31), sans que les molécules de la masse liquide occupée par l'onde éprouvent un certain déplacement horizontal.

84. *Particularités de la propagation des ondes marées.* — L'onde marée est de la nature des ondes d'oscillation périodiques (63). Mais l'agitation qu'elle produit dans les eaux est encore très sensible au fond des mers les plus profondes (65), et nous avons vu (51) que, dans ces conditions, la vitesse de propagation des ondes périodiques est donnée par la formule $V = \sqrt{gH}$, dans laquelle H représente la profondeur des eaux. La vitesse de propagation de l'onde de la marée devient donc, dans les circonstances particulières où elle se trouve, fonction de la profondeur des eaux, comme celle de l'onde de translation (8 et 34).

D'autre part, il est bien constaté, par l'observation des faits, que l'onde marée ne conserve pas la même forme dans toute sa marche. En cela encore, elle se comporte comme l'onde de translation, qui ne saurait atteindre une forme permanente quand le volume de son intumescence est considérable (38).

De ces analogies on peut inférer que les changements de forme de l'onde marée sont dus à la même cause que ceux de l'onde de translation. Il faut les rapporter, les uns et les autres, aux vitesses particulières de propagation dont les diverses tranches des ondes sont animées (34). Ces vitesses peuvent devenir, suivant les circonstances, égales ou inégales; et c'est à leur inégalité accidentelle que sont dus les changements de forme des ondes. Je renvoie à ce sujet aux observations que j'ai présentées plus haut (39).

Chaque tranche de l'onde marée se propagerait ainsi avec la vitesse $V = \sqrt{g\,H}$, en appelant H la profondeur de la mer au lieu que la tranche occupe.

85. Une tranche verticale de l'onde marée a, dans toutes les grandes mers, une étendue considérable. Sur cette étendue, la mer a des profondeurs différentes.

Les variations de profondeur doivent donner lieu, dans une même tranche verticale de l'onde marée, à des vitesses de propagation différentes. C'est ce que prouvent les inflexions que subissent les courbes cotidales aux lieux où la mer change de profondeur. La partie correspondante de la courbe cotidale s'avance, ou reste en arrière, par rapport aux autres parties de la courbe, suivant que la nouvelle profondeur de la mer est plus grande ou plus petite. Je citerai, comme exemple, l'avance considérable que prennent les courbes cotidales vers les côtes de l'Amérique du Nord, où elles rencontrent des profondeurs de $10\,000^m$; tandis que, entre l'Afrique et l'Amérique du Sud, ainsi que vers les côtes de l'Europe, les plus grandes profondeurs de l'Atlantique ne dépassent pas 4000^m.

Cette règle reçoit cependant une exception à proximité des côtes. En certains lieux où la mer a peu de profondeur, les marées se propagent avec des vitesses qui ont plus de rapport avec les profondeurs plus grandes du large qu'avec les profondeurs moins grandes des lieux que l'on considère. Il se passe alors quelque chose d'analogue à ce que l'on observe dans une onde de translation qui se propage dans un lit dont la section transversale est variable de profondeur (9). Sur une certaine longueur à partir de la côte, la tranche verticale de l'onde marée prend alors une vitesse moyenne de propagation commune à toutes ses parties, et supérieure, en certains points, à celle qui résulterait de la profondeur des eaux en ces points.

86. D'après ce que j'ai dit précédemment (64 et 73), une onde marée quelconque effectue son évolution entière dans la moitié du jour lunaire auquel cette onde correspond.

Cette propriété des ondes marées produit des effets qu'il importe de signaler.

Considérons les tranches de basse mer de deux ondes marées consécutives, se trouvant en deux lieux déterminés, à un instant donné. Quand un demi-jour lunaire se sera écoulé après cet instant, la tranche de basse mer de l'onde postérieure se trouvera exactement dans la position qu'occupait primitivement la tranche de basse mer de l'onde antérieure ; et il en est toujours ainsi, en vertu de la loi de périodicité des ondes marées (73), quelle que soit la vitesse de propagation des tranches de basse mer.

La distance qui sépare les positions des tranches de basse mer de deux ondes marées consécutives n'est pas autre chose que la longueur de l'onde marée ; et cette longueur dépend nécessairement de la vitesse de propagation des tranches.

On peut donc dire que le temps employé par une onde marée à parcourir sa propre longueur est constant et égal au demi-jour lunaire auquel cette onde correspond, pour toute vitesse de propagation de la marée et par conséquent pour toute profondeur de la mer.

Il résulte de là que la longueur de l'onde marée et la profondeur de la mer sont ensemble en relation définie. Je vais m'arrêter un instant sur cette question.

87. *Longueur des ondes marées dans une mer d'égale profondeur.* — Si la mer avait une profondeur constante, la relation dont je viens de parler s'établirait simplement de la manière suivante :

Désignons par

    T la durée du demi-jour lunaire exprimée en secondes,

    V la vitesse de propagation de l'onde marée par seconde,

L la longueur de l'onde,

H la profondeur des eaux,

on a la relation

$$L = TV.$$

Remplaçant V par sa valeur $\sqrt{gH}$, on obtient

$$L = T\sqrt{gH}.$$

Dans cette équation, $T\sqrt{g}$ forme une constante pour la même onde, sur tout son parcours. La longueur de l'onde marée dans une mer d'égale profondeur serait donc proportionnelle à la racine carrée de la profondeur des eaux. Le rapport constant de ces deux quantités serait égal au produit de la durée du demi-jour lunaire auquel la marée correspond par la racine carrée de la gravité.

Voici quelques chiffres qui montreront ce que deviendraient, dans l'hypothèse d'une profondeur d'eau constante, les longueurs d'une onde marée correspondant à différentes profondeurs de la mer. J'ai pris pour durée du demi-jour lunaire le chiffre moyen de $44\,400^s$.

Profondeur de la mer	Longueur de l'onde marée	Profondeur de la mer	Longueur de l'onde marée
mètres	mètres	mètres	mètres
50.	983 016	500.	3 109 332
100.	1 390 608	1000.	4 397 376
150.	1 703 184	3000.	7 616 820
200.	1 966 476		

88. *Longueur des ondes marées dans des mers variables de profondeur.* — L'hypothèse d'une égale profondeur de la mer ne se réalise pas dans la nature. Mais l'inégalité de profondeur n'altère pas la loi de périodicité des ondes marées, et, en tout point des mers, deux ondes consécutives se succèdent toujours à un intervalle de temps égal au demi-jour lunaire auquel correspond la première de ces ondes (73).

La longueur d'une onde marée est d'ailleurs toujours égale à la distance qui sépare les deux tranches de basse mer qui limitent l'onde; et cette distance est toujours parcourue dans l'intervalle du demi-jour lunaire auquel la marée correspond, quelles que soient les vitesses diverses de propagation dont la tranche de la basse mer soit animée.

Je considérerai, dans ce qui va suivre, la propagation de l'onde dans une section normale aux directions des diverses tranches de l'onde; car l'inégalité de profondeur des eaux détruit le parallélisme de ces tranches, ainsi que des courbes cotidales (85) et par suite l'onde prend des longueurs différentes aux différents points de sa largeur.

Cela posé, supposons que, dans une section donnée, la mer présente, à partir d'un lieu déterminé où se trouve la basse mer à un instant donné, diverses profondeurs h, h', h'',... sur les longueurs l, l', l'',...

Appelons v, v', v'',... les vitesses de propagation correspondant aux diverses profondeurs ci-dessus indiquées, et t, t', t'',... les temps nécessaires pour parcourir les longueurs l, l', l'',... avec les vitesses v, v', v'',...

Dans chacune des parties d'égale profondeur qui composent la section de l'onde marée que l'on considère, les quantités que je viens de désigner donnent lieu aux équations suivantes :

$$l = vt \quad \text{et} \quad v = \sqrt{gh}.$$

On aura donc, dans ces différentes parties de la section de l'onde,

$$t = \frac{l}{\sqrt{gh}}, \quad t' = \frac{l'}{\sqrt{gh'}}, \quad t'' = \frac{l''}{\sqrt{gh''}} \dots, \text{ etc.}$$

Il ne s'agit plus que d'assembler, à partir du lieu d'où l'on veut mesurer la longueur de l'onde, un certain nombre de parties contiguës de la section, de manière que la somme des temps $t + t' + t'' + \dots$ qui leur conviennent soit égale à la durée T du demi-jour lunaire auquel correspond la marée que l'on considère.

La condition à remplir est ainsi exprimée par l'équation

$$\frac{l}{\sqrt{gh}} + \frac{l'}{\sqrt{gh'}} + \frac{l''}{\sqrt{gh''}} + ..., = T.$$

Ce calcul étant fait, la somme $l + l' + l'' + ...$ de toutes les longueurs partielles que l'on aura dû faire entrer dans l'équation donnera la longueur totale L de l'onde marée à l'instant que l'on a considéré.

89. *Cause déterminante des courants de marée.* — Revenons à la propagation des ondes marées et aux phénomènes de courants qui l'accompagnent.

J'ai déjà dit (83) que dans l'onde marée, comme dans tout mouvement ondulatoire, la propagation de l'onde entraîne un certain déplacement horizontal du liquide.

C'est à l'eau ainsi déplacée horizontalement, par le mouvement ondulatoire, qu'il faut attribuer les courants alternatifs de marée, dont j'ai précédemment indiqué les principaux caractères (77 et 78).

Aucun doute ne peut exister sur ce point, et la corrélation qui s'établit entre la durée des marées et celle des courants alternatifs démontre bien que ces deux phénomènes ont une origine commune.

Les courants de marée ne sont pas constitués de la même manière dans tous les lieux, mais, en chaque lieu, ils sont à peu près uniformes de régime pour les marées de même importance.

Ces courants sont généralement alternatifs. Quelquefois, à proximité des côtes, ils deviennent giratoires dans un sens ou dans l'autre. J'ai déjà signalé cette circonstance (77). Ce sont là des exceptions toutes locales, qui sont intéressantes, surtout au point de vue de la navigation, mais dont je ne m'occuperai pas en ce moment, n'ayant pour but que d'examiner la constitution des courants de marée dans leur état normal; et alors ils sont alternatifs.

90. *Observations préliminaires sur les changements de forme des ondes marées.* — Avant d'entrer dans l'examen des courants

de marée, je ferai observer que l'inégalité de hauteur et de durée des marées consécutives, ainsi que les variations de profondeur de la mer et les accidents naturels des rivages, exercent une influence sur les courbes instantanées des ondes marées et en modifient incessamment la forme.

Cependant, ces causes de perturbations ne font pas perdre aux courbes instantanées des ondes marées la forme sinusoïdale qu'elles affectent ordinairement, sinon dans des circonstances tout à fait exceptionnelles et près des côtes. Souvent même ces courbes s'éloignent peu d'une sinusoïde régulière, surtout si on les considère à une certaine distance au large.

Les variations de hauteur et de durée d'une marée à l'autre sont d'ailleurs assez faibles pour que l'on puisse, sans inconvénient, ne pas tenir compte des différences qu'elles introduisent dans la forme de deux ondes consécutives.

Je considérerai donc, dans ce qui va suivre, la courbe instantanée de l'onde marée comme une sinusoïde régulière. Cette hypothèse s'éloigne trop peu de la réalité pour qu'elle puisse infirmer les résultats; et d'ailleurs on verra que les conséquences s'accordent avec les faits naturels observés.

91. *Mouvement des molécules d'eau de la mer pendant le passage de l'onde marée.* — Soit DSD'S' la courbe instantanée

Fig. 14.

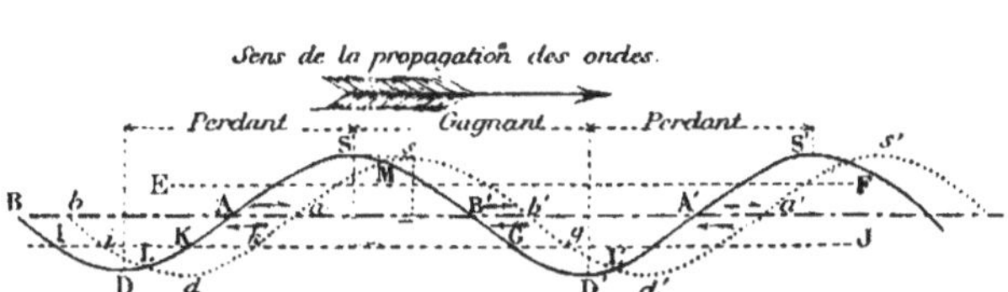

de deux ondes marées consécutives, c'est-à-dire (81) la coupe de ces ondes, à un instant donné, par un plan vertical dirigé dans le sens de la marche des ondes.

Supposons qu'après un temps t assez court, la courbe instantanée des ondes occupe la position $d\,s\,d'\,s'\ldots$

Pendant le temps t, il s'est produit, dans l'onde marée dont le sommet est en S, les deux effets suivants :

La masse des eaux a été augmentée, du côté de la marée montante, du volume ayant pour section la figure $MB'L'b'$, et elle a été diminuée du côté de la marée descendante du volume dont la section est la figure $MALa$.

92. Dans ce qui va suivre, je comparerai les sections des volumes de liquide qui se trouvent ainsi en plus ou en moins dans les différentes parties de l'onde. Cela revient à dire que je considérerai ce qui se passe sur 1^{m} de largeur de l'onde marée.

Il suffit d'agir ainsi pour les ondes marées dont la largeur est très considérable et varie d'une quantité tout à fait négligeable pendant le temps assez court que l'on considère.

Si la largeur de l'onde était minime et variait d'une manière notable dans des lieux rapprochés, comme cela se présente dans quelques bras de mer et sur les fleuves, il ne suffirait plus de considérer les sections des volumes d'eau en question, et c'est alors sur les volumes eux-mêmes qu'il faudrait opérer.

93. Je reviens au mouvement occasionné dans les eaux de la mer par la propagation de l'onde marée. Il arrive ici, comme dans tous les mouvements ondulatoires, ainsi que j'en ai déjà fait la remarque (44), que l'accroissement de volume du côté du gagnant de l'onde est égal à la diminution de volume du côté du perdant. Les aires des figures $MB'L'b'$ et $MALa$ sont par conséquent égales.

Il s'opère donc, pendant le temps t, un échange de liquide, à volume égal, entre le gagnant et le perdant de l'onde.

94. Je rappellerai ici ce que j'ai déjà dit (42 et 56) sur le mode de transport des eaux ainsi échangées entre les différentes parties de l'onde. Ce n'est pas l'eau perdue à la marée descendante qui vient elle-même se placer dans la partie de la mer occupée par la

marée montante. Les eaux formant le supplément de volume du gagnant proviennent des points les plus rapprochés du lieu où ce volume est nécessaire et sont successivement remplacées par des eaux voisines, jusqu'à ce que, par cet échange de proche en proche, on arrive au lieu où se fait le perdant de la marée.

95. C'est à l'échange de liquide que je viens de définir, que les courants de marée ont pour but de pourvoir. La nécessité de cet échange devient ainsi la cause des courants qu'engendrent les marées.

De quelle manière l'échange de liquide dont il s'agit s'opère-t-il?

Ici se représentent les considérations que j'ai déjà exposées (57) au sujet des ondes d'oscillation ordinaires.

L'échange de liquide doit se faire *conformément à la loi de la moindre action*.

Le volume d'eau qui est échangé de proche en proche est toujours le même dans un temps donné, quelque hypothèse que l'on fasse sur son déplacement. Dès lors la question du volume n'exerce pas d'influence sur la quotité d'action produite. Par suite, le minimum d'action sera donné par la disposition qui assurera au volume déplacé la moindre longueur possible de transport.

Cette condition ne peut être satisfaite que si le volume d'eau expulsé du côté du perdant se partage en deux parties s'écoulant l'une dans le sens de la marche de l'onde pour participer à l'accroissement du gagnant de la même onde, et l'autre en sens contraire pour contribuer à former l'accroissement du gagnant de l'onde suivante.

Par ce mode d'écoulement, en effet, la distance que parcourt le liquide est évidemment moindre que si toute la diminution du perdant s'écoulait dans le sens de la propagation pour former tout l'accroissement du gagnant de la même onde.

96. *Position des étales de flot et de jusant dans le cas d'une courbe sinusoïdale régulière.* — On reconnaîtra facilement que,

dans l'hypothèse admise d'une onde sinusoïdale régulière, la distance de transport des volumes déplacés sera la moindre possible si la ligne qui sépare les eaux du perdant se dirigeant en sens contraire est placée au niveau moyen de la mer; ce qui, d'après les notations de la figure du n° 91, revient à dire que la partie $A\,a\,MS$ du perdant doit correspondre à la partie $B'b's\,M$ du gagnant de la même onde, pendant que l'autre partie $A\,ad\,L$ du perdant s'écoule en sens contraire et correspond à la partie $B\,b\,LD$ du gagnant de l'onde suivante.

Dans cette combinaison, les aires des deux parties du perdant qui s'écoulent en sens contraire sont respectivement égales à celles des parties correspondantes des gagnants des deux ondes consécutives; ce qui est une condition nécessaire d'un pareil échange de liquide; et en outre les aires de ces deux parties du perdant sont égales entre elles.

97. Si, toujours dans l'hypothèse d'une onde sinusoïdale régulière, le partage des eaux du perdant se faisait ailleurs qu'au niveau moyen de la mer, il serait d'abord nécessaire que les points de séparation fussent situés, au gagnant comme au perdant des ondes consécutives, sur une même ligne horizontale, par exemple en EF ou IJ de la figure du n° 91, afin que les aires des figures dont les liquides doivent s'échanger fussent égales; ce qui, comme je viens de le dire (96), est une condition nécessaire de cet échange. On devrait avoir, dans le cas de la ligne IJ par exemple, égalité entre $I\,i\,LD$ et $K\,kd\,L$, d'une part, et $K\,k\,MS$ et $MG\,gs$, d'autre part. Mais alors les aires des deux groupes de figures correspondantes, quoique égales dans chaque groupe, seraient inégales d'un groupe à l'autre. Les distances des centres de gravité des aires de chaque groupe présenteraient la même inégalité et, la plus grande distance correspondant aux aires les plus grandes, c'est-à-dire à la plus forte fraction du volume à déplacer, on arriverait à une plus grande distance moyenne de transport.

98. En outre, les points de séparation des eaux marchant en sens contraire, placés, comme je viens de le dire, sur une même ligne horizontale, donneraient des longueurs inégales aux parties de la mer où règnent les courants de flot et de jusant, et par suite des durées inégales à ces courants en chaque lieu.

Or, même quand les marées n'ont pas la régularité et la permanence de forme que j'ai supposées, les durées des courants de flot et de jusant sont à peu près égales, comme nous le verrons plus loin (107).

C'est donc, dans l'hypothèse admise d'une courbe sinusoïdale régulière, au niveau moyen de la mer que les courants de flot et de jusant doivent se renverser; ou, en d'autres termes, c'est à mi-marée que se placent alors les étales de flot et de jusant.

99. *Influence des changements de forme des ondes marées sur la position des étales de flot et de jusant.* — Les courbes instantanées des ondes marées n'ont pas, comme je l'ai dit plus haut (90), la régularité et la permanence de forme que j'ai supposées dans ce qui précède.

Par suite, les surfaces qui représentent les quantités dont le gagnant s'est accru et dont le perdant a diminué pendant le temps t, n'ont pas les formes régulières que présente la figure du n° 91. Suivant la manière dont s'opère le changement de forme de la courbe intantanée de l'onde, ces surfaces ont ordinairement un excès de largeur dans leur partie supérieure ou dans leur partie inférieure.

Ces deux surfaces doivent toujours, d'ailleurs, avoir des aires égales. C'est la condition nécessaire de la propagation de l'onde marée, en tout état de choses (93).

L'échange des eaux entre le perdant et le gagnant doit également toujours se faire de manière à produire le minimum d'action.

On peut inférer de ce que nous avons vu précédemment que ce résultat sera obtenu si la surface de la diminution du perdant se partage en deux parties d'aires égales correspondant, l'une à la partie supérieure de l'accroissement du gagnant de la même onde, et l'autre à la partie inférieure de l'accroissement du gagnant de l'onde suivante.

On obtient ainsi l'égalité nécessaire entre les parties des aires du perdant et du gagnant qui se correspondent, puisque ces diverses parties sont chacune la moitié des aires totales de la diminution du perdant et de l'accroissement du gagnant; aires totales qui sont toujours égales.

Mais, les figures de la diminution du perdant et de l'accroissement du gagnant étant irrégulières, les points de division de ces figures en deux parties d'aires égales ne se trouvent plus exactement à mi-marée, comme dans le cas précédent. Suivant la forme de ces figures, les points de division, autrement dit les étales de flot et de jusant, sont placés, soit au-dessus, soit au-dessous du niveau moyen de la mer.

Cependant, de quelque manière que l'étale de jusant se place par rapport au niveau moyen de la mer, il arrive que l'étale de flot la suit dans ses écarts, mais en sens contraire; de manière que les temps qui séparent, en chaque lieu, les étales de flot et de jusant consécutives soient à peu près égaux à la moitié de la durée totale de la marée. C'est là un fait naturel que l'on a constaté, même dans des mers resserrées et peu profondes.

Pour que ce résultat se produise, il est nécessaire que les surfaces de l'accroissement du gagnant et de la diminution du perdant présentent des dispositions inverses, c'est-à-dire que si l'une d'elles a un excès de largeur dans sa partie inférieure, l'autre ait un pareil excès de largeur dans sa partie supérieure, afin que le partage de ces surfaces en deux parties d'aires égales se fasse pour l'une d'un côté et pour l'autre de l'autre côté du niveau moyen de la mer.

Cette disposition n'a rien d'inadmissible, et, sans entrer dans plus de développements à ce sujet, je donne ci-dessous des exemples de courbes de formes sinusoïdales différentes, qui renferment

entre elles des surfaces irrégulières de l'accroissement du gagnant
et de la diminution du perdant. Les dispositions de ces surfaces
sont inversées, et, suivant leur configuration, elles placent les étales

Fig. 15.

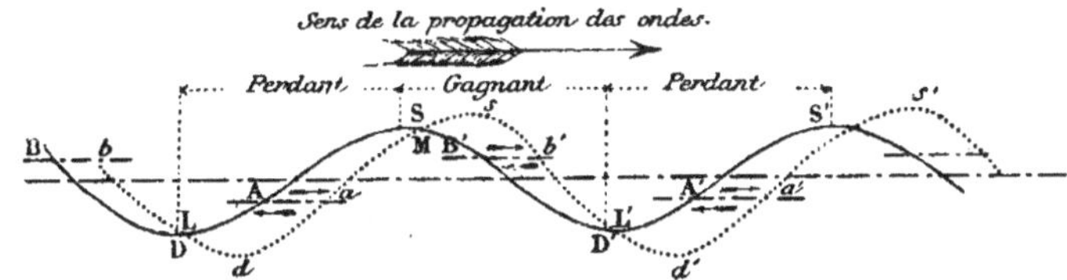

Fig. 16.

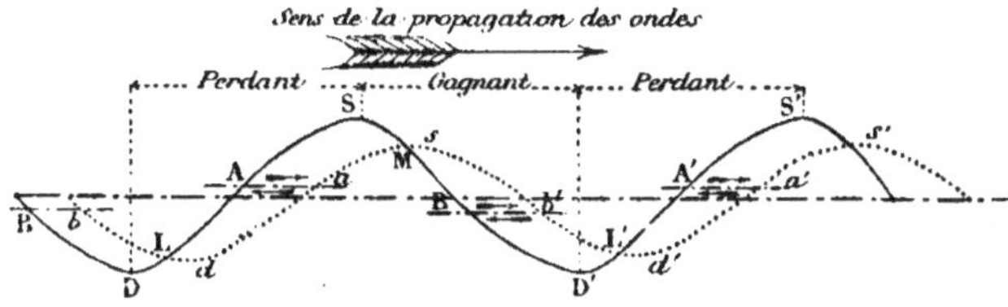

de flot et de jusant, soit avant, soit après la mi-marée, et à peu
près toujours de la même quantité ; ce qui reproduit bien les faits
naturels dont j'ai parlé plus haut.

100. *Renseignements sur la position des étales de flot et de
jusant en divers lieux.* — Dans un tableau intitulé : *Routier
compteur des courants de marée dans la Manche et la mer
d'Allemagne,* M. Keller, ingénieur hydrographe, a indiqué, pour
ces mers, la position des étales de flot et de jusant par rapport aux
basses mers et aux pleines mers. Voici quelques indications extraites
de ce tableau.

Les courants se renversent à mi-marée, en trois points, savoir :
au droit d'Eddystone, entre Cherbourg et Barfleur et vers l'entrée
de la Somme. Dans les autres lieux, les étales s'éloignent plus ou
moins de la mi-marée. Elles sont placées, après la mi-marée, entre
les deux premiers points ci-dessus indiqués et, avant, entre les deux
derniers. La position la plus retardée se trouve à Aurigny, où les

6

étales ont lieu 1^h environ après la mi-marée, et la plus avancée à
Dieppe, où les étales se manifestent 1^{h}30^m environ avant la mi-
marée. Les étales de flot et de jusant se suivent d'ailleurs dans leur
retard ou leur avance sur la mi-marée, de manière que les courants
de flot et de jusant se partagent à peu près également la durée totale d'une marée.

101. Je citerai encore quelques chiffres qui font voir comment
les étales de flot et de jusant se sont placées pendant plusieurs
marées observées dans l'automne 1876.

Les heures ci-dessous indiquées sont rapportées au méridien du
lieu. (Appendice, n° II.)

A Dunkerque, pendant la marée de vive eau du 19 septembre 1876 :

La basse mer a eu lieu à.	7^{h}44^m M
La mi-marée montante à	10 30
L'étale de jusant à	10 45
La pleine mer à	1 8 S
L'étale de flot à	4 15
La mi-marée descendante à.	4 28

A Calais, pendant la même marée de vive eau du 19 septembre 1876 :

La basse mer a eu lieu à.	7^{h}13^m M
La mi-marée montante à	10 »
L'étale de jusant à	10 20
La pleine mer à.	0 23 S
La mi-marée descendante à.	3 57
L'étale de flot à.	4 »

A Boulogne, pendant la marée de vive eau du 20 septembre 1876 :

La basse mer a eu lieu à.	7^{h}35^m M
L'étale de jusant à.	9 50
La mi-marée montante à.	10 10
La pleine mer à.	0 36 S
L'étale de flot à.	3 13
La mi-marée descendante à.	3 55

A Royan, pendant la marée de vive eau du 4 novembre 1876:

La basse mer a eu lieu à. . . . . 11ʰ » M
L'étale de jusant à. . . . . 1 20 S
La mi-marée montante à. 2 5

Au même lieu, pendant la marée de morte eau du 9 novembre 1876 :

La pleine mer a eu lieu à. . . . . 10ʰ 10ᵐ M
L'étale de flot à. 11 45
La mi-marée descendante à. . . . . 1 10 S
La basse mer. 4 10
L'étale de jusant à. 6 15

102. *Des courants de marée giratoire.* — J'ai signalé précédemment (77 et 89) l'existence de courants de marée giratoires.

Ces courants se manifestent quelquefois au large dans les mers étroites comme la Manche ; mais c'est principalement à proximité des côtes qu'on les observe.

Ils sont parfois directs, c'est-à-dire allant de gauche à droite en passant par le nord, comme sur les côtes d'Angleterre, dans la Manche, et parfois inverses, comme sur une partie des côtes de France, dans la même mer.

On attribue ces courants giratoires, soit à la combinaison des courants longitudinaux avec le mouvement latéral de va-et-vient qui correspond à la montée et à la descente alternative de l'eau sur le rivage, quand ils se produisent près des côtes, soit au croisement de deux ondes coexistantes, dont les directions se coupent sous un certain angle, quand ils se manifestent au large (¹).

Je n'ai point à contredire ces explications, et, sans vouloir approfondir cette question, j'ajouterai seulement qu'il peut encore exister une cause des courants giratoires dans les positions différentes qu'occupent les étales de flot et de jusant sur les diverses sections d'une onde marée, faites dans le sens de la pro-

(¹) *Voir* le Mémoire de M. Plocq inséré aux *Annales des Ponts et Chaussées,* année 1865, 1ᵉʳ semestre, p. 111.

pagation, quand l'onde se propage parallèlement aux côtes ; et c'est ordinairement dans ce cas que les courants giratoires se manifestent.

Il arrive alors, en effet, que la distance des étales de flot et de jusant à la mi-marée varie suivant que la section de l'onde est plus ou moins rapprochée de la côte (*voir* le n° V de l'Appendice). Donc, si l'on considère deux sections verticales de l'onde marée peu éloignées des côtes et assez rapprochées l'une de l'autre, il arrive qu'aux mêmes instants et à une même distance du sommet de l'onde, le courant de jusant règne dans une des sections, quand le courant de flot existe encore dans l'autre. Cette circonstance semble devoir transformer la marche directe des courants ainsi opposés de direction en un mouvement orbitaire.

103. *Les courants de marée n'ont point de relation avec la pente de la surface des eaux.* — Nous venons de voir que les étales de flot et de jusant sont toujours en retard, d'un temps plus ou moins long, sur les instants de pleine et de basse mer. Il en est ainsi en tout lieu, à l'exception de certains points particuliers qui se trouvent contre les rivages de la mer.

Les courants de marée se continuent donc presque toujours, dans chaque sens, quelque temps après que la pente de la surface de l'onde marée a changé de direction. Ainsi (*fig.* 14) le courant de flot qui de s en b' marche dans le sens de la pente de la surface des eaux, existe aussi de a en s, quoique la pente soit alors dirigée en sens contraire. De même le courant de jusant qui règne de a en d, dans le sens de la pente de la surface, se continue de d en b, en sens contraire de la pente qui existe alors.

Mais il ne faut pas s'y tromper. La pente de la surface des eaux n'est pas la cause déterminante des courants de marée. Ces courants résultent uniquement du déplacement horizontal de liquide que détermine nécessairement le mouvement ondulatoire des ondes marées.

Nous touchons ici à l'un des points les plus délicats de la constitution des grandes ondes marées. L'importance du sujet justifiera, j'ose l'espérer, les développements dans lesquels je vais entrer.

104. *Des diverses espèces de courants qui se produisent dans les eaux en mouvement.* — Afin d'exposer plus clairement ce que j'ai à dire, je présenterai d'abord quelques considérations sur les courants de différentes natures qui se produisent dans les eaux en mouvement.

Ces courants se divisent en deux catégories ([1]) :

1° Les courants dus à la pente du lit ou de la surface des eaux ;

2° Les courants provoqués par un mouvement ondulatoire, et inhérents à la propagation des ondes.

Les premiers de ces courants ont pour but de conduire à un niveau inférieur des eaux primitivement placées à un niveau supérieur, et les seconds d'assurer la continuité d'un mouvement ondulatoire.

Dans l'un et l'autre cas, le mouvement est toujours produit par la pesanteur. C'est elle qui détermine l'écoulement de l'eau dans un canal incliné. C'est elle encore qui fait retomber l'eau, momentanément soulevée au-dessus de son niveau, dans l'intumescence d'une onde, et dont la chute entretient le mouvement ondulatoire auquel une force extérieure a primitivement donné naissance.

Mais les effets produits par la pesanteur, dans les deux cas, sont

([1]) Il existe, dans les mers, des courants d'une autre espèce qui ne résultent ni de la pente de la surface des eaux, ni des nécessités d'un mouvement ondulatoire. Je veux parler des courants *permanents* (tels que le *Gulf-Stream* de l'Atlantique), qui se rencontrent dans toutes les grandes mers.

Ces courants sont déterminés par l'échauffement des eaux dans les régions équatoriales. Ils dépendent, en outre, de diverses circonstances, telles que la rotation de la Terre, la configuration des bassins, le degré de salure des eaux et leur densité. (*Voir* la *Lithologie du fond des mers*, par M. Delesse, p. 111.)

Ce sont les courants de cette espèce qu'avait sans doute en vue M. de Humboldt lorsqu'il représentait les courants de la mer comme des fleuves dont le lit serait formé par des eaux en repos.

Ces courants ne se rattachent en rien à la question des ondes qui nous occupe et sortent du cadre de cet écrit. J'ai dû les mentionner, mais je ne m'en occuperai pas davantage.

très différents, et les courants qui résultent de ces diverses actions n'ont pas les mêmes caractères.

Dans le premier cas, chaque molécule d'eau fait le trajet entier, de la position supérieure des eaux qui s'écoulent, à leur position inférieure. Dans le second cas, une molécule d'eau ne participe au courant que pendant un certain temps, ainsi qu'on le verra plus loin (108), et, ce temps passé, elle cesse de faire partie du courant, qui continue cependant à se faire sentir au delà du lieu où la molécule d'eau a été abandonnée.

La vitesse du courant, dans le premier cas, dépend de la pente du lit ou de celle qui s'établit à la surface des eaux. Tandis que, dans le second cas, la vitesse du courant est uniquement réglée par l'importance du mouvement ondulatoire, c'est-à-dire par le volume de l'intumescence de l'onde. C'est de ce volume plus ou moins fort que dépend l'intensité du courant et non pas des pentes variables qui s'établissent à la surface du liquide agité par les ondes ; pentes qui sont même, en certains points, comme je l'ai dit plus haut (103), en sens contraire du courant.

Enfin, les deux espèces de courant ne diffèrent pas moins par leur destination que par leurs caractères. Le courant qui s'établit entre deux masses liquides placées à des niveaux différents amène les eaux dans un lieu où le mouvement cesse ; et le courant qui résulte de la propagation des ondes conduit au contraire les eaux dans un lieu où elles rendent possible la continuation du mouvement ondulatoire.

Mais, quelque différents que soient les deux courants, par leurs causes comme par les effets produits, leur apparence extérieure et leurs qualités physiques sont les mêmes. C'est toujours, dans l'un et l'autre cas, un déplacement continu des molécules liquides, qui s'effectue dans un sens déterminé, tant que dure le courant ; et le volume d'eau déplacé a toujours pour mesure le produit de la section transversale de l'eau que le courant entraîne, par la vitesse moyenne du courant.

Il arrive, dans certaines circonstances, et notamment, comme nous le verrons plus loin (149), dans la composition du gagnant de la marée fluviale, que les caractères des deux espèces de courants se trouvent réunis dans le même phénomène. Cela ne veut pas dire qu'il y ait deux courants de nature différente coexistant au même lieu. La véritable interprétation des choses est que le courant qui se produit dans ces conditions revêt un double caractère et doit satisfaire à la fois aux nécessités de l'écoulement et à celles . de l'ondulation, dans le phénomène où ces deux circonstances sont réunies.

J'aurai souvent l'occasion, dans la suite de cet écrit, de parler des deux espèces de courants que je viens de décrire et qui sont dues, l'une à la pente des eaux et l'autre au mouvement d'une onde. Pour simplifier les explications, je désignerai ces deux espèces de courants par les noms de *Courants de pente* et *Courants d'on-dulation*.

105. *Les courants de marée de la mer sont des phénomènes exclusivement ondulatoires*. — Dans la mer, les courants de marée n'affectent pas le double caractère dont je viens de parler, sinon par exception, près des côtes, aux lieux où se trouvent des golfes et des baies qui se remplissent et se vident pendant les marées. Au large, les courants qui accompagnent l'onde marée sont exclusivement des courants d'ondulation.

Il serait bien difficile de rattacher ces courants de la marée à la pente de la surface des eaux qui se produit momentanément en un lieu donné, par suite du passage de l'onde marée. Car, même lorsque cette pente est dirigée dans le sens du courant, elle a toujours une très faible valeur, insuffisante pour produire les vitesses obser-vées. Dans la Manche, où la pente de la surface de l'onde prend de plus grandes valeurs par suite de la hauteur des marées et de la moins grande longueur de l'onde, elle ne dépasse pas *un cen-tième de millimètre* par mètre. Il est évident qu'une pareille pente superficielle n'a aucun rapport avec des vitesses de courant qui sont souvent de $1^m, 70$, $1^m, 80$ et s'élèvent parfois à 2^m par seconde.

En outre, les courants de marée ne sont pas toujours dirigés, ainsi que nous l'avons vu (103), dans le sens de la pente superficielle. Il y a toujours, dans chaque onde marée, des lieux où la pente de la surface est en sens contraire de la direction du courant. C'est là un fait constaté par trop d'observations pour qu'il puisse faire l'objet d'un doute.

Il n'y a donc aucune corrélation entre la vitesse des courants de marée et les pentes qui s'établissent à la surface des ondes marées dans la mer.

Les courants de marée sont uniquement produits par la propagation de l'onde. Ils ont pour but de répartir les eaux de la mer suivant les nécessités de l'ondulation de la marée, de manière que les quantités d'eau qui se trouvent en excès aux lieux où règne le perdant de l'onde, contribuent, par un mouvement de liquide s'opérant de proche en proche, à amener l'eau supplémentaire nécessaire aux lieux où se fait la marée montante; et ces courants ne mettent jamais en mouvement que les volumes d'eau exigés par la propagation de l'onde marée.

Si donc nous mettons de côté les phénomènes d'écoulement produits par le remplissage et la vidange des golfes et des baies, dont j'ai parlé plus haut, et qui constituent des exceptions locales, sans influence sur le régime de la mer, il faut conclure de ce qui précède que les courants de marée de la mer sont des phénomènes exclusivement ondulatoires.

106. *Les causes de toute nature qui modifient la forme des ondes marées ne donnent lieu qu'à des phénomènes ondulatoires.* — Dans leur marche à travers les mers, les ondes marées changent incessamment de forme, ainsi que je l'ai déjà fait remarquer (84). En mettant toujours de côté les perturbations excep-

tionnelles et relativement peu importantes qui surviennent à proximité des côtes, les diverses modifications que subissent les ondes marées proviennent, soit de l'interférence de deux ondes dont la coexistence au même lieu est occasionnée par la disposition des mers, soit des changements de profondeur de la mer ; et toutes ces causes sont purement terrestres. Or, dans l'un comme dans l'autre cas, il n'y a en jeu que des actions ondulatoires. Cela est évident lorsqu'il y a interférence de deux ondes ; et il en est de même quand la mer change de profondeur, car les modifications de la forme des ondes marées résultent alors des différences que présentent entre elles les vitesses de propagation des diverses tranches verticales de ces ondes (84).

Toutes les causes, soit astronomiques, soit terrestres, qui contribuent à constituer la forme que les ondes marées affectent en chaque point des mers, ne donnent donc lieu qu'à des phénomènes ondulatoires.

La mer, malgré son immensité, ressemble à un bassin fermé dans lequel se trouve une quantité d'eau constante. Si l'on agite les eaux d'un pareil bassin par un moyen quelconque, ces eaux effectuent, suivant la nature de l'agitation, des mouvements très variés, mais tous ces mouvements sont exclusivement ondulatoires.

Qu'on les laisse s'éteindre peu à peu, ou qu'on les entretienne par de nouvelles actions, il n'y a jamais, dans ces mouvements, que des ondes qui se propagent, se réfléchissent, se croisent, se réunissent ou se séparent, suivant les circonstances. On se trouve toujours uniquement en présence de phénomènes ondulatoires.

Il n'en est pas autrement des mouvements de la mer et des changements si variés que les diverses circonstances, soit astronomiques, soit terrestres, introduisent dans la forme des ondes marées.

Aussi Chazallon a-t-il pu, en complétant par un certain nombre de termes la formule de Laplace, qui donne la courbe locale des marées (¹), établir pour chaque lieu, quelque compliquée que soit la courbe de la marée, une équation qui en représente exactement la forme. Les différents termes de la formule se rapportent à des courbes sinusoïdales variables de durée et d'amplitude; et les ordonnées correspondantes de toutes ces courbes, en s'ajoutant ou se retranchant, suivant leur signe, donnent en résultat final l'ordonnée de la courbe observée.

Cette savante étude de Chazallon, qui s'appuie uniquement sur la théorie des ondes, confirme l'opinion que dans les mouvements de la mer et les courants de marée il n'y a que des phénomènes ondulatoires.

J'ai insisté sur ces considérations parce que, ainsi que je l'ai déjà indiqué et comme on le verra dans la suite de cet écrit, le mouvement de la marée dans les fleuves n'a pas ce caractère exclusif d'ondulation.

107. *Régime des zones de flot et de jusant.* — Je reviens à l'examen de la constitution des courants de marée.

Nous avons vu précédemment (78) qu'en chaque point des mers, les courants de flot et de jusant ont ensemble une durée à peu près

(¹) La formule de Laplace donne aux courbes locales des marées une forme sinusoïdale régulière, dont s'éloignent toutes les courbes observées, même celle de Brest, la moins irrégulière de toutes (*voir* la *Pl.* II). Laplace avait reconnu qu'en tenant compte de termes négligés où entrait la quatrième puissance de la distance des astres, l'équation donnait pour Brest une courbe qui se rapprochait davantage de la vérité.

Mais d'autres courbes de marées beaucoup plus irrégulières que celles de Brest, notamment celles de la baie de Seine, ne pouvaient pas être reproduites par cette équation.

C'est en mettant l'équation de Laplace sous une autre forme et en y ajoutant un certain nombre de termes, que Chazallon est parvenu, comme je l'ai dit, à représenter par cette équation les formes des courbes des marées, quelque irrégulières qu'elles soient.

Il n'entre point dans le but de cet écrit d'indiquer la méthode que Chazallon a employée et qu'il a exposée dans son mémoire sur les marées des côtes de France.

On peut voir un résumé très précis de cette méthode dans le cours des travaux maritimes de M. Voisin Bey, et une application de l'équation générale de Chazallon à la courbe de la marée du Havre, dans une brochure de M. Quinette de Roche-mont intitulée : *Régime des courants et des marées à l'embouchure de la Seine.*

égale à celle de la marée à laquelle ils appartiennent et se partagent à peu près également cette durée totale.

La régularité de position des courants de flot et de jusant dans les courbes locales des marées entraîne la même régularité dans les courbes instantanées. A chaque instant de la marche de l'onde marée, les deux courants se trouvent à peu près dans les mêmes rapports de situation avec les arêtes de pleine mer et de basse mer.

Il suit de là que les parties de la longueur d'une onde marée occupées par les courants, soit de flot, soit de jusant, se déplacent sans cesse dans le sens de la marche de l'onde et se propagent aussi rapidement que l'onde elle-même.

Je désignerai les deux parties de la longueur d'une onde marée, que je viens de décrire, par les noms de *Zone de flot* et *Zone de jusant*, suivant la nature des courants qui les occupent.

D'après ce qui précède, les zones de flot et de jusant présentent les caractères suivants :

Leurs limites se succèdent périodiquement, en chaque lieu, comme les pleines mers et les basses mers.

La longueur totale de deux zones consécutives, l'une de flot, l'autre de jusant, est à peu près égale à la longueur de l'onde marée qui leur correspond.

Les zones de flot et de jusant se déplacent à très peu près avec la vitesse de l'onde marée. Les faibles différences de vitesses sont tantôt en plus, tantôt en moins, de manière que les zones de flot et de jusant accompagnent toujours l'onde à laquelle elles se rattachent.

Sauf certains cas tout à fait exceptionnels, les limites des zones de flot et de jusant ne coïncident pas avec les arêtes de pleine mer et de basse mer; mais elles leur sont à peu près parallèles. Elles en sont distantes de quantités variables, suivant les circonstances; et, lorsque les marées sont affranchies de causes accidentelles de perturbations, les limites des zones de flot et de jusant, qui ne sont autre chose que les étales de flot et de jusant, partagent à peu près également les distances qui séparent les arêtes de pleine mer et de basse mer consécutives.

C'est ainsi qu'apparaissent à la surface des mers les zones de flot et de jusant. Leur caractère principal est de se déplacer dans le sens de la marche de l'onde marée avec la vitesse de cette onde.

108. *Mouvement particulier des molécules d'eau dans les courants de marée.* — Mais en même temps que les zones de flot et de jusant se propagent ainsi avec la même vitesse que l'onde, les molécules d'eau engagées dans ces courants ne s'y meuvent qu'avec des vitesses beaucoup plus faibles.

Pour que ces deux circonstances puissent coexister, il est nécessaire que les molécules d'eau formant les courants de marée ne soient engagées dans ces courants que d'une manière temporaire et que de nouvelles molécules viennent incessamment remplacer, à la limite antérieure de la zone de flot, par exemple, celles qui quittent le courant à la limite postérieure, pour entrer dans la zone de jusant suivante.

Chaque molécule d'eau circule ainsi dans le courant de marée pendant plus ou moins de temps, et parcourt un trajet plus ou moins long, suivant diverses circonstances que j'examinerai plus loin.

Quelle que soit l'importance de ce mouvement, tant qu'il dure, les molécules d'eau se déplacent exactement comme elles le font dans un courant ordinaire, ainsi que je l'ai déjà fait remarquer (104).

C'est un écoulement temporaire qui s'effectue, mais, pendant sa durée, il se comporte comme un écoulement permanent. Ainsi, pour obtenir le volume d'eau qui s'écoule dans une section quelconque du courant, il faut multiplier la surface de cette section par la vitesse moyenne des molécules d'eau dans le courant.

C'est ainsi que sont constituées et que se comportent les courants de marée.

Il me reste à parler de la vitesse de ces courants, qui se règle toujours, comme je l'ai déjà fait remarquer, d'après les nécessités du mouvement ondulatoire (105).

109. *Vitesse de l'eau dans les courants de marée.* — Il est établi par ce qui précède que la propagation des ondes marées et les courants de marée sont deux faits connexes.

Les eaux de la mer, d'autre part, sont mises en mouvement sur toute leur hauteur par la propagation des ondes marées (65).

Les courants de marée doivent donc également se faire sentir sur toute la profondeur de la mer.

Les courants sont animés de vitesses variées dans l'étendue de leur section transversale, comme il arrive toujours en cas semblable. Je considérerai, dans ce qui va suivre, la moyenne de toutes ces vitesses.

Les courants de marée ont pour objet d'amener, pendant un temps donné, dans la partie de la mer où la marée monte, un certain volume d'eau provenant de la partie de la mer où la marée descend ; ce volume d'eau devant remplir l'espace compris entre les deux courbes instantanées du gagnant de l'onde au commencement et à la fin du temps que l'on considère.

Cette condition essentielle du mouvement ondulatoire est celle qui doit servir à déterminer la vitesse du courant de marée.

110. Je rappelle que le volume d'eau formant l'accroissement du gagnant provient, pour la moitié, du perdant de la même onde, et, pour l'autre moitié, du perdant de l'onde précédente (96).

La première de ces deux moitiés de l'accroissement du gagnant est amenée par un courant de flot, et l'autre moitié par un courant de jusant.

111. Considérons le transport horizontal de l'eau dans le courant de flot. Ce transport s'effectue de la même manière, quelle que soit la position des étales de flot et de jusant, que ces étales aient lieu à mi-marée, comme l'indique la figure du n° 91, ou bien un

peu avant ou un peu après la mi-marée, comme le représentent les figures du n° 99.

Appelons :

H la profondeur de la mer,

V la vitesse de propagation de l'onde marée,

v la vitesse moyenne du courant de marée,

$2h$ la hauteur totale de l'onde marée.

Je viens de faire remarquer (109) que les courants de marée règnent, avec leur vitesse moyenne, sur toute la hauteur des eaux. Par conséquent, le courant de flot produit, dans une section transversale quelconque de la zone de flot, pendant un certain temps t, un débit qui, par mètre courant d'arête de l'onde marée, est représenté par l'expression vtH.

Je suppose que, pendant le temps t, la courbe du gagnant de l'onde soit passée, en vertu de la vitesse V de propagation, de la position SD′ (*fig.* des n⁰ˢ 91 et 99) à la position sd'.

L'accroissement du gagnant, par mètre courant d'arête de l'onde marée, est représenté par la figure MD′L′s ; et cette figure est partagée en deux parties d'aires égales par la ligne B′b', qui marque ainsi la position de l'étale de flot.

Le volume correspondant à la surface MB′$b's$ est celui auquel le courant de flot doit pourvoir, pendant le temps t, par le mouvement de proche en proche que j'ai précédemment décrit (94). Un volume égal doit, par conséquent, s'écouler, pendant le temps t, dans chaque section transversale du courant du flot ; et, en égalant l'expression de ce volume écoulé, qui est vtH, comme nous l'avons vu plus haut, à celle du volume donné par la surface MB′$b's$ sur un mètre courant d'arête de l'onde marée, l'équation ainsi obtenue donnera la valeur de v.

112. Les formes variables et souvent compliquées des courbes instantanées de l'onde marée, à l'origine et à la fin du temps t, rendraient l'expression de la surface MB′$b's$ très difficile à établir.

Je n'examinerai pas la question à ce point de vue général, qui sortirait du cadre où ces études sont renfermées ; et je me contenterai de rechercher la valeur de v pour le cas d'une onde de forme sinusoïdale régulière, ne changeant pas de forme en se propageant.

113. Dans ce cas, l'étale de flot se place à mi-marée et la surface $MB'b's$ (*fig.* 17), qui représente la partie de l'accroissement du gagnant à laquelle le courant de flot doit pourvoir, est donnée par une expression simple.

Fig. 17.

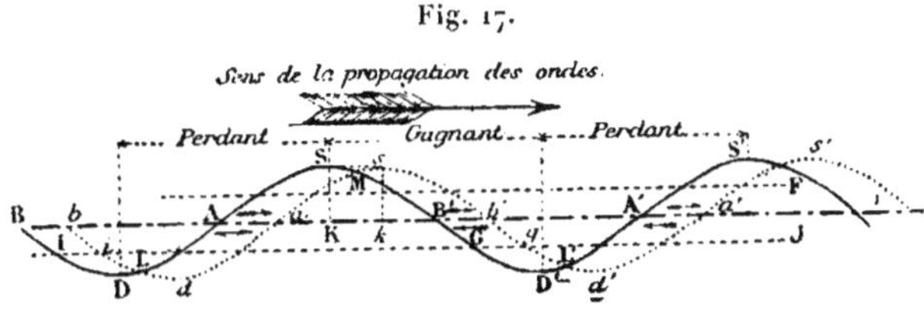

L'aire de la surface $MB'b's$ est en effet à très peu près égale à celle du quadrilatère $SKks$. Car $MB'b's$ est égale au demi-segment sinusoïdal $sb'k$ augmenté du quadrilatère $SKks$, le total étant diminué du demi-segment $SB'K$ et du petit triangle curviligne SMs.

Les deux demi-segments $SB'K$ et $sb'k$ étant égaux, et le petit triangle SMs tout à fait négligeable, il reste, comme je l'ai dit plus haut,

$$\text{surf. } MB'b's = \text{surf. } SKks.$$

Or, dans le quadrilatère $SKks$, la base Kk est égale à la quantité dont l'onde a marché pendant le temps t avec la vitesse de propagation V, quantité égale à Vt ; et la hauteur SK est égale à la demi-hauteur de l'onde, que nous avons désignée par h. Le volume de la partie de l'accroissement du gagnant, pendant le temps t, qui correspond au courant de flot, est donc représenté par l'expression Vth.

J'ai dit précédemment que le volume d'eau amené pendant le temps t, par le courant de flot, est donné par l'expression vtH.

Ces deux volumes sont égaux; on a donc

$$vt\mathrm{H} = \mathrm{V}\,th,$$

d'où

$$\frac{v}{\mathrm{V}} = \frac{h}{\mathrm{H}}.$$

La vitesse du courant du flot et la vitesse de propagation de l'onde marée sont donc entre elles dans le rapport de la demi-hauteur de la marée à la profondeur de la mer.

114. Si, dans l'équation précédente, on remplace la vitesse V de propagation de l'onde marée par sa valeur $\sqrt{g\mathrm{H}}$ (66), on obtient

$$v = \frac{h\sqrt{g}}{\sqrt{\mathrm{H}}}.$$

Nous verrons plus loin (121) que les hauteurs h et H varient en sens contraire l'une de l'autre. Ce résultat s'accorde avec les faits observés; et, par exemple, dans les grandes profondeurs de l'Atlantique, qui vont de 3000^{m} à 4000^{m}, on estime que la hauteur totale des marées de vive eau ne dépasse pas $0^{\mathrm{m}},70$, quand cette hauteur est moyennement de 6^{m} dans la Manche, dont la profondeur est d'environ 40^{m}.

Il résulte de là que la vitesse du courant de flot doit décroître très rapidement à mesure que H augmente. C'est pour cela que l'on ne signale guère les courants de marée qu'à l'approche des continents où la mer a moins de profondeur. Au milieu des grandes mers, ils deviennent insensibles; et dans l'Atlantique, dont je viens de parler, leur vitesse ne doit guère dépasser $0^{\mathrm{m}},02$ par seconde.

De pareils courants ne sauraient être aperçus au milieu des agitations incessantes causées par les vagues à la surface de ces grandes mers.

Mais tant que h conserve une valeur finie, si minime qu'elle soit, la propagation des ondes marées doit entraîner l'existence des courants de flot et de jusant.

115. Si l'on détermine, par l'observation, en un point quelconque des mers, les valeurs de h et H qui entrent dans la formule du numéro précédent, ainsi que les différentes vitesses du courant de flot, ces divers renseignements permettront de vérifier la formule

$$v = \frac{h\sqrt{g}}{\sqrt{H}}.$$

Voici, par exemple, une vérification qui se rapporte à la Manche, aux environs du Pas-de-Calais.

Les marées de vive eau ordinaires prennent en ce lieu une hauteur totale de 6^m. La profondeur de la mer est d'environ 40^m. Par suite, la vitesse moyenne du courant de flot doit être, d'après la formule précédente,

$$v = \frac{3\sqrt{9,8088}}{\sqrt{40}} = 1^m,48.$$

Or, les nombreuses observations faites par M. Plocq dans ces parages ont montré que les courants de flot y prennent des vitesses qui, à la surface, et aux instants où elles acquièrent leurs plus grandes valeurs, varient de $1^m,50$ à 2^m. La valeur de v ci-dessus calculée étant celle de la vitesse moyenne du courant, pendant la durée du passage de la zone de flot, cette valeur paraît bien s'accorder avec les vitesses observées.

Cependant, c'est dans une mer étroite et accidentée que les observations dont je viens de parler ont été faites, et les ondes n'y avaient pas la régularité que j'ai supposée précédemment (112). Les étales de flot et de jusant notamment, quoique se rapprochant de la mi-marée et n'en étant éloignées que de 20 à 30^{min}, ne se confondent pas avec elle, comme dans les ondes régulières.

On pourrait conclure de là que la formule du n° 114 donne des valeurs de v assez approchées de la vérité, même quand la courbe de l'onde marée n'a pas toute la régularité et la permanence de forme que j'ai supposées dans les considérations précédentes (112).

116. *Longueur du trajet d'une molécule d'eau dans un courant de marée.* — Nous avons vu (108) que les molécules d'eau entraînées dans un courant de marée n'y séjournent qu'un certain temps, et qu'elles abandonnent ensuite la zone, soit de flot, soit de jusant, où elles se mouvaient, pour entrer dans la zone contraire.

Le trajet d'une molécule d'eau dans un courant est plus ou moins long suivant les circonstances. La connaissance de la longueur de ce trajet intéresse celle du régime du courant de marée, surtout, comme nous le verrons plus loin, dans la partie maritime des fleuves. Cette question n'est donc pas sans importance, et je crois qu'on peut la résoudre de la manière suivante :

Je considérerai, comme je l'ai fait précédemment (112), le cas particulier d'une onde marée régulière se propageant sans changer de forme.

Je suppose d'abord que la molécule d'eau fasse partie d'un courant de flot.

Fig. 18.

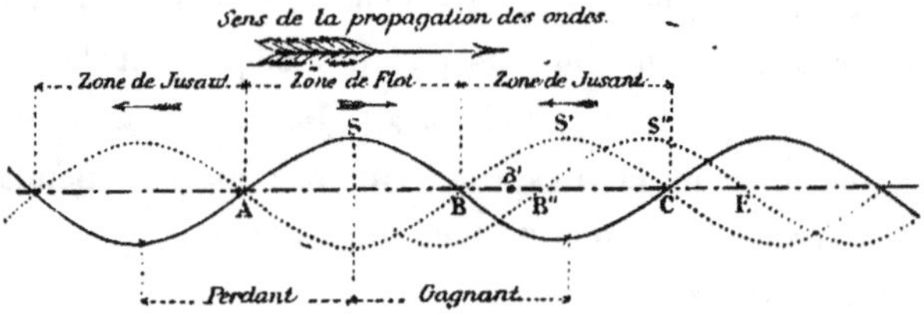

Soit B (*fig.* 18) la position de la molécule d'eau que l'on considère, au moment où elle est atteinte par la limite antérieure de la zone de flot ASB.

Lorsque la zone de flot aura marché de manière à occuper la position BS′C, la molécule d'eau se sera avancée de B en B′, en vertu de la vitesse que les circonstances du mouvement ondulatoire lui impriment.

La propagation de la zone de flot continuant, ainsi que la marche de la molécule d'eau, la limite postérieure de la zone de flot rencontrera bientôt la molécule d'eau à une certaine distance BB″ du point de départ de cette molécule. La zone de flot occupera dans ce moment la position B″S″E. Après l'instant où cette rencontre aura eu lieu, la molécule cessera de faire partie du courant de flot et entrera dans la zone suivante des courants de jusant.

Le point B″ où cesse le trajet de la molécule d'eau dans le courant de flot est donc celui où se rencontrent les deux points A et B, distants l'un de l'autre d'une quantité connue, la longueur de la zone de flot, et s'avançant dans la même direction, le premier avec la vitesse de propagation de la zone de flot, qui n'est autre que celle de la propagation de l'onde (107), et le second avec la vitesse du courant de marée.

Si nous désignons par

l la longueur du trajet d'une molécule d'eau dans le courant;
λ la longueur de la zone de flot;
v la vitesse moyenne du courant de flot;
V la vitesse de propagation de l'onde marée;

la longueur du trajet de la molécule d'eau dans la zone de flot sera donnée, d'après ce que je viens de dire, par la formule connue

$$l = \frac{\lambda v}{V - v}.$$

En remplaçant v par sa valeur tirée de l'équation du n° 113, cette formule devient

$$l = \frac{\lambda h}{H - h}.$$

117. Si la molécule d'eau fait partie d'un courant de jusant, les mêmes considérations serviront à déterminer la position de la molécule d'eau primitivement située à l'extrémité antérieure de la zone de jusant, quand elle sera rencontrée par l'extrémité postérieure de cette zone. Mais, dans ce cas, les deux points, animés de vitesses différentes, marchent en sens contraire, en allant l'un vers l'autre, au lieu de s'avancer dans le même sens; et, en désignant par l', λ' et

v' les longueurs et vitesses qui conviennent à la zone de jusant, la distance l' qui sépare le lieu où se rencontrent les deux points de la position qu'occupait primitivement celui qui est animé de la moindre vitesse, est alors donnée par la formule

$$l' = \frac{\lambda' v'}{V + v'}.$$

118. J'ai supposé dans ce qui précède que l'onde marée est régulière et se propage sans changer de forme.

Si nous passons de ce cas particulier au cas général où les ondes marées subissent des changements de formes en se propageant, il n'en arrive pas moins que les zones de flot et de jusant ont chacune à peu près la moitié de la longueur totale de l'onde, ainsi que nous l'avons vu (107). Les rapports de position des deux points A et B restent donc les mêmes que dans le cas particulier précédemment examiné. La vitesse de propagation V est également exprimée de la même manière dans les deux cas. Quelle que soit donc la valeur exacte de v dans le cas général, les valeurs de l seront toujours exprimées en fonctions de v et de V, comme l'indiquent les formules des n°s 116 et 117 ; et si l'on connaît v par l'observation, ces formules donneront la valeur de l, avec un assez grand degré d'approximation.

119. *Relation entre la hauteur de l'onde marée et la profondeur de la mer.* — Les valeurs de v et l, données par les formules des n°s 114 et 116, renferment la profondeur H de la mer, la longueur λ de la zone de flot, à peu près égale à la demi-longueur de l'onde, enfin la demi-hauteur h de la marée.

Ce dernier élément des formules est le seul qui ne soit pas connu. On l'obtient par l'observation aux différents points du littoral, mais on ne possède pas de méthode pour déterminer *a priori* sa valeur en un point quelconque des mers.

La question, ainsi posée, est très complexe. Dans la même mer, la hauteur de la marée, pour des conditions astronomiques données, dépend sans doute de la profondeur de la mer. Mais, en passant d'une mer à une autre, les conditions sont différentes, et il est rationnel de penser que la hauteur de la marée dépend en outre alors d'autres circonstances, au milieu desquelles l'onde se produit et se propage : par exemple, du plus ou moins de longueur des mers, qui donne plus ou moins de facilité à l'onde pour se développer.

Ainsi s'expliquerait ce qui se passe dans certaines mers, la Méditerranée par exemple, où les marées sont très différentes de celles des grands océans.

120. Quoi qu'il en soit des différentes causes agissant dans ce phénomène, et de la hauteur que ces causes procurent à l'onde marée dans les différentes mers, la propagation de l'onde marée se fait toujours d'après les mêmes principes, et de manière à satisfaire aux mêmes conditions.

Ainsi la vitesse de propagation est toujours donnée, en fonction de la profondeur H de la mer, par la formule $\sqrt{g\,\mathrm{H}}$ (66).

Ainsi encore, le volume de l'accroissement du gagnant, pendant un temps donné, doit toujours être égal au volume de la diminution du perdant (93).

Enfin les étales de flot et de jusant doivent se placer de manière que les accroissements du gagnant et les diminutions du perdant soient partagés en deux parties égales (95), afin qu'il y ait entre les diverses parties qui doivent se correspondre, dans l'onde marée que l'on considère et ses deux voisines, l'accord qui assure le minimum d'action dans l'échange de liquide qui s'opère au moyen des courants de marée.

Il n'entre pas dans le but de cet écrit de rechercher l'expression générale de la hauteur de l'onde résultant de toutes les conditions dans lesquelles les marées se propagent. Je me contenterai encore ici d'examiner la question dans un cas particulier où les aires de l'accroissement du gagnant et de la diminution du perdant se présentent sous la forme la plus régulière.

121. J'envisagerai les ondes se propageant dans des mers étendues et libres d'obstacles, de manière que leurs courbes instantanées s'approchent le plus possible des sinusoïdes régulières.

Je considérerai plusieurs ondes consécutives auxquelles je supposerai la même importance. Par là j'entends que les ondes prendraient même hauteur dans des profondeurs d'eau égales. En réalité, les marées consécutives n'ont pas exactement la même importance, mais elles diffèrent de trop faibles quantités pour que l'hypothèse que je viens de faire puisse altérer la signification des résultats.

Je supposerai enfin que la propagation se fasse dans des profon-

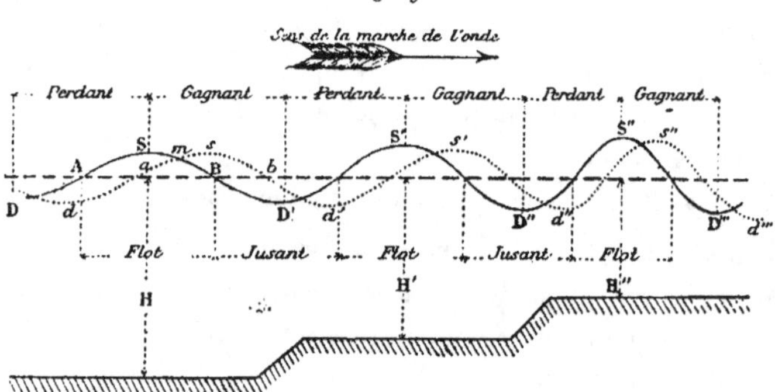

. Fig. 19.

deurs différentes H, H′, H″ (*fig.* 19) pour les diverses ondes marées, mais que la profondeur soit constante sur la longueur de chaque onde, à l'instant que l'on considère :

Les différentes ondes marées sont alors animées à cet instant des vitesses de propagation V, V′, V″,... données en fonction de H, H′, H″,... par la formule $V = \sqrt{gH}$.

Les ondes ayant des formes régulières et étant supposées ne pas subir de perturbations pendant un temps t assez court, les étales de flot et de jusant se placent à mi-marée, comme nous l'avons vu (98).

Admettons que, pendant le temps t, les ondes consécutives soient passées de la position DS D′S′ D″S″ D‴ à la position $ds\,d's'\,d''s''d'''$·

Le volume $msb\,\mathrm{B}$ de l'accroissement du gagnant de la première des ondes, au-dessus de la mi-marée, pendant le temps t, est donné (113) par l'expression $\mathrm{V}\,th$, en appelant h la demi-hauteur de l'onde.

Le volume $m\,\mathrm{SA}\,a$ de la diminution du perdant de la même onde, au-dessus de la mi-marée, pendant le même temps, doit être égal (96) à celui de l'accroissement du gagnant; ce volume est par conséquent donné par la même expression $\mathrm{V}\,th$.

Les deux volumes dont je viens de parler et qui se correspondent dans la même onde sont, chacun, moitié des volumes dont, en totalité, le gagnant de l'onde augmente et le perdant de l'onde diminue pendant le temps t. Les volumes totaux dont je viens de parler sont donc donnés, l'un et l'autre, par la même expression $2\,\mathrm{V}\,th$.

Pour l'onde suivante, ces volumes sont donnés par l'expression $2\,\mathrm{V}'\,th'$, et ainsi de suite.

Or, les volumes dont, en totalité, le gagnant de l'onde augmente et le perdant diminue, pendant le temps t, doivent être tels, dans les différentes ondes, qu'en les partageant en deux parties égales, les moitiés de ces volumes appartenant à deux ondes consécutives soient aussi égales entre elles (95, 96). Il est, par conséquent, nécessaire que les volumes dont les gagnants des différentes ondes augmentent et ceux dont les perdants diminuent, pendant le temps t, soient tous égaux entre eux.

On a, par conséquent :

$$2\,\mathrm{V}\,th = 2\,\mathrm{V}'\,th' = 2\,\mathrm{V}''\,th'' = \ldots,$$

ce qui exige que l'on ait en général la relation

$$\mathrm{V}\,h = \text{const.}$$

Mettant à la place de V sa valeur $\sqrt{g\mathrm{H}}$ et faisant passer la quantité constante $\sqrt{g}$ dans le second membre, cette équation devient

$$h\sqrt{\mathrm{H}} = \text{const.}$$

En chaque lieu, la hauteur de la marée serait donc inversement proportionnelle à la racine carrée de la profondeur de la mer.

122. La constante qui entre dans cette formule est sans doute différente, comme je l'ai dit plus haut (119), suivant les mers, dans les mêmes circonstances astronomiques et les mêmes conditions de profondeur. Pour chaque mer, cette constante devrait être déterminée par l'observation en un lieu où la propagation des ondes marées se fait aussi régulièrement que possible.

Chaque état des marées comporte d'ailleurs une constante particulière sur la même mer. Des observations devraient, par conséquent, être faites à ce sujet en vive eau et en morte eau.

123. Pour faire juger de l'influence que la profondeur des eaux exerce sur la hauteur de l'onde marée, je présenterai quelques résultats numériques obtenus en appliquant la formule précédente aux mers qui entourent la France à l'ouest et au nord.

Les ondes qui se propagent dans ces mers se sont développées sur toute la longueur de l'Atlantique, et j'étendrai les calculs aux grandes profondeurs de l'Atlantique elles-mêmes.

Pour déterminer la constante de la formule, j'ai pris les données suivantes, qui se rapportent à certains points de la Manche. J'ai admis que l'onde marée acquérait une hauteur totale de 6^m dans une profondeur d'eau de 45^m, ce qui donne 20,10 pour valeur de la *constante*.

Avec ces données, on arrive aux résultats suivants :

Profondeurs de la mer	Valeurs de h, demi-hauteur de l'onde	Profondeurs de la mer	Valeurs de h, demi-hauteur de l'onde
mètres	mètres	mètres	mètres
50	2,85	500	0,90
100	2,01	1000	0,63
150	1,64	3000	0,36
200	1,42	4000	0,32

Ces chiffres s'accordent assez exactement avec les hauteurs des marées observées dans les mers de faible profondeur, et avec les rares données que l'on possède sur les hauteurs des marées au milieu des mers profondes. La formule du n° 121, quoique obtenue par des procédés d'approximation, semble donc représenter d'une manière satisfaisante le phénomène dans son ensemble.

Il doit être d'ailleurs toujours entendu qu'il faut déterminer, pour chaque mer, la valeur de la constante au moyen d'observations spéciales. Ces observations introduisent naturellement dans les calculs les circonstances qui donnent leurs caractères particuliers aux marées des différentes mers.

124. *Valeurs numériques des vitesses des courants de flot.* — Les valeurs de h du tableau précédent permettent maintenant de calculer, dans l'hypothèse que j'ai admise d'une onde régulière se propageant sans subir de modification sensible dans sa forme, les vitesses moyennes des courants de flot correspondant aux différentes profondeurs de la mer. Ces vitesses sont données par la formule du n° 114

$$v = \frac{h\sqrt{g}}{\sqrt{\Pi}}.$$

On trouve pour v les valeurs suivantes :

Profondeurs de la mer	Valeurs de v, vitesse du courant de flot	Profondeurs de la mer	Valeurs de v, vitesse du courant de flot
mètres	mètres	mètres	mètres
5o.	1,26	5oo.	0,12
100. . .	0,63	1000. . . .	0,06
15o.	0,42	3ooo.	0,02
200.	0,31		

125. *Valeurs numériques des longueurs du trajet d'une molécule d'eau dans le courant de flot.* — Enfin, en introduisant dans la formule du n° 116

$$l = \frac{\lambda v}{V - v},$$

les valeurs de v du tableau précédent, celles de V données par le tableau du n° 67, et celles de λ que l'on déduit du tableau du n° 87, en admettant que $\lambda = \dfrac{L}{2}$, on obtient, toujours dans l'hypothèse rappelée au numéro précédent, les longueurs du trajet d'une molécule d'eau dans les courants de flot correspondant aux différentes profondeurs de la mer.

On arrive ainsi aux résultats suivants :

Profondeurs de la mer	Longueurs du trajet d'une molécule d'eau dans le courant de flot	Profondeurs de la mer	Longueurs du trajet d'une molécule d'eau dans le courant de flot
mètres	mètres	mètres	mètres
50.	29 659	500.	2668
100.	14 273	1000.	1332
150. . . . . :	9427	3000.	444
200.	6930		

On voit, par les chiffres des tableaux qui précèdent, que la hauteur de l'onde marée diminue, ainsi que les valeurs de v et de l, à mesure que la profondeur de la mer augmente.

Mais, ainsi que je l'ai déjà fait remarquer (114), si faible que devienne la hauteur de l'onde, la vitesse du courant de flot conserve une valeur finie.

Cette vitesse devient extrèmement faible, ainsi que la longueur du trajet d'une molécule d'eau dans le courant de flot, quand la mer est très profonde, et il serait sans doute impossible alors de les constater par l'observation. Mais leur existence n'en est pas moins certaine. Elles sont les conséquences nécessaires du mouvement ondulatoire.

CHAPITRE III

DES ONDES MARÉES DÉRIVÉES DANS LES FLEUVES

---

126. *Origine des marées fluviales.* — Quand une onde marée, parcourant les mers, comme nous l'avons vu au Chapitre précédent, passe devant l'embouchure d'un fleuve, elle détermine dans ce fleuve une onde dérivée qui se propage en remontant le cours des eaux.

Chaque marée de la mer devient ainsi la cause d'une marée dans le fleuve.

La marée fluviale a, dans chaque point du fleuve, la même durée que la marée de la mer à l'embouchure, et l'importance de la marée fluviale dérivée dépend naturellement de celle de sa génératrice.

Mais, à cela près, la marée fluviale diffère essentiellement de celle de la mer.

C'est ce qui ressortira des développements de ce Chapitre, dans lequel, après avoir décrit les caractères généraux des marées fluviales, j'examinerai la nature de l'onde marée des fleuves et les diverses circonstances de sa propagation.

§ 1er. — Caractères généraux des ondes marées fluviales.

127. *Mode de représentation des marées employé dans les figures de ce Chapitre.* — Avant d'exposer les caractères de l'onde marée fluviale, je dois faire connaître le procédé graphique que j'ai employé pour représenter les états successifs de cette onde et ses rapports avec l'onde marée de la mer.

J'ai placé la courbe instantanée de l'onde marée fluviale, comme on le voit à la *fig.* 20, à la suite de la partie de la courbe instantanée de l'onde marée de la mer, qui est située avant l'embouchure du fleuve, au même moment. Il est possible de mettre ainsi ces deux courbes à côté l'une de l'autre, d'abord parce que vers l'embouchure du fleuve elles ont même ordonnée, ensuite parce que si, en ce lieu, elles ne se raccordent pas tangentiellement à toute époque de la marée et en tout état de l'onde marée du fleuve, comme nous le verrons plus loin, au moins leurs tangentes sont dirigées dans le même sens et ne font entre elles qu'un angle extrêmement petit.

En plaçant de cette manière les deux courbes instantanées de la marée de la mer et de la marée fluviale, cela ne veut pas dire que la courbe du fleuve continue celle de la mer, comme la *fig.* 20 paraît l'indiquer. La courbe unique de cette figure se compose en réalité de deux courbes distinctes qui sont placées bout à bout dans le profil en long, mais qui n'ont pas la même corrélation en plan.

Fig. 20.

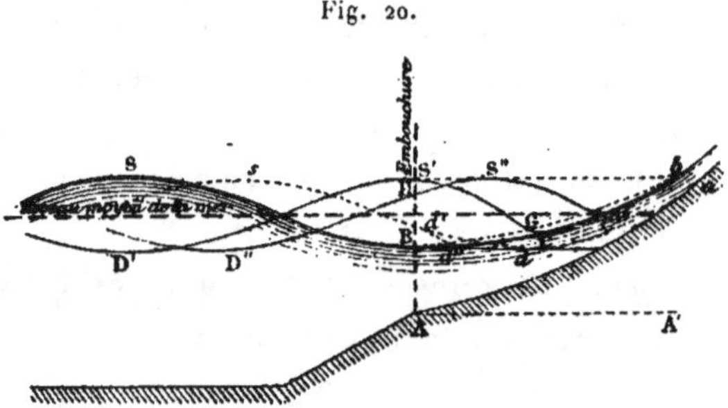

La courbe SB de l'onde marée de la mer (*fig.* 20) est dirigée en plan suivant la normale S'B' (*fig.* 21) aux arêtes de pleine mer et de basse mer; et le profil A*a* du fond du fleuve ainsi que la courbe B*b* de la surface des eaux (*fig.* 20) est dirigé suivant l'axe A′*a*′ du fleuve (*fig.* 21).

Fig. 21.

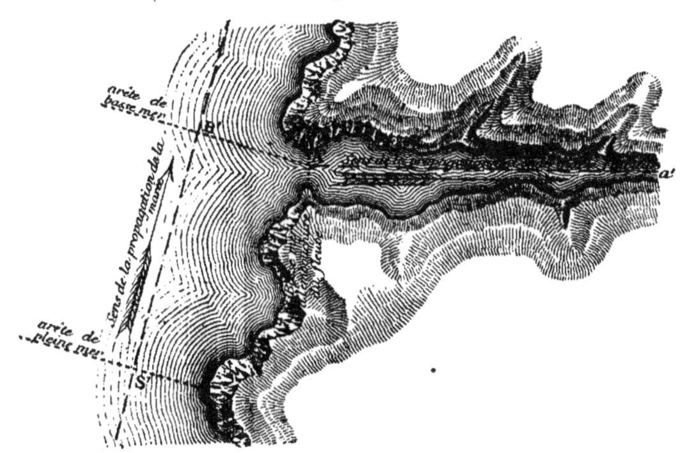

C'est ainsi que devront être entendues les courbes régnant en même temps dans le fleuve et dans la mer, sur toutes les figures où sont représentés les divers états de l'onde marée fluviale.

128. *Dispositions générales des ondes marées fluviales.* — Je suppose que à l'instant de la basse mer, la courbe instantanée de l'onde marée de la mer ait la forme SB (*fig.* 20).

Dès que la marée montante commence à se manifester, l'exhaussement des eaux de la mer produit un exhaussement analogue dans le fleuve.

Si, après un certain temps t, le sommet de l'onde marée s'est avancé dans la mer de S en s, la courbe instantanée de l'onde marée de la mer prend la position $sd′$ jusqu'au droit de l'embouchure du fleuve. Cette courbe est une partie de la branche sinusoïdale du gagnant de l'onde marée qui se continue régulièrement dans la mer, au delà de l'embouchure du fleuve, dans le sens de la propagation de l'onde. En même temps, il se forme dans le lit du fleuve une autre courbe qui continue la courbe $sd′$; mais cette courbe instantanée de la marée du fleuve diffère beaucoup de celle qui termine la courbe sd' dans la mer. C'est là un point très important du régime des marées fluviales, sur lequel j'appellerai d'abord l'attention.

129. Pour bien faire comprendre la nature du changement qui s'introduit dans la courbe instantanée du gagnant de l'onde marée fluviale, je supposerai un instant que le fleuve soit remplacé par un bras de mer dont le fond soit AA' (*fig.* 20). L'onde dérivée dans ce bras de mer aurait sans doute d'autres dimensions que l'onde de la mer principale, mais elle serait de même nature, et la courbe du gagnant prendrait, dans le bras de mer, la forme sinusoïdale $d'd$, qui continuerait celle de la courbe sd' du gagnant de l'onde de la mer principale. Dans cette partie $d'd$ de son tracé, la courbe sinusoïdale du bras de mer serait concave vers le haut.

Or, dans le fleuve, il n'en est pas ainsi. La courbe instantanée du gagnant de l'onde fluviale, qui continue la courbe sd' de l'onde de la mer, n'est pas dirigée suivant $d'd$, mais suivant $d'd''$, et cette dernière courbe est convexe vers le haut, à l'exception d'une partie, de longueur relativement très petite, à l'extrémité d'amont, où la courbe $d'd''$ se raccorde avec la ligne supérieure de basses eaux du fleuve au moyen d'une courbe concave.

Les causes de cette particularité de l'onde marée fluviale ressortiront de l'examen de la constitution de cette onde; mais j'ai dû la signaler en ce moment, et je continue la description de l'onde marée qui nous occupe, aux différentes époques de sa marche.

130. A mesure que l'onde marée de la mer s'avance dans le sens de sa propagation, le gagnant de l'onde fluviale s'avance dans le fleuve et prend plus de hauteur à l'embouchure.

Bientôt le sommet de l'onde marée de la mer arrive vers l'embouchure du fleuve. A ce moment, la courbe instantanée de cette onde se trouve dans la position $D'S'$ et celle du gagnant de l'onde marée fluviale prend la forme $S'C$ (*fig.* 20).

A partir de ce moment, et pendant que la mer descend à l'embouchure, l'onde fluviale se propage dans le lit du fleuve, et à un instant quelconque elle se présente sous la forme $HS''C'$, la courbe instantanée $S''C'$ du gagnant étant en avant du sommet de l'onde et celle du perdant, $S''H$, qui s'étend du sommet de l'onde à l'embouchure du fleuve, se raccordant en H avec la courbe $D''H$ du perdant de l'onde marée de la mer. Les deux courbes $S''H$ du fleuve et $D''H$ de la mer ont en H, suivant les circonstances, une tangente commune ou deux tangentes dirigées dans le même sens et faisant entre elles un angle extrêmement petit, ainsi que je l'ai déjà dit.

Nous verrons plus loin (133) que les différents sommets de l'onde marée fluviale, tels que S'', se tiennent à peu près au niveau de la pleine mer à l'embouchure du fleuve.

Le sommet de l'onde marée fluviale se rapproche sans cesse de la limite d'amont b de la partie maritime du fleuve, et pendant ce temps le point le plus bas D'' de la courbe sinusoïdale de l'onde marée de la mer se rapproche de l'embouchure du fleuve. Mais il n'arrive pas, sur les fleuves de France du moins ([1]), qu'une onde marée existe encore dans le fleuve au moment où la basse mer D'' arrive à l'embouchure et où l'onde marée suivante commence à s'y introduire.

([1]) La Garonne est le fleuve de France dont la partie maritime a le plus de longueur, et cependant une onde marée y a toujours fini son évolution avant que l'onde suivante commence à s'introduire dans le fleuve.

Pendant la marée de vive eau du 19 septembre 1876, l'onde marée s'est effacée sur ce fleuve $1^h 32^m$ avant l'entrée de l'onde nouvelle, et à 148^{km} de l'embouchure.

Sur l'Adour, pendant la même marée, l'onde marée s'est effacée $5^h 47^m$ avant l'entrée de l'onde suivante, et à 86^{km} de l'embouchure.

Le temps qui s'écoule entre la fin d'une onde marée fluviale et le commencement de l'onde marée suivante, dépend donc, en grande partie, de la longueur de la partie maritime du fleuve. Il peut très bien arriver, dès lors, que certains fleuves aient une partie maritime assez longue pour que plusieurs ondes marées s'y propagent en même temps. C'est, paraît-il, ce qui existe sur le fleuve des Amazones. Quand cette circonstance se présente, la durée de l'évolution d'une marée dans le fleuve est plus grande que la durée de la marée correspondante de la mer.

Mais sur les fleuves de France il n'en est pas ainsi, et je n'examine, dans cet écrit, que le régime des marées fluviales qui, comme celles de la France, ont une durée d'évolution moindre que la durée de la marée correspondante de la mer.

Quand l'onde antérieure cesse d'exister, toute l'eau qui formait son intumescence au-dessus des basses eaux n'est pas encore sortie du fleuve. Il en reste un certain volume dont la section verticale a la forme $BCbG$ (*fig.* 20). Cette eau vient s'ajouter à celle du fleuve et s'écoule avec elle.

131. Le volume d'eau restant de l'onde antérieure ne peut d'ailleurs pas s'écouler jusqu'à la mer. Il est retenu dans le fleuve par l'onde suivante qui commence à s'y introduire et contribue, avec le débit du fleuve auquel il se mêle, à former les accroissements successifs du gagnant de cette onde.

Nous verrons plus loin (159) que ces eaux se placent dans la partie antérieure concave de l'onde marée fluviale dont j'ai précédemment parlé (129).

132. *Cas où l'embouchure du fleuve est obstruée par des hauts fonds.* — J'ai supposé, dans ce qui précède, qu'à l'embouchure le fond du lit du fleuve est à une assez grande profondeur au-dessous des basses mers.

Quelquefois le contraire a lieu, et l'embouchure est obstruée par des hauts fonds qui se sont déposés dans la partie inférieure du fleuve.

Ces hauts fonds sont formés par les matières que les courants de flot et de jusant amènent de la mer et du fleuve, aux abords de l'embouchure. Ils constituent *la barre*, qui accompagne toujours l'embouchure des fleuves à marée, et qui, suivant les circonstances, s'établit dans la mer, à une certaine distance de l'embouchure, ou dans le lit même du fleuve.

Dans ce dernier cas, il arrive que le sommet de la barre reste un peu au-dessous du niveau des basses mers de vive eau à l'embouchure, ou s'élève un peu au-dessus de ce niveau. Nous verrons des exemples de ces deux circonstances au Chapitre VI de ce Mémoire.

Dans le premier cas, l'onde marée commence à s'introduire

dans le fleuve dès les premiers instants de la marée montante, comme si la barre était placée au large de l'embouchure.

Dans le second cas, l'onde marée ne commence à pénétrer dans le fleuve que quand elle atteint en B (*fig.* 22) le niveau des basses eaux du fleuve retenues par la barre.

Fig. 22.

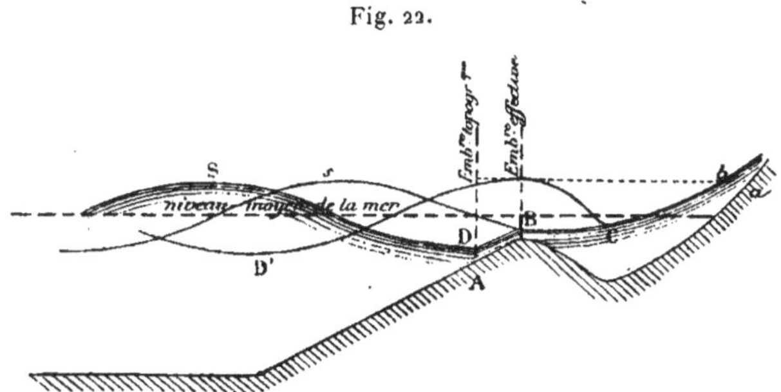

J'examinerai plus loin (258 à 262) les conséquences qu'entraînent, pour les marées fluviales, les différents régimes de l'embouchure dont je viens de parler.

Mais je crois utile de signaler ici l'incertitude qui règne sur la position de l'embouchre d'un fleuve, lorsque la barre s'est déposée dans l'intérieur de son lit.

Ordinairement, l'embouchure d'un fleuve est déterminée par la disposition topographique des lieux. Elle se trouve au point où les rives du fleuve rencontrent celles de la mer.

C'est l'embouchure ainsi définie qui règle l'entrée des eaux de la mer dans les fleuves dont la barre se trouve au large de l'embouchure.

Sur les fleuves dont la barre est déposée dans le lit même, il n'en est pas ainsi.

La barre s'élève alors ordinairement à un niveau supérieur à celui du fond du lit dans la section de l'*embouchure topographique* dont je parlais plus haut. C'est par conséquent sur cette barre que doit se trouver la section qui règle l'entrée des eaux de la mer

8

dans le fleuve et qui constitue ce que l'on peut appeler l'*embouchure effective* du fleuve.

Or, la partie élevée de la barre ainsi déposée dans le lit du fleuve a une longueur variable suivant les fleuves, mais toujours assez grande.

De là l'incertitude que j'ai signalée sur la position de l'embouchure effective des fleuves de cette espèce.

Si, sur la longueur qu'occupe la partie la plus élevée de la barre, se trouve une section plus étroite que les autres, on peut justement considérer cette section comme l'embouchure effective.

Mais si, comme il arrive souvent, le lit a une largeur progressivement décroissante de l'aval à l'amont, sur la longueur de la barre, l'état naturel des lieux n'indique pas clairement la position de l'embouchure effective. Cette position ne peut être déterminée que par un examen attentif et une étude minutieuse du régime des marées des fleuves ainsi constitués.

133. *Lieu géométrique des pleines mers de la marée fluviale.* — Le sommet de l'onde marée fluviale se maintient en général, en tous les points de la partie maritime du fleuve, à une altitude qui diffère peu de celle de la pleine mer à l'embouchure.

La hauteur de la pleine mer, en chaque lieu, est influencée par la largeur et la profondeur du lit du fleuve; mais les variations de hauteur de l'onde marée fluviale résultant de cette influence sont ordinairement très faibles, et le lieu géométrique des sommets de l'onde marée fluviale s'éloigne peu, comme je viens de le dire, de la ligne horizontale tracée au niveau de la pleine mer à l'embouchure.

Comme la ligne des basses eaux du fleuve se relève sans cesse en s'avançant vers l'amont, il en résulte qu'à mesure qu'on s'éloigne de l'embouchure, la hauteur de la pleine mer au-dessus des basses eaux diminue. Elle finit par devenir nulle à la limite de la partie maritime du fleuve.

Par suite de ces dispositions, si l'on considère deux points du fleuve où les basses eaux aient une égale profondeur, la hauteur de la marée est généralement plus grande au point d'aval qu'au point d'amont.

En cela, la marée fluviale se comporte autrement que la marée de la mer, dont la hauteur dépend de la profondeur des eaux (121) et se retrouve toujours la même dans des eaux de même profondeur.

De quelque manière, d'ailleurs, qu'il se comporte par rapport au niveau de la pleine mer à l'embouchure, le lieu géométrique des pleines mers s'élève toujours d'une certaine quantité au-dessus de ce niveau, à la limite de la partie maritime du fleuve ([1]).

134. *Lieu géométrique des basses eaux dans la partie maritime des fleuves.* — La hauteur des basses eaux, sur la longueur de la partie maritime des fleuves, dépend de deux choses : de l'importance de la marée de la mer et de l'état des eaux du fleuve à l'époque que l'on considère.

Supposons d'abord que le débit des eaux du fleuve reste le même et ait une faible valeur. Si, dans ces conditions, on compare les lieux géométriques des basses mers de deux marées d'importance différente, d'une marée de vive eau et d'une marée de morte eau, on trouve le lieu géométrique des basses mers de la première de ces marées inférieur à celui de la seconde, sur une certaine longueur à partir de l'embouchure, et supérieur sur le reste de la longueur de la partie maritime du fleuve.

En cela encore les marées fluviales se comportent autrement que celles de la mer, qui s'abaissent toujours d'autant plus à mer basse qu'elles se sont plus élevées à la pleine mer, et réciproquement (64).

Sous le rapport du régime des basses mers, la partie maritime des fleuves se divise donc en deux sections distinctes, dans les-

______

([1]) Les dessins de la *Pl. IX* font connaître la forme des lieux géométriques des pleines mers des marées des 19 et 26 septembre 1876 sur les principaux fleuves à marée de France; et les particularités de ces lieux géométriques sont relatées dans les notices du Chapitre VI de ce Mémoire.

quelles les positions des lieux géométriques des basses mers de morte eau et de vive eau sont inversées.

Dans la section inférieure, le lieu géométrique des basses mers de vive eau est placé au-dessous de celui des basses mers de morte eau. Cela tient à ce qu'il en est ainsi dans les marées de la mer dont, en ce lieu, les marées fluviales subissent l'influence.

Dans la section supérieure, le lieu géométrique des basses mers de vive eau est placé au-dessus de celui des basses mers de morte eau. C'est à la plus grande quantité d'eau introduite dans le fleuve, en vive eau, pendant la marée montante, qu'il faut attribuer ce résultat. Le jusant doit alors faire écouler un volume d'eau plus considérable, et comme cet écoulement se fait à peu près dans le même temps, quelle que soit l'importance de la marée, les basses eaux doivent être plus élevées en vive eau qu'en morte eau dans cette partie du fleuve ([1]).

135. J'ai supposé dans ce qui précède que le débit des eaux du fleuve était le même en vive eau et en morte eau. S'il en est autrement, le point d'intersection des lieux géométriques des basses mers de vive eau et de morte eau se déplace. Il se rapproche de l'embouchure ou de l'amont du fleuve suivant qu'en vive eau le débit des eaux du fleuve est plus fort ou plus faible qu'en morte eau.

Il peut même arriver que les basses eaux d'une marée de vive eau soient moins élevées que celles d'une marée de morte eau sur toute la longueur de la partie maritime du fleuve, et que les lieux géométriques des basses mers de vive eau et de morte eau ne se rencontrent pas. Cette circonstance se présente lorsque la marée de vive eau a lieu pendant l'étiage du fleuve et la marée de morte eau pendant une crue.

([1]) Les dessins de la *Pl. IX* et les notices du Chapitre VI font connaître la forme et les particularités des lieux géométriques des basses eaux des principaux fleuves de France pendant les marées des 19 et 26 septembre 1876.

136. *Observations sur le niveau moyen des eaux dans les marées de la mer et des fleuves.* — Il résulte de ce qui précède que le niveau moyen des eaux des marées n'est pas constitué de la même manière sur la mer et dans les fleuves.

Sur la mer, les eaux ont un niveau moyen qui est à peu près le même pour toutes les marées, au même lieu, et qui diffère peu d'un lieu à un autre, surtout quand ces lieux sont assez rapprochés.

Sur les fleuves, au contraire, une ligne moyenne tracée entre les lieux géométriques des basses mers et des hautes mers serait une courbe dont la forme varierait extrêmement suivant l'importance de la marée et l'état des eaux du fleuve. En outre, pour la même marée, et sur un même fleuve, les différences d'altitude de la courbe seraient très variables d'un lieu à un autre.

De pareilles courbes ne présenteraient aucune utilité dans la définition du régime des marées fluviales. On ne pourrait leur rapporter ni l'appréciation des hauteurs des marées, ni celle des volumes d'eau introduits dans le fleuve pendant une marée.

Sous ce dernier rapport, qui a une grande importance, comme nous le verrons dans la suite de cet écrit, c'est évidemment par rapport à l'état des basses eaux du fleuve qu'il faut considérer les états successifs de l'onde marée fluviale, et c'est ce que je ferai dans cette étude.

Cette manière d'envisager les ondes marées fluviales est d'ailleurs justifiée par la circonstance suivante : Au moment des basses eaux à l'embouchure, avant qu'une nouvelle onde marée s'introduise dans le fleuve, il n'y a plus, comme nous le verrons plus loin (175), aucun phénomène ondulatoire sur toute la longueur de la partie maritime du fleuve. L'eau qui s'y trouve en ce moment s'écoule uniquement en vertu de la pente. Deux ondes marées consécutives sont donc séparées par un certain état des eaux qui ne présente aucun mouvement ondulatoire ; et il est rationnel de rapporter à cet état des eaux du fleuve le phénomène de l'onde marée qui le suit.

137. *Variations de longueur du gagnant de l'onde marée fluviale*. — A partir du moment où le sommet de l'onde marée fluviale se trouve à l'embouchure, la longueur du gagnant de cette onde, autrement dit la distance qui sépare le sommet de l'onde marée de l'arête antérieure de sa base, va sans cesse en diminuant, à mesure que l'onde s'avance dans le fleuve. Cette règle ne présente que de rares exceptions, qui sont dues à des circonstances locales. D'ailleurs, de pareilles exceptions ne sont que momentanées ; et, après avoir accidentellement augmenté, la longueur du gagnant ne tarde pas à reprendre sa marche décroissante.

Voici quelques chiffres qui se rapportent à la marée de vive eau du 19 septembre 1876 et qui feront juger de l'importance de la diminution de longueur du gagnant de la marée sur les principaux fleuves de France.

INDICATION DES FLEUVES	POSITIONS DU SOMMET de l'onde marée fluviale	DISTANCE entre les deux positions du sommet de l'onde	LONGUEUR DU GAGNANT DE L'ONDE dans les différentes positions
		mètres	kilom.
Adour.	Embouchure. .	22 220	47
	Urt		33
Gironde.	Embouchure. .	50 900	112
	Pauillac. . . .		77
Charente	Embouchure. .	18 500	72
	Rochefort . . .		43
Loire	Embouchure. .	10 550	52
	Donges		45
Seine	Embouchure. .	60 700	48
	Jumièges. . . .		38

138. *Vitesses de propagation du sommet de l'onde marée fluviale et de la tête du flot*. — Le sommet de l'onde marée fluviale a constamment une vitesse de propagation plus grande que l'arête antérieure du gagnant, à laquelle on donne ordinairement le nom de *tête du flot*.

Cette différence de vitesse s'accorde avec le raccourcissement que subit le gagnant de l'onde marée fluviale en se propageant vers l'amont du fleuve, comme nous venons de le voir ; car le gagnant de l'onde ne peut diminuer de longueur que si le sommet de l'onde marche plus vite que la tête du flot.

Les tableaux des vitesses de propagation du sommet de l'onde et de la tête du flot, insérés au Chapitre VI de ce Mémoire, font connaître les valeurs qu'ont prises ces vitesses sur les principaux fleuves de France pendant les marées des 19 et 26 septembre 1876.

139. *Variations des vitesses de propagation du sommet de l'onde marée fluviale et de la tête du flot.* — Que les vitesses de propagation du sommet de l'onde marée et de la tête du flot soient fortes ou faibles, elles varient toujours à chaque instant.

Généralement, ces vitesses diminuent à mesure que l'on avance dans le fleuve. Cependant, dans certaines circonstances, elles augmentent momentanément, mais pour reprendre ensuite leur marche décroissante. (*Voir* les tableaux insérés au Chapitre VI de ce Mémoire et dont j'ai parlé au numéro précédent.)

140. *Courbes locales de l'onde marée fluviale.* — Les courbes locales de l'onde marée fluviale, établies pour chaque lieu, comme je l'ai dit précédemment (80), avec les temps pour abscisses et les hauteurs d'eau pour ordonnées, ont des caractères particuliers qui les distinguent de celles de l'onde marée de la mer.

A l'embouchure, la courbe locale de l'onde marée fluviale est celle de l'onde marée de la mer en ce lieu. Elle a la forme sinusoïdale CHF (*fig.* 23) ; le gagnant CH de la marée ayant un peu moins de durée que le perdant HF, comme, à de rares exceptions près, cela se présente dans les ondes marées de la mer.

En remontant le fleuve, les courbes locales changent de nature. La courbe C'H' du gagnant n'a plus la forme sinusoïdale de la courbe locale de l'embouchure. Elle se détache au contraire presque brusquement de la courbe du perdant de l'onde précédente et prend une courbure constamment convexe, à l'exception d'une petite partie concave au moyen de laquelle la courbe du gagnant de l'onde que l'on considère se raccorde avec celle du perdant de l'onde précédente.

Fig. 23.

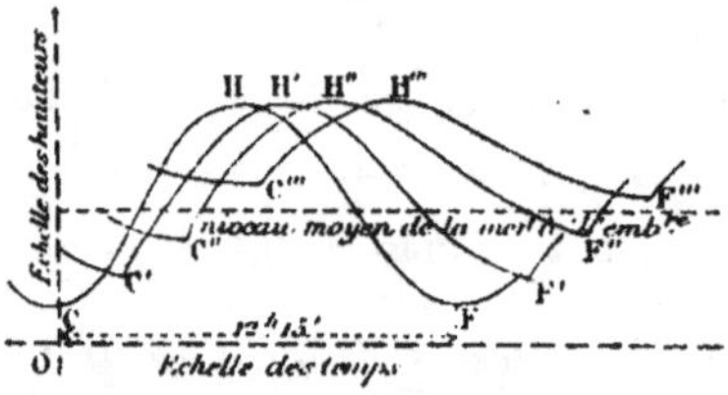

Quant à la courbe du perdant $H'F'$, elle conserve la forme sinusoïdale de celle de l'embouchure jusqu'à la basse mer, où elle se raccorde avec la courbe du gagnant de l'onde suivante au moyen de la petite courbe concave dont je viens de parler.

Les différentes courbes locales successives $C''H''F''$, $C'''H'''F'''$,... ont toutes la même forme que la courbe $C'H'F'$; mais elles partent de points de plus en plus élevés au-dessus de la basse mer. Leurs sommets, d'autre part, restent à peu près au niveau de la pleine mer à l'embouchure (133). Il résulte de ces dispositions et de la moindre vitesse de propagation que prend la tête du flot, comparativement au sommet de l'onde (138), que la longueur de la courbe du gagnant diminue sans cesse en remontant le fleuve. J'ai déjà signalé cette circonstance (137).

Cependant la durée totale de la marée est la même en chaque point du fleuve (126); on a $CF = C'F' = C''F'' = \ldots$ Donc la longueur de la courbe du perdant augmente à mesure que l'on s'éloigne de l'embouchure.

Ces dispositions se retrouvent généralement sur tous les fleuves. Il n'y a d'exceptions qu'en quelques points où existent des causes particulières de perturbations. Mais ces perturbations ne sont que momentanées, et les longueurs du gagnant et du perdant de l'onde reviennent bientôt à diminuer et à augmenter, comme je viens de le dire, quand on remonte le fleuve ([1]).

141. *Courbes instantanées de l'onde marée fluviale.* — Les courbes instantanées de l'onde marée fluviale se construisent comme celles de la mer (81), en prenant pour abscisses les distances qui séparent les différents lieux du fleuve, et pour ordonnées les hauteurs de la marée en ces lieux, à l'instant que l'on considère.

Ces courbes sont les sections verticales de l'onde, suivant l'axe du fleuve, aux différents instants de la propagation. Ce sont elles qui sont tracées sur les figures des n°⁵ 127 et 132.

J'ai déjà dit (129) que la branche de ces courbes qui correspond au gagnant de l'onde affecte une forme convexe, à l'exception d'une petite courbe concave, au point de raccordement de la courbe du gagnant avec les eaux du fleuve, vers la tête du flot.

Quant à la branche qui correspond au perdant de l'onde, elle conserve la forme sinusoïdale des courbes instantanées des ondes de la mer ([2]).

Les deux branches des courbes instantanées de l'onde marée fluviale ont ainsi des formes analogues à celles des courbes locales que j'ai décrites plus haut (140).

Nous avons déjà vu (81) qu'une pareille analogie de forme existe entre les courbes instantanées et locales des ondes marées de la mer.

Parfois la branche du gagnant des courbes instantanées de l'onde marée fluviale présente des dépressions et des inflexions qui proviennent de certaines circonstances particulières du lit du fleuve.

D'autres fois, il se produit un ressaut brusque à la rencontre de la courbe du gagnant de l'onde avec celle des basses eaux du fleuve. Ce ressaut est le mascaret.

([1]) Les courbes locales des marées des 19 et 26 septembre 1876, sur les principaux fleuves à marée de France, sont figurées sur les *Pl. IV* à *VIII*.

([2]) La *Pl. X* représente les courbes instantanées de la marée de vive eau du 19 septembre 1876, prises à un certain nombre de moments, sur les principaux fleuves à marée de France.

142. *Courants de flot et de jusant.* — L'onde marée fluviale donne lieu, comme celle de la mer, à des courants alternativement dirigés dans le sens de la propagation de l'onde et en sens contraire.

Le courant de flot fait remonter les eaux vers l'amont du fleuve et le courant de jusant les ramène vers la mer.

143. *Étales de flot et de jusant.* — Ce n'est pas à l'instant précis où les eaux commencent à être soulevées par la marée montante que le courant de flot se manifeste dans les fleuves, mais quelques instants plus tard.

Il en est de même au jusant. C'est quelques instants seulement après que la marée a atteint sa plus grande hauteur qu'en chaque lieu les eaux cessent d'être entraînées vers l'amont par le courant de flot pour s'écouler du côté d'aval vers la mer.

En d'autres termes, les instants où les courants se renversent et auxquels on donne, comme je l'ai dit précédemment (78), les noms d'*étales de flot* et de *jusant,* sont en retard sur les instants de pleine mer et de basse mer.

144. *Importance des retards des étales de flot et de jusant sur les instants de pleine mer et de basse mer.* — Les retards des étales de flot et de jusant sur les instants de pleine et de basse mer ont, en général, moins d'importance sur les fleuves que sur la mer.

Nous avons vu (78) que, dans les conditions les plus régulières de propagation des ondes marées de la mer, les étales de flot et de jusant de ces marées se placent à peu près à mi-marée, c'est-à-dire que ces étales sont en retard d'environ 3^h sur les instants de pleine et de basse mer.

Sur les fleuves, les retards des étales de flot et de jusant sont beaucoup plus faibles.

Voici, à ce sujet, quelques renseignements donnés par divers auteurs.

J'extrais d'abord les chiffres suivants d'un Mémoire publié en

1861 par M. Partiot, sur le mouvement des marées dans la partie maritime des fleuves, Mémoire qui renferme de nombreux faits intéressants, et auquel j'ai eu souvent recours dans mes études.

Sur la Seine, le courant de flot se continue, après la pleine mer, jusqu'à ce que la marée se soit abaissée d'environ 1^m en vive eau.

M. Partiot mentionne une circonstance dans laquelle le courant de flot s'est renversé à Villequier, $3^h 25^m$ après l'heure de la pleine mer ; les eaux s'étaient alors abaissées de $1^m,43$. Mais il considère ce cas comme extraordinaire.

M. Partiot dit, en outre, que le retard de l'étale du flot est moindre en morte eau qu'en vive eau.

Sur la Gironde, à Blaye, l'étale de flot a été trouvée en retard de 33^{min} sur l'heure de la pleine mer, et l'étale de jusant de 36^{min} sur l'heure de la basse mer.

Au bec d'Ambès, ces retards sont respectivement de 27^{min} et 23^{min}.

Je citerai encore d'autres faits relatifs à la Loire et rapportés par M. Léchalas dans un Mémoire inséré aux *Annales des Ponts et Chaussées*, 1er semestre de 1865.

Dans la marée du 9 septembre 1858, l'étale de jusant n'a eu lieu, à l'embouchure de la Loire, que 30^{min} après le commencement de l'exhaussement des eaux, et l'étale de flot, 45^{min} après le moment où les eaux ont commencé à s'abaisser.

J'ai donné ces renseignements pour faire juger du degré d'importance que prennent, sur les fleuves, les retards des étales de flot et de jusant sur les instants de pleine et de basse mer.

Mais je dois ajouter que, si la faible durée relative de ces retards est établie par ces renseignements, la détermination de leur valeur absolue présente souvent des difficultés, à cause du temps assez long pendant lequel les courants paraissent n'exister ni dans un sens ni dans l'autre, comme je vais le dire.

145. *Durée des étales de flot et de jusant.* — Quand un courant arrive à son terme en un lieu, il n'est pas immédiatement remplacé par le courant contraire. Entre le moment où l'on cesse d'apercevoir le courant qui régnait et celui où apparaît le courant qui le remplace, il s'écoule un certain temps. C'est ce que l'on appelle la *durée de l'étale de flot ou de jusant.*

On jugera de la valeur de cette durée des étales par les chiffres suivants, tirés du Mémoire de M. Partiot, que j'ai cité au numéro précédent.

Suivant M. Partiot, la durée de l'étale de flot est, en général, de 10^{min} sur la Seine. Quelquefois elle est nulle, et parfois elle s'élève à 20^{min} et 25^{min}.

M. Partiot dit encore que, sur la Gironde, les étales de flot durent moyennement 24^{min} à l'embouchure, 14^{min} à Blaye et 10^{min} au bec d'Ambès.

Quoique, pendant la durée des étales, les eaux paraissent immobiles, il ne faudrait pas en conclure que tout courant a cessé dans le fleuve, car la surface des eaux ne reste pas alors stationnaire; elle s'élève pendant la durée de l'étale de jusant, et elle s'abaisse pendant celle de l'étale de flot. Or, ce changement de position ne peut se faire sans qu'un certain déplacement horizontal de liquide s'opère dans la partie du fleuve où règne l'étale.

L'immobilité des eaux pendant la durée des étales n'est ainsi qu'apparente. Si les vitesses dont les eaux sont alors animées ne sont pas constatées par l'observation, c'est qu'elles prennent des valeurs extrêmement faibles à l'approche du moment où la vitesse devient nulle avant de changer de sens, comme les ordonnées d'une courbe éprouvent de très faibles variations à l'approche du point où la tangente à la courbe est horizontale.

Sur les fleuves dont les courants de marée sont alternatifs, on ne saurait constater par l'observation l'existence de très minimes vitesses qui avoisinent les instants où les courants se renversent. Mais les courants giratoires qui se produisent dans les marées de la mer, à proximité des côtes (77 et 102), donnent le moyen de le faire.

Ces courants, en effet, signalent leur existence de deux manières : par leur vitesse d'abord, puis et surtout par leur position dans la rose des directions.

Or, l'expérience a fait reconnaître que la position des courants se déplace d'une manière continue pour atteindre, puis dépasser la direction qui correspond au renversement des courants.

Cette direction est caractérisée par une vitesse nulle, et quelquefois, suivant les circonstances, par un minimum de vitesse.

C'est ce que montrent clairement les nombreuses observations faites par M. Manen, ingénieur hydrographe, à l'embouchure de la Gironde ; observations dans lesquelles on trouve les qualités de précision et d'exactitude qui distinguent les travaux du génie hydrographe.

Il faut donc admettre que, pendant la durée des étales des marées fluviales, une certaine vitesse règne dans les eaux jusqu'au renversement du courant, qui se fait sans doute d'une manière presque instantanée.

C'est ainsi que j'envisagerai les choses dans la suite de cette étude ; et il sera entendu que les mots *étales de flot et de jusant* s'appliquent non pas au moment où les courants cessent d'être appréciables à l'œil, mais à celui où s'opère réellement leur renversement.

146. *Variation de hauteur des eaux entre la basse ou la pleine mer et l'étale qui la suit.* — Quand les étales de flot et de jusant se produisent, les eaux se sont déjà abaissées dans le premier cas, et élevées, dans le second, d'une certaine quantité.

Dans les renseignements donnés par M. Partiot et que j'ai cités plus haut (144), on a vu que la Seine s'était déjà abaissée de 1^m quand l'étale de flot s'est produite.

Les quantités dont les eaux s'abaissent de la pleine mer à l'étale de flot, ou s'élèvent de la basse mer à l'étale de jusant, dépendent de la hauteur de la marée, du volume des eaux débitées par le fleuve et de la forme des courbes intantanées de l'onde marée fluviale. Généralement elles diminuent à l'étale de flot et elles augmentent à l'étale de jusant, à mesure que l'onde marée s'approche de la limite de la partie maritime du fleuve.

§ 2. — Nature, composition et propagation de l'onde marée fluviale. Courants de flot et de jusant.

147. *Double caractère de la marée fluviale.* — D'après ce que nous avons vu aux paragraphes précédents (133 et 134), la marée fluviale ne se comporte pas de tous points comme la marée de la mer, dont cependant elle procède.

La marée fluviale emprunte certaines propriétés à sa génératrice, mais elle en acquiert d'autres qui lui sont propres et qui diffèrent de celles de la marée de la mer.

Les analogies et les différences qui existent entre les deux marées proviennent de ce que celle des fleuves n'est pas exclusivement ondulatoire, comme celle de la mer (105), mais revêt un double caractère.

C'est ce qu'il faut d'abord établir.

148. *Mouvement ondulatoire dans la marée fluviale.* — Le caractère ondulatoire de la marée fluviale ne peut certainement pas être mis en doute.

C'est évidemment la vitesse de propagation d'une onde qui fait parcourir à la tête du flot, comme on le verra au Chapitre VI, des espaces de 4^m, 5^m, 6^m et plus même par seconde, tandis que le courant qui s'établit entre l'embouchure et la tête du flot prend une vitesse beaucoup plus faible et qui atteint assez rarement 2^m par seconde. La tête du flot s'avance d'ailleurs dans chaque partie du fleuve, avec une vitesse plus ou moins grande, suivant la profondeur des eaux en ce lieu ; et les faits observés ont montré que la vitesse de propagation de la tête du flot varie avec la profondeur h des eaux suivant la formule $V = \sqrt{gh}$, comme il arrive pour toute onde qui agite les eaux sur toute leur profondeur.

C'est encore au caractère ondulatoire qu'il faut rapporter la marche des marées fluviales vers l'amont du fleuve, après que la pleine mer a dépassé l'embouchure. Car, à cette époque de la marée, la mer, déjà en décroissance, pourrait attirer toutes les eaux entrées dans le fleuve à la marée montante et arrêter leur marche vers l'amont, si ces eaux n'étaient pas retenues, en partie plus ou moins grande, suivant la position de l'onde, par la force qui a produit et qui entretient le mouvement ondulatoire.

Mais si le caractère ondulatoire se montre ainsi en quelques points de la constitution des marées fluviales, il en est d'autres dans lesquels ce caractère ne se retrouve plus, comme nous allons le voir.

149. *Épanchement de l'eau de la mer dans la marée fluviale.* — Nous avons vu précédemment (121) que, dans l'onde marée de la mer qui met les eaux en mouvement sur toute leur profondeur, la hauteur de l'onde et la profondeur des eaux sont ensemble dans une relation définie. Cette relation donne des résultats différents par la variation des constantes, suivant les dispositions générales de la masse liquide dans laquelle l'onde se propage ; mais la loi reste la même dans tous les cas, et la profondeur des eaux ne peut varier sans que la hauteur de l'onde varie également, et inversement à la racine carrée de la profondeur des eaux.

L'onde marée fluviale agite, comme celle de la mer, les eaux sur toute leur profondeur ; mais la relation dont je viens de parler n'existe pas entre la hauteur de l'onde fluviale et la profondeur des eaux du fleuve.

La hauteur de l'onde marée fluviale au-dessus des basses eaux du fleuve dépend, en effet, non seulement à l'embouchure, mais en tout point de son parcours, sauf de légères variations accidentelles, de la hauteur que prend la marée de la mer au droit de l'embouchure, et la profondeur des eaux du fleuve, à mer basse, a, en tout lieu, une valeur purement accidentelle, absolument indépendante de la hauteur de la marée de la mer.

On peut inférer de là que l'onde marée fluviale ne se forme pas en vertu des seules lois des mouvements ondulatoires, et qu'il s'y mêle quelque phénomène d'autre nature.

Le phénomène, quel qu'il soit, qui concourt avec l'ondulation à former la marée fluviale, se manifeste, comme le phénomène ondulatoire lui-même, par le courant qui s'établit, dans l'onde marée fluviale, sur toute la longueur du flot. La marée fluviale n'offre pas d'autre moyen d'action que ce courant, pour les différents phénomènes qui s'y passent.

Le courant de flot de la marée fluviale se présente donc comme lié à deux phénomènes différents.

Or, nous avons vu (104) qu'il y a deux causes susceptibles de produire les courants qui s'établissent dans les masses liquides en mouvement. Ces courants proviennent, soit de la marche d'une onde, soit de la pente de la surface des eaux.

Donc, puisque le courant de flot de la marée fluviale n'est pas uniquement réglé par le mouvement ondulatoire qui se produit dans cette marée, c'est qu'il dépend en outre de la pente qui s'établit à la surface du flot.

Par conséquent, dans la période de la marée montante à l'embouchure, que je considère en ce moment, les caractères des courants d'ondulation et des courants de pente (104) se trouvent réunis dans le courant de flot de la marée fluviale, et deux espèces d'actions s'exercent dans cette marée : un mouvement ondulatoire et un épanchement d'eau qui se fait de la mer dans le fleuve en raison de la pente qui s'établit à la surface du flot. Ces actions concourent à former la constitution de la marée fluviale, et nous verrons qu'elles s'harmonisent toujours dans ce but, tout en s'exerçant chacune en vertu de ses propres lois.

150. *L'union d'un épanchement d'eau et d'un mouvement ondulatoire n'est pas particulier à la marée fluviale.* — Je ferai remarquer ici que la coexistence de ces deux actions dans la marée fluviale n'est pas un fait exceptionnel. Pareille circonstance se présente dans toute masse liquide à laquelle on ajoute ou de laquelle on retranche un certain volume d'eau.

Si, par exemple, on introduit de l'eau dans un bief de canal par l'écluse d'amont, il se produit à l'écluse d'aval une légère élévation de la surface supérieure des eaux, bien avant que les premières molécules d'eau versées dans le bief aient pu arriver en ce lieu. Cette élévation de la surface supérieure des eaux est bientôt suivie d'un abaissement de cette surface, qui revient à sa position primitive. Puis surviennent d'autres oscillations semblables du plan d'eau supérieur du canal, en nombre plus ou moins grand, suivant la longueur du bief, jusqu'à ce que le volume d'eau introduit se soit épanché sur toute la surface du bief pour augmenter la hauteur d'eau de la quantité que ce volume comporte.

Le même effet se produit si l'on retire un certain volume d'eau par l'écluse d'aval pour diminuer la hauteur d'eau du bief. Mais, dans ce cas, c'est d'abord un abaissement du plan d'eau supérieur du canal qui se produit à l'écluse d'amont.

Dans ces deux cas, c'est à un mouvement ondulatoire qu'est due la fluctuation du plan d'eau supérieur du canal vers l'écluse opposée à celle dont on ouvre les vannes; et ce mouvement ondulatoire s'unit toujours à l'épanchement de liquide qui doit faire passer la surface supérieure des eaux du canal de sa position primitive à sa position finale.

151. *Nature du mouvement ondulatoire dans la marée fluviale.* — L'épanchement d'eau qui se fait de la mer dans le fleuve, pendant la marée montante, est analogue à celui qui s'opère dans le bief de canal dont je viens de parler, quand on ouvre les vannes de l'écluse d'amont.

Dans l'un et l'autre cas, c'est la pression horizontale exercée contre l'eau du bief ou du fleuve par l'eau qui vient s'y ajouter, qui détermine le mouvement ondulatoire.

Nous avons vu (3) que ce mode de compression donne naissance à une onde de translation. Donc, c'est aux ondes de translation que se rattachent les ondulations produites lorsque, comme dans la marée fluviale et les autres cas analogues, un épanchement d'eau s'opère dans une masse liquide.

152. On peut se représenter de la manière suivante la formation du gagnant de la marée fluviale.

Dès que la mer, soulevée par son mouvement ondulatoire, commence à dépasser le niveau des basses eaux du fleuve, l'eau projetée de la mer dans le fleuve produit une première onde qui va se propageant dans le fleuve avec la vitesse qui dépend de la profondeur des basses eaux. Après cette première introduction des eaux de la mer, et à chaque instant, pendant toute la durée de la marée montante, la mer, toujours plus élevée que les eaux du fleuve, projette dans le fleuve des masses d'eau nouvelles qui donnent naissance à de nouvelles ondes de translation. Toutes ces ondes se propagent, comme la première, en vertu de la loi qui les régit, pendant que d'autres ondes se forment incessamment à l'embouchure. A chaque instant de la marée montante, il se trouve ainsi, entre l'embouchure et la tête du flot, une suite continue d'ondes de translation qui occupent toute la longueur du flot et forment, par leur ensemble, le gagnant de l'onde marée fluviale, à cet instant.

Je ferai remarquer que ces vues sont conformes à celles qui ont été émises par Brémontier dans son ouvrage sur les ondes, par Babinet, et récemment par M. Bazin dans ses recherches sur la propagation des ondes, ainsi qu'on le verra par les extraits des écrits de ces savants, que je donne au Chapitre IV de ce Mémoire (208, 209, 220).

153. Dans cette manière de voir, chaque onde élémentaire déve-

loppée pendant un instant infiniment petit serait une des tranches de l'onde marée fluviale, telle que les a considérées M. Boussinesq dans sa théorie de l'onde de translation (34), et suivant la définition que j'ai donnée de ces tranches dans la note du n° 33. La surface supérieure du gagnant de la marée fluviale serait l'enveloppe de toutes ces tranches ou ondes élémentaires de la marée fluviale. Les ordonnées de cette surface seraient dès lors les hauteurs des diverses ondes élémentaires, hauteurs qui vont naturellement en augmentant de la tête du flot à l'embouchure, puisque les ondes élémentaires naissent de plus en plus grandes à l'embouchure, à mesure que la mer s'élève.

L'inégalité de hauteur des ondes élémentaires serait l'une des causes des différences que l'on observe dans les vitesses de propagation de ces ondes, notamment entre les vitesses du sommet de l'onde et de la tête du flot (138).

Cela s'accorde d'ailleurs avec ce qu'a dit M. Boussinesq. On a vu, en effet (34 et 35), qu'à moins d'avoir acquis une certaine forme déterminée (or, l'onde marée fluviale n'a certainement pas cette forme particulière), chaque tranche d'une onde de translation a sa vitesse propre.

154. L'assimilation de l'onde marée fluviale aux ondes de translation paraît justifiée par les considérations qui précèdent.

Il est cependant une circonstance que l'on pourrait considérer comme contraire à cette assimilation : c'est l'existence d'un courant de jusant dans le perdant de l'onde marée fluviale.

Le perdant de cette onde est, en effet, occupé presque entièrement par un courant de jusant, et les expériences de J. Russell n'ont accusé aucun courant dirigé en sens contraire de la propagation, dans les ondes de translation (6).

Mais il est permis de penser, ainsi que je l'ai dit précédemment (47), que les quantités d'eau rendues, à chaque instant, inutiles à la propagation des ondes de translation, par suite de leur affaiblissement progressif, produisent en arrière de l'onde un mouvement de liquide analogue au jusant. Ce mouvement serait très faible, inappréciable même, dans les petites ondes de translation, qui s'affaiblissent très lentement ; et il deviendrait très sensible dans l'onde marée fluviale, qui s'affaiblit rapidement en remontant le fleuve.

En réalité donc, la circonstance dont je viens de parler ne contredit pas l'assimilation de la marée fluviale aux ondes de translation.

155. *Résumé de ce qui précède.* — D'après ce qui précède, la marée fluviale serait un phénomène complexe dans lequel, tant que dure la marée montante à l'embouchure, deux actions s'exerceraient, savoir : un épanchement d'eau de la mer dans le fleuve, et un mouvement d'ondes de translation qui seraient incessamment formées à l'embouchure.

Quelles sont les conditions de l'union de ces deux actions dans le même phénomène ? Comment la nature procède-t-elle pour opérer cette union ? C'est ce que je vais maintenant examiner.

156. *Division de l'évolution entière de l'onde marée fluviale en trois périodes.* — Dans l'évolution entière de l'onde marée fluviale, il faut distinguer trois périodes pendant lesquelles les conditions de propagation sont différentes.

La première période s'étend du moment où l'onde commence à s'introduire dans le fleuve jusqu'à celui où la pleine mer arrive à l'embouchure.

La deuxième période est comprise entre les instants où ont lieu, à l'embouchure, la pleine mer et l'étale de flot, entendue comme je l'ai dit au n° 145.

La troisième période, enfin, commence au moment où l'étale de flot se produit à l'embouchure et se prolonge jusqu'à ce que l'onde disparaisse à la limite de la partie maritime du fleuve.

Pendant la première période, le gagnant de l'onde marée se forme entièrement dans le fleuve. A chaque instant de cette période, l'eau de la mer est plus élevée que celle du fleuve. Le gagnant a constamment sa pente superficielle dirigée vers l'amont du fleuve, et il ne s'y produit que des courants de flot.

Pendant la deuxième période, le sommet de l'onde marée s'avance d'une certaine quantité dans le fleuve. Mais l'eau de la mer s'abaisse alors sans cesse, et elle est constamment plus basse que celle du fleuve comprise entre l'embouchure et le sommet de l'onde. La marée fluviale présente alors, dans son ensemble, des pentes superficielles dirigées, vers l'amont du fleuve, en amont du sommet de l'onde et, vers la mer, en aval de ce sommet; mais elle n'est encore parcourue que par des courants de flot.

Pendant la troisième période, l'étale de flot est engagée dans le fleuve, et l'onde se propage jusqu'à la limite d'amont de la partie maritime. Il y a toujours, alors, deux pentes superficielles dirigées en sens contraire à partir du sommet de l'onde, et la marée fluviale est parcourue par les deux espèces de courant. Le courant de flot règne en amont, et le courant de jusant en aval du point où, à chaque instant, se trouve l'étale de flot.

157. *Force qui produit les divers mouvements de liquide dans l'onde marée fluviale.* — L'énoncé que je viens de faire des conditions dans lesquelles s'opèrent les mouvements de liquide pendant l'évolution entière de l'onde marée fluviale, montre qu'une grande variété existe dans ces mouvements.

Avant d'entrer dans l'examen de leur constitution, j'appellerai encore l'attention sur la force qui leur donne naissance.

Je dis la force, parce que, en effet, tous ces mouvements de liquide si variés sont dus à une force unique, la pesanteur, ainsi que j'en ai déjà fait l'observation au n° 104 du Chapitre précédent.

Dans la première période de la marée fluviale, la pesanteur agit en vertu de la surélévation constante des eaux de la mer par rapport à celles du fleuve. Alors se produit un courant qui, par son origine, a le caractère de courant de pente. Cependant, ainsi que je l'ai déjà indiqué (104 et 149), ce courant affecte en même temps le caractère de courant d'ondulation.

Dans les deux autres périodes de la marée fluviale, la pesanteur agit en faisant incessamment retomber des eaux, qui ont été momentanément élevées au-dessus de leur niveau, dans l'intumescence de l'onde. C'est la chute de ces eaux qui entretient le mouvement de l'onde et qui détermine le courant, dont l'existence est intimement liée à ce mouvement. Alors le courant de flot a exclusivement le caractère de courant d'ondulation.

Le courant de flot qui naît de ces différentes actions de la pesanteur a donc des destinations variées. Tantôt il est un simple courant d'ondulation, et tantôt il réunit les deux caractères des courants de pente et d'ondulation. Nous verrons, par ce qui va suivre, qu'il satisfait, dans ce dernier cas, à sa double destination.

158. *Division du gagnant de l'onde marée fluviale en* Arrière-flot *et* Avant-flot, *pendant la première période de son évolution.* — C'est pendant la première période de la marée fluviale que le courant de flot a le double caractère et remplit la double fonction dont je viens de parler.

Comme courant d'ondulation, il sert à la propagation des ondes élémentaires de la marée fluviale ; et, comme courant de pente, il pourvoit à l'épanchement et à la répartition, dans le lit du fleuve, des eaux que la mer y introduit.

Je reviendrai plus loin, avec les détails que le sujet comporte, sur la composition et le fonctionnement du courant de flot ainsi constitué. Pour le moment, je ferai remarquer que ce courant a toujours une vitesse beaucoup plus faible que la vitesse de propagation des ondes élémentaires de la marée fluviale. Comme l'eau projetée de la mer dans le fleuve est emportée par le courant de flot et ne peut pas marcher plus vite que lui, les premières molécules d'eau entrées de la mer dans le fleuve au commencement de la marée montante se trouvent nécessairement à chaque instant en arrière du lieu où, à cet instant, est parvenue la tête du flot, animée de la vitesse de propagation de la première onde élémentaire formée.

Il résulte de là que, à chacun des instants de la première période de la marée fluviale, la composition des eaux n'est pas la même sur toute la longueur de l'onde.

Dans la partie la plus rapprochée de l'embouchure se trouvent les eaux qui viennent de la mer et qui ont refoulé de ce lieu, vers l'amont, les eaux du fleuve qui s'y trouvaient à mer basse.

La partie la plus rapprochée de la tête du flot, au contraire, ne renferme que des eaux du fleuve, savoir : celles qui, comme je viens de le dire, ont été refoulées de l'aval vers l'amont ; celles qui existaient déjà en ce lieu à mer basse ; enfin celles que le fleuve apporte incessamment vers la tête du flot.

Les deux parties du gagnant de la marée fluviale, que je viens de décrire, ont des régimes très différents, comme on le verra par la suite de cet écrit, et il est important de les distinguer.

Pour simplifier l'exposé de ce que j'ai à dire à ce sujet, j'appellerai *Arrière-flot* celle de ces deux parties du gagnant de la marée fluviale qui est en contact avec l'embouchure, et *Avant-flot* celle qui confine à la tête du flot.

Les deux parties du gagnant dont je viens de parler sont séparées, à chacun des instants de la période que nous considérons, par la section transversale du fleuve où, à cet instant, sont parvenues les premières molécules d'eau introduites de la mer dans le fleuve, au commencement de la marée montante.

En fait, les molécules d'eau entrées dans le fleuve, au moment que je viens d'indiquer, sont animées de vitesses variées et se trouvent, à un instant donné, à des distances différentes de l'embouchure. La section transversale du fleuve qui sépare l'arrière-flot de l'avant-flot est donc une surface courbe dont la forme dépend des vitesses que prennent les diverses molécules.

Il suffira, pour l'exposé de ce qui va suivre, de considérer toutes les molécules comme animées de leur vitesse moyenne. Dès lors, la section transversale qui sépare l'arrière-flot de l'avant-flot devient un plan.

Cette section séparative se déplace avec les molécules d'eau qui la déterminent de position. Elle s'avance donc sans cesse vers l'amont du fleuve avec la vitesse du courant de flot, pendant que la tête du flot s'avance dans le même sens avec la vitesse de la première onde élémentaire.

La *fig.* 24 montre les dispositions de l'arrière-flot et de l'avant-flot à deux instants de la marée montante.

Cette distinction établie, je vais examiner les mouvements de liquide qui s'opèrent dans le gagnant de la marée fluviale pendant sa première période.

159. *Mouvement des eaux dans l'onde marée fluviale pendant sa première période.* — Je considère le gagnant de la marée fluviale à un instant où sa courbe instantanée se trouve en HC, et je suppose qu'au bout d'un certain temps t, cette courbe prenne la position H′C′.

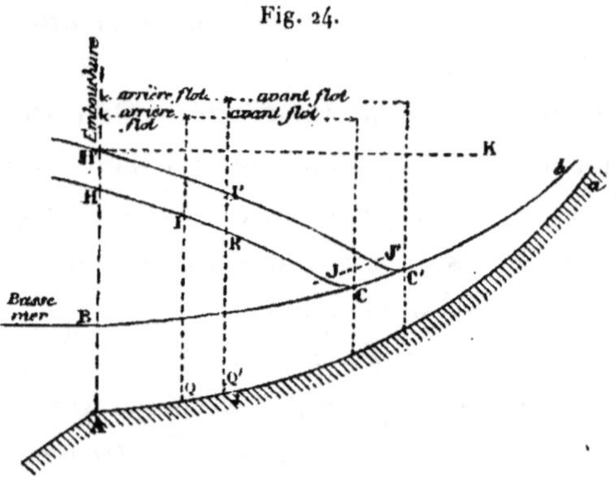

Fig. 24.

Je suppose en outre, que, pendant le temps t, l'étale de jusant se place suivant JJ′.

Ce sont les eaux coulant dans le lit du fleuve qui, pendant le temps t, viennent former la partie de l'accroissement du gagnant comprise entre les positions de l'étale de jusant et de la tête du flot, partie de l'accroissement du gagnant dont la section verticale est JJ'C'C.

La position plus ou moins avancée de la ligne JJ' est déterminée par l'importance du débit du fleuve. C'est ce qui fait qu'en temps de crue du fleuve le jusant ne prend fin que longtemps après l'arrivée de la tête du flot, et même que, dans les crues très fortes, le courant ne renverse pas et le jusant règne constamment pendant toute la marée. Je reviendrai plus loin (175), avec les développements nécessaires, sur cette partie du mouvement des eaux du gagnant de la marée fluviale.

Pour le moment, c'est de la partie de l'accroissement du gagnant pendant le temps t, dont la section verticale est HH'J'J, que je vais m'occuper.

160. Nous avons vu, à l'occasion des ondes de translation (44) et des ondes marées de la mer (93), que, dans tout déplacement minime d'une onde, il y a égalité entre le volume dont s'accroît le gagnant et celui dont le perdant diminue.

Pendant le temps t, le gagnant de l'onde marée fluviale s'est augmenté du volume obtenu en multipliant la section verticale HH'J'J par la largeur moyenne du fleuve sur la distance H'J'.

Mais l'onde marée fluviale, alors en voie de formation, est encore incomplète. Il n'y a pas de perdant de cette onde dont on puisse apprécier la diminution; et cet élément est remplacé, à cette époque de l'onde marée fluviale, par l'eau qui entre de la mer dans le fleuve.

Il doit, par conséquent, y avoir égalité entre le volume d'eau dont s'accroît le gagnant de la marée fluviale jusqu'à l'étale de jusant, dans le temps t, et celui qui, pendant le même temps, est versé par la mer dans le fleuve.

Si nous désignons par :

t le temps que l'on considère, et pendant lequel la marée s'élève à l'embouchure d'une hauteur C;

v la vitesse moyenne du courant de flot, à l'embouchure, pendant le temps t ;

S la surface moyenne de la section mouillée de l'embouchure pendant le temps t ;

D la distance moyenne qui, pendant le temps t, sépare l'embouchure de l'étale de jusant ;

L la largeur moyenne du lit du fleuve sur la distance D ;

A l'augmentation de la hauteur moyenne du flot pendant le temps t ; autrement dit, la distance moyenne qui sépare les deux positions de la surface supérieure du flot à l'origine et à la fin du temps t ;

on doit avoir, d'après ce qui précède, la relation

$$S\,v\,t = DLA.$$

La hauteur C, dont la marée s'élève à l'embouchure pendant le temps t, ne figure pas explicitement dans cette formule ; mais elle y entre implicitement, puisqu'elle contribue à former la surface mouillée S de la section de l'embouchure.

L'embouchure du fleuve à laquelle se rapportent les divers éléments de cette équation est celle qu'indique la disposition topographique du lieu, pour les fleuves dont l'embouchure est libre. C'est toujours la section placée à l'extrémité d'aval des fleuves de cette espèce qui règle l'introduction des eaux de la mer dans le fleuve.

Il n'en est pas de même pour les fleuves dont la barre obstrue l'embouchure. Ainsi que je l'ai déjà fait remarquer (132), la section du lit des fleuves de cette espèce, qui règle l'entrée des eaux de la mer dans le fleuve, se trouve en un certain point sur la longueur de la barre. La section dont il s'agit est ordinairement placée en amont de l'embouchure topographique, et c'est à cette section, considérée comme embouchure effective, que l'on doit rapporter les divers éléments de l'équation précédente.

Sur les uns comme sur les autres de ces fleuves, l'égalité

$S\varphi t = DLA$, entendue comme je viens de le dire, est la traduction du mouvement général des eaux dans l'ensemble du gagnant de la marée fluviale, pendant le temps t. Elle s'accorde, comme on va le voir, avec les mouvements particuliers des eaux, soit dans l'avant-flot, soit dans l'arrière-flot.

161. Nous avons vu plus haut (158) que les eaux versées par la mer dans le fleuve, pendant la durée de la marée montante, restent confinées dans la partie postérieure du gagnant de la marée fluviale que j'ai désignée par le nom d'*Arrière-flot*.

L'arrière-flot augmente naturellement de longueur à mesure que la marée monte à l'embouchure.

A un instant quelconque de la marée montante, et pendant un temps donné t, le volume d'eau introduit de la mer dans le fleuve et représenté dans la formule précédente par l'expression $S\varphi t$, se place nécessairement à l'extrémité d'aval de l'arrière-flot, sur une certaine longueur près de l'embouchure. Tout le reste de la longueur de l'arrière-flot est occupé par les eaux que la mer a antérieurement versées dans le fleuve.

Pendant le temps t, la face antérieure de l'arrière-flot passe de QI en Q'I' (*fig.* 24).

En outre, l'arrière-flot, s'avançant ainsi dans le fleuve, refoule une partie des eaux qui, à l'origine du temps t, composaient l'avant-flot et lui donnaient la forme QIJ. Ce refoulement de liquide amène l'avant-flot à prendre la forme Q'I'J', qu'il affecte à la fin du temps t.

Voici donc, en définitive, les divers mouvements de liquide qui s'effectuent dans le gagnant de la marée fluviale pendant le temps t. La partie de l'avant-flot, dont la section verticale est QIRQ', vient former l'accroissement RI'J'J du gagnant sur la longueur de l'avant-flot. La mer, d'autre part, verse dans le fleuve un volume d'eau nécessaire d'abord pour remplacer dans l'arrière-flot le volume QIRQ' refoulé dans l'avant-flot, puis pour former l'accroissement du gagnant sur la longueur de l'arrière-flot, dont la section verticale est HH'TR.

Comme les volumes ayant pour section QIRQ' et RI'J'J sont égaux d'après ce qui précède, il s'ensuit que le volume d'eau versé par la mer dans le fleuve pendant le temps t est bien égal à l'accroissement total du gagnant, dont la section est HH'J'J.

C'est ce qu'exprime l'égalité

$$S\, v t = DLA$$

donnée au numéro précédent.

162. Les divers mouvements de liquide que je viens de décrire sont dus à l'épanchement des eaux de la mer dans l'arrière-flot et à la propagation des ondes élémentaires de la marée fluviale sur toute la longueur du gagnant. Le courant de flot qui assure ce mouvement, quelque compliquée que soit sa constitution, a donc, sur toute la longueur du flot, le caractère de courant d'ondulation.

Et ici se représente l'observation que j'ai déjà faite plusieurs fois (42 et 94) sur la manière dont s'opère, au moyen du courant de flot, le déplacement des différentes parties du liquide dans les mouvements ondulatoires. Ce ne sont pas les molécules d'eau des volumes déplacés qui viennent elles-mêmes former les volumes équivalents dans leur nouvelle position. En chaque point, le volume dont s'accroît le gagnant se réalise au moyen des eaux les plus rapprochées, et l'échange de liquide se fait ainsi de proche en proche, depuis le lieu où s'accroît le gagnant jusqu'à celui d'où proviennent les eaux qui pourvoient à cet accroissement.

Mais, dans ces mouvements de liquide qui s'opèrent de proche en proche, la distinction entre les eaux venant de la mer et existant dans le lit du fleuve à basse mer, se conserve toujours exactement suivant les indications données plus haut.

Tels sont, dans leur ensemble, les mouvements de liquide qui se produisent sur la longueur totale du gagnant de la marée fluviale.

Je vais maintenant examiner les effets produits dans l'arrière-flot et dans l'avant-flot.

163. *Effets produits dans l'arrière-flot*. — Les considérations qui précèdent établissent que le phénomène de la marée fluviale est plus compliqué dans l'arrière-flot que dans l'avant-flot. Le courant de flot revêt, en effet, dans l'arrière-flot, le double caractère de courant de pente et de courant d'ondulation; tandis qu'il n'agit que comme courant d'ondulation dans l'avant-flot.

C'est donc au double point de vue de l'épanchement des eaux de la mer dans le fleuve et de la propagation des ondes élémentaires incessamment développées à l'embouchure pendant la marée montante qu'il faut examiner la constitution de l'arrière-flot.

Avant d'aborder cette étude, je présenterai sur l'égalité $S\,vt = \mathrm{DLA}$ du n° 160 quelques observations qui serviront à préciser les questions à résoudre.

Cette équation renferme plusieurs quantités qui sont absolument indépendantes les unes des autres.

Les quantités dont je parle sont, savoir : dans le premier membre de l'équation, la surface S de la section mouillée de l'embouchure, et dans le second membre, le produit des quantités D et L, produit qui représente la superficie horizontale moyenne du flot pendant le temps t que l'on considère.

La surface S, en effet, ne dépend que de la largeur de l'embouchure, donnée naturelle et invariable de la question, et des hauteurs dont la marée s'élève à l'embouchure à l'origine et à la fin du temps t, hauteurs qui résultent uniquement de la marche de la marée de la mer ([1]) et restent les mêmes de quelque manière que la marée du fleuve se comporte.

D'autre part, dans la superficie $D \times L$ du flot, la distance D résulte de la vitesse avec laquelle la tête du flot se propage, vitesse

---

([1]) *Voir*, à ce sujet, les observations présentées dans la note du n° 165.

qui dépend de la profondeur des basses eaux du fleuve (quand il n'existe pas de ressaut à la tête du flot, comme il faut le supposer en ce moment). La valeur que prend D, au bout d'un temps donné, reste donc la même pour une même profondeur des basses eaux, à quelque hauteur que, pendant ce temps, la marée s'élève à l'embouchure. La largeur moyenne L, de son côté, est un élément naturel qui varie bien, quoique dans des limites restreintes, pour les différentes valeurs successives de D, mais qui est tout à fait indépendante de ce qui se passe à l'embouchure du fleuve et de l'importance de la marée.

Il n'y a donc dans les deux expressions DLA et Svt, dont l'égalité doit se réaliser pendant le temps t, que les quantités v et A, dont les valeurs ne résultent pas nécessairement des dimensions du lit du fleuve et des conditions naturelles de la marée de la mer. Ce sont les seules quantités qui soient susceptibles de varier, suivant les circonstances diverses de l'introduction des eaux de la mer dans le fleuve et de la propagation des ondes élémentaires de la marée fluviale.

La vitesse v du courant de flot obéit à des lois différentes, suivant que le courant agit comme courant de pente ou comme courant d'ondulation.

L'accroissement A de hauteur du flot, d'autre part, intéresse en même temps la pente de la surface du flot et la hauteur des ondes élémentaires de la marée fluviale.

Cet accroissement de hauteur entre, par suite, en relation avec la vitesse du courant de flot, soit que l'on considère ce courant comme courant de pente ou comme courant d'ondulation.

Je ne fais qu'indiquer ici l'existence de ces relations, sur lesquelles je donnerai plus loin les explications nécessaires.

Quelles que soient ces relations, la question qui se pose alors est celle de savoir comment les quantités A et v doivent se régler, dans l'arrière-flot, pour rendre égaux les volumes Svt et DLA, au milieu des circonstances naturelles si variées que présentent les lits des fleuves et pour les valeurs que prennent S, D et L aux différentes époques de la marée.

Je considérerai successivement, dans ce qui va suivre, le phénomène au point de vue de l'épanchement des eaux de la mer dans l'arrière-flot et de la propagation des ondes élémentaires de la marée fluviale.

164. *De l'épanchement des eaux de la mer dans l'arrière-flot.* — Je suppose toujours, comme précédemment, que le gagnant de la marée fluviale occupe à un certain moment la position HC (*fig.* 25), et qu'à l'expiration du temps t la mer se soit élevée, à l'embouchure, de H en H'.

Fig. 25.

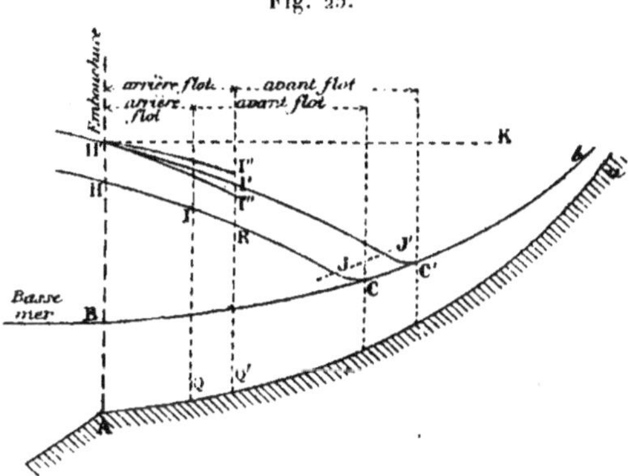

Pendant le temps t, un certain volume d'eau s'introduit de la mer dans le fleuve et s'épanche, comme je l'ai dit, dans l'arrière-flot. Il y élève la surface supérieure du gagnant. Quelle position cette surface occupera-t-elle à la fin du temps t ?

Partons du cas dans lequel l'égalité nécessaire entre le volume d'eau entrant de la mer dans le fleuve et l'accroissement du gagnant sur toute sa longueur, pendant le temps t, est obtenue au moyen de la position H'J' de la surface supérieure du gagnant, parallèle à HJ. Dans cette hypothèse, l'accroissement du gagnant se fait évidemment avec toute la régularité possible.

Supposons maintenant que les conditions naturelles de lit soient telles que la position H'J' de la surface supérieure du gagnant, au bout du temps t, ne procure pas l'égalité nécessaire entre le volume d'eau que la mer peut verser et celui que le fleuve peut recevoir dans ces conditions.

Deux cas peuvent se présenter. Le volume d'eau fourni par la mer serait plus fort que la capacité du lit du fleuve correspondant à la section verticale HJJ'H' de l'accroissement du gagnant, ou il serait plus faible.

Dans les deux cas, il faut que l'un des volumes change de valeur pour devenir égal à l'autre; ou bien que simultanément le volume trop fort diminue et le volume trop faible augmente, les deux volumes se rapprochant ainsi l'un de l'autre jusqu'à ce qu'ils deviennent égaux.

Ces deux volumes ont pour expression Svt et DLA (160).

L'accroissement A de hauteur du flot dépend de la position que prend la surface supérieure du flot par rapport à HJ, au bout du temps t.

La vitesse v du courant de flot dans la section d'embouchure est aussi influencée par la position de la surface supérieure du flot; car cette position détermine la pente de la surface du flot qui, de son côté, règle la vitesse d'introduction des eaux de la mer dans le fleuve.

C'est donc en définitive des changements qui surviennent dans la position de la surface supérieure du gagnant de la marée fluviale que doivent résulter les modifications de v et de A ayant pour effet d'établir l'égalité entre les volumes Svt et DLA, étant données les valeurs de S et $D \times L$, qui conviennent au cas que l'on considère.

165. Avant de continuer, je ferai remarquer que, de quelque manière que la surface supérieure du gagnant doive se placer au bout du temps t, cette surface passera par la ligne horizontale

projetée en H'I' dans la section de l'embouchure ; car c'est là un point donné par la marée de la mer et qui reste le même quel que soit le volume d'eau qui s'introduise de la mer dans le fleuve ([1]). S'il arrive par conséquent que la surface H'I' de l'arrière-flot, parallèle à la surface HI, ne satisfasse pas à l'égalité $Svt = \text{DLA}$, c'est une autre surface, H'I'' ou H'I''', qui se produira ; et toute surface, quelle qu'elle soit, qui satisfera à la condition d'égalité voulue, passera par la ligne horizontale projetée verticalement en H'.

166. Cela dit, je reviens à la question précédemment posée, et je supposerai d'abord que la capacité du lit du fleuve correspondant à la courbe instantanée du gagnant de la marée fluviale, qui a dans l'arrière-flot la position H'I', soit trop faible pour contenir le volume d'eau qui doit s'introduire de la mer dans le fleuve, pendant le temps t.

La capacité offerte aux eaux venant de la mer, par le lit du

([1]) Je considère ici, comme on le voit, la hauteur de la marée de la mer, vers l'embouchure des fleuves, aux différents instants de la marée montante, comme indépendante de la hauteur plus ou moins grande, suivant les circonstances, que prend dans le fleuve le gagnant de la marée qui s'y introduit.

Je crois, en outre, que cette indépendance de la hauteur de la marée, vers l'embouchure, existe en tout état de choses, même quand le lit du fleuve vient à varier, soit en largeur, soit en profondeur.

On a quelquefois exprimé l'opinion contraire, et c'est, je crois, une erreur.

Deux circonstances contribuent à donner à l'onde marée de la mer la hauteur qu'elle atteint en chaque lieu : l'influence des astres, qui a son expression dans le coefficient de la marée, et la profondeur de la mer.

La première de ces circonstances est évidemment indépendante de ce qui se passe dans les fleuves.

Quant à la seconde, ce sont les grandes profondeurs de la mer, à une certaine distance au large, qui commandent la hauteur et la vitesse de propagation de l'onde marée de la mer, jusque vers les rivages. Les résultats ainsi créés par les grandes profondeurs ne peuvent subir que des changements d'une très minime importance et presque inappréciables, par suite des modifications, toujours relativement très faibles, que produisent dans les dimensions du lit des eaux, près de l'embouchure, soit les apports du fleuve, soit les travaux exécutés dans l'intérêt de la navigation,

Du reste, si de pareils changements pouvaient se produire, cela n'intéresserait pas la question qui nous occupe ; car il s'agit de faits qui se passent pendant la durée d'une marée ; et ce n'est certainement pas le remplissage plus ou moins complet du lit du fleuve qui peut modifier la hauteur de la marée de la mer à l'embouchure.

fleuve, ne peut augmenter que si la surface supérieure du flot se relève et si par suite la quantité A augmente.

D'après ce que nous venons de voir, la surface supérieure H'I' ne peut se relever qu'en devenant H'I''; la courbe supérieure du gagnant étant assujettie à passer par H'.

Mais un pareil déplacement rend plus faible la pente superficielle de l'arrière-flot. Comme cette pente règle la vitesse d'introduction des eaux de la mer dans le fleuve, il s'ensuit qu'en prenant la position plus élevée H'I'', la surface supérieure du flot rend la vitesse v plus faible, et par suite apporte une diminution dans le volume des eaux qui entrent de la mer dans le fleuve pendant le temps t.

Lorsque la surface supérieure de l'arrière-flot passe de la position H'I' à la position H'I'', il se produit donc un double effet. D'une part, la capacité offerte par le lit du fleuve à l'eau venant de la mer est augmentée; et d'autre part le volume d'eau que le fleuve reçoit de la mer est diminué. Nous avions supposé que, dans la position H'I' de la surface supérieure de l'arrière-flot, la capacité DLA du lit du fleuve était trop faible par rapport au volume Svt de l'eau venant de la mer. Donc le relèvement de la surface supérieure de l'arrière-flot rapproche ces deux quantités dissemblables et tend à les égaliser.

Je dis en outre que l'égalité se réalisera nécessairement dans tous les cas; car si la surface supérieure de l'arrière-flot se relevait jusqu'à l'horizontale H'K, il n'entrerait plus rien de la mer dans le fleuve. Le volume d'eau venant de la mer, que nous avons supposé d'abord trop fort relativement à la capacité que le fleuve lui présente, peut ainsi varier de sa valeur primitive à zéro. Il y aura donc toujours une valeur intermédiaire qui s'accordera avec la capacité du lit du fleuve, et la surface supérieure de l'arrière-flot trouvera toujours entre H'I' et H'K une position qui produira dans le volume d'eau venant de la mer la diminution nécessaire.

Je suppose maintenant que la capacité du lit du fleuve correspondant à la courbe instantanée H'I' de l'arrière-flot soit plus grande que le volume d'eau qui, dans ces conditions, entrerait de la mer dans le fleuve pendant le temps t, il est évident, sans qu'il soit nécessaire d'entrer dans plus d'explications, que l'égalité entre ces deux quantités s'obtiendra par un certain abaissement de la surface supérieure de l'arrière-flot, par exemple en amenant la courbe instantanée de H'I' en H'I'''. Car un pareil abaissement a pour double effet de diminuer la capacité DLA offerte par le lit du fleuve à l'eau de la mer, capacité qui était supposée trop forte, et d'augmenter le volume $S\textit{v}t$ des eaux venant de la mer, qui était supposé trop faible, la pente superficielle du flot qui règle la valeur de $\textit{v}$ devenant plus grande quand la surface supérieure du flot s'abaisse en H'I'''.

Dans ces deux hypothèses, on voit que $\textit{v}$ diminue quand A augmente, et réciproquement. La vitesse moyenne $\textit{v}$, dans la section d'embouchure, du courant de flot considéré comme courant de pente (104), varie donc en sens contraire de l'augmentation A de la hauteur moyenne du flot.

167. En amont de l'embouchure, le courant de flot acquiert des vitesses qui diffèrent en général de $\textit{v}$ et dépendent des circonstances particulières du lit. Désignons par u la moyenne de ces vitesses.

La vitesse moyenne u, considérée comme appartenant à un courant de pente, diminue ou augmente avec la pente superficielle du flot. Elle varie donc, comme la vitesse $\textit{v}$, en sens contraire de l'augmentation A de la hauteur moyenne du flot.

168. *De la propagation des ondes élémentaires dans l'arrière-flot.* — Examinons maintenant la question au point de vue de la propagation des ondes élémentaires dans l'arrière-flot.

De quelque manière que la surface supérieure du flot se comporte, les ondes élémentaires naissent toujours, à l'embouchure, avec la même hauteur, à un instant donné; et au bout du temps t', c'est toujours en H' (*fig.* 25) que le sommet de l'onde doit se placer (165).

Mais, en amont de l'embouchure, il n'en est plus ainsi. Suivant que la surface du flot s'élève en H'I″, ou s'abaisse en H'I‴, les ondes élémentaires acquièrent des hauteurs plus ou moins grandes.

Or la vitesse du courant auquel donne lieu la propagation des ondes élémentaires est en rapport direct avec la hauteur de ces ondes. En appelant toujours u la vitesse moyenne du courant de flot, en amont de l'embouchure, la vitesse u, considérée comme appartenant à un courant d'ondulation (104), varie donc dans le même sens que l'augmentation A de la hauteur moyenne du flot.

Il serait sans doute difficile de préciser l'influence que la vitesse moyenne u du courant d'ondulation, en amont de l'embouchure, exerce sur la vitesse v de ce courant, à l'embouchure où la hauteur de l'onde élémentaire ne subit pas de changement. Toutefois il est rationnel de penser que l'onde élémentaire de l'embouchure donne lieu à un courant différent suivant que les ondes élémentaires qui les précèdent, prenant plus ou moins de hauteur, déterminent des courants d'ondulation plus ou moins rapides. Dans cette manière de voir, la vitesse v à l'embouchure varierait, comme la vitesse u en amont de l'embouchure, dans le même sens que l'augmentation A de la hauteur moyenne du flot.

Rapprochant cette conclusion de celle du n° 166, il arriverait donc que la vitesse v varierait en sens contraire de l'augmentation A de la hauteur moyenne du flot, ou dans le sens de cette augmentation, suivant que l'on considère le courant de flot comme courant de pente ou courant d'ondulation.

Cependant il faut que les relations différentes, qui, au point de vue de l'ondulation et de l'écoulement des eaux s'établissent entre v et A, conduisent à une valeur de chacune de ces quantités qui s'accorde en même temps avec le phénomène d'ondulation et celui de l'épanchement des eaux de la mer dans l'arrière-flot.

Il doit en être ainsi, car, dans les phénomènes naturels, l'harmonie la plus complète s'établit toujours entre les divers éléments qui concourent à former ces phénomènes ; et quand la surface supérieure de l'arrière-flot se place dans une certaine position, c'est que cette position satisfait à toutes les conditions du problème, aussi bien en ce qui concerne la propagation des ondes élémentaires qu'en ce qui se rapporte à l'épanchement des eaux de la mer dans le fleuve.

Je me borne aux vues générales que je viens d'énoncer sur cette intéressante question. Pour l'approfondir, il faudrait posséder sur la constitution de la vitesse du courant de flot, considéré comme courant d'ondulation, des éléments que la science analytique ne paraît pas avoir encore donnés. Et d'ailleurs le cadre de cet écrit ne comporte pas d'études de cette nature.

Toutefois je présenterai encore quelques observations sur l'accord qui s'établit au moyen des quantités variables v et A entre les deux phénomènes d'ondulation et d'épanchement des eaux qui coexistent dans l'arrière-flot de la marée fluviale, quoique les rapports de ces deux quantités soient différents suivant que l'on considère l'un ou l'autre de ces phénomènes.

169. Partons toujours de la position H'I' de la surface supérieure du flot au bout du temps t (*voir* la *fig*. du n° 164), et supposons que cette position donne au volume Svt de l'équation du n° 160 une valeur plus forte que celle du volume DLA.

Nous avons vu (166) qu'en considérant la vitesse v comme appartenant au courant de pente, il existe nécessairement une certaine position de la surface supérieure du flot, comprise entre H'I' et l'horizontale H'K, qui assure l'égalité des deux volumes Svt et DLA, attendu que la vitesse d'écoulement v, trop forte dans la position H'I' de la surface supérieure du flot, décroît à mesure que cette surface se relève et devient nulle quand elle occupe la position horizontale H'K.

Or, en supposant toujours que la surface supérieure du flot passe de la position H'I' à la position horizontale H'K, la vitesse v, considérée comme appartenant au courant d'ondulation, irait sans cesse en augmentant par suite de l'augmentation de hauteur des ondes élémentaires (168); et quand la surface du flot arriverait à prendre la position horizontale H'K, la vitesse v prendrait la plus grande valeur qu'elle puisse acquérir.

Ainsi la vitesse v subit des changements de natures différentes quand la surface supérieure du flot s'élève de H'I' en H'K, suivant qu'on la considère comme appartenant à l'épanchement des eaux ou à l'ondulation.

Dans le premier cas, elle passe d'une valeur trop forte à une valeur nulle, et dans le second cas, d'une valeur sans doute trop faible au maximum de valeur qu'elle puisse prendre.

Il y aura donc une certaine position intermédiaire de la surface supérieure du flot qui établira l'égalité entre les deux valeurs qui conviennent à la vitesse v considérée comme appartenant, soit à l'épanchement des eaux de la mer dans le fleuve, soit à l'ondulation, comme il en existe une qui assure l'égalité entre les volumes Svt et DLA.

D'après les considérations que j'ai présentées plus haut sur l'harmonie qui s'établit dans les phénomènes naturels, on peut affirmer, ce me semble, que la position de la surface supérieure du flot qui assure l'égalité entre les deux valeurs de v se rapportant, soit à l'épanchement des eaux, soit à l'ondulation, est la même que celle qui assure l'égalité entre les volumes Svt et DLA.

Ces considérations n'expliquent certainement pas de quelle manière l'accord s'établit entre l'épanchement des eaux de la mer dans le fleuve et la propagation des ondes élémentaires de la marée fluviale. Mais elles montrent au moins comment procède la vitesse du courant de flot pour entrer, avec son double caractère, dans cet accord sur lequel il ne peut pas rester de doute.

170. *Effets produits dans l'avant-flot.* — Dans l'avant-flot, le mouvement ondulatoire règne seul (163), et le courant de flot a exclusivement le caractère d'un courant d'ondulation. Ce courant résulte de la propagation des ondes élémentaires incessamment formées à l'embouchure du fleuve pendant la marée montante, ondes qui arrivent dans l'avant-flot après avoir parcouru l'arrière-flot sur toute sa longueur.

Nous avons vu (166) que la courbe instantanée de l'arrière-flot, considérée à un instant donné, occupe, au bout d'un temps t, une position plus ou moins élevée, suivant les circonstances au milieu desquelles les eaux de la mer s'introduisent dans le fleuve.

Si ces circonstances amènent, au bout du temps t, la surface supérieure de l'arrière-flot à prendre la position H'I″ (*voir* la *fig.* du n° 164) plus élevée que la courbe H'I' parallèle à la courbe primitive HI, les ondes élémentaires de la marée fluviale ont toutes alors plus de hauteur et donnent lieu, pour leur propagation, à un courant d'ondulation animé d'une plus grande vitesse (168). Les premières molécules d'eau entrées de la mer dans le fleuve sont alors plus éloignées de l'embouchure que lorsque la surface supérieure de l'arrière-flot avait la position H'I'. Le plan séparatif de l'arrière-flot et de l'avant-flot est ainsi plus avancé dans le fleuve, et par suite le volume des eaux du fleuve refoulées vers l'amont, pendant le temps t, est devenu plus considérable.

Il résulte de là que la surface supérieure du gagnant de la marée prend une position plus élevée dans l'avant-flot, aussi bien que dans l'arrière-flot.

Le contraire aurait lieu si la surface supérieure de l'arrière-flot devait occuper, au bout du temps t, une position H'I‴ moins élevée que H'I'. Le plan séparatif de l'arrière-flot et de l'avant-flot serait moins éloigné de l'embouchure; le volume de l'eau du fleuve refoulée vers l'amont serait moindre, et la surface supérieure de l'avant-flot occuperait, au bout du temps t, une position moins élevée.

Dans l'un et l'autre cas, les courbes instantanées de l'arrière-flot et de l'avant-flot arrivent à s'accorder à leur point de jonction, se relevant ou s'abaissant simultanément, suivant les circonstances.

Le régime qui s'établit dans l'arrière-flot influe donc sur celui de l'avant-flot; toute modification du premier amenant une modification de même nature du second.

Cette influence de l'arrière-flot sur l'avant-flot a des conséquences importantes, en ce qui concerne la forme de la courbe instantanée sur toute la longueur de l'avant-flot.

Entre autres conséquences je citerai le ressaut, dont j'ai précédemment parlé (141), qui se forme parfois à la tête du flot sur certains fleuves, et qui constitue le mascaret.

Mais c'est une question que je ne fais qu'indiquer en ce moment, devant y revenir, avec tous les développements nécessaires, au Chapitre suivant de ce Mémoire.

Je borne donc ici, pour le moment, ce qui concerne le mouvement des eaux dans la marée fluviale pendant la première période de son évolution.

171. *Mouvement des eaux dans la marée fluviale pendant sa seconde période.* — La seconde période de la marée fluviale commence (156) au moment où le sommet de l'onde arrive à l'embouchure du fleuve, et finit à celui où l'étale du flot (145) se produit au même lieu.

Pendant cette période, il s'introduit encore de l'eau de la mer dans le fleuve ; mais le volume de cette eau ne contribue pas seul, comme dans la première période, à former l'accroissement du gagnant de la marée fluviale dans un temps donné. Il s'y ajoute un autre volume, celui dont diminue, dans le temps que l'on considère, le perdant de l'onde marée fluviale, entre le sommet de cette onde et l'embouchure.

D'après cela, la relation qui représente le mouvement des eaux dans la marée fluviale, pendant la seconde période de son évolution, s'établit de la manière suivante :

Considérons l'onde placée à un certain moment de la période qui nous occupe, suivant HSC (*fig.* 26).

Supposons qu'au bout d'un temps t l'onde vienne prendre la position H'S'C'.

Le gagnant s'est accru du volume dont la section verticale est OS'C'C. Mais, comme nous l'avons vu précédemment (159), la partie de l'accroissement du gagnant, comprise entre la ligne CC' parcourue par la tête du flot et la ligne JJ' parcourue par l'étale du jusant, est formée par les eaux que le fleuve amène dans ce lieu pendant le temps t. Le volume de l'accroissement du gagnant auquel il doit être pourvu au moyen d'autres eaux est donc celui dont la section verticale est OS'J'J.

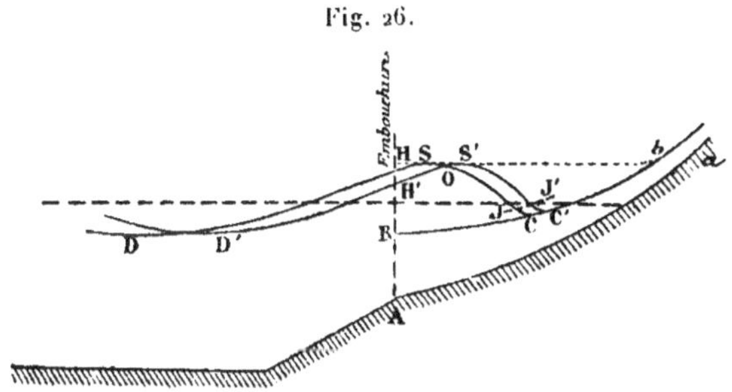

Fig. 26.

Cette partie de l'accroissement du gagnant est obtenue au moyen :
1° de la diminution du perdant de l'onde entre l'embouchure et le sommet de l'onde, volume dont la section verticale est OSHH' ;
2° du volume d'eau introduit de la mer dans le fleuve pendant le temps t, par la section d'embouchure du fleuve sur une hauteur moyenne entre AH et AH'.

Si nous désignons par :

S la surface moyenne de la section mouillée de l'embouchure pendant le temps t ;

v la vitesse moyenne du courant de flot à l'embouchure pendant le temps t :

D la distance moyenne qui sépare le sommet de l'onde de l'étale de jusant, pendant le temps t ;

L la largeur moyenne du lit du fleuve sur la distance D ;

A l'augmentation moyenne de la hauteur du gagnant de l'onde pendant le temps t ;

D′ la distance moyenne qui sépare le sommet de l'onde de l'embouchure pendant le temps t ;

L′ la largeur moyenne du lit du fleuve sur la distance D′ ;

A′ la hauteur moyenne dont s'abaisse le perdant de l'onde pendant le temps t ;

la condition d'égalité ci-dessus indiquée s'exprime de la manière suivante :

$$S\,vt + D'L'A' = DLA.$$

C'ést l'équation à laquelle, dans la deuxième période de la marée fluviale, doivent satisfaire les divers éléments de cette marée.

172. Il importe de remarquer que, pendant cette seconde période, l'eau du fleuve est constamment plus élevée que celle de la mer, vers l'embouchure.

Ce n'est donc plus en vertu de l'excès de hauteur des eaux de la mer sur celles du fleuve, comme dans la première période de la marée fluviale, que l'eau de la mer s'introduit alors dans le fleuve, mais en vertu des seules nécessités de la propagation de l'onde marée fluviale, et quoique, à cette époque de la marée, la pente superficielle des eaux soit dirigée en sens contraire du courant qui existe encore dans la section d'embouchure.

La vitesse v appartient donc alors à un courant d'ondulation (104), et à chaque instant de la deuxième période, elle prend la valeur nécessaire pour que, d'après l'équation ci-dessus, le volume $S\,vt$ soit égale à la différence des volumes $DLA - D'L'A'$, quelles que soient les valeurs que les conditions naturelles du fleuve et l'importance de la marée donnent aux autres quantités qui entrent dans l'équation.

À mesure qu'on s'éloigne de l'origine de la deuxième période de la marée fluviale, le volume DLA devient moins grand, par suite de la diminution des valeurs successives de D (137); et, d'autre part, le volume D'L'A' devient plus fort, la distance D' qui sépare le sommet de l'onde marée de l'embouchure allant sans cesse en augmentant.

Enfin, à un certain moment, l'égalité s'établit entre les deux volumes DLA et D'L'A'. Alors Svt devient nul. Comme S conserve toujours une valeur quelconque, la vitesse v doit être nulle. Il n'entre plus d'eau de la mer dans le fleuve, l'étale de flot se manifeste à l'embouchure, et la deuxième période de la marée fluviale se termine.

173. *Mouvement des eaux dans la marée fluviale pendant la troisième période.* — C'est au moment dont je viens de parler, où l'étale de flot se produit à l'embouchure, que commence la troisième période de la marée fluviale (156), et cette période se prolonge jusqu'à ce que l'onde marée disparaisse à la limite de la partie maritime du fleuve.

Considérons l'onde marée fluviale à l'un quelconque des instants de la troisième période, dans la position DSC (*fig.* 27), et supposons

Fig. 27.

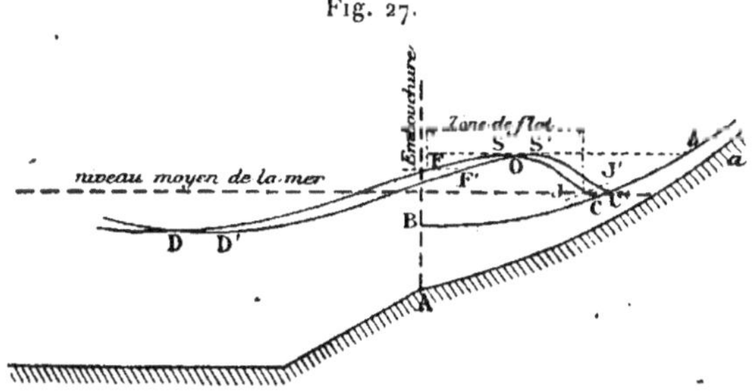

qu'au bout d'un temps t la courbe instantanée de l'onde ait pris la position D'S'C', les étales de jusant et de flot, entendues comme je l'ai dit plus haut (145), ayant parcouru, pendant le temps t, les lignes JJ' et FF'.

Le gagnant s'est accru, pendant le temps t, du volume dont la section verticale est $OCC'S'$. La partie de ce volume, dont la section est $CC'J'J$, est formée, comme nous l'avons vu (159). par les eaux du fleuve. Par suite, le courant de flot ne doit amener du côté du gagnant de l'onde marée que le volume d'eau dont la section est $JJ'S'O$.

D'autre part, sur la longueur du perdant où règne le courant de flot, c'est-à-dire du sommet de l'onde à l'étale de flot, le perdant diminue du volume dont la section verticale est $FF'OS$.

Il y a nécessairement égalité entre les deux volumes dont les sections sont $JJ'S'O$ et $FF'OS$, et l'étale de flot se place de manière que cette condition soit remplie.

Si nous adoptons les notations du numéro précédent, en appliquant les lettres D', L' et A' à la partie du perdant, qui s'étend du sommet de l'onde à l'étale de flot, la condition d'égalité ci-dessus indiquée s'exprime de la manière suivante :

$$D'L'A' = DLA.$$

La longueur D du gagnant de la marée fluviale diminue sans cesse, dans la troisième période, à mesure que l'onde s'avance dans le fleuve (137). Comme les quantités L et L', A et A' ont ordinairement des valeurs peu différentes les unes des autres, la distance D' du sommet de l'onde à l'étale de flot doit suivre la longueur D du gagnant de l'onde dans sa diminution progressive, afin que l'égalité ci-dessus subsiste. L'étale de flot se rapproche donc sans cesse du sommet de l'onde à mesure que l'onde marée s'avance dans le fleuve.

Nous verrons plus loin (176 à 178) ce qui se passe aux derniers instants de l'existence de l'onde marée fluviale.

J'ajouterai seulement ici que le courant de jusant qui règne de l'embouchure du fleuve à l'étale de flot augmente sans cesse de longueur pendant la troisième période de la marée fluviale, puisque l'étale de flot s'éloigne alors constamment de l'embouchure. Comme, pendant ce temps, la longueur du gagnant de l'onde diminue sans cesse, il arrive que moins le gagnant doit demander au perdant pour constituer ses accroissements successifs, et plus le perdant a de longueur.

Cette circonstance est digne de remarque, et nous verrons tout à l'heure qu'elle trouve son explication dans la différence de constitution des courants de flot et de jusant de la marée fluviale.

174. *Caractères du courant de flot de la marée fluviale.* — D'après ce qui précède, c'est à la propagation de l'onde marée fluviale qu'est exclusivement dû le courant de flot de cette marée pendant ses deuxième et troisième périodes.

Il en est de même, pendant la première période, dans la partie antérieure du gagnant de l'onde marée fluviale que j'ai désignée par le nom *d'avant-flot* (158).

Dans la partie postérieure, ou *arrière-flot*, le courant de flot est dû à l'épanchement des eaux de la mer dans le fleuve, en même temps qu'à la propagation des ondes élémentaires de la marée fluviale. Il revêt ainsi un double caractère, agissant en ce lieu comme courant de pente et comme courant d'ondulation ; et nous avons vu (164 à 169) qu'il satisfait alors, avec sa vitesse, aux nécessités des deux phénomènes qui s'unissent dans l'arrière-flot.

Le courant de flot de la marée fluviale a donc exceptionnellement le caractère de courant de pente, pendant la première période de la marée et dans l'arrière-flot. Mais cela n'empêche pas qu'à quelque époque de la marée fluviale qu'on le considère, ce courant a le caractère d'un courant d'ondulation sur toutes les parties du fleuve où il se manifeste.

175. *Caractères des courants de jusant de la marée fluviale.* — Le jusant de la marée fluviale est autrement constitué.

Il faut d'abord distinguer le courant de jusant qui se produit à la partie antérieure du gagnant près de la tête du flot, pendant toute la durée de l'évolution de la marée, de celui qui règne, pendant la troisième période de la marée, depuis l'étale de flot jusqu'à la mer.

Le premier de ces courants existe pendant toute la durée de l'évolution de l'onde marée. Il n'a ordinairement qu'une faible longueur. Son rôle est d'amener, dans la partie d'amont de l'onde, les eaux que le fleuve débite constamment et qui viennent, dans un temps donné, former la partie de l'accroissement du gagnant de l'onde comprise entre la tête du flot et l'étale de jusant (159). Les eaux du fleuve, ainsi introduites dans l'onde, s'y meuvent alors en vertu du mouvement ondulatoire qui règle leur vitesse suivant ses nécessités. Le caractère ondulatoire de ce courant ne fait point de doute. Je reviendrai plus loin sur ce sujet (176) en parlant des zones de jusant des marées fluviales.

Le second courant de jusant, celui du perdant de la marée fluviale, a un tout autre caractère.

Ce courant ne règne dans le fleuve que pendant la troisième période de la marée fluviale; mais il y acquiert une grande importance. S'étendant constamment de l'étale de flot de la marée fluviale jusqu'à la mer, il augmente sans cesse de longueur à mesure que l'onde marée s'avance dans le fleuve, et il finit par occuper seul, pendant quelques instants, la longueur totale de la partie maritime du fleuve (¹).

Ces dispositions diffèrent essentiellement de celles du courant de jusant de la mer, et l'on peut pressentir que, quoique portant le même nom, le jusant du perdant de la marée fluviale ne remplit pas le même rôle que celui de la marée de la mer.

Sur la mer, en effet, et par le mouvement de proche en proche que j'ai précédemment décrit (94), le courant de jusant entraîne

____

(¹) Cela doit s'entendre des fleuves qui, comme ceux de France, n'ont pas assez de longueur, dans leur partie maritime, pour qu'une onde marée y existe encore quand l'onde suivante commence à s'introduire dans le fleuve (*voir*, à ce sujet, la note du n° 130).

une partie des eaux de la diminution du perdant de l'onde marée, pour former un volume égal de l'accroissement de gagnant de l'onde marée suivante. Ce courant est une partie intégrante de l'onde. Si, par une cause quelconque, le courant de jusant de la mer était modifié, l'onde marée suivante en recevrait une grave perturbation.

Dans les fleuves, il n'en est pas ainsi. Le courant de jusant du perdant de la marée fluviale ne sert pas à la formation de l'onde marée fluviale suivante, sinon dans une proportion très faible, quand l'onde marée suivante commence à pénétrer dans le fleuve. Alors le courant dont nous parlons devient, dans la petite partie de la nouvelle onde qu'il occupe, le courant de jusant du gagnant dont j'ai parlé plus haut. Mais, avant que cet effet minime se produise, la presque totalité des eaux mises en mouvement par l'onde précédente a déjà été entraînée hors du fleuve par le courant de jusant du perdant de cette onde.

Le courant de jusant du perdant de la marée fluviale n'est pas davantage en rapport avec l'onde marée de la mer. Ce courant rencontre, suivant les circonstances, soit le courant de flot, soit le courant de jusant de l'onde marée de la mer; et qu'il corresponde à l'un ou à l'autre de ces courants, son régime reste toujours le même. D'autre part, le courant de jusant du fleuve serait supprimé, que les courants de marée de la mer n'en recevraient aucune modification ([1]).

L'eau qu'entraîne le courant de jusant du perdant de la marée fluviale s'écoule évidemment en vertu de la pente qui s'établit à

([1]) Je n'entends pas dire par là que le courant de jusant s'efface absolument en arrivant à la mer, et n'y produit plus aucun effet appréciable. Si les effets de cette nature sont très faibles et négligeables pour les fleuves de France, dont le débit de jusant a de médiocres valeurs, il peut en être autrement pour les fleuves à très grands débits, tels que le fleuve des Amazones. Mais les effets du jusant de ce dernier fleuve, que l'on peut apercevoir au large de son embouchure, n'exercent, sans doute, aucune influence sur la forme et la marche de l'onde marée immense qui parcourt l'Atlantique. C'est tout ce que j'ai voulu dire dans le passage auquel cette note se rapporte.

chaque instant entre le sommet de l'onde marée fluviale et la surface libre de la mer, sans qu'aucune nécessité ondulatoire intervienne.

L'eau qui s'écoule ainsi hors du fleuve, par l'effet de la pente, est celle que l'onde marée fluviale rejette incessamment, par suite de la diminution progressive de volume qu'elle subit en remontant le fleuve (154). C'est là, sans aucun doute, une simple opération de vidange qui, bien qu'étant la conséquence d'un phénomène d'ondulation, n'emprunte aucun de ses caractères à ce phénomène et s'opère uniquement en vertu de la pente du fleuve.

176. *Zones de flot et de jusant de l'onde marée fluviale.* — Il existe donc, sur la partie maritime des fleuves, à tous les instants de l'évolution de la marée fluviale, des courants de flot et de jusant ayant différents caractères et diversement répartis sur le fleuve, suivant la position de l'onde marée fluviale.

J'appellerai, comme sur la mer (107), *zones de flot et de jusant* les parties du fleuve occupées, à un instant donné, par l'un ou l'autre de ces courants.

La longueur de la zone de flot est très variable aux différentes époques de la marée fluviale.

Pendant les deux premières périodes de cette marée (156), c'est-à-dire jusqu'au moment où l'étale de flot a lieu à l'embouchure, la zone de flot, limitée à l'aval par l'embouchure et à l'amont par l'étale de jusant, augmente sans cesse de longueur. Car l'étale de jusant s'avance alors constamment dans le fleuve, comme la tête du flot qu'elle suit à une distance qui dépend du débit naturel du fleuve et du volume d'eau restant de la marée précédente (130) au moment que l'on considère.

Pendant la troisième période de la marée fluviale, la zone de flot diminue au contraire sans cesse de longueur, jusqu'à ce qu'elle devienne nulle, vers l'amont de la partie maritime du fleuve, en un point dont j'indiquerai tout à l'heure la position.

A cette époque de la marée, la zone de flot est limitée du côté d'amont par l'étale de jusant, et du côté d'aval par l'étale de flot.

L'étale de jusant suit la tête du flot dans sa marche, comme je l'ai dit plus haut. Sa position est déterminée par le volume d'eau que débite le fleuve, et qui vient, à chaque instant, former la partie de l'accroissement du gagnant comprise entre la tête du flot et l'étale de jusant (159).

Le volume d'eau dont je parle renferme, outre le débit naturel du fleuve, une partie de l'eau restant de la marée précédente (130). Mais ce reste de la marée précédente finit par s'épuiser. Lorsqu'il a disparu, c'est le débit naturel du fleuve qui règle seul la position de l'étale de jusant, et cela arrive pendant une partie plus ou moins grande de la troisième période, suivant l'importance du volume d'eau resté de la marée précédente.

Quand il en est ainsi, comme la largeur du lit du fleuve diminue généralement en remontant, le volume constant débité par le fleuve occupe une longueur de plus en plus grande dans le gagnant de l'onde, à mesure que la marée s'avance dans le fleuve. Par suite, l'étale de jusant s'éloigne de plus en plus alors de la tête du flot (¹).

Telle est la constitution de l'étale de jusant qui limite la zone de flot du côté d'amont.

L'étale de flot qui limite la zone de flot du côté d'aval se comporte, d'autre part, de la manière suivante :

La position de cette étale sur le perdant de la marée fluviale dépend (173) du volume de la partie de l'accroissement du gagnant, comprise entre le sommet de l'onde et l'étale de jusant. Or,

---

(¹) Voici quelques faits qui justifient les vues que je viens d'exposer. Ce sont des renseignements recueillis, le 19 septembre 1876, sur le temps qui s'est écoulé entre la basse mer et l'étale de jusant, en divers lieux situés vers l'amont de la partie maritime des fleuves.

Sur la Charente, le retard de l'étale de jusant sur la basse mer, a été d'environ 30^{min} à Taillebourg et de 40^{min} à Saintes, située à 11 700^m en amont de Taillebourg.

Sur l'Adour, le retard de l'étale de jusant a été d'environ 25^{min} à Urt et de 30^{min} à Lannes, situé à 13 400^m en amont d'Urt.

la longueur du gagnant de l'onde diminue progressivement, comme nous l'avons vu (137) pendant la durée de la troisième période. L'intervalle compris entre l'étale de flot et le sommet de l'onde doit donc également diminuer à mesure que l'onde marée s'avance dans le fleuve. La diminution doit même être plus marquée dans les derniers temps de la troisième période, attendu qu'alors, comme je l'ai dit plus haut, l'étale de jusant s'éloigne ordinairement de la tête du flot et rend par conséquent plus faible la partie de l'accroissement du gagnant à laquelle le perdant doit pourvoir.

Donc, en résumé, pendant la troisième période, la limite d'aval de la zone de flot se rapproche sans cesse du sommet de l'onde ; et il en est ordinairement de même de la limite d'amont, surtout dans les derniers temps de l'évolution de la marée.

C'est ce qui occasionne la diminution constante de la zone de flot pendant la troisième période de la marée fluviale, diminution que j'ai signalée plus haut.

La figure du n° 186 donne un exemple de cette diminution de longueur de la zone de flot.

177. Puisque dans les derniers temps de la troisième période, l'étale de jusant s'éloigne de la tête du flot et le sommet de l'onde s'en rapproche, il arrive un moment où l'étale de jusant vient se confondre avec le sommet de l'onde.

A ce moment, l'étale de flot, qui se rapprochait sans cesse du sommet de l'onde, vient aussi nécessairement se confondre avec ce sommet, puisque alors le gagnant de l'onde n'a plus rien à demander au perdant.

Le moment que je viens de définir marque donc la fin de l'existence de la zone de flot.

Il importe de remarquer ici que le terme de l'existence de la zone de flot dépend essentiellement du débit du fleuve. Plus ce débit est fort, et plus la distance qui sépare l'étale de jusant de la tête du flot est grande, par conséquent plus le moment où l'étale de jusant vient se confondre avec le sommet de l'onde est en avance sur celui où finit l'évolution de l'onde marée fluviale.

C'est ce qui fait que, pendant les crues, le courant de flot ne se manifeste pas sur une certaine longueur vers l'amont de la partie maritime des fleuves ; et c'est encore pour cela que, dans les très grandes crues, l'évolution entière de l'onde marée fluviale s'effectue sans que le courant de jusant se renverse (159).

178. La zone de jusant de la marée fluviale n'est pas unique, comme la zone de flot, pendant toute l'évolution de cette marée.

Il n'existe qu'une seule zone de jusant tant que durent les deux premières périodes de la marée, et cette zone est en tête de l'onde. Mais pendant la troisième période, il y en a deux : l'une en amont de l'étale de jusant et l'autre en aval de l'étale de flot.

Ces deux zones de jusant ont des caractères très différents.

La zone de jusant d'amont appartient au mouvement ondulatoire. Le courant de jusant qui y règne a pour but de pourvoir à une partie de l'accroissement du gagnant de l'onde marée ; et quoique dirigé dans le même sens que le courant du fleuve, en amont de la tête du flot, il se différencie de ce dernier courant en ce que sa pente de surface est dirigée en sens contraire de celle du fleuve, au moins sur la plus grande partie de sa longueur.

La zone de jusant d'aval diffère essentiellement de celle d'amont.

L'extrémité d'aval de cette seconde zone de jusant reste constamment fixée à l'embouchure du fleuve, pendant que l'extrémité d'amont, qui est l'étale de flot, s'avance incessamment dans le fleuve.

Cette zone augmente donc toujours de longueur, à mesure que l'onde marée remonte le fleuve.

Le courant de jusant qui y règne est simplement un courant de pente, ainsi que je l'ai dit plus haut (175). Il n'a pour fonction que de rejeter à la mer les volumes d'eau qui deviennent incessamment inutiles à la propagation de l'onde marée, par suite de son affaiblissement progressif (154).

La zone de jusant d'aval se rapproche de celle d'amont, à mesure que la zone de flot diminue. Ces deux zones se réunissent enfin au moment que j'ai précédemment défini, où la zone de flot cesse d'exister.

A ce moment le jusant règne sur toute la longueur de la partie maritime du fleuve. L'onde marée cependant, quoique près de son terme, n'a pas encore pris fin ; et les deux zones de jusant situées l'une en amont, l'autre en aval du sommet de l'onde, ont des caractères différents. La zone d'amont conserve son caractère ondulatoire, et celle d'aval continue à faire écouler les eaux abandonnées par l'onde marée, en vertu de la pente du fleuve.

Enfin, quand l'onde marée s'est complètement effacée, la zone de jusant d'amont cesse d'exister, et le courant de jusant qui règne sur toute la longueur de la partie maritime du fleuve est un courant de pente. Cet état dure jusqu'au moment où l'onde marée suivante commence à s'introduire dans le fleuve.

179. *Vitesse de propagation de l'onde marée fluviale.* — L'onde marée fluviale est de la nature des ondes de translation (151). La vitesse de propagation de ses diverses tranches verticales, qui ne sont autre chose que les ondes élémentaires de la marée fluviale, est par conséquent donnée par la formule du n° 34, dans laquelle H représente la profondeur des basses eaux du fleuve et h la hauteur de chaque onde élémentaire au-dessus du niveau de ces basses eaux.

Dans les fleuves, la profondeur des basses eaux est très variable. Elle ne conserve ordinairement la même valeur que sur de faibles longueurs, et ses variations peuvent, suivant les circonstances, être dans le même sens, ou en sens contraire de celles de la hauteur des ondes élémentaires.

Les relations variées qui s'établissent ainsi entre H et h sont la cause des différences que l'on observe entre les vitesses de propagation des diverses parties de l'onde marée fluviale, et notamment entre celles du sommet de l'onde et de la tête du flot.

Elles sont encore, pour les motifs que j'ai exposés au n° 39, la cause des changements qui surviennent presque constamment dans la forme des courbes instantanées des ondes marées fluviales.

À cette cause de modification des vitesses de propagation et des courbes instantanées des ondes marées fluviales, il faut sans doute ajouter les sinuosités et les changements de largeur du lit du fleuve, ainsi que l'intensité et la direction des vents.

180. Parmi les ondes élémentaires de la marée fluviale, il en est une, celle de la tête du flot, qui a un régime particulier.

Sauf le cas dont j'ai précédemment parlé (141), où un ressaut se forme à la tête du flot, cas que j'examinerai particulièrement au Chapitre suivant, cette première onde élémentaire de la marée fluviale ne dépasse pas la hauteur de basses eaux du fleuve, du moins d'une quantité qui soit appréciable à l'œil.

Les observations nombreuses faites sur la marche de la tête du flot des différents fleuves de France, pendant les marées des 19 et 26 septembre 1876, ont montré que la vitesse de propagation de la tête du flot s'accorde généralement avec la formule du n° 10, en remplaçant $H + h$ de cette formule par la hauteur H des basses eaux. En appelant toujours V la vitesse de propagation de l'onde, et U la vitesse des eaux du fleuve, la formule devient

$$V = \sqrt{gH} - U.$$

Cette formule rend compte de l'affaiblissement que subit l'onde marée fluviale dans sa marche, et de sa disparition à la limite de la partie maritime du fleuve.

Le lit des fleuves présente, en effet, les circonstances suivantes. Sauf quelques exceptions, qui s'étendent rarement sur de grandes longueurs, la profondeur des basses eaux du fleuve diminue, et au contraire la pente du fleuve augmente à mesure que l'on considère un point plus éloigné de l'embouchure.

Il résulte de là que la vitesse de propagation de l'onde de la tête du flot s'atténue sans cesse en remontant le fleuve, puisque $\sqrt{gH}$ diminue avec la profondeur H des basses eaux, et que, d'autre part, le terme négatif U de la valeur de V augmente avec la pente du fleuve.

Il doit donc arriver un moment où les valeurs de $\sqrt{gH}$ et de U deviennent égales. Quand cette circonstance se présente, la vitesse V de propagation de l'onde élémentaire de la tête du flot devient nulle; ce qui signifie que cette onde cesse d'exister.

L'onde élémentaire suivante devient alors l'onde de la tête du flot.

Mais cette nouvelle onde de la tête du flot disparaît bientôt comme la première, pour la même cause; et toutes les ondes élémentaires successives de la marée fluviale viennent ainsi s'évanouir les unes après les autres jusqu'à l'onde qui correspond au sommet de la marée fluviale.

A ce moment, l'onde marée fluviale termine son évolution. Tout mouvement ondulatoire cesse dans le fleuve jusqu'à l'arrivée de l'onde marée suivante.

181. Je ferai encore remarquer, avant de quitter ce sujet, que les vitesses de propagation de l'onde de la tête du flot sont toujours plus grandes, sur le même fleuve, en morte eau qu'en vive eau, dans la première section du fleuve avoisinant l'embouchure, dont j'ai précédemment parlé (134). Cela résulte de ce que, dans cette partie du fleuve, la profondeur d'eau, à basse mer, est plus grande en morte eau qu'en vive eau, en supposant, bien entendu, que le débit des eaux du fleuve soit le même aux deux époques.

182. *Vitesse du courant de flot.* — La vitesse du courant de flot de la marée fluviale a, comme nous l'avons vu (174), différents caractères, suivant la partie de l'onde et l'époque de sa propagation que l'on considère.

Tant que la marée monte à l'embouchure, la vitesse du courant du flot est, en même temps, celle du courant développé par la propagation des ondes élémentaires de la marée fluviale, et celle de l'écoulement des eaux de la mer dans le fleuve, écoulement qui s'effectue dans la partie du gagnant de la marée fluviale la plus rapprochée de l'embouchure et que j'ai appelée *arrière-flot*.

En tout autre lieu et à tout autre instant de la marche de l'onde marée fluviale, la vitesse du courant du flot ne résulte que des nécessités du mouvement ondulatoire.

Lorsqu'on veut apprécier la vitesse du courant de flot au point de vue de l'écoulement des eaux de la mer dans le fleuve, on peut le faire par les formules de l'hydraulique, au moyen de la pente superficielle des eaux que l'on obtient par l'observation.

Lorsqu'on veut apprécier cette vitesse au point de vue de la propagation de l'onde, il faut se rendre compte de l'importance du déplacement horizontal de liquide qui doit se faire de proche en proche, dans le mouvement de propagation de l'onde, pour procurer dans un temps donné, par la section verticale qu'offre le fleuve à cet écoulement, le volume dont le gagnant s'accroît pendant ce temps. C'est la méthode approximative d'appréciation que j'ai précédemment employée (111 à 113) pour déterminer la vitesse du courant du flot de l'onde marée de la mer.

L'accroissement du gagnant de l'onde, dans un temps donné, dépend de la vitesse de propagation de la tête du flot et de la forme des courbes instantanées successives de l'onde.

Sur les fleuves, l'extrême diversité de ces deux éléments de la question ne permettrait pas de représenter, même par une formule approximative, le volume de l'accroissement du gagnant.

Je bornerai donc aux indications qui précèdent ce que j'ai à dire sur la constitution de la vitesse du courant du flot. Mais on pourra reconnaître, en opérant avec des courbes instantanées relevées sur des fleuves dont on connaîtrait les diverses sections, que le procédé d'appréciation dont je viens de parler conduit à des vitesses du courant de flot qui s'accordent assez bien avec celles que donne l'observation.

183. La vitesse du courant de flot résulte, comme je l'ai dit plus haut, du volume plus ou moins grand que prend l'accroissement du gagnant de l'onde, dans un temps donné, et de la superficie de la section par laquelle se fait, en chaque lieu, le transport de proche en proche de l'eau qui vient du perdant vers le gagnant, pour réaliser l'accroissement de ce dernier.

Dans une même marée, les sections verticales de l'onde varient régulièrement en chaque lieu avec les ordonnées de la courbe instantanée de l'onde, et irrégulièrement d'un lieu à un autre, avec les accidents de la profondeur du lit du fleuve.

C'est ce qui produit dans la vitesse du courant de flot les variations continuelles auxquelles j'ai fait allusion plus haut.

Si l'on considère deux marées de hauteurs différentes, le volume de l'accroissement du gagnant, dans un temps donné, est sans doute plus considérable dans la marée la plus forte, à cause de la plus grande vitesse de propagation du sommet de l'onde; mais la superficie des sections d'écoulement de l'eau entraînée par le courant de flot augmente en même temps, à cause de la plus grande hauteur des ordonnées des courbes instantanées de l'onde marée. Ces deux éléments qui contribuent à déterminer la vitesse du courant de flot varient donc dans le même sens. Il en résulte que les vitesses du courant de flot, quoique ordinairement plus grandes en vive eau qu'en morte eau, diffèrent moins entre elles, proportionnellement, que ne le font les hauteurs des deux marées.

184. En fait, sur les fleuves où la vitesse du courant de flot prend ses plus grandes valeurs, cette vitesse dans la partie inférieure des fleuves ne paraît pas dépasser 2^m à $2^m,30$ par seconde en vive eau, et 1^m à $1^m,80$ en morte eau.

Sur les fleuves où l'on observe ces vitesses du courant de flot, et aux lieux où elles se produisent, le sommet de l'onde marée se propage avec une vitesse d'environ 10^m par seconde en vive eau et 8^m en morte eau.

Le rapport de la vitesse du courant de flot à celle de la propagation du sommet de l'onde est donc d'environ $\frac{1}{5}$.

Ce rapport est par conséquent beaucoup plus fort sur les fleuves que sur la mer. Car même dans les mers de faible profondeur, telles que la Manche, ce rapport ne dépasse pas $\frac{1}{13}$ (67 et 124).

A mesure que l'onde marée s'avance dans le fleuve, la vitesse du courant de flot diminue. Mais la vitesse de propagation du sommet de l'onde diminue en même temps, et le rapport de ces deux vitesses conserve toujours les valeurs élevées qu'il a dans la partie inférieure du fleuve.

185. *Marche particulière des molécules d'eau dans le courant de flot.* — Dans l'onde marée fluviale, comme dans celle de la mer, ce ne sont pas les mêmes molécules d'eau qui sont entraînées par le courant de flot pendant toute la durée de l'évolution de l'onde (108). Le courant de flot se mouvant moins vite que l'onde ne se propage, il en résulte que les molécules d'eau entraînées par la zone de flot sont, après un certain temps, dépassées par cette zone.

Chaque molécule d'eau parcourt ainsi, dans le courant de flot de la marée fluviale, comme dans celui de la mer, un certain trajet limité de longueur; après quoi, la molécule cesse d'être entraînée par le courant de flot, et se dirige en sens contraire, vers la mer, comme nous l'avons vu (175), pendant que la zone de flot continue à s'avancer vers l'amont du fleuve.

La longueur de la trajectoire parcourue par une molécule d'eau, dans le courant de flot, dépend, sur les fleuves comme sur les mers, des vitesses relatives du courant de flot et de la propagation de l'onde. Ces vitesses subissent, ainsi que je l'ai dit au numéro précédent, d'incessantes variations qui dépendent de circonstances purement accidentelles. La longueur du trajet d'une molécule d'eau dans le courant de flot varie donc sans cesse, sans que ces variations soient soumises à une loi régulière.

On peut toutefois évaluer approximativement la longueur du

trajet d'une molécules d'eau partant d'un lieu déterminé, si l'on connaît par l'observation les vitesses du courant de flot, et de la propagation de l'étale de flot qui conviennent en ce lieu.

Cette longueur peut s'établir par des considérations analogues à celles que j'ai précédemment exposées (116) pour l'onde marée de la mer.

186. *Trajet d'une molécule d'eau dans le courant de flot.* — Supposons que la molécule d'eau que l'on considère soit placée en B (*fig.* 28). Elle commence à entrer dans le courant de flot quand l'étale de jusant se produit en B. La courbe instantanée de

Fig. 28.

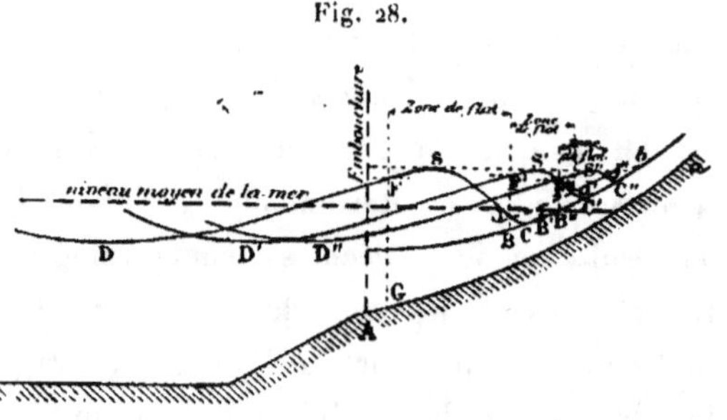

la marée fluviale occupe, dans ce moment, la position FSC, l'étale de flot étant en F.

Pendant que la face postérieure de la zone de flot, qui passe par l'étale de flot, s'avance de la position FG à la position F''B où se trouvait primitivement la molécule d'eau que l'on considère, cette molécule s'avance jusqu'en un certain point B', dont la position dépend de la valeur que prend en ce lieu la vitesse du courant de flot et du temps qui s'écoule entre les instants où l'étale de jusant et l'étale de flot passent en B.

Quand la molécule d'eau est arrivée en B', la courbe instantanée de la marée fluviale occupe la position F'SC'.

Cependant l'étale de flot et la molécule d'eau continuent à

s'avancer vers l'amont du fleuve, et, en vertu de sa plus grande vitesse, l'étale de flot finit par rencontrer la molécule. A ce moment, la zone de flot abandonne la molécule d'eau qui est alors entraînée, par le courant de jusant, vers la mer.

Supposons que la rencontre de l'étale de flot et de la molécule d'eau ait lieu en B″. La ligne BB″ représente alors la longueur du trajet de la molécule d'eau dans le courant de flot. Au moment où la molécule cesse d'être entraînée par ce courant, la courbe instantanée de la marée fluviale occupe la position F″S″C″.

187. Cherchons l'expression de la distance BB″.

Si nous appelons :

T le temps qui s'écoule entre le passage de l'étale de jusant et de l'étale de flot au point B qu'occupait primitivement la molécule d'eau que l'on considère ;

V la vitesse moyenne de propagation de l'étale de flot de l'onde marée fluviale pendant le temps T ;

v la vitesse moyenne du courant de flot sur la longueur BB″ ;

la distance parcourue pendant le temps T par la molécule d'eau qui part du point B sera

$$BB' = Tv.$$

La distance B′B″ à laquelle la molécule d'eau partant du point B′ avec la vitesse v sera rencontrée par la face postérieure de la zone de flot partant du point B, avec la vitesse V, sera donnée, comme je l'ai dit précédemment (116), par la formule

$$B'B'' = \frac{BB' \times v}{V - v},$$

ou, mettant à la place de BB′ sa valeur donnée plus haut,

$$B'B'' = \frac{Tv^2}{V - v}.$$

Le trajet total de la molécule d'eau est, comme nous l'avons vu,

$$BB'' = BB' + B'B'' ;$$

mettant à la place de BB′ et B′B″ leurs valeurs indiquées ci-dessus, et réduisant, on obtient

$$ BB'' = T \sqrt{\frac{Vc}{V-c}}. $$

188. La formule précédente donne la longueur du trajet d'une molécule d'eau quelconque du fleuve, dans le courant de flot, quand on connaît les valeurs de T, V et c qui conviennent à la partie du fleuve où le trajet de la molécule s'effectue.

Elle s'applique par conséquent aux premières molécules d'eau entrées de la mer dans le fleuve, à l'origine de la marée montante.

La figure ci-dessous montre la marche de ces molécules qui,

Fig. 29.

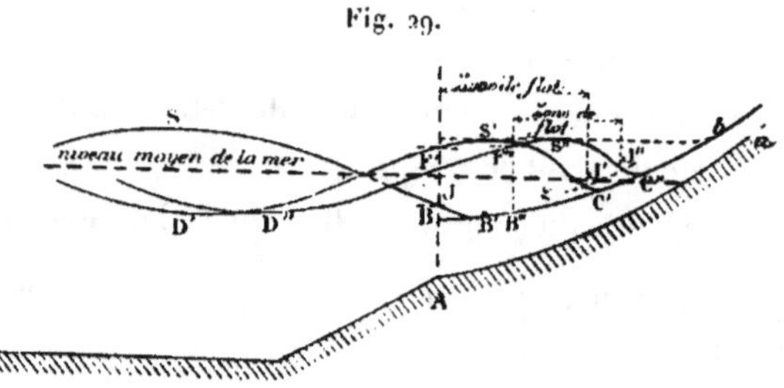

parties de l'embouchure en B, quand l'étale de jusant s'y est produite, se trouvent en B′ quand l'étale de flot de la marée fluviale a lieu à l'embouchure, et en B″ quand elles sont rencontrées par la face postérieure de la zone de flot.

189. Nous avons vu (137) que, à quelques exceptions près, la longueur du gagnant de l'onde marée fluviale diminue sans cesse à mesure que l'onde s'avance dans le fleuve. Il en est de même de la durée de la marée montante en chaque lieu et des vitesses, soit de la propagation de l'onde, soit du courant de flot.

Tous les éléments de la valeur de BB″ diminuent donc en remontant le fleuve. La longueur BB″ peut par conséquent subir, suivant les circonstances, des modifications en plus ou en moins. Toutefois T diminue d'une manière plus marquée et plus rapide que V et c. Les valeurs de BB″ diminuent donc ordinairement à mesure que l'onde s'avance vers l'amont du fleuve.

Généralement, ce sont les premières molécules d'eau introduites de la mer dans le fleuve qui parcourent la plus grande distance dans le courant de flot.

190. *Limite de la salure des eaux du fleuve.* — Les premières molécules d'eau entrées de la mer dans le fleuve étant parvenues au point B″ ci-dessus défini, la zone de flot les abandonne, et elles redescendent alors vers la mer, entraînées par le courant de jusant, tandis que la zone de flot continue de remonter le fleuve, en se propageant alors dans des eaux exclusivement fluviales.

Le point B″ marque donc la limite de salure des eaux dans le lit du fleuve.

C'est une limite théorique que l'on obtient ainsi. Elle suppose que tous les filets fluides soient animés de la vitesse moyenne du courant de flot; et, en fait, ces vitesses varient du fond à la surface des eaux, comme des bords au centre du fleuve. Les premières molécules entrées de la mer dans le fleuve ont donc parcouru des trajets plus ou moins longs suivant la position qu'elles occupent, quand elles cessent d'être entraînées vers l'amont. La salure des eaux décroît ainsi progressivement sur une certaine longueur des fleuves.

Toutefois cette décroissance est assez rapide. La partie des fleuves sur laquelle la salure passe de son maximum à des quantités insignifiantes de sel, a en général peu de longueur; et l'on détermine facilement par l'observation le point d'un fleuve que l'on doit considérer comme la limite de la salure des eaux.

C'est ainsi que l'on fixe ordinairement cette limite à Pauillac, sur la Garonne; au Migron, sur la Loire, et à Caudebec, sur la Seine.

191. Ces appréciations s'accordent avec les calculs approximatifs suivants qui s'appliquent à une marée de vive eau.

En employant pour T, V et v des valeurs moyennes données par diverses observations, voici les résultats auxquels conduit la formule du n° 187 :

Sur la Gironde :

$$T = 22\,200^s,$$
$$V = 12^m,$$
$$v = 1^m,90,$$

on trouve

$$BB'' = 50\,184^m.$$

Sur la Loire :

$$T = 19\,500^s,$$
$$V = 5^m,50,$$
$$v = 1^m,30,$$

on trouve

$$BB'' = 33\,250^m.$$

Sur la Seine :

$$T = 15\,900^s,$$
$$V = 8^m,50,$$
$$v = 1^m,80,$$

on trouve

$$BB'' = 36\,252^m.$$

Et les lieux indiqués ci-dessus, comme limites de la salure des eaux, sont distants de l'embouchure, savoir :

$$\text{Pauillac, sur la Gironde, de. . . .}\quad 51\,000^m$$
$$\text{Migron, sur la Loire, de . . . . .}\quad 34\,000$$
$$\text{Caudebec, sur la Seine, de . . . .}\quad 36\,000$$

192. *Comparaison des trajets d'une molécule d'eau dans les courants de flot des fleuves et de la mer.* — Je ne quitterai pas ce sujet sans faire remarquer que le trajet effectué par une molécule d'eau, dans la zone de flot, est relativement beaucoup plus grand dans l'onde marée fluviale que dans celle de la mer.

Ce trajet est, en effet, le $\frac{1}{16}$ seulement de la longueur de la zone de flot, dans une mer de 50^m de profondeur, et le $\frac{1}{48}$ dans une mer de 100^m de profondeur. Ce rapport décroît d'ailleurs très rapidement à mesure que la profondeur de la mer augmente. Ces chiffres résultent de la comparaison des longueurs données par les tableaux des n°s 125 et 87, en comptant, pour la longueur de la zone de flot, la moitié de la longueur totale de l'onde.

Sur les fleuves, la longueur du trajet d'une molécule dans la zone de flot est donnée, comme nous venons de voir, par l'expression

$$TV \, \frac{c'}{V - c'}.$$

La longueur de la zone de flot est d'ailleurs représentée par

$$TV.$$

Le rapport de ces deux quantités est par conséquent

$$\frac{c'}{V - c'}.$$

Ce rapport, d'après les vitesses observées, reste rarement inférieur à $\frac{1}{3}$. Il s'élève jusqu'à $\frac{1}{2}$ sur quelques fleuves qui ont peu de profondeur.

La plus grande valeur relative qu'acquiert ainsi, sur les fleuves, la longueur du trajet d'une molécule d'eau dans le courant de flot, est la conséquence naturelle des circonstances au milieu desquelles l'onde marée fluviale se propage, notamment de la faible profondeur relative des eaux dans lesquelles se fait cette propagation. Elle n'en constitue pas moins un caractère marqué qui distingue la marée fluviale de celle de la mer, et il convenait de la signaler.

CHAPITRE IV

DU MASCARET

---

§ 1er. — Description du mascaret.

193. *Définition du mascaret.* — Le mascaret est le ressaut brusque, dont j'ai précédemment parlé (141), qui se produit sur certains fleuves, à la tête du flot de l'onde marée fluviale ([1]).

Les courbes instantanées de la marée fluviale prennent, par le ressaut du mascaret, une forme particulière qui s'éloigne de celles que l'on observe ordinairement dans les mouvements ondulatoires.

Le ressaut de la tête du flot n'a pas toujours la même forme ni le même aspect. Tantôt il ressemble à une onde régulière à surfaces lisses, et tantôt à une onde qui déferle. Il en est résulté une certaine confusion dans l'emploi du mot *mascaret*.

Quelques auteurs n'ont appliqué ce nom au ressaut de la tête du flot que dans le cas où il déferle ; et, dans le cas contraire, ils l'ont désigné par le nom d'*ondulation*. D'autres ont donné le nom de *mascaret* au ressaut de la tête du flot dans tous les cas, qu'il y ait ou qu'il n'y ait pas déferlement.

([1]) Le phénomène qui nous occupe en ce moment a reçu différents noms. On l'appelle *Bore* sur le Gange, *Prororoca* sur le fleuve des Amazones, *Barre* sur la Seine, et *Mascaret* sur la Garonne et la Dordogne.

J'adopte ce dernier nom, sous lequel le phénomène a été le plus souvent désigné dans les études dont il a fait l'objet.

Ce dernier emploi du mot *mascaret* me paraît le plus logique : car, que le ressaut de la tête du flot déferle ou ne déferle pas, la marée fluviale se comporte toujours de la même manière en arrière de ce ressaut. La surface supérieure s'y trouve toujours subitement exhaussée, comme je le dirai plus loin (200). Le déferlement, qui n'est que le résultat de circonstances purement accidentelles, ne constitue pas un phénomène différent de l'ondulation à surfaces lisses. Ce sont deux aspects différents du même phénomène.

Il doit donc être entendu que le mot *mascaret* désignera, dans ce qui va suivre, tout ressaut qui se forme en tête du flot de la marée fluviale et y fait une saillie plus ou moins prononcée sur les basses eaux du fleuve, que ce ressaut déferle ou présente des surfaces lisses.

194. *Irrégularités du mascaret dans ses apparitions.* — On sait que le mascaret ne se manifeste pas sur tous les fleuves. Pour ne parler que des fleuves de France, il ne se produit jamais sur la Loire ni sur l'Adour, et on l'observe sur la Seine, la Charente, la Garonne et la Dordogne.

Sur les fleuves où il se manifeste, le mascaret n'apparaît que pendant les marées dépassant une certaine hauteur, et le nombre de ses apparitions pendant la durée d'un mois lunaire n'est pas toujours le même. En outre, le nombre d'apparitions varie beaucoup d'un fleuve à l'autre.

Enfin, sur le même fleuve, le mascaret diminue parfois de hauteur et arrive presque à disparaître pour des marées de même importance. Puis, après quelque temps, on le voit reparaître et reprendre souvent sa première intensité.

195. *Variations de hauteur du mascaret.* — Sur le même fleuve et pendant la même marée, le mascaret a des hauteurs très différentes, suivant le lieu que l'on considère.

La hauteur du mascaret, très faible au début du phénomène,

croît pendant un certain temps, puis elle décroît peu à peu jusqu'au moment et au lieu où le mascaret cesse de se faire sentir.

La plus grande hauteur du mascaret varie d'ailleurs sur le même fleuve suivant l'importance de la marée.

Elle varie en outre d'un fleuve à l'autre pour des marées de même importance.

Sur certains fleuves, la plus grande hauteur du mascaret n'est que de quelques décimètres. Sur d'autres, elle s'élève souvent jusqu'à 2^m et 3^m.

Le mascaret ne dépasse guère cette dernière limite de hauteur sur les fleuves de France. On a signalé des hauteurs beaucoup plus grandes, 5^m, 6^m et plus, sur le Gange et sur le fleuve des Amazones.

196. *Limites de l'apparition du mascaret.* — La distance de l'embouchure à laquelle le mascaret commence à se manifester est très variable, suivant les caractères des fleuves. Réduite sur certains fleuves à quelques kilomètres seulement, elle s'élève sur d'autres jusqu'à 70^{km} et 80^{km}.

Dans certaines circonstances, le mascaret acquiert assez rapidement une grande hauteur, et dans d'autres il augmente lentement jusqu'à son maximum d'élévation.

Dans tous les cas, le maximum étant atteint, la hauteur du mascaret diminue ensuite progressivement en remontant le fleuve.

Le mascaret cesse ordinairement de croître au moment où la pleine mer a lieu à l'embouchure du fleuve, ou quelque temps avant ce moment. Il diminue ensuite de hauteur avec plus ou moins de rapidité, suivant les circonstances, et finit par disparaître avant que l'onde marée atteigne la limite de la partie maritime du fleuve.

197. *Forme du mascaret en plan.* — Le mascaret occupe presque toujours la largeur totale du fleuve, d'une rive à l'autre; quelquefois, mais assez rarement, il ne paraît régner que sur

une partie de la largeur du fleuve, à partir d'une rive ; ou bien sa hauteur est plus grande sur l'une des rives que sur l'autre.

Le plus ordinairement, le mascaret se présente en plan sous la forme d'une courbe dont la concavité se trouve vers l'amont du fleuve. Quelquefois il prend une position inclinée par rapport à l'axe du fleuve, l'angle aigu se trouvant tantôt vers l'une des rives tantôt vers l'autre.

198. *Aspect du mascaret.* — Le mascaret conserve des formes lisses, quelle que soit sa hauteur, quand il se propage dans des eaux suffisamment profondes.

Dans ce cas, et lorsqu'il atteint une grande hauteur, il a l'aspect d'une onde élevée dans laquelle on remarque un mouvement très marqué de l'eau, dirigé vers la partie antérieure du mascaret ; ce que l'on a quelquefois désigné par les expressions *rouleau d'eau* et *lame déversante* appliquées à cette onde.

Lorsque la profondeur des eaux s'abaisse au-dessous de certaine limite, le mascaret cesse d'être stable et se brise en déferlant.

199. Au sujet du déferlement, je citerai une expérience de M. Bazin ([1]) sur un remous formé dans un canal par l'introduction d'une certaine quantité d'eau. Ce remous présentait à son extrémité antérieure une onde tout à fait semblable au mascaret. M. Bazin a constaté que cette tête de remous ne conserve sa forme lisse et arrondie qu'autant que sa hauteur est inférieure à la profondeur de l'eau dans laquelle elle se propage, et il assigne comme limite de hauteur, au delà de laquelle la tête du remous tend à se briser, en eau dormante, les deux tiers de la profondeur de cette eau ([2]).

Nous avons vu, d'autre part (15), que l'onde de translation déferle quand sa hauteur s'approche de la profondeur de l'eau.

Ces différentes observations montrent que la tête du remous

([1]) *Recherches sur la propagation des ondes,* par M. Bazin, p. 54.
([2]) *Ibid.,* p. 55.

dont parle M. Bazin, et sans doute aussi le mascaret, se comportent, au moment du déferlement, comme des ondes de translation.

Les expériences de M. Bazin ont encore montré que quand l'onde de translation déferle, sa marche s'accélère (¹), et que le niveau de l'eau d'un remous dépasse en hauteur la tête de ce remous, quand cette tête déferle (²).

Les mêmes circonstances se présentent lorsque le mascaret déferle. C'est à elles qu'il faut rapporter la forme concave vers l'amont que prend le mascaret, sur la largeur du fleuve, quand il déferle près des deux rives, comme cela arrive souvent par suite de la moindre profondeur de l'eau dans ces parties du fleuve.

200. *État des eaux du fleuve après le passage du mascaret.* — Quand le mascaret a passé en un lieu, le lit du fleuve se trouve immédiatement rempli à une certaine hauteur au-dessus du niveau primitif, hauteur variable suivant les circonstances.

Aux lieux où le mascaret augmente de hauteur ou atteint son maximum d'intensité, et sur une longueur qui dépend des conditions naturelles du lit du fleuve et de l'importance de la marée, l'onde du mascaret dépasse en hauteur le flot de la marée qui la suit.

C'est ainsi qu'à Caudebec, sur la Seine, pendant la marée du 19 septembre 1876, le mascaret s'est élevé à $2^m,17$ au-dessus des basses eaux du fleuve ; et, après le passage du mascaret, le lit du fleuve s'est trouvé rempli à $1^m,47$ seulement au-dessus du même niveau.

M. Partiot a observé une circonstance semblable, le 6 mai 1856, à Saint-Jacques, en aval de Tancarville, sur la rive droite, où se trouvait alors le chenal des basses eaux de la Seine (³). Il a constaté que le mascaret avait $2^m,18$ de hauteur, et qu'après son pas-

---

(¹) *Recherches sur la propagation des ondes,* par M. Bazin, p. 24.

(²) *Ibid.,* p. 54.

(³) *Mémoire sur le mascaret de la Seine* (*Annales des Ponts et Chaussées,* année 1864, 1ᵉʳ semestre, p. 21).

sage le niveau des eaux du fleuve n'a été exhaussé que de $1^m,68$.

Cette circonstance s'est reproduite dans les expériences de M. Bazin sur la propagation des remous ([1]). La hauteur de la première onde, dit M. Bazin, était supérieure d'environ moitié à celle de la tranche d'eau qui la suivait.

Lorsque le mascaret a dépassé le lieu où il acquiert son maximum d'intensité, et que sa hauteur va en décroissant, le flot n'en continue pas moins à remplir le lit du fleuve immédiatement après le passage du mascaret; mais l'onde du mascaret ne s'élève plus alors au-dessus du niveau du flot.

Ces diverses manières d'être du mascaret par rapport au flot de la marée fluviale sont d'ailleurs très variables. Rien de précis ne pourrait être dit sur l'importance de l'une et de l'autre. On ne peut que signaler leur existence dans la marche du mascaret qui présente tant de circonstances imprévues.

201. *Des éteules.* — Lorsque le mascaret dépasse en hauteur le flot de la marée fluviale qui le suit, il se produit dans les eaux du flot, peu d'instants après le passage du mascaret, un phénomène particulier auquel on a donné, sur la Seine, le nom d'*éteules.*

Les éteules sont des ondes plus ou moins élevées, plus ou moins nombreuses, suivant les circonstances, dont les sommets s'élèvent au-dessus du niveau moyen des eaux, et les dépressions s'abaissent au-dessous de ce niveau. Ce sont de véritables ondes d'oscillation, essentiellement différentes du mascaret, et qui ne résultent que de l'agitation causée à l'eau du fleuve par la marche de ce dernier.

On observe quelquefois de semblables ondes d'oscillation à la suite d'une onde de translation, ainsi que l'a constaté M. Bazin dans ses expériences. J'ai déjà cité (5) ce que M. Bazin a dit à ce sujet.

Les éteules ont souvent 1^m et $1^m,5o$ de hauteur, du sommet au

<hr>

([1]) *Recherches sur la propagation des ondes,* par M. Bazin, p. 49.

point le plus bas. Leur nombre est très variable. Quelquefois il ne s'en produit que 4 à 5, et d'autres fois leur nombre s'élève jusqu'à 12 et 15, comme on l'a observé sur la Seine dans les grandes marées de septembre 1876.

Lorsque le mascaret a dépassé la région du fleuve où sa hauteur est plus grande que celle du flot qui le suit, les éteules ne se produisent plus. On observe ordinairement quelques ondulations sur les rives pendant les premiers instants après la disparition des éteules. Ces ondulations sont sans doute les dernières traces des éteules. Mais bientôt la hauteur du mascaret continuant à diminuer, ces ondulations de rive finissent elles-mêmes par disparaître.

202. *Nature et vitesse de propagation du mascaret.* — Nous avons dit (199) que le mascaret déferle dans les mêmes conditions que l'onde de translation, et nous venons de voir que, comme cette onde, il soulève parfois des éteules après lui.

La ressemblance du mascaret avec l'onde de translation se montre encore dans la manière dont il se propage. Les vitesses de propagation du mascaret, que l'on a observées, s'accordent en effet généralement avec la formule

$$V = \sqrt{g(H + h)} - U,$$

qui donne, comme nous l'avons vu (10), la vitesse d'une onde de translation marchant contre le courant des eaux.

Il faut conclure de là que le mascaret est de la nature des ondes de translation et qu'il agite les eaux du fleuve sur toute leur hauteur.

Cette conclusion s'accorde d'ailleurs avec ce que j'ai dit précédemment sur la nature de l'onde marée fluviale (151).

Voici quelques chiffres qui fixeront les idées sur la vitesse de propagation du mascaret.

Le 18 mai 1856, M. Partiot a trouvé au mascaret de la Seine

une vitesse de $6^m,51$ par seconde, entre Quillebeuf et Ville-quiers (¹).

Pendant la marée du 19 juin 1876, la vitesse de propagation du mascaret de la Seine a varié de $7^m,31$ à $7^m,91$ entre Quillebeuf et Duclair. La vitesse de propagation de la tête du flot a été en augmentant de $3^m,14$ à $7^m,31$ entre l'embouchure et Quillebeuf; puis en diminuant de $7^m,91$ à $3^m,71$ entre Duclair et Elbeuf. Mais les plus faibles de ces vitesses s'appliquent aux lieux où le mascaret n'existait pas encore ou avait disparu.

203. L'onde du mascaret se propage, comme toutes les ondes, par communication de mouvement, laissant sans cesse en arrière les eaux dans lesquelles elle vient de se propager, et dont elle a déterminé momentanément le déplacement horizontal dans le sens de son propre mouvement (108).

C'est donc toujours dans les eaux du fleuve que se forme et se propage le mascaret. Cela s'accorde avec ce que j'ai dit précédemment (158) de l'introduction des eaux de la mer dans le lit du fleuve. Nous avons vu, en effet, que les eaux de la mer sont confinées dans l'arrière-flot, et que la limite d'amont de l'arrière-flot se trouve toujours à une grande distance de la tête du flot.

204. *Vitesse du courant de flot en arrière du mascaret.* — La vitesse du courant de flot en arrière du mascaret varie suivant les fleuves et les marées. Quelquefois très faible et inférieure à 1^m par seconde, elle s'élève d'autres fois jusqu'à 2^m et $2^m,50$.

M. Partiot a constaté que, pendant la marée du 18 août 1856, la vitesse du courant de flot, sur la Seine, à Villequiers, a été de $1^m,70$ immédiatement après le passage du mascaret, et de $1^m,84$, au maximum, une demi-heure plus tard (²).

Ces vitesses ont été observées dans le lit de la Seine. M. Partiot a fait d'autres observations dans un chenal étroit, compris entre la

(¹) *Mémoire sur le mascaret de la Seine*, par M. Partiot, p. 32.
(²) *Ibid.*, p. 32.

rive et une digue en construction, en aval de Quillebeuf. La vitesse du courant de flot y a varié de $1^m,40$ à $2^m,75$ pendant plusieurs jours d'observation (¹).

Il est présumable que les fortes vitesses constatées dans cette dernière observation proviennent de circonstances étrangères au mascaret, par exemple, de la faible largeur du chenal où les observations ont été faites.

205. *Relation entre la vitesse du courant de flot et la vitesse de propagation du mascaret.* — Lors des observations faites par M. Partiot, et dont je viens de parler, la vitesse de propagation du mascaret a été trouvée de $6^m,51$ et $5^m,42$ par seconde. Elle est, comme on le voit, beaucoup plus forte que celle du courant de flot qui suit le mascaret.

Mais ces deux vitesses ne sont pas de même nature. La première est la vitesse de déplacement des molécules d'eau entraînées par le courant, et la seconde, celle du mouvement ondulatoire du mascaret.

Quoique de natures différentes, ces deux vitesses appartiennent au même phénomène. Une relation doit exister entre elles, et cette relation peut s'établir par les considérations géométriques suivantes, analogues à celles que j'ai exposées à l'occasion des ondes de translation (43) et des courants de marée (113).

Supposons que pendant un temps t le mascaret se soit propagé de AB en A′B′ (*fig.* 30).

Désignons par :

V la vitesse de propagation du mascaret;

v la vitesse moyenne du courant de flot dans la section AB;

E la distance qui existe entre les sections AB et A′B′;

H la profondeur des eaux du fleuve;

h la hauteur dont la surface supérieure des eaux s'est élevée
　　après le passage du mascaret;

(¹) *Mémoire sur le mascaret de la Seine*, par M. Partiot, p. 27.

L la largeur du lit du fleuve dans la section AB;

L' la largeur moyenne du lit du fleuve entre les sections AB
et A'B'.

Fig. 3o.

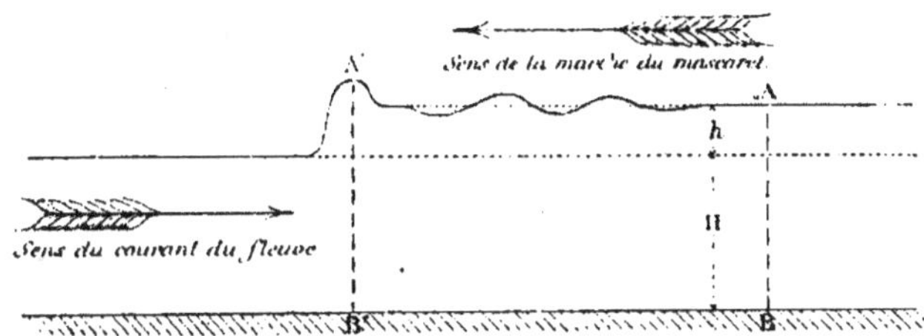

Pendant le temps t, il s'est écoulé par la section AB un volume
d'eau représenté par l'expression

$$L(H + h)vt.$$

Pendant le même temps, le volume des eaux compris entre les
sections AB et A'B' a été augmenté de

$$EL'h.$$

Il y a nécessairement égalité entre ces deux volumes; on a
donc

$$L(H + h)vt = EL'h.$$

Mais la distance E est égale à Vt.

L'équation précédente devient donc

$$L(H + h)vt = L'hVt;$$

d'où

$$\frac{v}{V} = \frac{L'}{L}\,\frac{h}{H + h}.$$

Un pareil calcul s'approche d'autant plus de l'exactitude que le
temps t est plus court. Dans ce cas, L et L' peuvent être considérés
comme égaux, et la formule devient

$$\frac{v}{V} = \frac{h}{H + h}.$$

Les faits observés s'accordent d'une manière satisfaisante avec cette formule.

M. Partiot a observé, le 6 mai 1856, le mascaret dans une partie de la Seine, dont la profondeur était de $4^m,50$; et après le passage du mascaret, le plan supérieur des eaux s'est relevé de $1^m,48$.

Introduisant ces chiffres dans la formule ci-dessus, on obtient

$$\frac{v}{V} = \frac{1,48}{5,98} = 0,27.$$

D'autre part, M. Partiot a mesuré directement la vitesse du courant de flot et la vitesse de propagation du mascaret dans une des observations citées plus haut.

Il a trouvé $v = 1^m,70$ et $V = 6^m,51$; et le rapport $\frac{v}{V}$ est 0,26.

Ce chiffre est sensiblement le même que celui du rapport $\frac{h}{H + h}$ de l'observation précédente faite sur le même fleuve.

206. *Modification du mascaret.* — Le mascaret ne conserve pas la même forme sur tout son parcours (195) et change d'aspect quand il se propage dans des eaux de profondeur insuffisante (198).

Il subit encore d'autres modifications qui tiennent aux dimensions des eaux dans lesquelles il se propage.

Si le lit d'un fleuve se rétrécit, le mascaret prend une hauteur plus grande. Le contraire a lieu si le lit du fleuve s'élargit.

Le mascaret arrive même à disparaître presque complètement s'il atteint un élargissement notable du lit du fleuve. Mais ordinairement alors il se reforme et reparaît quand la tête du flot atteint une partie du fleuve où le lit reprend la largeur ordinaire.

Pareille atténuation de la hauteur de l'onde se produit quand le mascaret arrive dans une partie du fleuve où la profondeur augmente.

M. Bouniceau a vu, sur la Vire, un mascaret s'affaisser dans ces conditions, mais pour reparaître plus loin, quand le lit de la rivière a repris sa profondeur ordinaire (¹).

§ 2. — État actuel de la question du mascaret.

207. *Avant-propos.* — Je n'ai pas l'intention de présenter l'historique des études anciennes dont le mascaret a été l'objet, et des nombreuses hypothèses auxquelles ce phénomène a donné lieu.

Je me contenterai même de mentionner ici les recherches faites de notre temps par divers auteurs, notamment par Vauthier, Virla et le colonel Emy, recherches qui, très intéressantes sous le rapport analytique, n'ont cependant pas eu d'influence sur la solution du problème qui nous occupe.

Mais je rapporterai, avec les détails nécessaires, diverses opinions récemment émises sur le mascaret, et que l'on peut considérer comme constituant l'état actuel de la question.

208. *Opinion de Brémontier.* — Parmi les diverses explications du mascaret, il en est une qui a été donnée par plusieurs auteurs, et qui a été signalée, dans le rapport présenté à l'Académie des Sciences sur le Mémoire de M. Bazin, dont j'ai précédemment parlé, comme paraissant rallier aujourd'hui tous les hydrauliciens.

C'est Brémontier, je crois, qui a le premier donné cette explication dans son ouvrage sur les ondes. Voici en quels termes il a exprimé son opinion (²) :

Il est de fait que la marée, dans la Gironde, met 3^h pour se rendre dans les environs de Libourne et de Bordeaux, qu'elle a dû s'élever successivement, pendant ce temps, par petites lames ou couches de 15^{mm} réduits d'épaisseur par minute, et par conséquent de 3^m sur les bords de la mer. Il est de fait encore que les courants du descendant, suivant qu'ils sont plus ou moins rapides, retardent plus ou moins la marche ou le développement

(¹) *Études sur la navigation des rivières à marées,* p. 108.
(²) *Mémoire sur les ondes,* par Brémontier, p. 71.

de cette première petite lame ; que la deuxième qui la suit ayant moins de difficulté à vaincre, doit acquérir plus de vitesse et parcourir en moins de temps l'espace déjà parcouru par la première, avec laquelle elle se trouvera nécessairement bientôt réunie ; que, par la même raison, chacune des lames qui suivent acquérant un degré de vitesse de plus que celles qui les précèdent, elles finissent toutes par se réunir en un même point ; et que s'il a fallu 3ʰ à la marée pour remonter contre les courants et parcourir l'espace de Royan à Saint-Pardon, qui est d'environ 80 000ᵐ, et que la vitesse de ces dernières petites lames soit supposée le double de la vitesse réduite de toutes les autres, elles arriveront à ce dernier point dans le même moment que toutes celles qui les ont précédées, et que enfin toutes ces petites lames réunies, abstraction faite de diverses causes qui peuvent en déranger, en atténuer la marche ou l'accélérer, doivent nécessairement former une grosse lame, et c'est cette grosse lame à laquelle on a donné les divers noms de *flot*, de *première vague*, de *barre* et de *mascaret*.

209. *Opinion de Babinet.* — Plus tard, Babinet a émis, dans les termes suivants, une opinion qui a beaucoup d'analogie avec celle de Brémontier, dont il n'avait probablement pas eu connaissance :

La barre ou mascaret, qui cause tant de dégâts sur les rives de la basse Seine, consiste en une espèce de cascade qui se forme dans la rivière et qui fait que le flot de marée, au lieu de monter peu à peu, comme dans une mer libre, se précipite en roulant avec fureur une nappe d'eau qui a parfois plusieurs mètres de hauteur et qui endommage toutes les constructions des rives en même temps qu'elle culbute tous les navires qui ne sont pas à flot. J'ai passé vingt-cinq ans à découvrir la cause de cette singulière accumulation, et j'ai reconnu qu'elle se produit dans les parties de la rivière où le fond va graduellement en s'élevant. Alors les premières vagues se propageant dans une eau moins profonde sont devancées par celles qui les suivent et qui finissent par retomber par-dessus les premières, car c'est une loi mécanique que l'onde marche d'autant plus vite que l'eau est plus profonde. On détruirait le mascaret si l'on pouvait maintenir le lit du fleuve à une profondeur égale..... Le courant de la rivière est tellement peu la cause du mascaret, qu'il y en a sans rivière aucune sur les plages maritimes où le fond va en se relevant par une pente douce, et notamment près du Mont-Saint-Michel, dans le voisinage d'Avranches.....
Partout où la profondeur de l'eau ira en diminuant par une pente continue, la mer montera par cascade. Si dans une partie du fleuve la profondeur augmente, on voit le mascaret s'étaler et disparaître, car alors

les ondes antérieures vont plus vite que celles qui les suivent, et il ne peut
y avoir accumulation.

210. *Opinion de M. Partiot.* — J'ai précédemment parlé (200)
d'un Mémoire de M. Partiot sur le mascaret de la Seine, inséré
aux *Annales des Ponts et Chaussées.*

Dans cet écrit, M. Partiot considère le mascaret comme produit
par le déversement, sur les hauts fonds, du gonflement que forme
la marée en pénétrant dans les fleuves. Voici comment il s'exprime
à ce sujet :

Il nous paraît résulter des observations citées dans le cours de ce Mémoire, que le mascaret n'est que le déversement, sur les hauts fonds, de
l'onde ou du gonflement que forme la marée. C'est un cas particulier d'une
loi générale qui donne naissance à un grand nombre de phénomènes du
même genre. C'est le même effet qui se renouvelle sans cesse sur les bords
de la mer quand, par l'effet des variations de hauteur des vagues, l'eau se
retire momentanément pour reprendre aussitôt son niveau. Elle déferle et
roule en formant des vagues d'une forme différente de celles que l'on
observe au large, et qui sont de véritables mascarets.....

Le mascaret est, suivant l'expression de M. Dupuit, la croupe arrondie
de la parabole du 4e degré que donne tout courant qui s'avance sur un
fond horizontal ou à contre-pente. Ces mots donnent une idée de la géné-
ralité de ce phénomène. Il précède la tranche d'eau lâchée dans un canal de
chasse par une écluse, et toute masse d'eau grande ou petite qui coule
rapidement sur le sol. Il se forme partout où il y a peu de profondeur, et
avec d'autant plus d'intensité que la lame qui la suit est plus haute [1].

211. C'est donc principalement à la présence des hauts fonds
que M. Partiot attribue la formation du mascaret.

Aussi, en signalant une différence de régime entre la Dordogne
et la Garonne, sous le rapport du mascaret, justifie-t-il cette différence de la manière suivante :

La Dordogne présente peu de profondeur, et ses hauts fonds doivent
retarder la marche du flot et faire déferler l'ondulation qui y pénètre. Il
n'en est pas de même sur la Garonne, qui offre presque partout une profondeur considérable en aval de Bordeaux [2].

[1] *Mémoire sur le mascaret de la Seine,* par M. Partiot, p. 35.
[2] *Ibid.,* p. 34.

212. M. Partiot ne méconnaît pas que le mascaret se forme quelquefois dans des endroits où la profondeur est assez grande. Mais cela a lieu, dit-il, quand la vitesse des courants d'ebbe est très considérable, parce que la vitesse de propagation du flot est alors amoindrie, et que la différence de niveau entre la mer à l'embouchure du fleuve et le point où arrive le mascaret est alors augmentée [1] ; et, dit-il encore [2], le mascaret est d'autant plus intense que cette différence de niveau est plus forte.

213. En eaux profondes, M. Partiot admet que la rapidité du flot donne naissance à des ondulations qui composent alors le mascaret [3]. Mais il ne s'explique pas sur le rôle de ces ondulations dans le phénomène, et c'est aux circonstances de l'écoulement des eaux introduites de la mer dans le fleuve qu'il attribue la formation du mascaret. Cela ressort encore du passage suivant, où il parle de considérations analytiques présentées sur le mascaret par Virla, dans un Mémoire inséré aux *Annales de Ponts et Chaussées*, année 1835 :

M. Virla fait bien voir que la vitesse d'ascension de la marée, comparée à la vitesse de propagation, doit donner lieu à un déferlement et à un mascaret..... ; mais la forme de ce déferlement et la manière dont il a lieu ne sont réellement expliqués que par M. Dupuit [4].

214. En résumé, M. Partiot conclut que :

Pour faire disparaître le mascaret à l'embouchure des fleuves, il faut rendre l'entrée du flot aussi facile que possible, et allonger la partie amont de l'ondulation que forme la marée. Il faut chercher à faire suivre la même ligne aux courants de flot et de jusant, et à enlever tous les obstacles qui peuvent ralentir la propagation du flot. Ces obstacles sont en général les bancs et les hauts fonds, de telle sorte que les travaux nécessaires pour améliorer l'embouchure des fleuves et leur assurer une plus grande profon-

[1] *Mémoire sur le mascaret de la Seine,* p. 46.
[2] *Ibid.,* p. 45
[3] *Ibid.,* p. 35.
[4] *Ibid.,* p. 44.

deur jusqu'à la mer, auront aussi pour effet d'empêcher le mascaret de continuer à se manifester sur leurs rives (¹).

215. *Opinion de Dupuit.* — D'après les citations qui précèdent, c'est l'opinion de Dupuit sur la nature du mascaret qu'a adoptée M. Partiot, comme rendant compte de la forme de ce phénomène et de la manière dont il se produit.

L'opinion de Dupuit devient ainsi, par l'adhésion qu'elle a reçue, comme par le mérite de son auteur, un élément qu'il n'est pas permis de négliger dans l'exposé de l'état actuel de la question du mascaret. Je rappellerai donc en son entier l'opinion que Dupuit a exprimée à ce sujet.

216. C'est en combattant l'opinion de Vauthier qui a rattaché l'explication du mascaret à la théorie du remous à ressaut, que Dupuit a formulé l'explication citée par M. Partiot; mais il l'a fait en des termes qui montrent clairement la position pleine de réserve qu'il a voulu prendre dans cette discussion :

S'il était permis, a-t-il dit, d'expliquer un phénomène qu'on n'a pas observé soi-même, nous dirions : Le mascaret n'est autre chose que la croupe arrondie de la parabole du 4ᵉ degré que donne tout courant qui s'avance sur un fond horizontal ou à contre-pente. Nous avons vu, en effet, que c'était là la courbe qui se produisait dans ces circonstances. Si le thalweg de la vallée AB (*fig.* 31) est sensiblement à sec, on aura la croupe

Fig. 31.

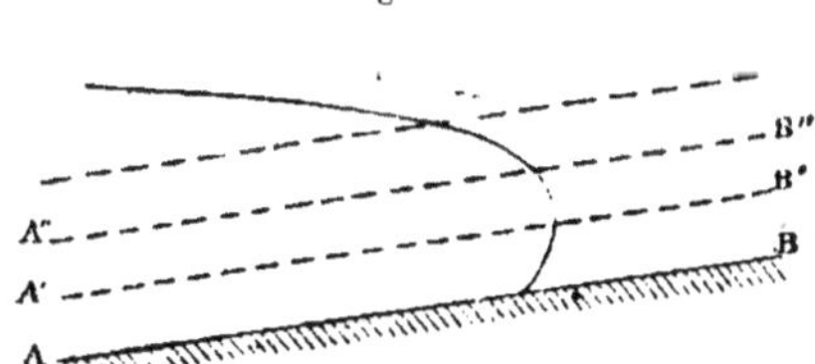

entière ; mais si la vallée contient une certaine hauteur d'eau A′B′ ou A″B″, la croupe disparaîtra dans cette hauteur, et l'on n'apercevra plus que la partie supérieure de la courbe, dont le raccordement avec la surface

(¹) *Mémoire sur le mascaret de la Seine*, p. 48.

naturelle du courant devient insensible si la hauteur du fleuve est considérable (¹).

217. On voit que Dupuit n'a pas présenté son opinion sur le mascaret comme le résultat d'une étude spéciale de la question, mais comme une hypothèse inspirée par les études générales qu'il a faites sur le mouvement des eaux (²).

Quoi qu'il en soit, l'explication indiquée par Dupuit donnerait au phénomène du mascaret un tout autre caractère que celle de Brémontier et de Babinet. Le mascaret ne serait plus une onde qui se propage dans le fleuve par transmission de mouvement, mais la croupe d'un courant qui se précipite et se transporte en propre dans le lit du fleuve.

218. *Opinion de M. Bazin.* — J'arrive au Mémoire de M. Bazin, le plus récent des travaux publiés sur le mascaret.

Dans ce Mémoire, M. Bazin a rendu compte des expériences qu'il a faites sur la propagation des ondes.

Ces expériences, pleines d'intérêt dans tous leurs détails, ont été dirigées de manière à reproduire les phénomènes qui se passent à l'introduction des marées dans les fleuves et notamment le mascaret.

Dès le début de son Mémoire, M. Bazin montre sa préoccupation à cet endroit :

La marche d'une onde isolée, dit-il, est un phénomène assez bien défini, dont les lois se formulent facilement ; mais comment peut-on passer de ce cas si simple au phénomène complexe qui se produit lorsque les eaux d'un courant sont refoulées par celles d'un autre courant venant en sens opposé, comme les eaux d'un fleuve le sont par celles de la marée montante (³) ?

(¹) *Essai sur le mouvement des eaux.* Édition de 1863, p. 109.

(²) J'ai été le camarade d'École Polytechnique, le collègue au Conseil des Ponts et Chaussées et l'ami de Dupuit, et j'ai considéré comme un devoir de présenter sous son vrai jour l'opinion qu'il a émise sur la question qui nous occupe.

Il est vrai que dans la dernière édition de ses études sur le mouvement des eaux, Dupuit a parlé des observations de M. Partiot comme confirmant l'explication qu'il a donnée du mascaret. Mais on ne peut voir là qu'un mouvement de satisfaction bien naturel chez un auteur qui voit son opinion partagée. Cela n'enlève pas à cette opinion le caractère d'une simple hypothèse qu'aucune étude nouvelle, basée sur les faits consignés dans le Mémoire de M. Partiot, n'est venue appuyer.

(³) *Recherches expérimentales sur la propagation des ondes*, p. 3.

219. Pour y parvenir, M. Bazin a décomposé le phénomène, en considérant plusieurs cas intermédiaires qu'il a successivement examinés.

Il a constaté, par diverses suites d'expériences, les circonstances de la propagation d'un remous dans les cas suivants :

1° Quand le remous est produit par un courant permanent arrivant à l'extrémité d'un canal, ce remous se propageant dans des eaux en repos ;

2° Quand le remous est produit dans une eau courante en suspendant subitement l'écoulement par un obstacle ;

3° Enfin quand le remous est produit par un courant permanent arrivant à l'extrémité d'aval d'un canal à eau courante et remonte le courant de ce canal.

Ce dernier cas a de l'analogie, comme on le voit, avec la marée qui refoule les eaux du courant d'un fleuve.

Pour rendre l'analogie plus complète, M. Bazin a fait des expériences dans lesquelles le contre-courant a reçu diverses valeurs croissantes ; et, quoique ces conditions ne fussent pas identiques à celles de la marée qui croît par degrés insensibles, ces expériences ont dû donner lieu à des phénomènes analogues à ceux que produit l'introduction de la marée dans les fleuves.

220. Les expériences de M. Bazin ont eu pour premier résultat de constater que les ondes isolées de translation se propagent avec la vitesse

$$V = \sqrt{g(H + h)} - U$$

indiquée précédemment (10), suivant la loi de Lagrange que J. Russell avait déjà vérifiée expérimentalement.

Ces expériences ont en outre montré que les remous se propagent suivant la même loi.

Si, par conséquent, le débit du contre-courant va en croissant, la hauteur des remous successifs allant également en augmentant, la vitesse de propagation de ces remous doit croître avec leur hauteur.

C'est le cas qui se présente pendant l'ascension de la marée, et voici comment M. Bazin apprécie les conséquences de cet état de choses :

L'ascension continue de la marée peut être assimilée à la formation successive d'ondes de translation qui se propagent les unes après les autres en remontant le fleuve, en raison de l'exhaussement progressif du niveau ; ces ondes élémentaires s'avancent avec des vitesses de plus en plus grandes : elles tendent donc à se rejoindre, et se rejoignent en effet, ainsi que l'on peut s'en assurer en répétant l'expérience sur une petite échelle (¹).

221. M. Bazin voit ainsi, dans les ondes de translation animées de vitesses croissantes et qui se rejoignent, la cause de la formation du mascaret, et il conclut en ces termes :

Le mascaret, auquel on a assigné tant de causes diverses, nous paraît donc s'expliquer fort simplement par la réunion successive des ondes de la marée. C'est l'opinion émise par Brémontier et reproduite nouvellement par M. Babinet (²).

222. Mais il ne suffit pas, pour résoudre la question du mascaret, de déterminer la cause de ce phénomène, il faut en outre rechercher les circonstances qui font que cette cause produit son effet ou reste inactive ; car le mascaret est soumis à de semblables irrégularités (194). Voici ce que dit M. Bazin à ce sujet :

La réunion successive des ondes de la marée s'opérerait même dans un canal de profondeur uniforme, pourvu que sa longueur fût assez grande. Les obstacles qui s'opposent à la propagation de la marée dans les fleuves dont l'embouchure est obstruée par une barre, favorisent puissamment l'accumulation des ondes élémentaires ; et la tête du flot, lorsqu'elle s'engage dans les parties profondes du fleuve, est déjà formée par une onde d'une assez grande hauteur (³).

(¹) *Recherches expérimentales sur la propagation des ondes,* p. 6.
(²) *Ibid.,* p. 148.
(³) *Ibid.,* p. 148.

223. M. Bazin considère ainsi les hauts fonds qui existent à l'entrée des fleuves, comme rendant l'accumulation des ondes élémentaires plus prompte qu'elle ne le serait dans un canal de profondeur uniforme; et il ajoute :

L'unique moyen de faire disparaître le mascaret est donc la suppression de tous les obstacles qui peuvent entraver la marche du flot, c'est-à-dire la création d'un chenal profond jusqu'à la mer (¹).

224. Dans cette conclusion pratique, comme on le voit, M. Bazin se rencontre avec M. Partiot, quoique n'envisageant pas de la même manière la formation du mascaret.

Toutefois, M. Bazin fait observer qu'un approfondissement quelconque du chenal ne doit pas toujours avoir pour effet de diminuer l'intensité du mascaret, et qu'il peut se faire, au contraire, dans certains cas, qu'un approfondissement partiel produise un résultat tout opposé.

Un abaissement incomplet de la barre d'embouchure d'un fleuve n'empêche pas la formation du mascaret, et même la dénivellation entre les eaux du large et celles du fleuve ayant augmenté et la marée s'y précipitant avec plus de violence, le mascaret pourra devenir plus redoutable que par le passé; mais un nouvel abaissement qui ferait descendre la barre à *quelques mètres* au-dessous des basses mers, modifierait complètement le phénomène. L'onde de la marée trouvant en effet une profondeur suffisante pour s'y développer librement, le mascaret disparaîtrait définitivement malgré l'accroissement d'amplitude de la marée (²).

225. Telle est, en substance, l'opinion de M. Bazin sur la cause du mascaret, sur les circonstances qui déterminent son apparition et sur les conséquences pratiques que l'on doit en tirer.

Je ne crois pas, pour les motifs que j'exposerai tout à l'heure, que la question du mascaret soit aussi simple que le pense M. Bazin, et que l'on puisse ainsi rendre compte de toutes les circonstances du phénomène. Mais l'étude de M. Bazin n'en est pas moins un travail très remarquable, qu'il faut lire tout entier.

(¹) *Recherches expérimentales sur la propagation des ondes*, p. 148.
(²) *Ibid.*, p. 149.

Le Mémoire de M. Bazin est précieux par les renseignements qu'il renferme sur la propagation des ondes et des remous ; et s'il n'a pas complètement élucidé la question du mascaret, il a mis au moins dans tout son jour le caractère ondulatoire de ce phénomène.

§ 3. — Observations sur les opinions analysées au paragraphe précédent.

226. *Observation préliminaire.* — Les diverses opinions que je viens d'analyser se rapportent à deux ordres d'idées très distincts. Dans l'un, on admet que le flot de la marée fluviale est un courant qui s'avance dans le fleuve en vertu de la pente qui s'établit à chaque instant de la marée montante, des eaux de la mer à celles du fleuve ; dans l'autre, on considère exclusivement le mouvement ondulatoire qui se manifeste sur toute la longueur du gagnant de la marée fluviale, tant que dure la marée montante à l'embouchure du fleuve.

Avant de passer outre, je présenterai quelques considérations tendant à établir que ces deux manières d'envisager le flot de la marée fluviale sont incomplètes et qu'elles sont isolément insuffisantes pour rendre compte de la formation du mascaret.

227. *Sur l'opinion qui considère le flot de la marée fluviale comme un courant.* — En considérant le mascaret comme la croupe de la parabole qu'affecte un courant qui s'avance sur un fond horizontal ou à contre-pente, Dupuit a eu en vue un courant uniquement dû à la pente superficielle des eaux et dont la vitesse moyenne dépend en chaque lieu, aussi bien à la tête du flot qu'en tout autre point, de la valeur de cette pente. Dans un pareil courant, les molécules d'eau successivement introduites dans le fleuve conservent généralement leurs positions respectives, et les premières molécules entraînées se trouvent toujours à peu près en tête du courant.

Or, le courant de flot de la marée fluviale n'a nullement ce caractère. La vitesse avec laquelle la tête du flot s'avance dans le fleuve est beaucoup plus grande que celle des molécules d'eau du courant. A chaque instant, de nouvelles molécules d'eau venant du fleuve, entrent dans le courant de flot, vers son extrémité d'amont, et laissent derrière elles les molécules qui y sont entrées auparavant; de telle manière que les molécules d'eau successivement introduites dans le courant, à l'amont du flot, se trouvent bientôt, et restent toujours ensuite, en arrière de la tête du flot, de quantités d'autant plus grandes que l'on s'approche davantage du moment de la pleine mer à l'embouchure (108).

On ne peut évidemment considérer comme un courant de pente ordinaire (104) le courant du flot de la marée fluviale ainsi constitué.

Aussi le phénomène de la marée fluviale échappe-t-il entièrement à cette assimilation, comme on va le voir.

228. Il est impossible d'abord de voir la croupe arrondie d'une parabole dans la forme compliquée de la courbe instantanée de la marée fluviale, présentant à son extrémité un bourrelet plus élevé que les eaux du flot, comme l'est le mascaret sur une partie de son cours, et sillonnée en amont de sa tête par les fortes ondes d'oscillation qui s'y produisent alors.

Il serait en outre difficile d'assimiler à la parabole les courbes instantanées des marées de certains fleuves qui présentent des concavités très marquées sur une partie de leur longueur.

229. Le mascaret, considéré comme la croupe arrondie de la parabole formée par le courant, devrait s'effacer, ainsi que Dupuit l'a dit (216), quand les eaux du fleuve sont profondes, et s'élever au contraire beaucoup au-dessus de ces eaux quand elles ont une faible hauteur.

En outre, le mascaret devrait se manifester à toutes les marées sur les fleuves dont la profondeur est faible; car envisagé comme un courant qui s'avance dans le fleuve, le flot de la marée fluviale, qui existe à toutes les marées, devrait constamment montrer sa croupe arrondie lorsque la profondeur des basses eaux du fleuve est faible.

Or, ce n'est pas ainsi que les choses se passent dans la nature. La profondeur des eaux du fleuve n'est certainement pas sans influence sur la production du mascaret, et nous verrons plus loin dans quelle mesure elle y contribue. Mais elle est loin d'avoir, dans la question du mascaret, la prédominance que supposent les vues dont je parle en ce moment.

En premier lieu, le mascaret prend parfois une grande hauteur dans des eaux profondes, comme sur la Seine à Caudebec; et on ne l'observe jamais sur certains fleuves dont la profondeur est relativement faible, notamment sur la Loire.

En second lieu, même sur les fleuves où le mascaret se manifeste le plus facilement, il ne se montre jamais à toutes les marées.

230. Il devient donc évident que l'hypothèse de Dupuit sur la nature de la tête du flot de la marée fluviale n'est pas fondée. La tête du flot de la marée fluviale a une très grande vitesse qui ne peut provenir que d'un mouvement ondulatoire. C'est une circonstance à laquelle Dupuit n'a pas eu égard dans son explication et que l'on ne doit cependant pas négliger, car elle exerce une grande influence sur la constitution de la marée fluviale.

231. *Sur l'opinion qui considère le flot de la marée fluviale comme une ondulation.* — Dans l'opinion qui s'appuie sur le caractère ondulatoire de la marée fluviale, on a considéré le mascaret comme formé par la réunion des ondes élémentaires que la pression des eaux de la mer sur celles du fleuve fait incessamment naître à l'embouchure.

Quoique le mouvement ondulatoire de la marée fluviale se produise comme on l'admet dans cette explication, les propriétés des ondes élémentaires ne paraissent pas de nature à rendre compte de l'apparition du mascaret et de ses diverses circonstances.

On admet, en effet, que l'onde du mascaret résulte uniquement de la réunion d'un certain nombre d'ondes élémentaires de la marée fluviale, et que cette réunion s'opère en vertu de la différence des vitesses de propagation des ondes élémentaires consécutives, différence de vitesse qui proviendrait elle-même de la différence de hauteur de ces ondes.

Je rappellerai d'abord que la vitesse de propagation des ondes élémentaires ne dépend pas seulement de la hauteur d'eau correspondant à ces ondes, mais encore de la courbure de la surface libre (34). Il peut donc arriver que, tout en ayant des hauteurs différentes, les ondes élémentaires consécutives n'aient pas des vitesses de propagation inégales entraînant leur réunion.

Mais restons dans l'hypothèse sur laquelle repose l'opinion que j'examine en ce moment. Si toute différence dans les hauteurs d'eau des ondes élémentaires consécutives entraînait une différence analogue dans les vitesses de propagation de ces ondes, et si de pareilles différences de vitesse de propagation étaient de nature à produire une concentration des ondes élémentaires sur la tête du flot, comme à toute marée les hauteurs d'eau vont en diminuant de l'embouchure du fleuve à la tête du flot pendant la marée montante, à toute marée aussi le mascaret devrait se former. Or il n'en est pas ainsi.

232. On peut présumer que Babinet avait en vue la difficulté que je viens de signaler lorsqu'il admettait que le fond du fleuve doit s'élever graduellement pour que le mascaret se forme (209), les différences de hauteur des ondes élémentaires consécutives devenant alors plus grandes.

C'est sans doute aussi ce qui a fait dire à M. Bazin que la réunion des ondes élémentaires finirait par s'opérer, même sur un canal horizontal, s'il était de longueur suffisante (222), admettant

ainsi que certaine distance à parcourir par les ondes élémentaires
était nécessaire pour que la différence de vitesse de propagation
des ondes consécutives pût rendre leur réunion possible.

Mais le mascaret se forme sur des fleuves, comme la Dordogne,
dont la profondeur des basses eaux est sensiblement constante, et
sur d'autres fleuves, comme la Seine, dont la profondeur des basses
eaux augmente en s'avançant vers l'amont. En outre, sur ces derniers fleuves, le mascaret commence à se montrer à d'assez faibles
distances de l'embouchure. Les observations et explications que
je viens de rappeler ne résolvent donc pas la difficulté que fait
naître l'hypothèse admise sur la réunion des ondes élémentaires
de la marée fluviale.

233. Je n'entends pas dire par là que les ondes élémentaires
de la marée fluviale ne sont pas susceptibles de se réunir. J'ai
considéré au contraire la réunion des tranches verticales de l'onde
de translation, auxquelles il faut assimiler les ondes élémentaires
de la marée fluviale, comme devant s'effectuer dans toute onde
dont la courbe n'a pas atteint une certaine forme qui assure l'égalité de vitesse de propagation à toutes ses tranches (39).

C'est sans aucun doute par suite de différences entre les vitesses
de propagation des ondes élémentaires consécutives que ces ondes
arrivent à se réunir. Mais de semblables réunions s'effectuent en
divers points répartis sur la longueur de l'onde, aux lieux où les
circonstances font naître les différences de vitesse de propagation.
C'est de cette manière que se produisent les changements qui surviennent dans la forme du gagnant de la marée fluviale. A cela se
borne le rôle des diverses réunions d'ondes élémentaires qui s'effectuent en vertu de la différence des vitesses de propagation des
ondes consécutives, et on ne pourrait rendre compte, par leur
moyen, de l'accumulation considérable d'ondes élémentaires qui
s'opère en un seul point, à la tête du flot, quand le mascaret se
forme.

234. J'ai rappelé plus haut (**222**) ce qu'a dit M. Bazin au sujet de la longueur nécessaire, dans des eaux d'égale profondeur, pour que la réunion des ondes élémentaires puisse s'opérer. M. Bazin a sans doute admis que les fleuves ont, en général, trop peu de longueur dans leur partie maritime pour que les ondes élémentaires arrivent à s'y réunir de cette manière; et c'est à la présence des hauts fonds qu'il attribue la réunion de ces ondes. Les hauts fonds seraient ainsi la cause déterminante du mascaret, en créant de plus grandes différences entre les vitesses de propagation des ondes consécutives. M. Bazin ajoute (**222**) que l'onde du mascaret formée par ce moyen, dans la partie du fleuve où règnent les hauts fonds, ne fait plus que se propager dans les parties supérieures du fleuve où la profondeur d'eau est plus grande.

Or cette manière d'envisager la formation du mascaret n'est pas justifiée par les faits.

La présence des hauts fonds n'est pas sans influence sur le régime du mascaret. Cette influence ressortira de ce que je dirai dans la suite de cet écrit. Mais ce ne sont pas les hauts fonds qui sont la cause déterminante du mascaret, puisqu'il existe des fleuves ayant des hauts fonds près de l'embouchure, et sur lesquels le mascaret ne se montre jamais.

C'est ce qui arrive sur la Loire. On sait que ce fleuve n'a que de faibles profondeurs dans la partie qui s'approche de l'embouchure. C'est là un inconvénient de la Loire maritime que les plaintes nombreuses du commerce de Nantes ont mis en complète évidence. Et cependant, comme je l'ai déjà dit, le mascaret ne se manifeste jamais sur ce fleuve.

Par contre, on observe le mascaret sur des fleuves où il n'existe pas de hauts fonds auxquels on puisse le rapporter. C'est ce qui a lieu sur la Dordogne, dont les eaux ont une assez grande profondeur jusqu'au lieu où le mascaret se forme et au delà en amont.

J'ajouterai que, lorsque le mascaret fait son apparition vers les hauts fonds, ce n'est pas en ces lieux qu'il acquiert toute son inten-

sité ; il augmente de hauteur dans les eaux profondes, en amont
des hauts fonds. Sur la Seine, c'est à 30^{km} et 35^{km} en amont des
hauts fonds de l'embouchure que le mascaret atteint sa plus grande
hauteur.

Il faut en conclure qu'il existe, au delà des hauts fonds, des circonstances qui sont de nature à exercer une influence sur la hauteur du mascaret.

235. L'incertitude que les explications de M. Bazin laissent
peser sur la question du mascaret provient de ce que ces explications sont uniquement basées sur le caractère ondulatoire de la
marée fluviale ; tandis que, comme nous l'avons vu (148 et 149),
dans le gagnant de la marée fluviale se trouvent réunis deux phénomènes, un écoulement d'eau et une ondulation. Tant que dure la
marée montante à l'embouchure, le courant qui s'établit dans l'arrière-flot de la marée fluviale a le double caractère de courant de
pente et de courant d'ondulation (104).

236. La préoccupation de M. Bazin au sujet du caractère ondulatoire du mascaret se montre dans le passage suivant de son
Mémoire où, calculant la hauteur de la première onde d'un remous
et posant l'équation $h = \frac{q}{c}$, il ajoute (¹), « q représente le débit par
mètre de largeur du canal, *le seul* qu'il soit nécessaire de considérer ».

M. Bazin avait sans doute raison de parler ainsi dans le cas qui
l'occupait, c'est-à-dire le remous se propageant dans un lit de largeur uniforme. Mais il n'en est pas de même dans un lit de largeur
variable, et les questions de débit que soulève la propagation des
ondes ne peuvent recevoir de solution si, dans ces conditions, on
ne considère que ce qui se passe dans 1^{m} de largeur du lit des eaux.

237. Je trouve du reste, dans le Mémoire de M. Bazin, des considérations qui s'accordent avec celles que je viens de présenter.

(¹) *Recherches expérimentales sur la propagation des ondes*, p. 32.

Rendant compte d'expériences faites sur la propagation d'un remous dans un canal incliné dont on arrête l'écoulement, M. Bazin s'exprime en ces termes ([1]) :

Il se formera nécessairement un remous dans ce cas, comme dans les expériences précédentes (le fond étant horizontal); mais la loi de propagation ne pourra plus être la même. Admettons pour un instant l'hypothèse extrême dans laquelle le canal aurait une pente très forte et peu de profondeur, il est clair que la hauteur de l'onde qui forme la tête du remous n'aura qu'une très faible influence sur son mouvement, et sa vitesse de propagation dépendra presque uniquement du temps employé par le courant à remplir l'espace occupé par l'eau du remous. La nature du phénomène est donc complètement changée; dans un canal horizontal le remous pouvait se propager presque indéfiniment avec une vitesse et une hauteur sensiblement constantes; dans un canal fortement incliné, au contraire, sa vitesse va en se ralentissant d'une manière progressive. Le problème dont il fallait, dans le premier cas, demander la solution à la théorie des ondes, devient dans le second cas une question purement géométrique.

J'ai cité ce passage en entier, non pas pour le contredire, ce qu'il renferme est certainement fondé, mais pour montrer que son savant auteur n'a pas méconnu la nécessité de recourir dans certains cas aux considérations géométriques, c'est-à-dire d'examiner les questions au point de vue des volumes d'eau qui s'épanchent.

238. L'onde marée fluviale est un phénomène dans lequel les considérations géométriques dont parle M. Bazin ne peuvent être négligées, puisque dans une importante partie du gagnant de l'onde (164 à 169), l'épanchement de l'eau de la mer dans le fleuve, pendant la marée montante à l'embouchure, se fait en vertu des lois de l'écoulement des liquides, en même temps que les ondes élémentaires de la marée fluviale s'y propagent en vertu des lois qui les régissent.

Le mascaret se produit ou ne se produit pas, suivant la participation plus ou moins grande de ces deux actions dans l'œuvre com-

______

([1]) *Recherches expérimentales sur la propagation des ondes,* p. 82.

mune. Mais il est nécessaire de tenir compte de l'une et de l'autre pour déterminer les conditions qui amènent la manifestation du mascaret.

C'est ce que je vais essayer de faire dans le paragraphe suivant. Je rechercherai les circonstances de diverses natures qui concourent à former le mascaret, et les causes des variations qui se produisent tant dans ses apparitions et son intensité que dans sa forme et son aspect.

Cette étude mettra en évidence le rôle que remplit le mascaret dans la partie maritime des fleuves. Car tout phénomène naturel a sa raison d'être ; la nature ne fait rien sans but ; et ce n'est pas là le côté le moins intéressant de la question.

§ 4. — Recherches sur la constitution du mascaret.

239. *Avant-propos.* — Le mascaret ne se manifestant ni sur tous les fleuves, ni à toutes les marées (194), on pourrait penser que ce phénomène est un simple accident des marées fluviales.

Il n'en est rien, et le mascaret se rattache essentiellement à la constitution de ces marées. Sa cause réside dans cette constitution elle-même ; et c'est à certaines valeurs des éléments de la marée fluviale que le mascaret doit d'être ou de n'être pas.

Avant de rechercher les causes des différents effets observés dans les marées fluviales, je crois qu'il est utile de résumer ce que j'ai dit au Chapitre précédent sur la constitution et la propagation de ces marées.

240. *Résumé de la constitution de la marée fluviale.* — La marée fluviale n'a pas exclusivement le caractère d'ondulation, et diffère en cela de l'onde marée de la mer (147).

La hauteur de l'onde marée fluviale n'est pas en relation définie avec la profondeur des eaux comme celle de l'onde marée de la mer (119). Elle ne dépend que de l'élévation plus ou moins grande de la marée de la mer dont elle procède, et échappe à tout rapport régulier avec la profondeur des eaux du fleuve.

L'indépendance où se trouve ainsi, dans le fleuve, la hauteur de l'onde par rapport à la profondeur des eaux du fleuve, introduit dans la marée fluviale un élément différent du mouvement ondulatoire, et cet élément est l'épanchement des eaux de la mer dans le fleuve, en vertu de la pente qui s'établit à la surface du flot (149).

Deux actions s'unissent ainsi pour constituer la marée fluviale, savoir : un mouvement ondulatoire et un épanchement des eaux de la mer dans le fleuve (155).

Ces deux actions naissent d'une même force, celle qu'engendre l'excès constant de hauteur des eaux de la mer sur celles du fleuve pendant la marée montante (157); mais elles s'exercent d'une manière distincte, chacune en vertu de ses propres lois.

L'union de ces deux actions s'opère de la manière suivante :

Tant que dure la marée montante à l'embouchure, le gagnant de la marée fluviale se partage à chaque instant en deux parties ayant des régimes différents. J'ai désigné ces deux parties du gagnant par les noms d'*Arrière-flot* et d'*Avant-flot*.

Les ondes élémentaires, continuellement formées à l'embouchure, pendant la marée montante, par l'effet de la pression des eaux de la mer sur celles du fleuve, se propagent sur toute la longueur du gagnant de la marée fluviale, faisant refluer, par le courant de marée qu'elles déterminent, de l'arrière-flot dans l'avant-flot, l'eau qui forme les accroissements successifs du gagnant, dans cette dernière partie du flot.

Outre le mouvement ondulatoire qui l'anime sans cesse, l'arrière-flot reçoit constamment une certaine quantité d'eau de la mer. Cette eau remplace d'abord dans l'arrière-flot celle que la propagation des ondes élémentaires fait refluer dans l'avant-flot; puis elle met l'arrière-flot en rapport de hauteur avec la mer dont le niveau s'élève alors constamment (160 et 161).

Le courant de flot qui s'établit dans l'arrière-flot a dès lors un

double caractère. Il est en même temps courant d'ondulation et
courant de pente (158), réglant ainsi, avec sa vitesse moyenne
unique, les conditions de la propagation des ondes élémentaires et
celles de l'introduction des eaux de la mer dans le fleuve. Dans ce
double rôle, le courant de flot agit en vertu des lois qui régissent
soit l'ondulation, soit l'épanchement des eaux de la mer dans le
fleuve, suivant que l'on considère l'une ou l'autre de ces deux
actions.

Le courant de flot ne remplit le double rôle dont je viens de
parler que dans l'arrière-flot. Il se continue sur la longueur de
l'avant-flot, mais il n'a pour fonction, dans cette partie de la marée
fluviale, que d'assurer la propagation des ondes élémentaires.
Il a exclusivement en ce lieu le caractère de courant d'ondulation (170).

Les diverses actions que je viens de décrire, quoique variables
suivant les circonstances et quoique obéissant à des lois différentes,
doivent néanmoins remplir une condition qu'impose impérieu-
sement la composition de la marée fluviale. Il y a nécessairement,
à toute époque de la marée montante, égalité entre le volume de
l'accroissement du gagnant de la marée fluviale, dans un temps
donné, et celui des eaux introduites de la mer dans le fleuve pendant le même temps (160).

Cette condition est exprimée par l'équation

$$S \, v t = DLA.$$

La signification des lettres employées dans cette formule se
trouve au n° 160.

Parmi les quantités qui entrent dans cette équation, il en est plusieurs qui ne résultent que des conditions naturelles du lit du fleuve
et de la marée, et sont complètement indépendantes les unes des
autres. Ce sont, savoir : S dans le premier membre de l'équation,
et D × L dans le second (163).

Chacune de ces quantités conserve sa valeur, de quelque manière que les variations de l'autre quantité modifient la forme du gagnant de la marée fluviale.

L'équation $Svt = \text{DLA}$ ne renferme par conséquent que deux quantités, qui, dans le temps t, sont susceptibles de varier suivant la manière dont se comporte la marée fluviale pendant qu'elle pénètre dans le fleuve, savoir : v, vitesse moyenne du courant de flot dans la section d'embouchure du fleuve, et A, augmentation de la hauteur moyenne du flot pendant le temps t.

Les deux quantités v et A ne sont pas indépendantes l'une de l'autre, comme les autres éléments S et $D \times L$ de l'équation ci-dessus. Au point de vue de l'épanchement des eaux de la mer dans l'arrière-flot, ces deux quantités varient en sens contraire (166).

241. *Influence des variables v et A sur la forme de l'arrière-flot dans la première période de la marée fluviale.* — Je considérerai d'abord ce qui se passe pendant un temps t pris dans la durée de la marée montante ; et, admettant que, jusqu'à l'origine de ce temps, le gagnant de la marée fluviale se soit constitué de la manière la plus régulière, je vais rechercher la forme que prend la surface supérieure du flot à l'expiration du temps t, dans les différents cas qui peuvent se présenter.

J'examinerai successivement cette question dans l'arrière-flot et dans l'avant-flot.

D'après ce que je viens de rappeler (240), c'est par le jeu des variations de v et de A que doit se réaliser l'égalité $Svt = \text{DLA}$, quelles que soient les valeurs que les circonstances locales donnent à S et $D \times L$.

Les diverses valeurs possibles de S et $D \times L$ donnent à l'arrière-flot de la marée fluviale des caractères différents.

Lorsque ces deux aires ont des valeurs telles que la surface supérieure du flot se soulève parallèlement à elle-même, la marche ascensionnelle de la marée fluviale se trouve alors dans l'état le plus régulier.

Si nous désignons par C la hauteur dont la marée de la mer s'élève à l'embouchure pendant le temps t, l'augmentation moyenne A de la hauteur du flot est alors égale à C; le volume de l'accroissement du gagnant pendant le temps t devient DLC, et le volume d'eau Svt que l'arrière-flot reçoit de la mer dans le même temps est donné par l'équation

$$S vt = DLC.$$

242. L'égalité des termes Svt et DLC suppose certaines valeurs particulières de S et D$\times$L. Si les circonstances naturelles ne donnent pas à S et D$\times$L les valeurs qui assurent l'égalité ci-dessus, elles conduisent alors à l'une des inégalités

$$S vt > DLC,$$

ou

$$S vt < DLC.$$

Ces inégalités ne peuvent pas exister dans la nature. Le volume Svt de l'eau que l'arrière-flot reçoit de la mer est toujours nécessairement égal à l'accroissement du gagnant de la marée fluviale pendant un même temps (160).

Il faut donc, dans les deux cas ci-dessus, que les inégalités se transforment en égalités.

Cette transformation ne peut s'opérer que si la hauteur constante C est remplacée par une hauteur variable A. Les quantités v et A, assujetties à varier en sens contraire (166), doivent alors se modifier de manière que, dans l'un et l'autre des deux cas ci-dessus définis, on obtienne l'égalité

$$S vt = DLA.$$

243. Lorsque les valeurs le S et D$\times$L conduisent à l'inégalité

$$S vt > DLC,$$

il est nécessaire que A devienne plus grand que C.

L'accroissement A de la hauteur moyenne du flot augmentant, la vitesse v diminue. Les deux termes de l'inégalité ci-dessus se rapprochent donc, à mesure que A augmente, et l'on arrivera nécessairement à une valeur de A, qui réalisera l'égalité $Svt = DLA$.

Le volume Svt que l'arrière-flot reçoit de la mer pendant le temps t est alors plus grand que celui qui s'introduit, dans le cas des accroissements réguliers du gagnant (241); car ce volume est égal à DLA, et on a $DLA > DLC$.

244. Lorsque les valeurs de S et $D \times L$ conduisent à l'inégalité

$$Svt < DLC,$$

c'est au contraire par des valeurs de A plus petites que C que l'égalité $Svt = DLA$ se réalise.

Le volume d'eau Svt que l'arrière-flot reçoit de la mer pendant le temps t est alors moins grand que celui qui s'introduit, dans le cas des accroissements réguliers du gagnant; car ce volume est égal à DLA, et on a $DLA < DLC$.

245. Les différentes valeurs que prennent S et $D \times L$, d'après les conditions naturelles où se trouve le fleuve, créent donc, pour la surface supérieure du gagnant de la marée fluviale, trois états qui sont définis par les relations suivantes :

$$A = C,$$
$$A > C,$$
$$A < C.$$

Ces divers états de la surface supérieure du gagnant sont figurés, dans l'arrière-flot, par les lignes H'I', H'I'', H'I''' tracées sur la figure du n° 164.

246. *Influence de la variable A sur la forme de l'avant-flot.* — Examinons maintenant les conséquences qu'entraînent dans l'avant-flot les divers états de la surface supérieure de l'arrière-flot dont je viens de parler.

La forme de la surface supérieure de l'avant-flot dépend évi-

14

demment de la quantité d'eau plus ou moins grande qui, pendant le temps t, est refoulée par le mouvement ondulatoire de l'arrière-flot dans l'avant-flot.

La quantité d'eau ainsi refoulée dans l'avant-flot est à son tour plus ou moins grande, suivant que les ondes élémentaires de la marée fluviale ont plus ou moins de hauteur (168). Elle varie donc avec l'augmentation A de la hauteur moyenne du flot pendant le temps t, et dans le même sens que cette quantité.

Par conséquent, c'est encore de la valeur qu'acquiert A pendant le temps t que dépend la forme de la surface supérieure de l'avant-flot; et nous venons de voir que, suivant les conditions naturelles dans lesquelles se trouvent le lit du fleuve et la marée de la mer, l'augmentation A de la hauteur moyenne du flot est, avec la hauteur C dont la mer s'élève à l'embouchure pendant le même temps t, dans une des relations suivantes :

$$A = C,$$
$$A > C,$$
$$A < C.$$

Il y a donc à examiner ce que devient la surface supérieure de l'avant-flot dans chacun des trois états de la marée ainsi définis.

247. *Forme de la surface supérieure de l'avant-flot quand* A = C. *État régulier.* — Lorsque A = C, la surface supérieure du flot se soulève parallèlement à elle-même dans l'avant-flot, comme sur le reste de la longueur du gagnant, pendant la durée du temps t, et dans ces conditions, la marée fluviale se forme évidemment pendant ce temps avec toute la régularité possible.

L'onde de la tête du flot passe alors en chaque lieu sans faire de saillie appréciable sur la surface des basses eaux du fleuve; et les eaux de l'avant-flot s'élèvent après le passage de l'onde de la tête du flot, de quantités plus ou moins grandes, suivant la nature de la marée à l'embouchure, mais toujours de manière à maintenir le

parallélisme entre les positions successives de la surface supérieure
du flot.

248. *Forme de la surface supérieure de l'avant-flot lorsque*
$A > C$. *Surabondance des eaux venant de la mer. Masca-*
ret. — La relation $A > C$ signifie que les valeurs particulières
de S et $D \times L$ (243) donnent, au bout du temps t, à la surface
supérieure de l'arrière-flot une position plus élevée que celle qui
se réalise dans l'état régulier dont je viens de parler. Cette surface
prend la forme H'I'' au lieu H'I' (*voir* la *fig.* du n° 164).

Les ondes élémentaires de la marée fluviale ont alors, dans l'arrière-flot, des hauteurs plus grandes que celles qu'elles auraient
eues si la marée fluviale s'était formée régulièrement.

Dans ce cas, d'après ce que nous avons vu (243), les quantités
d'eau amenées de la mer par le courant de flot, dans le gagnant de
l'onde marée fluviale, deviennent plus considérables.

Les ondes élémentaires arrivent par conséquent à l'extrémité
postérieure de l'avant-flot avec plus de hauteur, et le courant de
flot avec un plus fort débit que dans l'état régulier représenté par
l'égalité $A = C$.

Fig. 32.

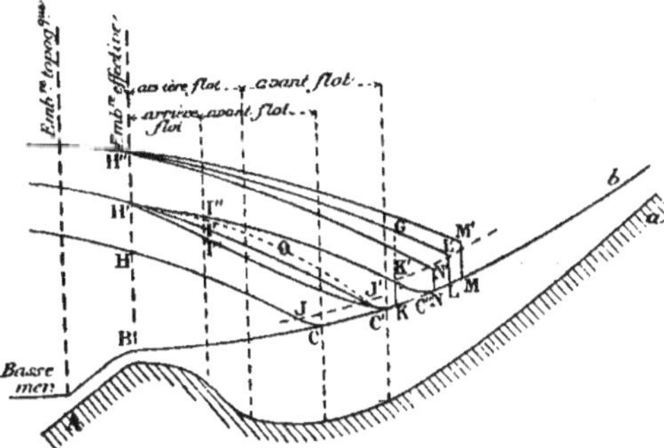

La propagation des ondes élémentaires fait donc refluer de l'arrière-flot dans l'avant-flot, par le courant qu'elle détermine, un volume d'eau plus fort que celui qui serait entré si l'on avait eu $A = C$.

Le volume supplémentaire ainsi introduit dans l'avant-flot en élève nécessairement la surface supérieure, et cette surface passe de la position I'C' qu'elle aurait eue dans l'état régulier ci-dessus défini, à une autre position plus élevée, dirigée, par exemple, suivant I″C″ (*fig.* 32).

249. Jusque-là, point de difficulté. Mais ici se présente la question de savoir comment doit se terminer, vers la tête du flot, la capacité supplémentaire qui se forme dans le gagnant de l'onde marée fluviale par suite de la position plus élevée que prend alors sa surface supérieure.

La courbe paraboïdale II'I″ de la surface supérieure de l'arrière-flot se continue dans l'avant-flot. C'est la conséquence du plus grand volume d'eau que le courant de flot fait alors refluer dans l'avant-flot pendant le temps t. Mais cette courbe ne peut évidemment pas se prolonger jusqu'à la rencontre de la surface des basses eaux du fleuve, en C″. Car, tant que l'onde de la tête du flot ne dépasse pas le niveau des basses eaux du fleuve, comme le supposerait la rencontre en C″, cette onde ne peut parcourir, dans le temps t, que la distance CC'. Il lui serait impossible, dans ces conditions, d'atteindre le point C″.

Il serait donc nécessaire, pour que l'onde de la tête du flot continuât à ne pas dépasser le niveau des basses eaux du fleuve, à la fin du temps t, que la surface supérieure du flot, après s'être relevée dans sa partie postérieure, s'infléchît dans sa partie antérieure, en prenant une courbure plus grande à l'approche de la tête du flot, afin de venir passer par le point C'. La surface supérieure du flot aurait alors une section longitudinale de la forme II'OC'.

250. Ce résultat n'est sans doute pas impossible; car les changements de forme que subit la surface supérieure du flot (39), par suite de la différence de vitesse de propagation des diverses ondes élémentaires ou tranches verticales du flot, peuvent très bien concorder avec la position C' de la tête du flot, et avec l'augmentation

de la courbure de la surface libre du flot qui en résulte, tant que cette courbure reste dans certaine limite.

Mais si les valeurs naturelles de S et DL sont telles que cette limite soit dépassée, il n'est plus possible que la surface supérieure surhaussée du flot passe par le point C′, et la propagation des ondes élémentaires ne peut plus se faire dans les conditions de régularité ordinaire.

Que doit-il se passer alors?

Quel changement doit survenir dans la forme du gagnant de la marée fluviale pour que les ondes élémentaires de cette marée puissent reprendre leur marche régulière qui est ainsi troublée?

251. Il importe de rappeler ici que l'onde de la tête du flot, quoique formant l'une des ondes élémentaires de la marée fluviale, a son régime propre qui diffère par un point important de celui des autres ondes élémentaires (180).

Tant que l'onde de la tête du flot ne dépasse pas le niveau des basses eaux du fleuve, sa vitesse de propagation n'est point en relation avec celle des autres ondes élémentaires, mais dépend uniquement de la profondeur H des basses eaux du fleuve d'après la formule

$$V = \sqrt{gH} - U.$$

La vitesse de propagation de l'onde de la tête du flot s'accorde néanmoins avec les vitesses de propagation des autres ondes élémentaires, non-seulement lorsque la marée fluviale se propage régulièrement (247), mais encore lorsque la courbure du gagnant de la marée, tout en augmentant, reste dans certaine limite, la surface supérieure du flot prenant alors la forme H′OC′ dont j'ai parlé plus haut (249).

Si nous supposons maintenant que la limite dont je viens de parler soit dépassée, l'accord qui jusque-là s'était établi entre l'onde de la tête du flot et les ondes élémentaires qui la suivent, cesse d'exister. Ces dernières prennent toutes un surcroît de vitesse de propagation qui ne leur permet plus de rester distinctes de l'onde de la tête du flot, tant que cette onde ne dépasse pas le niveau des basses eaux.

Dans cette situation, les ondes élémentaires atteignent nécessairement l'onde de la tête du flot et viennent se confondre avec elle en plus ou moins grand nombre, suivant les circonstances.

Par cette adjonction, l'onde de la tête du flot s'élève alors au-dessus du niveau des basses eaux du fleuve, et sa hauteur devient $H + h$.

Par suite, sa vitesse de propagation, donnée par la formule $V = \sqrt{g\,(H + h)} - U$, augmente et se rapproche de celle des ondes élémentaires qui la suivent.

L'accumulation des ondes élémentaires sur l'onde de la tête du flot continue à s'opérer ainsi jusqu'à ce que cette dernière ait acquis, par son augmentation progressive de hauteur, une vitesse de propagation qui s'accorde de nouveau avec celle des ondes élémentaires qui la suivent.

Et c'est l'onde de la tête du flot ainsi exhaussée au-dessus des eaux du fleuve par l'adjonction d'un certain nombre des ondes élémentaires de la marée fluviale, qui constitue le mascaret.

252. Le mascaret ainsi formé, tout en rétablissant entre l'onde de la tête du flot et les ondes élémentaires qui la suivent, sous le rapport de la vitesse de propagation, l'accord que l'inégalité $A > C$ tendait à troubler, satisfait en même temps aux nécessités de l'épanchement des eaux de la mer qui pénètrent dans le fleuve.

L'onde de la tête du flot, en effet, prenant par le mascaret une plus grande hauteur, se propage avec plus de vitesse. Au bout du temps t, la tête du flot se trouve par conséquent en un certain point K en avant de C' (*voir* la *fig.* du n° 248), et l'onde de la tête du flot devient saillante sur les basses eaux du fleuve de la quantité KK'.

Pour recevoir les eaux plus abondantes qui pénètrent alors dans le gagnant de la marée fluviale, le mascaret procure donc un supplément de capacité, en premier lieu par le relèvement de la surface supérieure du flot de H'C' en H'K', et en second lieu par l'allongement de l'avant-flot de C' en KK'.

En même temps, la surface supérieure du flot qui s'élève en H'K' prend une pente moindre (166). La vitesse c en devient plus faible, et par suite le volume Sct des eaux entrées de la mer dans le fleuve diminue.

Une position plus élevée de la surface supérieure du flot, telle que H'K', produit donc un double effet : d'une part, elle diminue le volume des eaux entrées de la mer dans le fleuve, volume que l'on supposait trop fort ; et, d'autre part, elle augmente la capacité offerte par le fleuve pour recevoir ces eaux, capacité que l'on supposait trop faible.

Dès lors, il y aura une position de la surface supérieure du flot qui assurera l'égalité entre le volume des eaux entrées de la mer dans le fleuve et la capacité du fleuve destinée à les recevoir, et la surface supérieure s'élèvera jusqu'au point nécessaire pour que cette égalité se réalise.

253. Ainsi, de quelque manière que l'on envisage le phénomène de la marée fluviale, que l'on considère le mouvement ondulatoire qui s'y produit ou le volume des eaux qui s'introduisent de la mer dans le fleuve, l'exhaussement de l'onde qui forme la tête du flot, autrement dit le *mascaret*, rétablit soit dans la marche des ondes élémentaires de la marée fluviale, soit dans la capacité offerte par le flot de la marée fluviale à l'eau venant de la mer, l'ordre que la trop grande abondance de cette eau était de nature à troubler.

La raison d'être du mascaret se trouve par conséquent dans l'abondance des eaux que le fleuve reçoit de la mer ; son effet est d'augmenter dans le fleuve la capacité destinée à recevoir ces eaux ; et il naît des conditions particulières dans lesquelles l'abondance des eaux place le mouvement des ondes élémentaires de la marée fluviale.

J'ai parlé précédemment (238) du rôle que le mascaret est appelé à remplir dans la partie maritime des fleuves. Les considérations qui précèdent permettent de définir ce rôle de la manière suivante :

Le mascaret est le moyen qu'emploie la nature pour rétablir entre la quantité d'eau que la mer verse dans le fleuve, pendant un temps donné, et le volume de l'accroissement du gagnant de la marée fluviale pendant le même temps, l'égalité qui doit toujours exister et que les circonstances naturelles du lit du fleuve tendaient à troubler.

254. *Cause médiate et cause immédiate du mascaret.* — Le mascaret se forme donc, d'après ce que nous venons de voir, en vertu de deux causes différentes, causes qui remplissent chacune un rôle particulier dans le phénomène, tout en contribuant à produire un effet unique.

L'une de ces causes est *médiate* et principale. Sans elle, le mascaret ne saurait se former.

Cette cause réside dans les valeurs que doivent prendre v et A, en vue de celles que les circonstances naturelles de la marée de la mer et du lit du fleuve donnent à S et D × L (160), pour satisfaire à l'égalité

$$S \, vt = DLA \; ;$$

et pour que le mascaret se forme, il faut que la distance moyenne A qui sépare les positions de la surface supérieure du flot, au commencement et à la fin d'un temps t, soit plus grande que la quantité C dont s'élève la marée à l'embouchure pendant le même temps t.

L'autre cause est *immédiate* et sert d'intermédiaire entre la cause principale et l'effet. Cette cause secondaire est le moyen par lequel la cause principale s'exerce pour réaliser le phénomène du mascaret. Elle n'aurait pas de raison d'être sans l'existence de la cause principale.

La cause immédiate du mascaret se trouve dans l'accumulation d'une suite d'ondes élémentaires de la marée fluviale sur l'onde de la tête du flot qui devient alors saillante sur les basses eaux du fleuve. La réunion des ondes élémentaires avec l'onde de la tête du flot s'opère par suite de la plus grande vitesse de propagation que prennent toutes les ondes élémentaires qui suivent l'onde de la tête du flot, quand la condition $A > C$ ci-dessus indiquée donne naissance à la cause médiate du mascaret.

255. *En quoi l'explication précédente du mascaret diffère de celles qui sont analysées au paragraphe 2 de ce Chapitre.* — L'explication du mascaret que je propose diffère par deux points essentiels de celle qu'ont donnée Brémontier, Babinet et M. Bazin, et que j'ai analysée au deuxième paragraphe de ce Chapitre (208, 209 et 221).

En premier lieu, on admet, dans l'opinion que je viens de rappeler, que le mascaret a pour cause unique la réunion entre elles de plusieurs ondes élémentaires de la marée fluviale ; tandis que, tout en considérant le mascaret comme formé par la réunion, sur l'onde de la tête du flot de plusieurs ondes élémentaires, j'admets que cette réunion est le résultat de certaines circonstances de la marée de la mer et du lit du fleuve qui donnent lieu à la relation $A > C$. Dès lors, la relation $A > C$ constituerait la cause principale du mascaret ; et l'accumulation de plusieurs ondes élémentaires sur l'onde de la tête du flot n'en serait plus que la cause secondaire ou d'exécution, cause secondaire qui n'aurait pas de raison d'être si la cause principale n'existait pas.

En second lieu, dans l'opinion des savants que j'ai cités plus haut, la réunion des ondes élémentaires de la marée fluviale s'opérerait en vertu *des différences qui s'établissent, sur la longueur du flot, entre la vitesse de propagation des ondes élémentaires consécutives,* tandis que je considère cette réunion comme occasionnée et réalisée sur l'onde de la tête du flot, par *une augmentation de vitesse de propagation de toutes les ondes élémentaires.* Cette augmentation de vitesse de propagation se produit ainsi d'une manière générale, quand l'introduction de la marée dans le fleuve donne lieu à la relation $A > C$; et c'est elle qui amène l'accumulation sur l'onde de la tête du flot d'un certain nombre des ondes élémentaires qui la suivent.

La réunion des ondes élémentaires avec l'onde de la tête du flot s'explique d'ailleurs par la constitution de cette onde qui a son régime particulier (180), et qui, à l'origine des actions qui ont amené la relation $A > C$, ne participait pas à l'augmentation de vitesse des autres ondes élémentaires. L'onde de la tête du flot ne prend une plus grande vitesse de propagation que quand l'adjonction des ondes élémentaires qui la suivent lui a donné une plus grande hauteur, et en raison du nombre de ces ondes qui s'accumulent sur elle.

256. *Forme de la surface supérieure de l'avant-flot, lorsque* $A < C$. *Insuffisance des eaux venant de la mer.* — L'inégalité $A < C$ se rapporte au cas où les valeurs particulières de S et $D \times L$, sur le fleuve que l'on considère, sont telles que la surface supérieure de l'arrière-flot s'abaisse en H'I''' (*voir* la *fig.* du n° 248) au-dessous de la position H'I' que cette surface occupe lorsque $A = C$ (247).

Il s'agit de déterminer la forme qu'affecte dans ce cas, au bout du temps t, la surface supérieure de l'avant-flot.

Remarquons que les diverses circonstances qui ont amené la position H'I''' de la surface supérieure de l'arrière-flot sont sans influence sur la vitesse de propagation de l'onde de la tête du flot qui se règle toujours, tant que cette onde ne s'élève pas au-dessus des basses eaux du fleuve, d'après la profondeur de ces eaux, de quelque manière que la marée se comporte derrière elle.

Donc, dans le cas qui nous occupe, l'onde de la tête du flot sera parvenue en C' à l'expiration du temps t, exactement comme dans le cas d'introduction régulière de la marée fluviale, défini par l'égalité $A = C$.

Mais, à la séparation de l'arrière-flot et de l'avant-flot, la surface supérieure du gagnant de la marée fluviale s'est abaissée en I''', au-dessous de la position I' qu'elle aurait occupée dans l'état régulier dont je viens de parler.

La courbe instantanée du gagnant de la marée fluviale prend donc, dans l'avant-flot, à l'expiration du temps t, la forme I'''C' qui est ordinairement concave sur une partie de sa longueur, et qui, en tous cas, diffère de la forme paraboïdale convexe de la courbe instantanée du gagnant dans l'état régulier de la marée fluviale.

257. *Modifications ultérieures de la surface supérieure du flot.* — J'ai supposé, dans ce qui précède, que jusqu'à l'origine du temps t le gagnant de la marée fluviale s'était constitué régulièrement, et j'ai recherché la forme que prend la surface supérieure du flot à l'expiration du temps t, suivant que les conditions naturelles du lit et de l'embouchure du fleuve rendent l'accroissement A de la hauteur moyenne du flot plus grand ou plus petit que la hauteur C dont la marée s'élève à l'embouchure pendant le même temps t.

Si maintenant nous envisageons un second temps t', succédant au temps t, de nouveaux changements surviennent dans la forme de la surface supérieure du flot, pendant le temps t', et voici ce qui arrive dans les différents cas.

Il est inutile de s'arrêter au cas où, pendant le temps t, la surface supérieure du flot aurait pris la position HI' parallèle à III (*voir* la *fig.* du n° 248), et où, pendant le temps t', il y aurait encore égalité entre la nouvelle augmentation A' de la hauteur moyenne du flot et la nouvelle hauteur C' dont la marée s'élève à l'embouchure. La marée fluviale continuerait évidemment à se former de la manière la plus régulière.

Si, pendant le temps t, la surface supérieure du flot a pris la position surélevée HI'' et a donné naissance à un mascaret KK', on se rendra facilement compte, par des considérations analogues à celles que j'ai présentées (246 à 252), que si $A' = C'$, le mascaret conservera, à l'expiration du temps t', la hauteur LL' égale à la hauteur KK' qu'il avait à l'origine de ce temps ; que si $A' > C'$, le mascaret s'avancera, au bout du temps t', jusqu'en M en avant de la position L ci-dessus indiquée, et s'élèvera à une hauteur MM' plus grande que LL' ; enfin que si $A' < C'$, le mascaret restera en N, en arrière de la position L, et s'élèvera à une hauteur NN' plus petite que LL'.

Le cas que je viens d'examiner est le seul qui intéresse la question du mascaret. Car ce phénomène ne se produit pas pendant le temps t, dans le troisième cas précédemment examiné où l'on a la relation $A < C$; et, lorsque sur un fleuve cette relation arrive à s'établir, les conditions d'introduction des eaux de la mer dans le fleuve sont telles qu'elle persiste ordinairement pendant le reste de la marée montante, après le temps t que l'on a d'abord considéré.

258. *De l'influence qu'exerce l'embouchure d'un fleuve sur le régime de la marée fluviale.* — Le caractère d'une marée fluviale dépend principalement, d'après ce qui précède, des valeurs plus ou moins grandes que prennent les augmentations successives A de la hauteur moyenne du flot pendant la durée de la marée montante.

De leur côté, les diverses valeurs de A, dans des temps donnés, dépendent de la profondeur des basses eaux du fleuve, de la largeur de son lit et de la nature de l'embouchure.

Cette dernière des causes qui contribuent à donner aux marées fluviales leurs caractères particuliers est prépondérante, et je crois utile d'appeler l'attention sur sa constitution et ses effets avant de passer outre et de suivre le mascaret dans son évolution à travers les diverses périodes de la marée fluviale.

J'ai déjà dit (132) que la barre qui se forme vers l'embouchure de tous les fleuves à marée se trouve tantôt au large de l'embouchure, tantôt dans le lit du fleuve lui-même.

Les fleuves se divisent donc d'abord en deux catégories bien distinctes, suivant que la barre déposée dans le lit même du fleuve en obstrue l'embouchure, ou que, placée au large, elle laisse l'embouchure libre de tout obstacle.

259. *Des embouchures des fleuves obstruées par la barre.* — Les fleuves dont l'embouchure est obstruée par la barre ont ordinairement une grande largeur à leur embouchure et sur une assez grande longueur à l'amont. Quelquefois le lit présente sur cette longueur quelques élargissements ou rétrécissements plus ou moins marqués; mais le plus ordinairement il augmente graduellement de largeur à partir d'un certain point jusqu'à la mer.

C'est à la grande largeur de la partie inférieure du fleuve qu'il faut attribuer le dépôt, dans le lit même, des matières entraînées par les eaux fluviales et de celles qui, venant du littoral, sont mises en mouvement par le flux et le reflux des marées.

La barre ainsi formée dans le lit du fleuve s'élève à des hauteurs différentes, suivant les circonstances, et son altitude influe sur le caractère des marées fluviales.

Quelquefois, comme sur la Seine, la barre dépasse le niveau des basses mers de vive eau (409); et d'autres fois, comme sur la Charente, elle reste au-dessous de ce niveau (370).

260. *Cas où la barre est plus élevée que les basses mers de vive eau.* — Quand le sommet de la barre est plus élevé que le niveau des plus basses mers, les marées de vive eau s'introduisent dans le fleuve, non pas dès le commencement de la marée montante, mais seulement à partir du moment où la marée s'est élevée au niveau des basses eaux du fleuve retenues par la barre.

Cette circonstance amène, aux premiers instants de l'entrée de la marée dans le fleuve, les conséquences suivantes :

Le retard de l'introduction de la marée dans le fleuve et la faible profondeur des basses eaux du fleuve sur la barre concourent à rendre moins fortes les valeurs de D (160), après un même temps compté à partir de l'instant de la basse mer.

Au contraire, le retard de l'introduction de la marée dans le fleuve rend les accroissements de la section mouillée S de l'embouchure plus forts, la hauteur dont s'élève alors la marée, dans un temps donné, à l'embouchure, devenant plus grande, à cause de la forme sinusoïdale de la courbe locale de la marée de la mer.

Par suite, l'accroissement A de la hauteur moyenne du flot doit prendre de plus grandes valeurs sur les fleuves ainsi constitués pour que l'égalité $S\,ct = DLA$ (160) soit conservée.

261. *Cas où la barre est moins élevée que les basses mers de vive eau.* — Quand le sommet de la barre est moins élevé que le niveau des basses mers de vive eau, les eaux de la mer commencent à s'introduire dans le fleuve dès les premiers instants de la marée montante.

Dès lors, il n'arrive pas, comme au cas précédent, que les accroissements successifs de S deviennent plus forts aux premiers instants de la marée montante, ni que ceux de D soient diminués par le retard apporté dans l'introduction de la marée.

Mais les valeurs successives de D sont néanmoins amoindries par suite de la faible profondeur des basses eaux du fleuve sur la longueur de la barre.

Par conséquent, encore dans ce cas, les valeurs successives de A tendent à augmenter, quoiqu'à un degré moindre qu'au cas précédent, toujours en vertu de l'égalité $S\,ct = DLA$.

262. *Des embouchures libres des fleuves.* — Lorsque la barre s'est placée au large et que l'embouchure du fleuve est libre de tout obstacle, cette embouchure a généralement une largeur assez faible relativement à l'importance du fleuve; et cette largeur est moindre que celle du lit du fleuve en amont, sur une certaine

longueur. La section de l'embouchure présente un rétrécissement du lit très prononcé, et la profondeur d'eau y est toujours très grande.

Ces divers caractères se montrent d'une manière très marquée sur la Gironde et sur la Loire (346 et 383)..

C'est évidemment le rétrécissement de la section d'embouchure qui occasionne son approfondissement.

Le courant de jusant, que le rétrécissement rend plus rapide, tend à attaquer le fond du fleuve dans la section d'embouchure, et il approfondit cette section jusqu'à ce que l'équilibre s'établisse entre la force corrosive du courant et la résistance des terrains qui tapissent le fond du fleuve.

Les matières transportées par les fleuves de cette espèce sont alors entraînées au large; et c'est à une certaine distance de l'embouchure, dans la mer, qu'elles forment la barre.

Ainsi placée en avant des embouchures libres des fleuves, la barre a toujours son sommet au-dessous des plus basses mers de vive eau. Les eaux de la mer commencent donc à s'introduire, dans les fleuves ainsi constitués, dès les premiers instants de la marée montante.

Il résulte de là que sur ces fleuves, et pendant la marée montante, les distances successives D de l'embouchure à l'étale de jusant prennent les plus grandes valeurs que comporte la vitesse de propagation de la tête du flot.

D'autre part, les accroissements successifs de la section mouillée S de l'embouchure ont de moindres valeurs relatives, attendu le rétrécissement de l'embouchure ; et cet effet est surtout marqué aux premiers instants de la marée montante, à cause de l'aplatissement que présente, à cette époque, la courbe sinusoïdale de la marée de la mer.

Par suite, les accroissements successifs A de la hauteur moyenne du flot doivent prendre de moindres valeurs sur les fleuves de cette espèce, afin d'assurer l'égalité $S \varrho t = DLA$ (160).

263. *Commencement du mascaret dans la première période de la marée fluviale.* — Après ces explications, je reviens à l'examen de la marche du mascaret pendant les diverses périodes de la marée fluviale, et de sa conformation aux différentes époques de son existence.

C'est toujours pendant la première période de la marée fluviale que le mascaret prend naissance. Les conditions d'introduction des eaux de la mer dans le fleuve sont alors représentées par la formule $S\,vt = DLA$ (160), et le mascaret se forme lorsque l'accroissement A de la hauteur moyenne du flot, pendant un temps t, donné par l'équation précédente, est plus grand que la hauteur C dont la marée s'élève à l'embouchure pendant le même temps (248).

La condition $A > C$ ne se réalise pas toujours. Aussi existe-t-il des fleuves sur lesquels le mascaret ne se manifeste jamais. La Loire et l'Adour sont dans ce cas.

Diverses circonstances influent sur les valeurs de A; mais c'est principalement à la nature de l'embouchure du fleuve que l'accroissement A de la hauteur moyenne du flot, dans un temps donné, doit de prendre des valeurs fortes ou faibles. C'est ainsi que les choses se passent sur les principaux fleuves à marée de France, comme on le verra au Chapitre VI de ce Mémoire; et les faits naturels s'accordent, sur ce point, avec les considérations que j'ai présentées plus haut (258 à 262). On peut dire, en général, que la relation $A > C$ se réalise toujours, pendant les grandes marées, sur les fleuves dont l'embouchure est obstruée par une barre, et qu'elle ne se réalise pas sur ceux dont l'embouchure est libre.

Cependant le mascaret se produit, par exception, sur quelques fleuves à embouchure libre : c'est ce qui arrive sur la Garonne et la Dordogne.

J'indiquerai plus loin (265) les circonstances dans lesquelles se manifestent les mascarets de cette espèce.

264. Le mascaret commence à paraître à des distances plus ou moins grandes de l'embouchure, suivant les valeurs que prennent les aires S et DL aux diverses époques de la première période de la marée fluviale. Ces valeurs dépendent en grande partie de la nature de l'embouchure.

Nous avons vu plus haut (260) que sur les fleuves à embouchure obstruée dont la barre s'élève au-dessus des plus basses mers, les valeurs de D et de S se comportent de telle manière que les accroissements successifs A de la hauteur moyenne du flot prennent de fortes valeurs dès le commencement de le marée fluviale. Ces valeurs deviennent rapidement supérieures à celles de C qui leur correspondent ; et c'est alors à une faible distance de l'embouchure que le mascaret commence à se manifester.

Nous avons vu encore (262) que, sur les fleuves à embouchure libre, les valeurs de D et de S tendent au contraire à rendre faibles les valeurs successives de A qui restent ordinairement alors inférieures aux valeurs correspondantes de C, et le mascaret ne se forme pas.

Si par exception, ainsi que je l'ai dit plus haut (263), un mascaret se produit sur un fleuve à embouchure libre, comme l'aire DL de la surface supérieure du flot prend des valeurs considérables dès les premiers temps de la marée montante, à cause des grandes dimensions du lit en largeur et en profondeur dans la partie inférieure du fleuve, ce ne peut être qu'à une époque déjà avancée de la marée montante, quand la tête du flot est arrivée dans les parties peu larges et peu profondes du lit, que les valeurs de DL prennent des accroissements assez faibles pour que les valeurs de A en soient augmentées. C'est donc à une grande distance de l'embouchure du fleuve que le mascaret doit apparaître sur les fleuves de cette espèce, quand il s'y manifeste.

En fait, c'est à 72^{km} et 86^{km} de l'embouchure que le mascaret commence à se montrer sur la Garonne et la Dordogne.

265. D'autres différences existent entre le mascaret des fleuves

à embouchure obstruée et celui que les fleuves à embouchure libre produisent par exception.

Sur les fleuves à embouchure obstruée, le lieu où commence le mascaret, variable suivant l'importance de la marée et l'état des eaux du fleuve, ne se distingue par aucune modification dans les dimensions du lit.

Sur les fleuves à embouchure libre, au contraire, c'est toujours au même lieu que commence le mascaret, et en ce lieu le lit du fleuve présente une diminution marquée de largeur ou de profondeur.

La cause du mascaret sur les fleuves à embouchure obstruée réside uniquement dans la constitution générale du fleuve, qui donne des valeurs relativement faibles à DL et fortes à S aux premiers temps de la marée montante. Par suite, l'accroissement A de la hauteur moyenne du flot prend des valeurs élevées et devient, à un certain moment, plus grand que la quantité C dont la marée s'élève à l'embouchure au même moment, condition qui détermine la formation du mascaret (248).

Sur les fleuves à embouchure libre, lorsque le mascaret s'y manifeste, le rétrécissement ou la diminution de profondeur du lit, au lieu où le mascaret prend naissance, est bien de nature à donner des valeurs un peu plus grandes à A, par suite de la diminution que subit L ou [D. Par là, la cause du mascaret se rattache encore à la constitution générale du fleuve.

Toutefois l'augmentation des valeurs de A, due à cette cause, doit être très faible ; car la tête du flot se trouvant à une grande distance de l'embouchure au moment où le mascaret se forme sur les fleuves à embouchure libre, la surface supérieure du flot en acquiert une superficie considérable, et la diminution de largeur ou de profondeur du lit au lieu où le mascaret se manifeste ne peut exercer sur cette superficie du flot qu'une influence minime.

On peut présumer que la diminution de la largeur ou de la profondeur du lit au lieu où le mascaret prend naissance exerce une action directe sur la production de ce phénomène, en augmentant la hauteur de l'onde de la tête du flot et de quelques-unes des ondes élémentaires suivantes, comme il arrive toujours aux ondes de translation en cas semblable (6).

D'après cela, quand le mascaret se produit sur les fleuves à embouchure libre, il proviendrait de deux causes : l'une qui résiderait dans le régime général du fleuve et dans une certaine augmentation de A, résultat des valeurs que prennent D et L au moment où le mascaret commence à se montrer; l'autre qui serait la conséquence directe de la diminution de largeur ou de profondeur du lit au lieu où naît le mascaret.

Les documents dont j'ai pu disposer ne m'ont pas permis d'approfondir cette question, et je n'ai pas de preuves certaines de la double action dont je viens de parler. Cependant on verra dans la suite de ce Mémoire (432) des faits qui paraissent venir à l'appui des vues que je viens d'exposer.

266. *Irrégularités du mascaret et influence des hauts fonds sur sa formation.* — Quoique le mascaret se manifeste toujours pendant les grandes marées sur les fleuves dont la barre obstrue l'embouchure et qu'il forme ainsi l'un des caractères de ces fleuves, cependant il y est très irrégulier dans ses manifestations. Non seulement il est différent d'un fleuve à un autre, mais encore il varie d'intensité et de durée sur le même fleuve et dans des marées de même importance (194).

Cette irrégularité du mascaret s'explique facilement en considérant que, quand A a une valeur très rapprochée de C, il suffit d'un léger changement dans les conditions du lit du fleuve pour inverser le rapport qui existait auparavant entre ces deux quantités. Le dépôt ou l'enlèvement d'un haut fond à l'embouchure, qui modifie les valeurs de S, un changement de profondeur du lit du fleuve qui modifie les valeurs de D, sont des circonstances de nature à produire ce résultat.

Les hauts fonds de l'embouchure d'un fleuve deviennent ainsi la cause de changements qui surviennent dans les conditions d'existence du mascaret. J'en ai déjà fait la remarque (234). Toutefois il ne faut pas attribuer à la seule présence des hauts fonds la formation du mascaret, non plus que son apparition à une faible distance de l'embouchure.

Les hauts fonds agissent incontestablement sur le mascaret. En diminuant la profondeur des basses eaux du fleuve, ils influent par là, comme je le disais plus haut, sur les valeurs de D et de S, et par suite sur celles de A.

Mais la profondeur des basses eaux du fleuve n'est pas la seule circonstance qui puisse modifier les valeurs de A. La largeur de l'embouchure, d'où dépend en grande partie la valeur de S, et la largeur moyenne du fleuve sont dans le même cas.

C'est la résultante de ces diverses influences qui produit les effets variés que l'on observe sur les fleuves pendant que la marée s'y introduit; et les hauts fonds n'ont qu'une part dans ces effets.

La résultante des diverses actions qui s'exercent dans la marée fluviale conduit parfois à des conséquences opposées à celles que produirait la seule influence des hauts fonds. C'est ainsi que l'on voit le mascaret se former dans des eaux profondes, et ne pas se former dans des fleuves où existent des hauts fonds (234).

On ne peut se rendre compte des diverses circonstances que je viens de rappeler qu'en cherchant si le fleuve que l'on considère donne lieu à la relation $A > C$ ou $A < C$, inégalités par lesquelles se traduisent, dans les différents cas, les résultantes des diverses actions qui s'exercent dans la marée fluviale.

Je reviendrai sur ce sujet au quatrième paragraphe du Chapitre V de ce Mémoire, en examinant les modifications que font subir au mascaret les changements apportés aux diverses dimensions du lit des fleuves; et je continue l'examen du mascaret aux différentes époques de son existence.

267. *Croissance et maximum du mascaret dans la première période de la marée fluviale.* — Le mascaret commence à paraître (248) lorsque l'accroissement A que prend la hauteur moyenne du flot, pendant un temps t, devient plus grand que la quantité C dont la marée s'est élevée à l'embouchure pendant le même temps.

Si pendant un autre temps t', succédant au temps t, on avait encore $A' > C'$, nous avons vu (257) que la hauteur du mascaret augmenterait alors pendant le temps t'.

Lorsque le mascaret s'est formé pendant un premier temps t, par suite de la relation $A > C$, il arrive ordinairement que les valeurs suivantes de A continuent à être plus grandes que les valeurs correspondantes de C jusqu'à l'instant de la pleine mer à l'embouchure ; résultat auquel contribue la décroissance progressive des valeurs de C, dans des temps égaux, après la mi-marée.

Aussi sur les fleuves où le mascaret acquiert une grande importance, comme la Seine, sa hauteur augmente-t-elle jusqu'à l'instant de la pleine mer à l'embouchure.

Si les conditions du lit du fleuve et de la marée étaient telles que, pendant la marée montante, A devînt, à un certain moment, égal ou inférieur à C, la hauteur du mascaret cesserait d'augmenter ou diminuerait même avant que la marée ne prît son plein à l'embouchure (257).

On observe de pareilles décroissances du mascaret dans la première période de la marée fluviale, lorsque la tête du flot atteint, avant l'instant de la pleine mer à l'embouchure, des parties du fleuve dans lesquelles la largeur du lit ou la profondeur des eaux devient beaucoup plus grande. On en verra des exemples dans la suite de ce Mémoire (408, 428). L'affaiblissement de A provient alors des plus grandes valeurs que prennent D et L.

Pendant sa croissance, l'onde du mascaret s'élève au-dessus du niveau du flot qui la suit ; et elle reste dans cet état jusqu'à ce qu'elle ait atteint son maximum de hauteur (200).

Cette forme est celle que M. Bazin a observée en tête du remous sur lequel il a fait les expériences dont j'ai précédemment parlé (199).

M. Bazin a constaté que l'onde ainsi formée en tête du remous ne conserve ses formes lisses qu'autant qu'elle ne dépasse pas en hauteur les deux tiers de la profondeur de l'eau du canal.

Il en est de même du mascaret dans sa période de croissance, quand il se propage dans un lit ayant une profondeur trop faible. Alors le mascaret déferle et ne dépasse plus en hauteur le flot qui le suit. On verra un exemple d'un cas semblable au Chapitre VI de ce Mémoire (428).

268. *Décroissance du mascaret dans la deuxième période de la marée fluviale.* — Je considérerai d'abord le cas où le mascaret augmente de hauteur jusqu'à la fin de la première période de la marée fluviale, c'est-à-dire jusqu'à l'instant de la pleine mer à l'embouchure.

Après cet instant, on se trouve dans la deuxième période de la marée fluviale et le mouvement des eaux qui s'opère alors dans le fleuve est représenté (171) par la formule

$$S\varepsilon t + D'L'A' = DLA.$$

A cette époque de la marée fluviale, le courant de flot qui règne encore dans l'embouchure s'exerce en sens contraire de la pente superficielle des eaux (172). Ce courant n'a pour but que de satisfaire aux nécessités de la propagation de l'onde marée fluviale et a exclusivement le caractère d'un courant d'ondulation (172).

Dans ces conditions, l'introduction des eaux de la mer dans le fleuve, subordonnée aux seules nécessités de l'ondulation, ne peut plus faire naître aucune circonstance de nature à augmenter la hauteur de l'onde du mascaret; et cette onde doit alors s'atténuer, comme le fait toute onde de translation abandonnée à elle-même.

Par conséquent la hauteur du mascaret, qui avait augmenté jusqu'à l'instant de la pleine mer à l'embouchure, diminue pendant la deuxième période de la marée fluviale.

Si les circonstances dont j'ai parlé au numéro précédent avaient placé le maximum de hauteur du mascaret avant la fin de la première période de la marée fluviale, à plus forte raison la décroissance du mascaret, commencée dans cette première période de la marée, continuerait-elle dans la deuxième.

Pendant sa décroissance, à quelque époque de la marée fluviale qu'elle s'opère, le mascaret affecte la forme dont j'ai précédemment parlé (200). Il ne s'élève plus au-dessus du flot qui le suit et n'est plus alors que la face antérieure de ce flot qui s'avance dans le fleuve comme un remous.

Cette face antérieure du remous diminue peu à peu de hauteur à mesure que le flot s'avance dans le fleuve, et cette décroissance continue jusqu'à ce que le mascaret s'efface entièrement.

269. *Fin du mascaret dans la deuxième ou la troisième période de la marée fluviale.* — Nous venons de voir que le mascaret, quelle que soit son importance, diminue de hauteur pendant la deuxième période de la marée fluviale, quoiqu'il entre encore un peu d'eau de la mer dans le fleuve.

Pendant la troisième période de la marée fluviale, toute introduction d'eau de la mer dans le fleuve a cessé. L'onde marée se propage alors uniquement en vertu des lois du mouvement ondulatoire, et il n'y a plus dans la marée fluviale que des actions absolument étrangères au mascaret.

Ordinairement l'onde du mascaret s'efface avant la fin de la deuxième période de la marée fluviale. Il pourrait cependant arriver, si le mascaret avait une grande hauteur et si la deuxième période de la marée fluviale n'avait pas une longue durée, que le mascaret n'eût pas complètement disparu à la fin de cette période. Dans ce cas, le mascaret continuerait à décroître pendant la troisième période jusqu'à son complet effacement.

270. *Changements accidentels de hauteur du mascaret.* — La hauteur du mascaret augmente pendant un certain temps, comme nous venons de la voir, et diminue ensuite jusqu'à sa disparition.

La croissance et la décroissance du mascaret ne se font pas toujours d'une manière régulière, et sont soumises à des variations accidentelles.

Le mascaret est en effet une onde de translation qui, tout en se réglant dans les conditions que le régime général du fleuve lui impose, est soumise aux lois qui régissent les ondes de cette nature.

Or la hauteur des ondes de translation varie en sens contraire des changements qui surviennent dans la largeur et la profondeur du lit des eaux (6). Il en est de même de la hauteur du mascaret à toute époque de son évolution.

Quand les changements de dimension du lit du fleuve sont peu marqués ou se font graduellement, on ne reconnaît pas facilement leur effet sur le mascaret. Cet effet est souvent peu sensible ; il ne se distingue guère des modifications qui résultent du régime général du fleuve et de la constitution même du mascaret.

Mais l'effet des changements de dimension du lit a été souvent constaté, sur des fleuves de faible importance, quand les dimensions en largeur ou en profondeur du lit subissent de fortes modifications.

CHAPITRE V

INFLUENCE DES TRAVAUX D'AMÉLIORATION DE LA PARTIE MARITIME DES FLEUVES SUR LES MARÉES FLUVIALES

271. *But et nature des travaux d'amélioration de la partie maritime des fleuves.* — Les fleuves à marée présentent presque tous dans leur partie maritime des difficultés de navigation qui résultent ordinairement du défaut de profondeur des eaux.

Les parties du lit des fleuves qui manquent ainsi de profondeur ont plus ou moins de longueur et sont diversement placées sur les différents fleuves. Mais, dans tous les cas, c'est à une augmentation de profondeur du lit que les travaux d'amélioration doivent pourvoir.

Dans ce but on a recours, suivant les circonstances, soit à des dragages directs opérés sur les hauts fonds, soit à l'endiguement et au rétrécissement du lit, dans le but d'augmenter la vitesse des courants de marée et de déterminer ainsi l'enlèvement d'une partie des sables qui tapissent le fond du fleuve.

Quelquefois les difficultés de navigation naissent de dispositions vicieuses du lit du fleuve en plan. On est alors conduit à modifier le tracé du lit. Mais comme les tracés vicieux sont ordinairement accompagnés de hauts fonds qui naissent des vices mêmes du tracé, on a presque toujours, dans ce cas, à opérer l'approfondissement du lit sur quelques points.

On peut donc dire que l'approfondissement du lit, opéré soit directement, soit au moyen de digues, est le but principal que l'on poursuit dans les travaux de perfectionnement de la partie maritime des fleuves.

C'est à ce point de vue que je considérerai ces travaux.

Je ne m'occuperai ni de la disposition des ouvrages, ni de leur mode d'exécution. Ces détails techniques n'entrent pas dans le cadre de cet écrit.

J'examinerai seulement les modifications que les travaux en question apportent dans le régime des marées fluviales.

272. *Variétés du régime des marées fluviales.* — Les marées fluviales présentent une très grande variété dans leurs régimes. On pourrait justement dire qu'il y a autant de régimes particuliers que de fleuves.

Cependant tous ces régimes ont quelques points communs.

Ainsi les fleuves à marées se classent, quels que soient leurs autres caractères, en deux catégories, suivant que la barre, qui se forme toujours près de l'embouchure des fleuves de cette espèce, se dépose dans la mer, en avant de l'embouchure, ou dans le lit même du fleuve (258).

Ainsi encore le volume maximum des eaux introduites de la mer dans un fleuve, pendant la marée, se forme d'après les mêmes principes, quel que soit le caractère du fleuve.

J'exposerai d'abord ces généralités dans un premier paragraphe.

J'examinerai ensuite les modifications que les travaux d'amélioration de la partie maritime des fleuves apportent dans le régime des marées des deux espèces de fleuves dont j'ai parlé plus haut.

Je ferai enfin ressortir l'influence que les diverses modifications apportées au lit de la partie maritime des fleuves exercent sur le mascaret, question qui se lie intimement à celle de savoir si le mascaret peut être supprimé ou tout au moins atténué.

Les conséquences à déduire de ces diverses discussions formeront la conclusion pratique de ce travail.

§ 1er. — Généralités.

273. *Relation entre la largeur de l'embouchure des fleuves à marée et la position de la barre.* — Les fleuves à marée se distinguent, comme je viens de le rappeler, par la position qu'occupe la barre soit dans la mer en avant de l'embouchure, soit dans le lit même du fleuve, et ces deux espèces de fleuves ont des caractères différents.

Quand la barre se trouve dans la mer, en dehors du fleuve, la largeur de l'embouchure est moins grande que celle du lit du fleuve, en amont, sur une certaine longueur (262).

Quand la barre est déposée dans le lit même du fleuve, l'embouchure est au contraire plus large que le lit du fleuve en amont (259).

Les principaux fleuves à marée de France, dont une description sommaire est donnée au Chapitre VI de ce Mémoire, présentent les différents caractères que je viens d'indiquer.

Ainsi l'Adour, la Gironde et la Loire ont leur barre dans la mer; et leur embouchure, moins large que le lit en amont sur une certaine longueur, forme un rétrécissement marqué à l'extrémité du lit du fleuve.

Au contraire la Charente, l'Orne et la Seine ont leur barre dans le lit même, et c'est à l'embouchure que les lits de ces fleuves ont leur plus grande largeur.

274. *Relation entre la position de la barre des fleuves à marée et le mascaret.* — Le mascaret, qui ne se manifeste pas sur tous les fleuves (194), est également en rapport avec la position de la barre.

Ce phénomène se produit toujours pendant les grandes marées

sur les fleuves dont la barre est placée dans le lit même du fleuve, et il ne se manifeste pas ordinairement sur les fleuves dont la barre se trouve dans la mer en avant de l'embouchure (263 et 264).

Le mascaret se montre cependant quelquefois sur des fleuves dont la barre est placée dans la mer en avant de l'embouchure. Dans ce cas, il existe toujours des circonstances particulières qui donnent au mascaret un caractère exceptionnel.

Je renvoie à ce que j'ai dit précédemment (265) sur ces mascarets et sur les causes diverses qui concourent à les former.

275. *Importance qui s'attache au volume maximum des ondes marées fluviales.* — Les eaux qui composent une onde marée fluviale et qui s'y accumulent pendant les deux premières périodes de la marée (156), s'écoulent en partie à la mer pendant la troisième période et remplissent alors un rôle important dans la partie maritime du fleuve. Ces eaux, emportées par le jusant, entraînent une partie des sables qui sont amenés près de l'embouchure par le fleuve ou par la mer, et entretiennent ainsi la profondeur des passes.

Aussi se préoccupe-t-on toujours, dans les travaux d'amélioration de la partie maritime des fleuves, du volume maximum de l'onde marée fluviale, et s'efforce-t-on de ne pas diminuer ce volume.

Toutes les eaux qui forment le volume d'une onde marée, à l'instant où ce volume atteint son maximum, ne sont pas destinées à s'écouler dans la mer pendant la marée descendante. Il est donc d'abord nécessaire de fixer les idées sur la manière dont se compose l'onde marée fluviale au moyen des diverses eaux qui concourent à la former, et de déterminer la partie du volume de l'onde qui doit être entraînée par le jusant jusqu'à la mer.

276. *Instant où le volume total de l'onde marée atteint son maximum.* — Considérons la partie maritime d'un fleuve au mo-

ment où l'étale de jusant a lieu à l'embouchure. L'onde marée fluviale précédente a déjà terminé son évolution et le jusant règne seul alors dans le fleuve ; du moins il en est ainsi sur les fleuves de France dont les parties maritimes ont des longueurs relativement faibles (*voir* les Notices du Chapitre VI).

Cependant, au moment ci-dessus indiqué, toute l'eau que l'onde marée fluviale précédente a refoulée vers l'amont ne s'est pas encore écoulée vers l'aval. Il reste de cette eau un volume dont la section est $BCbG$ (*voir* la *fig.* du n° 127), ainsi que je l'ai dit précédemment (130). C'est ce que montrent les profils en long des fleuves de France où sont tracées les courbes instantanées de la marée du 19 septembre 1876 (*Pl. X*). Nous verrons tout à l'heure ce que ce volume devient pendant l'évolution de la marée suivante.

Après l'instant où l'étale de jusant s'est produite à l'embouchure et tant que dure, en ce lieu, la marée montante, l'eau de la mer s'introduit dans le fleuve. Elle augmente incessamment le volume d'eau qui s'y trouvait à basse mer, en même temps qu'elle y développe une suite d'ondes élémentaires qui se propagent en remontant le fleuve (148 et 152). Cette introduction des eaux de la mer dans le fleuve continue jusqu'à ce que l'étale de flot de la marée fluviale ait lieu à l'embouchure, c'est-à-dire pendant les deux premières périodes de la marée fluviale (156).

A ce moment, le sommet de l'onde marée est déjà engagé dans le fleuve. A chacun des instants suivants, l'onde marée reçoit vers l'amont le débit que lui apporte le fleuve ; mais en même temps elle perd vers l'aval l'eau entraînée par le jusant jusqu'à la mer ; et sauf le cas exceptionnel d'une forte crue survenant à cette époque de la marée fluviale, la perte de l'onde est alors supérieure à son gain.

On peut donc admettre qu'en général c'est à l'instant où l'étale de flot se produit à l'embouchure que l'onde marée fluviale atteint son maximum de volume.

Le volume de l'onde marée que je considère dans ce qui va suivre est celui qui est renfermé, depuis l'embouchure jusqu'à la tête du flot, entre le fond du fleuve et la surface libre de l'onde.

277. *Distribution des eaux de provenances différentes dans l'onde marée fluviale à l'instant de son maximum de volume.* — Le volume maximum de l'onde marée fluviale se compose de plusieurs eaux différentes, dont je vais d'abord indiquer les provenances.

Appelons T le temps pendant lequel s'est formé le volume maximum de l'onde. Ce temps est celui qui s'est écoulé entre l'étale de jusant et l'étale de flot à l'embouchure ; ou encore celui que la tête du flot a mis à se propager de l'embouchure au lieu qu'elle occupe à l'instant où l'onde marée atteint son maximum de volume.

A cet instant, l'onde marée fluviale est composée, savoir :

1° Des eaux qui sont entrées de la mer dans le fleuve pendant le temps T ;

2° De celles qui, sur la distance qui sépare l'embouchure de la tête du flot, existaient dans le lit du fleuve à mer basse. Ces eaux comprennent la partie du volume restant de l'onde précédente (130) qui, au moment de l'étale de jusant à l'embouchure, existait sur la longueur qu'occupe l'onde quand elle atteint son maximum de volume ;

3° Enfin de celles que le fleuve a débitées pendant le temps T en tête de l'onde. Ces eaux comprennent la partie du volume restant de l'onde précédente (130) qui, au moment de l'étale de jusant à l'embouchure, existait en amont de la position occupée par la tête du flot au bout du temps T.

La nature des différentes eaux qui composent le volume maximum de l'onde marée étant ainsi déterminée, il s'agit de savoir comment ces eaux diverses sont réparties sur la longueur de l'onde.

A un instant quelconque des deux premières périodes de la

marée fluviale, quand par exemple la marée montante est arrivée
en H (*fig*. 33) à l'embouchure, les eaux entrées jusque-là de la
mer dans le fleuve occupent, du fond du fleuve à la surface libre de
l'onde, le volume dont la section est AHIK. C'est ce qui constitue
à cet instant l'*arrière-flot* (158).

Les eaux venues de la mer ont refoulé en amont le volume des
basses eaux du fleuve qui se trouvait, à mer basse, sur la longueur
de l'arrière-flot, et dont la section est ABLK. Ces dernières eaux,
s'ajoutant dans la partie antérieure du flot au volume KLEU des
basses eaux qui s'y trouvait déjà, et au débit du fleuve depuis le
commencement de la marée jusqu'à l'instant que l'on considère,
constituent le volume de la partie du flot dont la section est KIEU,
et que j'ai désignée sous le nom d'*avant-flot* (158).

Fig. 33.

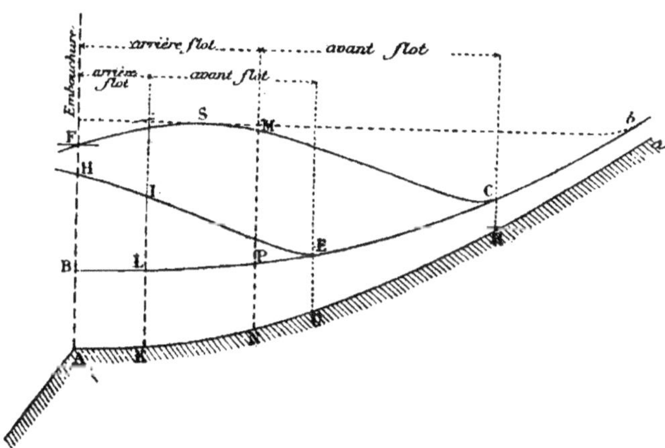

Il en est ainsi à tout instant des deux premières périodes de la
marée fluviale, la limite commune à l'arrière-flot et à l'avant-flot
s'avançant sans cesse vers l'amont du fleuve.

Au moment où finit la deuxième période de la marée fluviale et
où l'étale de flot F se produit à l'embouchure, cette limite s'est
avancée jusqu'en MN. Le volume des basses eaux, dont la section

est ABPN, a été refoulé dans l'avant-flot, où il s'est ajouté au volume NPCK des basses eaux qui existaient en ce lieu et au débit total du fleuve pendant les deux premières périodes de la marée fluviale pour composer l'avant-flot.

C'est à ce moment que l'onde marée fluviale atteint son maximum de volume. Les eaux alors versées de la mer dans le fleuve constituent tout l'apport de la mer à la marée fluviale; et ces eaux sont entièrement contenues dans l'arrière-flot, dont la section est AFSMN.

L'avant-flot de son côté se compose à ce moment : 1° des eaux qui se trouvaient à mer basse dans le lit du fleuve, depuis l'embouchure jusqu'au lieu où est arrivée la tête du flot au bout du temps T; 2° des eaux restant dans le fleuve de la marée précédente au moment de l'étale de jusant à l'embouchure; 3° enfin du débit naturel du fleuve pendant le temps T.

Les molécules d'eau venues de la mer qui se trouvent à la limite d'amont MN de l'arrière-flot au moment du maximum de volume de l'onde, ne terminent pas toutes en ce lieu leur marche dans le fleuve; elles continuent, en très grand nombre, à s'avancer vers l'amont, pendant la troisième période de la marée fluviale, jusqu'à ce qu'elles soient rencontrées par l'étale de flot (188) qui se propage plus rapidement qu'elles ne marchent.

Cette rencontre a lieu à la limite de la salure des eaux (190). Mais pendant ce temps le jusant entraîne constamment à la mer une partie des eaux que la mer avait antérieurement versées dans le fleuve; et c'est bien à l'instant où l'étale de flot se produit à l'embouchure que le volume des eaux introduites de la mer dans le fleuve atteint son maximum.

278. *Volume de l'arrière-flot et de l'avant-flot au moment du maximum de volume de l'onde marée fluviale.* — Il est toujours possible de calculer le volume maximum de l'onde pour une marée donnée, au moyen des profils en long et en travers du lit du fleuve et de la courbe instantanée de l'onde marée fluviale prise au moment où l'étale de flot a lieu à l'embouchure. On obtient cette dernière courbe au moyen d'observations sur la marche de la marée, faites aux différentes échelles du fleuve.

Il s'agit maintenant de décomposer ce volume total maximum de l'onde marée en arrière-flot et en avant-flot, et de déterminer ainsi le volume de l'arrière-flot qui est, comme je l'ai dit plus haut, celui des eaux versées par la mer dans le fleuve.

Si l'on connaissait le lieu où se fait la division de l'onde entre l'arrière-flot et l'avant-flot, les volumes de ces deux parties de l'onde seraient donnés par les éléments ci-dessus indiqués qui ont servi à calculer le volume de l'onde entière.

La séparation de l'arrière-flot et de l'avant-flot se trouve au lieu où sont arrivées les premières molécules d'eau entrées de la mer dans le fleuve, à l'expiration du temps T qui sépare l'étale de jusant de l'étale de flot à l'embouchure. Si donc on appelle v la vitesse moyenne du courant de flot, dans la partie inférieure du fleuve, pendant le temps T, le lieu en question se trouve à une distance de l'embouchure exprimée par Tv.

Le temps T peut toujours être déterminé au moyen d'observations faites à l'embouchure, mais il n'en est pas ainsi de la vitesse moyenne v du courant de flot, et ce procédé de calcul pourrait conduire à un chiffre assez éloigné de la vérité.

On obtiendra sans doute un plus grand degré d'approximation en calculant directement le volume de l'avant-flot et en le retranchant du volume maximum de l'onde marée, établi comme je l'ai dit plus haut. La différence est le volume de l'arrière-flot, autrement dit le plus grand volume d'eau entré de la mer dans le fleuve.

Les trois volumes dont se compose l'avant-flot, à l'instant du maximum de volume de l'onde (277), s'obtiennent facilement en se servant des profils en long et en travers du lit du fleuve, du lieu géométrique des basses eaux du fleuve, de la courbe instantanée du volume restant de l'onde marée précédente, au moment de l'étale de jusant à l'embouchure, enfin du débit naturel du fleuve pendant le temps T.

279. Ce mode de procéder donne le moyen de reconnaître la nature et l'importance du changement qu'un travail exécuté dans la partie maritime d'un fleuve fait subir au plus grand volume des eaux qui entrent de la mer dans le fleuve pendant une marée.

Je suppose qu'avant l'exécution des travaux on ait calculé, par le moyen que je viens d'indiquer, le plus grand volume des eaux versées par la mer dans le fleuve, qui n'est autre chose que l'arrière-flot au moment du maximum de volume de l'onde marée.

Si l'on fait de semblables calculs pour une marée de même importance et pour un même état des eaux du fleuve, quand les travaux exécutés ont produit tout leur effet, en se servant des profils du lit et des diverses courbes instantanées de la marée fluviale, énoncés au numéro précédent et recueillis après l'exécution des travaux, la comparaison des deux chiffres ainsi obtenus pour l'arrière-flot fera connaître si les travaux ont augmenté ou diminué le plus grand volume des eaux que le fleuve reçoit de la mer.

Il importe de remarquer ici que le volume des basses eaux du fleuve, sur la longueur qu'occupe l'onde marée quand elle atteint son maximum de volume, entre dans la composition de l'onde entière et de l'avant-flot. Donc l'arrière-flot, différence entre les deux volumes précédents, est indépendant des variations que les travaux peuvent apporter dans le volume des basses eaux.

280. *Volume de l'eau transportée à la mer par le jusant.* — Après avoir atteint son maximum de volume, l'onde marée fluviale continue sa marche vers l'amont, et son volume diminue sans cesse jusqu'à la fin de la troisième période.

Le jusant entraîne à la mer l'eau que l'onde rejette ainsi constamment, et cet écoulement dure depuis l'instant où l'étale de flot a eu lieu à l'embouchure jusqu'à la basse mer suivante.

Pendant ce temps, le jusant enlève les eaux qui composaient

l'onde marée à l'instant de son maximum de volume, moins celles qui restent dans le lit du fleuve au moment où l'onde que l'on considère finit son évolution.

Ces dernières eaux sont, savoir : 1° le volume des basses eaux sur toute la longueur occupée par l'onde marée à l'instant de son maximum de volume ; 2° le volume restant, dans le lit du fleuve, de l'onde marée dont l'évolution vient de finir.

Ces deux volumes d'eau faisaient partie de l'avant-flot au moment du maximum de volume de l'onde marée. Ils se retrouvent dans le lit du fleuve après l'évolution de la marée fluviale comme ils s'y trouvaient auparavant. Donc des eaux qui, au moment du maximum de volume de l'onde marée, composaient l'avant-flot, le jusant n'entraîne à la mer que le volume débité par le fleuve pendant l'évolution de la marée.

Il y entraîne en outre le débit du fleuve pendant le temps où le jusant règne seul dans le fleuve, depuis la fin de l'évolution de la marée jusqu'au moment de la basse mer suivante à l'embouchure.

Par suite, le volume des eaux entraînées à la mer par le jusant, entre deux basses mers consécutives, se compose : 1° du volume total de l'eau entrée de la mer dans le fleuve pendant les deux premières périodes de la marée fluviale et qui constituait l'arrière-flot au moment du maximum de volume de l'onde marée ; 2° du débit naturel du fleuve pendant la durée totale de la marée.

§ 2. — Modifications apportées par les travaux d'amélioration dans les marées des fleuves à embouchure libre.

281. *Caractères divers des fleuves à embouchure libre.* — La plus grande profondeur des fleuves dont la barre est placée en pleine mer se trouve dans l'embouchure. En amont, la hauteur des basses eaux diminue, et la diminution est plus ou moins forte suivant la disposition générale du profil en long du fleuve.

Par exemple, la profondeur moyenne de la Gironde, qui est de 18^m en basse mer de vive eau, à l'embouchure, est encore de 10^m à 15^{km} et de 3^m,50 à 45^{km} en amont, tandis que celle de la Loire, qui est d'environ 6^m à l'embouchure, n'est plus que 1^m,50 à 7^{km} en amont (*voir* les Notices de ces fleuves au Chapitre VI).

Les fleuves à embouchure libre se distinguent donc entre eux par la profondeur plus ou moins grande qui existe entre le profil en long du fond du lit du fleuve et le lieu géométrique des basses eaux sur la longueur de la partie maritime.

Lorsque cette profondeur est faible, les difficultés à résoudre règnent sur de grandes longueurs.

Lorsque la profondeur est plus grande et généralement suffisante, les difficultés sont ordinairement limitées à quelques hauts fonds situés entre les grandes profondeurs de l'aval du fleuve et celles qui se trouvent en amont des hauts fonds.

282. *Effets produits par l'approfondissement du lit dans les fleuves ayant une faible profondeur en basses eaux.* — Je considère ici un fleuve dont la partie maritime ait une faible profondeur d'eau, à basse mer, sur la plus grande partie de sa longueur.

Je suppose que ce fleuve soit approfondi d'une manière générale dans sa partie maritime, au moyen de digues qui diminuent la largeur du lit.

De pareils endiguements apportent dans les dimensions du lit du fleuve et dans celles de l'onde marée les modifications suivantes :

1° Au-dessous du lieu géométrique des basses mers, le lit du fleuve s'approfondit, mais les digues diminuent sa largeur. Par conséquent, suivant l'importance relative de ces deux changements, le volume des basses eaux se trouve ou plus fort ou plus faible qu'avant l'endiguement ;

2° Au-dessus du lieu géométrique des basses mers et jusqu'au niveau du couronnement des digues, la capacité du lit du fleuve est diminuée de toutes les parties que les digues ont retranchées et que les alluvions viennent ordinairement combler dans un court délai ;

3° L'augmentation de profondeur des basses eaux donne une plus grande vitesse de propagation à la tête du flot, et, après un même temps compté depuis la basse mer, l'onde marée fluviale a une longueur plus grande qu'avant l'endiguement.

Dans ces nouvelles conditions, l'onde marée fluviale change nécessairement de forme. Son volume maximum en est modifié, ainsi que le plus grand volume des eaux versées par la mer dans le fleuve.

Les diverses circonstances qui occasionnent ces changements sont à peu près indépendantes les unes des autres, et peuvent aussi bien produire une augmentation qu'une diminution des volumes.

Cependant il importe, pour les motifs donnés plus haut (275), de connaître le sens de ces changements.

J'ai dit précédemment (279) qu'il est possible de se rendre compte de l'effet que des travaux exécutés ont produit sur le plus grand volume d'eau que le fleuve reçoit de la mer, si l'on a eu soin de calculer le même volume avant l'exécution des travaux pour une marée de même importance et un même état des eaux du fleuve, et j'ai indiqué les calculs à faire dans ce but. La comparaison des deux chiffres obtenus avant et après l'exécution des travaux fera connaître la modification que le volume en question aura subie. Mais si l'on veut apprécier, avant l'exécution des travaux, la modification que le plus grand volume d'eau versé par la mer dans le fleuve en recevra, les bases certaines font défaut, et ce n'est qu'au moyen d'hypothèses que l'on peut faire de pareils calculs.

Le projet des travaux dont on veut apprécier à l'avance les effets donne bien, par le tracé et le relief des digues, le volume dont la capacité du lit du fleuve est diminuée au-dessus du lieu géométrique des basses eaux; mais on ne peut déterminer avec exactitude ni la quantité dont le lit sera approfondi, ni l'augmentation de vitesse de propagation de la tête du flot qui résultera de cet approfondissement, ni la forme nouvelle que prendra la courbe instantanée de l'onde marée fluviale au moment de son maximum de volume, tous éléments nécessaires pour apprécier la modification que subit le plus grand volume d'eau que le fleuve reçoit de la mer, dans le nouveau régime créé par les travaux.

283. Il régnera donc toujours de l'incertitude sur les effets que des travaux de la nature de ceux qui nous occupent doivent produire sur le plus grand volume des eaux de la mer que la marée fait entrer dans le fleuve.

Il n'est pas certain qu'une augmentation de longueur de l'onde marée corresponde toujours à une augmentation du volume maximum de cette onde, ni qu'une diminution de capacité du lit du fleuve opère, dans le volume maximum de l'onde, une réduction semblable. Il y a ici deux phénomènes différents qui agissent simultanément, à savoir : l'épanchement de l'eau de la mer dans le fleuve et la propagation des ondes élémentaires de la marée fluviale; et, quoique ces deux phénomènes s'harmonisent toujours, en quelques conditions qu'ils se trouvent, il résulte sans doute de leur union des réactions qui changent le sens des résultats que l'on pourrait attendre de l'un ou de l'autre phénomène agissant isolément.

On ne pourrait prévoir avec quelque chance de certitude le changement de volume des eaux que le fleuve reçoit de la mer pendant une marée que dans certaines circonstances particulières, par exemple si la diminution de capacité du fleuve par suite de l'atterrissement des parties du lit retranchées par les digues était très considérable, ou bien si les digues étaient assez hautes pour n'être pas surmontées par les marées. Dans ces deux cas, il est très probable qu'il y aurait diminution du volume maximum de l'onde marée et par suite de celui des eaux entrant de la mer dans le fleuve.

Mais, en cas ordinaire, on éviterait difficilement les causes d'erreur dans l'appréciation de ces volumes avant l'exécution des travaux. Comme il importe d'être fixé sur les changements que les travaux apportent dans le régime des marées fluviales, il convient toujours de se rendre compte de l'état des choses avant l'exécution des travaux, et de calculer le plus grand volume d'eau que le fleuve reçoit alors de la mer, afin de pouvoir comparer ce chiffre à celui que l'on obtiendra après l'exécution des travaux, comme je l'ai dit plus haut (279).

284. *Effets produits par l'abaissement des hauts fonds sur les fleuves ayant en général une grande profondeur d'eau.* — Dans les fleuves à embouchure libre qui ont généralement une grande profondeur d'eau, il se produit quelquefois des hauts fonds qu'il importe, dans l'intérêt de la navigation, de faire disparaître.

C'est ordinairement dans la partie du fleuve occupée par l'avant-flot à l'instant du maximum de volume de l'onde marée que sont situés les hauts fonds dont il s'agit.

L'approfondissement du lit, à l'emplacement des hauts fonds, donne en ce lieu une plus grande vitesse à la tête du flot, et augmente ainsi la longueur de l'onde marée à l'instant de son maximum de volume. Il a encore pour effet d'augmenter le volume des basses eaux du fleuve.

Il serait difficile, pour les motifs précédemment exposés (282), de se rendre compte, avant l'exécution des travaux, des effets produits par ces deux changements sur le volume maximum de l'onde marée.

Du reste, les travaux de cette nature ne règnent ordinairement que sur une faible longueur. Leur influence sur le volume maximum de l'onde, dans quelque sens qu'elle s'exerce, ne peut être que, très minime, et a trop peu d'importance pour être prise en considération.

§ 3. — Modifications apportées par les travaux d'amélioration dans les marées des fleuves à embouchure obstruée.

285. *Caractères divers des fleuves à embouchure obstruée.* — Les fleuves à embouchure obstruée se divisent, ainsi que je l'ai dit (260 et 261), en deux catégories, suivant que la barre déposée dans le lit du fleuve a son sommet placé au-dessous ou au-dessus des basses mers de vive eau.

Les fleuves de cette espèce ont généralement de grandes profondeurs d'eau en amont de la barre. Toutes les difficultés de navigation se trouvent dans la partie inférieure de ces fleuves. En amont de la barre, les difficultés se bornent au passage de quelques hauts fonds ayant ordinairement peu de longueur, et dont l'abaissement, ainsi que je l'ai dit plus haut (284), n'a qu'une influence très minime sur le régime de la marée fluviale.

La seule question importante que soulèvent les fleuves à embouchure obstruée est celle de savoir quel effet l'abaissement de la barre produit sur le régime des marées.

286. *Effets produits sur les fleuves dont la barre est inférieure aux plus basses mers.* — Quand la barre déposée dans le lit du fleuve est inférieure aux plus basses mers, elle n'influe pas ordinairement sur la hauteur des basses eaux du fleuve.

C'est ce qui arrive sur la Charente, qui a tous les caractères des fleuves dont nous nous occupons en ce moment. La courbe qu'affecte le lieu géométrique des basses mers de vive eau de ce fleuve (*Pl. IX*) ne laisse aucun doute sur ce point.

Si par conséquent les intérêts de la navigation exigeaient que la barre d'un pareil fleuve fût abaissée sur toute sa longueur, ce travail n'apporterait aucune perturbation dans le régime des basses eaux. Mais l'abaissement de la barre produirait des changements dans le régime de la marée fluviale, et c'est la question qu'il s'agit d'examiner.

La Charente, dont je parlais plus haut, a un fond vaseux, et sa barre est formée de vases plus ou moins condensées (*voir* la Notice sur la Charente, Chapitre VI).

Il en est de même de la Vilaine, dont la barre, déposée dans le lit du fleuve, est inférieure aux basses mers de vive eau (*voir* les Renseignements sur la Vilaine, n° 425).

Il est très possible que la nature vaseuse de la barre soit la principale cause des dispositions que présente le lit des fleuves de cette espèce près de leur embouchure.

Pour abaisser une barre ainsi formée de matières vaseuses, on ne recourrait sans doute pas à l'emploi de digues qui diminueraient la largeur du lit, et l'on procéderait à l'enlèvement direct des vases sur tout ou partie de la largeur du fleuve.

Dès lors, l'abaissement de la barre, qui augmenterait le volume des basses eaux du fleuve, n'apporterait aucune réduction dans la capacité du lit du fleuve au-dessus des basses eaux.

L'augmentation du volume des basses eaux est sans influence sur le plus grand volume d'eau que la mer verse dans le fleuve pendant une marée, ainsi que nous l'avons vu plus haut (279).

La seule modification que le plus grand volume d'eau versé par la mer dans le fleuve puisse recevoir résulte donc de l'augmentation de hauteur des basses eaux sur la barre, ce qui donne une plus grande vitesse de propagation à la tête du flot, et par conséquent une plus grande longueur à l'onde marée fluviale au moment de son maximum de volume.

Comme, dans l'espèce, les travaux n'apportent pas de diminution dans la capacité du lit du fleuve au-dessus des basses eaux, ainsi que je l'ai dit plus haut, l'abaissement de la barre augmenterait sans doute alors le volume maximum de l'onde marée, et par suite le plus grand volume d'eau entrée de la mer dans le fleuve pendant une marée.

287. *Effets produits sur un fleuve dont la barre s'élève au-dessus des basses mers.* — Lorsque la barre déposée dans le lit d'un fleuve dépasse le niveau des plus basses mers, elle forme un véritable barrage qui retient les basses eaux du fleuve à d'assez grandes hauteurs au-dessus du niveau des basses mers à l'embouchure.

Les lieux géométriques des basses mers des fleuves ainsi constitués diffèrent complètement de ceux des autres fleuves. C'est ce que montrent les profils en long des principaux fleuves à marée de France (*Pl. IX*). Le lieu géométrique des basses mers de vive eau de la Seine, dont la barre est supérieure au niveau des plus basses mers, s'élève brusquement de la mer dans l'intérieur du fleuve par une courbe d'abord convexe du côté de la surface libre des eaux, tandis que sur tous les autres fleuves ce lieu géométrique affecte la forme d'une courbe paraboïdale concave, se raccordant tangentiellement avec la ligne horizontale de la basse mer à l'embouchure.

Si l'on abaissait, sur toute la longueur, à une certaine profondeur au-dessous des plus basses mers, la barre d'un fleuve qui s'élève au-dessus de ce niveau, on détruirait le barrage dont je parlais plus haut ; et il apparaît clairement que le régime des basses eaux du fleuve en recevrait une profonde modification.

La courbe de ces basses eaux tendrait à prendre la forme paraboïdale ci-dessus indiquée, et il en résulterait un abaissement considérable des basses eaux dans la partie maritime du fleuve.

288. Les effets produits sur la Seine par les endiguements construits depuis plusieurs années justifient les considérations qui précèdent, quoique ces endiguements ne règnent que sur une partie de la longueur de la barre.

Avant la construction des digues, la barre, qui commence à 4^{km} en aval de Honfleur, s'étendait jusqu'un peu en amont de Caudebec sur 55^{km} de longueur.

Sa hauteur était variable, et c'est dans l'intérieur du fleuve, près de Villequier, à environ $3\frac{km}{7}$ de Honfleur, que se trouvait son point culminant.

A l'embouchure de la Seine, vers Honfleur, il y avait $7^m,60$ de hauteur d'eau, en vive eau ordinaire, à l'instant de la pleine mer ; et au point culminant de la barre on ne trouvait plus que $3^m,40$ de hauteur d'eau dans les mêmes conditions.

Les digues qui s'étendent de Caudebec à Berville, lieu situé à 10^{km} en amont de Honfleur, ont fait disparaître les parties les plus élevées de la barre ; mais entre Berville et la mer la barre se trouve à peu de chose près aujourd'hui à l'altitude moyenne qu'elle avait avant la construction des digues.

Les endiguements de la Seine ont donc amené une diminution de hauteur, mais non pas une suppression entière de la barre.

Cependant ces travaux ont produit un abaissement notable des basses eaux dans l'intérieur du fleuve.

Il paraît évident que si les endiguements avaient été prolongés jusqu'à la mer, l'abaissement des basses eaux du fleuve eût été beaucoup plus considérable, et le lieu géométrique de ces basses eaux aurait sans doute été ramené à la forme paraboïdale dont je parlais plus haut.

Une pareille opération aurait, au point de vue du régime des eaux du fleuve, de graves inconvénients, sur lesquels je n'insisterai pas ici, devant revenir sur cette question (303) en examinant l'influence que les travaux de cette nature exerceraient sur le mascaret.

On peut se demander si, d'autre part, l'abaissement de la barre sur toute sa longueur au-dessous des plus basses mers n'aurait pas, pour la navigation, des avantages qui méritent d'être recherchés, même au prix des inconvénients que je viens de signaler. C'est ce que je vais maintenant examiner.

289. Prenons encore ici la Seine pour exemple.

Avant la construction des digues, les navires, qui ne trouvaient sur le sommet de la barre qu'une hauteur d'eau de $3^m,40$ en vive eau ordinaire, étaient par là très limités de tonnage. La marche de ces navires rencontrait une difficulté dans la grande distance qui séparait le sommet de la barre de l'embouchure; marchant moins vite que la marée ne se propageait, ils ne pouvaient accomplir leur voyage jusqu'à Rouen dans une seule marée, à moins d'être remorqués, et on se servait peu de remorqueurs à cette époque.

Actuellement les navires, soit à vapeur, soit remorqués, attaquant l'embouchure au moment de la pleine mer, y trouvent une hauteur d'eau de $7^m,60$ en vive eau ordinaire, et franchissent facilement la barre, qui n'a plus que 14^{km} de longueur, pour atteindre, en amont, le lit endigué où existent de grandes profondeurs d'eau. Aussi ces navires qui calent jusqu'à $6^m,60$ franchissent-ils la distance de la mer à Rouen dans une seule marée, quoique arrivant souvent en ce dernier lieu 2^h après la pleine mer.

Les travaux exécutés dans la Seine ont donc considérablement amélioré la navigation.

Il est douteux que l'on puisse obtenir des conditions bien meilleures en coupant la barre sur toute sa longueur; et la modification profonde que l'on apporterait ainsi, comme je le disais plus haut, dans le régime des basses eaux, pourrait devenir la cause de bien des dommages et de bien des mécomptes. En ce qui concerne la marche des navires, ne pourrait-on pas craindre alors que l'abaissement des basses eaux n'amenât dans les profondeurs d'eau, auprès de Rouen, une diminution qui ne permettrait plus aux navires d'arriver à ce port deux heures après la pleine mer, comme ils le font aujourd'hui ?

Des fleuves à embouchure obstruée, dont la barre serait autrement disposée que n'était celle de la Seine, exigeraient d'autres dispositions pour leur perfectionnement. Mais on pourrait sans doute, dans la plupart de ces fleuves, obtenir une amélioration notable de la navigation sans recourir à la suppression complète de la barre; et les inconvénients de cette suppression sont si grands que l'on doit, ce me semble, adopter comme condition nécessaire de semblables travaux, la conservation de la barre sur une partie de sa longueur et de sa hauteur.

Je ne m'arrêterai donc pas à la solution qui reposerait sur un abaissement intégral de la barre, et j'examinerai seulement le cas d'un abaissement partiel, disposé de manière à faire disparaître les principaux obstacles que la barre présente à la navigation.

290. La barre, conservée en partie, exerce toujours dans le fleuve une retenue qui élève les basses eaux et leur donne ordinairement une grande profondeur.

Cette profondeur dépend d'ailleurs de l'altitude de la partie conservée de la barre.

Si la barre conservée retenait les basses eaux du fleuve à une hauteur moindre que la barre primitive, et s'il en résultait que quelques hauts fonds devinssent gênants pour la navigation, on les abaisserait au moyen de dragages; et les travaux de cette nature n'exercent, comme je l'ai déjà dit (284), qu'une influence très peu sensible sur le régime des marées fluviales.

C'est donc seulement des modifications apportées à ce régime par l'approfondissement partiel de la barre qu'il y a lieu de s'occuper.

291. La barre des fleuves dont nous parlons en ce moment est généralement formée de sables et matières affouillables. On obtient son approfondissement au moyen de digues qui réduisent la largeur du lit.

Les endiguements de cette nature déterminent, comme je l'ai dit plus haut (282), l'atterrissement des parties du lit retranchées par les digues.

Parmi les effets produits lorsque l'on approfondit la barre sur une partie de sa longueur se trouve d'abord la modification du volume des basses eaux. Sur la longueur des endiguements, la profondeur des basses eaux est augmentée et leur largeur est diminuée.

En amont des endiguements, la hauteur des basses eaux se trouve diminuée si la barre conservée retient les eaux à une hauteur moindre que la barre primitive.

De ces diverses circonstances il peut résulter soit une diminution, soit une augmentation dans le volume des basses eaux. Mais cela est indifférent, pour les motifs exposés plus haut (279), à la question du plus grand volume d'eau versé par la mer dans le fleuve.

Deux autres effets résultent de la construction des digues sur une partie de la longueur de la barre. La capacité du lit du fleuve au-dessus des basses eaux est diminuée par l'atterrissement des parties du lit que les digues ont retranchées; et la tête du flot est animée d'une plus grande vitesse de propagation sur la longueur de la partie abaissée de la barre.

L'augmentation de la vitesse de propagation de la tête du flot rend plus grande la longueur de l'onde et tend par là à donner à l'onde un volume maximum plus fort. La diminution de capacité du lit au-dessus des basses eaux apporte, au contraire, une diminution semblable dans le volume maximum de l'onde marée.

Le résultat final sera soit une augmentation, soit une diminution du volume maximum de l'onde marée, suivant les circonstances particulières à chaque cas.

Ici s'appliquent encore les observations que j'ai présentées plus haut (283) sur l'incertitude de toute appréciation faite, avant l'exécution des travaux, dans le but de déterminer l'influence de ces travaux sur le plus grand volume des eaux que le fleuve reçoit de la mer pendant une marée.

Tout au plus peut-on, dans des cas extrèmes, prévoir le sens du changement que ce volume doit subir. Si, par exemple, les parties du lit retranchées par l'endiguement ont des surfaces considérables, comme cela se présente souvent sur les fleuves de cette espèce, il y a grande chance alors pour que le plus grand volume d'eau entré de la mer dans le fleuve soit diminué, et sa diminution sera d'autant plus forte que les digues auront plus de hauteur.

On ne pourra dans tous les cas être fixé sur l'importance du changement survenu dans le volume en question qu'en calculant, comme je l'ai indiqué (279), ce volume avant et après l'exécution des travaux, pour des marées de même importance et un même état des eaux du fleuve.

§ 4. — Effets produits sur le mascaret par les changements apportés dans le lit des fleuves.

292. *Observations préliminaires.* — Les changements que l'on fait subir aux dimensions du lit des fleuves exercent nécessairement une action sur le mascaret; car, modifiant les conditions dans lesquelles le flot de la marée fluviale se forme, ils influent sur les valeurs que prend l'accroissement A de la hauteur moyenne du flot aux différents instants de la marée montante; et nous avons vu (248) que le mascaret dépend de l'importance que prennent les valeurs de A.

On a cru parfois avoir obtenu l'atténuation du mascaret par certains travaux exécutés dans le lit des fleuves. Mais les effets produits ont été passagers, et les faits n'ont, jusqu'à ce jour, apporté aucune donnée certaine sur la question de l'atténuation du mascaret.

Il importe de savoir si, en modifiant de quelque manière les dimensions du lit des fleuves, il est possible d'agir avec certitude sur les valeurs de A et par suite sur le mascaret. C'est ce que je vais maintenant examiner.

293. *Conséquences indirectes de toute modification apportée aux dimensions du lit d'un fleuve.* — Auparavant, je ferai remarquer que toute modification de l'une quelconque des dimen-

sions du lit d'un fleuve entraîne presque toujours quelque changement dans d'autres dimensions.

Ainsi, par exemple, un rétrécissement du lit d'un fleuve augmente ordinairement sa profondeur, et un élargissement expose le lit à être encombré.

Cela tient à ce qu'en modifiant la largeur du lit, on augmente ou l'on diminue la vitesse des courants de flot et de jusant, et que ces courants agissent alors diversement sur les matières plus ou moins mobiles qui tapissent les lits des fleuves.

Il n'arrive donc pas qu'un travail quelconque exécuté dans le lit d'un fleuve exerce seul son influence sur le régime des marées. Aux conséquences *directes* de ce travail s'ajoutent des conséquences *indirectes* résultant de modifications autres que celles que l'on a eues en vue et qu'entraîne le travail exécuté. C'est par conséquent l'ensemble des conséquences *directes* et *indirectes* qu'il faut considérer pour apprécier l'influence qu'un travail modifiant une des dimensions du lit doit exercer sur le régime des marées du fleuve.

L'élément étranger qui s'introduit ainsi dans la question, à savoir la mobilité du fond du lit des fleuves, est très variable de sa nature. Rien de précis ne peut être dit sur son influence. Il règnera donc toujours, pour cette cause, de l'incertitude sur les résultats à attendre de telle ou telle modification apportée dans les dimensions du lit du fleuve.

Je n'en rechercherai pas moins les effets que les diverses modifications du lit des fleuves, considérées en elles-mêmes, doivent produire dans le régime des marées. Puis j'indiquerai, autant que possible, les conséquences que ces travaux peuvent entraîner par voie indirecte, comme je l'ai dit plus haut.

294. *Modifications du lit des fleuves qui peuvent exercer une influence sur le mascaret.* — Nous avons vu (248 à 252) que le mascaret commence à se manifester lorsque, pendant que la marée monte à l'embouchure, l'augmentation A de la hauteur moyenne du flot, pendant un temps t, arrive à être plus grande que la hauteur C dont la mer s'élève à l'embouchure pendant le même temps.

La quantité A, qui joue ainsi un rôle important dans la question du mascaret, dépend de son côté, d'après l'équation $S\,vt = DLA$ du n° 160, des quantités S, D et L qui, pour un fleuve déterminé et pour un instant donné de la marée, ont des valeurs fixes résultant du régime de la marée et des dimensions du lit du fleuve.

Les quantités S, D et L sont susceptibles d'être modifiées par des travaux exécutés soit dans le lit du fleuve, soit à l'embouchure.

D'après ce qui précède, de pareilles modifications apportent des changements dans les valeurs que prend l'augmentation A de la hauteur moyenne du flot, aux différents instants de la marée montante. Par suite, elles exercent une influence sur le mascaret.

295. Il importe de fixer d'abord les idées sur les modifications dont les quantités S, D et L sont susceptibles.

La surface moyenne S de la section mouillée de l'embouchure, pendant le temps t, est donnée par la largeur de l'embouchure et la profondeur d'eau moyenne dans la section d'embouchure pendant le temps t, cette profondeur étant mesurée de la surface supérieure des eaux au fond du fleuve.

La profondeur d'eau moyenne de l'embouchure se compose de la hauteur moyenne qu'atteint la marée, pendant le temps t, au-dessus de la basse mer, et de la profondeur moyenne du lit du fleuve au-dessous du niveau de la basse mer.

La surface S peut donc être modifiée directement par des travaux qui changeraient soit la largeur de la section d'embouchure, soit la profondeur moyenne de cette section au-dessous de la basse mer.

La distance D, à laquelle l'étale de jusant se trouve de l'embouchure du fleuve, au milieu du temps t, dépend de la profondeur des basses eaux du fleuve; et cette profondeur peut être directement augmentée par des curages ou par des endiguements.

Enfin la largeur moyenne L du lit du fleuve sur la distance D est susceptible d'être augmentée ou diminuée par des travaux exécutés dans le lit du fleuve.

296. Les dimensions de l'embouchure et du lit du fleuve qui intéressent l'existence du mascaret, et que l'on peut modifier par des ouvrages, sont donc, savoir :

Pour l'embouchure :

1° La profondeur moyenne de la section d'embouchure au-dessous du niveau des basses mers;

2° La largeur de l'embouchure.

Pour le lit du fleuve :

3° La profondeur du lit au-dessous des basses eaux du fleuve;

4° La largeur moyenne du lit du fleuve.

Il s'agit maintenant de rechercher l'influence qu'exercent sur le mascaret les diverses modifications de ces dimensions de l'embouchure et du lit du fleuve.

Dans cette recherche, je tiendrai compte, autant que possible, ainsi que je l'ai déjà dit (293), des réactions et des conséquences indirectes des changements opérés dans les diverses dimensions énoncées plus haut.

Je m'occuperai d'abord des fleuves dont la barre obstrue l'embouchure. C'est sur les fleuves de cette espèce que le mascaret se produit le plus fréquemment et qu'il prend le plus d'importance.

J'examinerai ensuite les conséquences qu'entraînent les modifications des dimensions du lit sur les fleuves à embouchure libre.

297. *Importance du mascaret sur les fleuves à embouchure obstruée.* — La cause principale du mascaret réside dans la grande valeur que prend l'augmentation A de la hauteur moyenne du flot, pendant un temps donné (248); et la valeur de A dépend de celles que prennent en moyenne D, L et S pendant le temps auquel A correspond.

Or, nous avons vu (260 et 261) que les quantités D, L et S

donnent à l'augmentation A de la hauteur moyenne du flot ses plus grandes valeurs quand la barre du fleuve obstrue l'embouchure, et surtout quand cette barre s'élève au-dessus du niveau des basses mers de vive eau.

Les fleuves de cette dernière espèce sont donc ceux sur lesquels le mascaret prend le plus d'importance. Il s'y forme ordinairement à une faible distance de l'embouchure, y acquiert une hauteur considérable et y règne sur une grande longueur.

C'est principalement de ces fleuves à embouchure obstruée, dont la barre s'élève au-dessus des basses mers de vive eau, que je m'occuperai dans ce qui va suivre.

On a vu précédemment (214, 223) que c'est par l'abaissement des hauts fonds de l'embouchure que l'on a pensé pouvoir diminuer l'intensité du mascaret sur les fleuves ainsi constitués. Je vais d'abord examiner les effets d'une pareille mesure.

298. *Effets produits par l'abaissement de la barre sur les fleuves à embouchure obstruée.* — L'abaissement de la barre a pour résultat d'augmenter la hauteur de la section mouillée de l'embouchure à chacun des instants de la marée montante. La largeur de l'embouchure restant la même, la surface S prend alors des valeurs plus grandes qu'avant l'abaissement de la barre, même quand cet abaissement ne règnerait que sur une partie de la largeur de l'embouchure.

Si les quantités D et L ne subissent pas de changement par l'abaissement de la barre, le premier membre de l'équation $Svt = \mathrm{DLA}$ devient plus fort par l'augmentation de S, et, pour que l'égalité continue d'exister, A doit nécessairement augmenter.

Par conséquent, dans l'hypothèse admise, l'abaissement de la barre entraînerait l'augmentation de hauteur du mascaret.

299. En réalité, la barre ne peut pas être abaissée sans que les valeurs de D en éprouvent quelques changements.

Les valeurs successives de D dépendent en effet de deux choses :

du moment où la marée pénètre dans le fleuve quand elle s'élève au-dessus du sommet de la barre, et de la profondeur des basses eaux du fleuve.

Ces deux éléments sont modifiés par l'abaissement de la barre. La marée pénètre alors plus tôt dans le fleuve, ce qui tend à augmenter les valeurs de D; mais en même temps l'abaissement de la barre diminue la profondeur des basses eaux du fleuve en amont, et par là les valeurs de D tendent à diminuer.

Le résultat définitif, en ce qui concerne les valeurs de D, dépendrait donc des circonstances particulières à chaque cas, et, suivant ces circonstances, les valeurs de D pourraient être augmentées ou diminuées.

Par conséquent, en supposant que la largeur L du fleuve restât constante, les deux membres de l'équation $S\,vt = DLA$ subiraient les changements suivants :

Dans le premier membre, la surface S serait augmentée, et dans le deuxième membre, la distance D serait, suivant les circonstances, augmentée ou diminuée.

Si D était diminué, comme S est augmenté dans le premier membre, il faudrait nécessairement, pour que l'égalité ci-dessus continuât d'exister, que A fût augmenté.

Si D était augmenté en même temps que S, la valeur que A devrait prendre, pour maintenir l'égalité ci-dessus, dépendrait des valeurs relatives de S et de D. La quantité A pourrait être augmentée ou diminuée.

Donc, dans l'hypothèse admise en ce moment, la hauteur du mascaret serait, suivant les circonstances, augmentée ou diminuée; mais il y aurait plus de chance pour qu'elle fût augmentée.

300. J'ai supposé au numéro précédent que l'abaissement de la barre diminuerait la profondeur des basses eaux du fleuve.

Il pourrait arriver que l'on maintînt la profondeur ancienne et même que l'on augmentât cette profondeur, si, comme on l'a fait dans quelques circonstances, on opérait le rétrécissement du lit dans l'intérieur du fleuve pour attaquer les hauts fonds de la barre.

Dans ce cas, les valeurs de D seraient certainement augmentées. Mais en même temps les valeurs de L seraient diminuées. Comme les quantités L et D entrent comme facteurs dans le même membre de l'équation $S vt = DLA$, c'est alors le produit DL que l'on devrait considérer.

Si le produit DL se trouvait augmenté après l'abaissement de la barre, cette augmentation compenserait en tout ou en partie celle de S, et il pourrait alors arriver que A fût diminué.

C'est sans doute par suite de modifications de cette nature dans les valeurs de DL que l'on a observé une atténuation du mascaret sur la Seine après l'exécution de quelques-uns des travaux de rétrécissement du lit du fleuve.

Si le produit DL devenait moindre, comme les valeurs de S sont augmentées, l'accroissement A de la hauteur moyenne du flot devrait alors prendre des valeurs plus grandes pour que l'égalité $S vt = DLA$ fût satisfaite, et la hauteur du mascaret serait augmentée.

301. La discussion qui précède montre qu'il y a dans la situation très complexe résultant de l'abaissement de la barre et du rétrécissement du lit dans l'intérieur du fleuve au moins autant de conditions défavorables à l'atténuation du mascaret que de conditions favorables. Le lit du fleuve peut d'ailleurs recevoir à chaque instant, par les circonstances naturelles de son régime, des modifications qui altèrent les conditions résultant des travaux exécutés. Il n'est donc pas étonnant que, quelque temps après l'achèvement des travaux de la Seine dont je parlais plus haut, le mascaret ait repris son intensité première. Il aurait même pu prendre une intensité plus grande.

302. La possibilité d'une aggravation du mascaret résultant d'un abaissement des hauts fonds de la marée n'a pas échappé à

M. Bazin, ainsi que je l'ai dit plus haut (224). Mais les considérations sur lesquelles M. Bazin s'est appuyé diffèrent de celles que j'ai présentées ; et elles l'ont conduit à une conclusion que je ne crois pas admissible.

M. Bazin a pensé que, dans le cas qui nous occupe, le mascaret était aggravé par des causes dépendant de ce que l'enlèvement des hauts fonds n'était que partiel ; mais que si le fond du fleuve était abaissé, vers l'embouchure, à quelques mètres au-dessous des basses mers, le mascaret disparaîtrait complètement.

Je crois, au contraire, que plus on abaisserait la barre, en admettant que l'embouchure conservât toute sa largeur, et plus on augmenterait la valeur de S dans le premier membre de l'équation $Svt = \mathrm{DLA}$, sans qu'il fût alors possible de donner, dans le second membre, au produit DL une augmentation qui compensât celle de S. Le volume d'eau Svt, qui entre de la mer dans le fleuve pendant le temps t, prendrait alors une si forte valeur que l'accroissement A de la hauteur moyenne du flot en serait augmentée et le mascaret aggravé.

La mesure qui consisterait uniquement à abaisser les hauts fonds de l'embouchure à quelques mètres au-dessous des basses mers n'aurait donc probablement pas pour effet de détruire le mascaret, ni même de l'atténuer.

Une pareille mesure aurait d'autre part, si elle était réalisable, de graves inconvénients. Elle apporterait dans le régime du fleuve des perturbations sur lesquelles je crois utile d'appeler l'attention.

303. *Dangers qui résulteraient de la suppression des hauts fonds de l'embouchure.* — Les hauts fonds qui obstruent l'embouchure d'un fleuve forment, ainsi que je l'ai fait remarquer (287), un véritable barrage qui élève le niveau des basses eaux du fleuve à une certaine hauteur au-dessus des basses mers de vive eau. Sur la Seine, cette hauteur est de 3^{m} à 4^{m}.

Retenues par ce barrage, les basses eaux ont ordinairement une grande profondeur dans presque toute la partie maritime du fleuve. Quand existe une navigation active, on entretient cette profondeur au moyen de dragages et de travaux d'autre nature.

Le régime des basses eaux ainsi établi sur les fleuves que nous considérons en ce moment est extrêmement ancien et peut-être de peu postérieur à la dernière révolution géologique du globe, au moins en ce qui concerne l'existence de la barre. De temps immémorial, ce régime des basses eaux a commandé toutes les dispositions adoptées sur la partie maritime des fleuves, pour la défense des berges et pour les ouvrages intéressant la navigation, tels que ports, cales, murs de quai, etc. C'est au point de vue du régime des basses eaux que les fondations des ouvrages ont été établies. En outre, dans le lit même du fleuve, c'est le régime des basses eaux qui a déterminé la profondeur à laquelle on a dérasé les rochers et les terrains durs que l'on rencontre fréquemment au milieu des fleuves, et qui, sans cela, y formeraient de dangereux écueils.

Si l'on parvenait à abaisser la barre d'une certaine quantité au-dessous des plus basses mers, ou même simplement à ouvrir dans la barre un chenal de cette profondeur, on déterminerait ainsi, pendant le jusant, la vidange de la partie maritime du fleuve sur une certaine profondeur. Dans le nouveau régime ainsi créé, la surface supérieure des basses eaux du fleuve tendrait à s'établir suivant une courbe concave tangente, vers l'amont, à la ligne inclinée des basses eaux du fleuve au delà de la partie maritime, et vers l'aval, à la ligne horizontale des basses mers (287). Il en résulterait dans toute la partie maritime du fleuve un abaissement considérable des basses eaux. Cet abaissement, sur la Seine, pourrait s'élever de 3^m à 4^m entre Villequiers et Duclair, et à 2^m moyennement sur le reste de la longueur de la partie maritime du fleuve.

Un pareil changement du régime des basses eaux rendrait nécessaire la reconstruction, ou tout au moins la reprise en sous-œuvre de nombreux ouvrages de la partie maritime du fleuve; on devrait en outre faire des curages considérables pour donner aux basses eaux une profondeur suffisante et déraser de nouveau toutes les parties rocheuses du fond du fleuve.

Et quand toutes ces dépenses auraient été faites, le nouveau régime ainsi créé n'apporterait pas moins une grave perturbation dans la navigation et dans les propriétés riveraines. Car tout se règle sur un fleuve d'après la hauteur ordinaire des eaux; et modifier si fortement cette hauteur, c'est forcer tous les usagers à rompre avec des habitudes séculaires et leur imposer d'onéreuses obligations.

304. En dehors de l'embouchure du fleuve, l'abaissement des hauts fonds de l'extrémité inférieure du fleuve au-dessous du niveau des basses mers, pourrait avoir des conséquences très graves.

La barre que l'on aurait supprimée de l'embouchure se déposerait sans doute alors à une certaine distance au large, comme il arrive aux fleuves dont l'embouchure est libre, et un pareil déplacement de la barre serait de nature à compromettre l'existence des ports situés à proximité de l'embouchure.

305. En abaissant le fond du fleuve, à l'embouchure, d'une certaine quantité au-dessous du niveau des basses mers, dans le but de faire cesser les dommages causés par le mascaret, il serait donc à craindre que l'on fît naître des dommages beaucoup plus graves soit dans le fleuve lui-même, soit dans les ports de mer voisins de l'embouchure.

Il vaudrait mieux sans doute se résigner à subir le mascaret que de l'attaquer par ce moyen, même avec la certitude de réussir.

A plus forte raison ne doit-on pas entreprendre un pareil abaissement de la barre de l'embouchure, quand on est fondé à penser que, par cette opération, s'il était possible de la réaliser, on aurait autant de chances d'aggraver le mascaret que de l'atténuer.

306. *Effet produit par la diminution de largeur de l'embouchure sur les fleuves à embouchure obstruée.* — On exerce encore une influence sur le mascaret, comme nous l'avons vu (296), en diminuant la largeur de l'embouchure.

Le rétrécissement de l'embouchure augmente en ce lieu la vitesse des courants de flot et de jusant.

Les effets produits par cette augmentation des vitesses dépendent du degré de résistance que les matières qui forment la barre présentent à l'affouillement. Si ces matières n'étaient pas attaquées par les courants animés d'une plus grande vitesse, le résultat, en ce qui concerne le mascaret, différerait sans doute de celui que donnerait une barre facilement affouillable.

En .général, les matières qui composent la barre sont très mobiles. La première des deux hypothèses ci-dessus aurait donc peu de chance de se réaliser naturellement. Je n'en examinerai pas moins les conséquences qu'entraînerait, pour le mascaret, le rétrécissement de l'embouchure dans les deux hypothèses indiquées.

307. Si l'on suppose que le rétrécissement de l'embouchure ne change pas l'altitude de la barre, les eaux du fleuve qui s'écoulent vers la fin du jusant et jusqu'au moment où la marée s'est élevée à la hauteur des basses eaux du fleuve, prendraient plus de hauteur dans la section de l'embouchure, à cause de son rétrécissement.

Cet exhaussement de la surface supérieure des basses eaux à l'embouchure augmenterait la profondeur des basses eaux du fleuve en amont et produirait les résultats suivants :

En premier lieu, la marée pénétrerait un peu plus tard dans le fleuve; mais les ondes qu'elle développe en y pénétrant se propageraient dans des eaux plus profondes et par conséquent avec plus de vitesse. Les valeurs de D commençant plus tard à se produire seraient donc, aux premiers instants, plus faibles qu'avant le rétrécissement de l'embouchure; mais, un peu plus tard encore, elles seraient sans doute augmentées d'une manière générale, par suite de l'augmentation de vitesse de propagation de la tête du flot.

En second lieu, dès que la marée a dépassé le niveau des basses eaux à l'embouchure et pénètre dans le fleuve, les sections mouillées S de l'embouchure auraient à chaque instant des valeurs moindres, puisque la largeur de l'embouchure serait diminuée et que la hauteur de la section mouillée resterait la même, cette hauteur étant donnée par le fond de la section d'embouchure, qui est supposé ne pas changer, et par l'élévation de la marée de la mer qui est tout à fait indépendante des dimensions de l'embouchure.

Ainsi dans l'équation $S\,vt = DLA$, la distance D serait en général augmentée, surtout aux instants de la marée qui intéressent le plus le mascaret, et la surface S serait diminuée. Ces deux modifications contribueraient à donner des valeurs moins fortes à A, et par conséquent la hauteur du mascaret serait diminuée.

308. Dans la seconde des hypothèses indiquées au n° 306, les matières dont la barre est formée étant faciles à affouiller, la barre subit un abaissement notable qui entraîne ordinairement celui des basses eaux du fleuve.

Dans cette supposition, la largeur de la surface S de la section mouillée de l'embouchure étant diminuée, et sa hauteur à chaque instant augmentée, les différentes valeurs successives de cette surface seraient, suivant les circonstances, augmentées ou diminuées.

D'un autre côté, l'abaissement de la surface supérieure des basses eaux du fleuve diminuerait la profondeur de ces basses eaux. Par suite les valeurs de D deviendraient moins grandes.

Le résultat final, en ce qui concerne la valeur de A et la hauteur du mascaret, pourrait donc se produire dans les deux sens. Mais une diminution de S donnerait, suivant les valeurs que D acquiert, soit une augmentation, soit une diminution de la quantité A; tandis qu'une augmentation de S augmenterait nécessairement cette quantité. Il y aurait donc plus de chance pour que la hauteur du mascaret fût augmentée.

309. *Effet produit sur un fleuve à embouchure obstruée en changeant la profondeur des basses eaux.* — Si l'on admet que l'embouchure et la largeur du lit du fleuve conservent leurs dimensions, les changements apportés dans la profondeur des basses eaux produiraient les effets suivants :

Une diminution de cette profondeur donnerait de plus faibles valeurs à la distance D, ce qui forcerait A à prendre des valeurs plus grandes pour assurer l'égalité $S vt = DLA$. Par suite, le mascaret augmenterait de hauteur.

Le contraire aurait évidemment lieu si la profondeur des basses eaux du fleuve augmentait. La hauteur du mascaret serait alors diminuée.

310. *Effet produit sur un fleuve à embouchure obstruée en changeant la largeur du lit.* — La largeur moyenne L du lit du fleuve exerce sur la valeur de A et sur la hauteur du mascaret la même influence que la distance D, puisque ces deux quantités entrent comme facteurs dans le même membre de l'équation $S vt = DLA$. Par conséquent, toutes choses égales d'ailleurs, la hauteur du mascaret varierait en sens inverse de la largeur du lit du fleuve.

311. Mais tout changement opéré dans la largeur L modifie la profondeur des basses eaux et, par suite, les valeurs successives de D.

C'est là une des conséquences indirectes des travaux des fleuves dont j'ai parlé précédemment (293).

Si l'on diminue L, la profondeur des basses eaux augmente ainsi que les valeurs successives de D, et réciproquement. Les deux quantités L et D varient donc en sens contraire. Par conséquent, ainsi que je l'ai déjà fait remarquer (300), c'est le produit DL de ces deux quantités qu'il faut considérer dans le second membre de l'équation $S\,vt = \mathrm{DLA}$ pour déterminer le sens de la variation que subit ce membre de l'équation, sous l'influence d'un changement quelconque opéré dans la largeur du lit du fleuve.

Le produit DL peut aussi bien augmenter que diminuer, dans quelque sens que L varie. Cela dépend entièrement des circonstances purement accidentelles qui se produisent dans chaque cas. Le résultat final d'une modification quelconque de la largeur du lit du fleuve peut donc être aussi bien une aggravation qu'une atténuation du mascaret.

312. *Observations complémentaires.* — La discussion qui précède montre que les conséquences indirectes (293) de toute modification apportée dans les dimensions du lit et de l'embouchure des fleuves jouent un grand rôle dans les entreprises de cette nature et y introduisent une grande incertitude.

Telle mesure conçue dans le but de diminuer la hauteur du mascaret peut arriver à augmenter cette hauteur sans qu'il soit toujours possible de préciser la nature et l'importance de la cause accidentelle qui a produit cette perversion.

Il conviendrait donc, en entreprenant de pareils travaux, de procéder avec la plus grande circonspection, en n'opérant que graduellement et en observant les effets produits avant de passer outre.

Il importerait également de ne pas perdre de vue les changements que les travaux exécutés au point de vue du mascaret pourraient apporter soit dans le régime général du fleuve, soit dans celui de la mer aux abords de l'embouchure.

313. *Des contre-courants qui existent dans les embouchures très larges.* — J'appellerai encore l'attention sur une circonstance que présentent parfois les fleuves à embouchure obstruée.

Quand l'embouchure de ces fleuves a une très grande largeur, sa section mouillée n'est pas toujours entièrement occupée par le courant du flot pendant toute la durée de la marée montante. Il s'y produit à certains instants des contre-courants résultant de la réflexion du courant de flot contre certaines rives. Lorsque cette circonstance se présente, ce n'est pas la surface totale de la section mouillée de l'embouchure qui doit alors entrer dans l'équation $S\,vt = \mathrm{DLA}$, mais une partie seulement de cette section.

Sur un pareil fleuve, l'appréciation de l'effet produit par une modification des dimensions de l'embouchure deviendrait très délicate, car le changement opéré influerait en même temps sur le volume d'eau introduit dans le fleuve et sur celui que le contre-courant en fait sortir. On obtiendrait difficilement des données précises sur ces divers volumes, et l'incertitude des résultats à attendre en serait augmentée.

314. *Importance du mascaret sur les fleuves à embouchure libre.* — Nous avons vu (262) que sur les fleuves à embouchure libre les distances successives D de l'embouchure à l'étale de jusant prennent les plus grandes valeurs que comportent les diverses profondeurs des basses eaux, et que les surfaces S de la section mouillée de l'embouchure s'accroissent de quantités relativement faibles, surtout dans les premiers temps de la marée montante.

De ces diverses circonstances il résulte ordinairement que pour satisfaire à l'équation $S\,vt = \mathrm{DLA}$ les accroissements A de la hauteur moyenne du flot prennent des valeurs inférieures ou, au plus, égales aux quantités C dont la mer s'élève à l'embouchure dans les mêmes temps, et le mascaret ne se forme pas.

C'est ainsi que les choses se passent sur la plupart des fleuves à embouchure libre où le mascaret ne se manifeste jamais.

Sur quelques fleuves de la même espèce, on voit parfois un mascaret se former, mais ordinairement à une assez grande distance de l'embouchure, et les mascarets de cette nature ont une hauteur assez faible, dépassant rarement $0^{m},5o$ à $0^{m},6o$.

Ces mascarets se produisent toujours en des lieux où le lit du fleuve présente soit un rétrécissement notable, soit une diminution marquée de profondeur.

J'ai dejà signalé cette circonstance (265), et j'ai fait observer que, si la diminution de largeur ou de profondeur du lit est de nature à exercer une influence sur l'accroissement A de la hauteur moyenne du flot, cette influence doit être très minime, à cause de la grande longueur que le flot a prise aux instants où cet effet se produit, et qu'il faut sans doute attribuer en grande partie, dans ce cas, le mascaret à l'action directe de la diminution de largeur ou de profondeur du lit sur l'onde de la tête du flot et quelques-unes des ondes élémentaires suivantes ; action dont l'effet est d'augmenter la hauteur de ces ondes.

315. *Atténuation du mascaret sur les fleuves à embouchure libre.* — Quoi qu'il en soit de la cause ou des causes que produisent les mascarets sur les fleuves à embouchure libre, ces mascarets ont si peu d'importance qu'il ne s'attache pas d'intérêt sérieux à leur atténuation.

Je présenterai cependant, pour compléter cette étude, quelques observations sur l'effet des travaux que l'on pourrait entreprendre dans le but d'atténuer la hauteur des mascarets de cette espèce.

316. Si c'est vers un rétrécissement du lit que le mascaret se manifeste, il paraît évident que l'on atténuerait le mascaret en élargissant le lit du fleuve. Ce résultat doit se produire, soit que l'on considère l'augmentation de valeur que prend alors L dans l'équation $S\,vt = \mathrm{DLA}$, soit que l'on ait égard à la diminution qu'un élargissement du lit apporte dans la hauteur des ondes de translation élémentaires de la marée fluviale situées vers l'amont du flot.

Toutefois, si l'élargissement du lit occasionnait un ensablement et diminuait ainsi la profondeur des basses eaux, cette diminution de profondeur aurait des effets contraires à ceux de l'élargissement, et le mascaret pourrait bien alors ne subir aucune atténuation.

317. Si le mascaret se manifeste dans une partie du lit qui a une faible profondeur, on en diminuerait certainement la hauteur en approfondissant le lit du fleuve, de quelque manière, comme je le disais plus haut, que l'on envisageât la formation du mascaret.

C'est sans doute aux travaux exécutés dans les passes peu profondes de la Garonne qu'il faut attribuer la disparition momentanée du mascaret de ce fleuve, ainsi qu'on le verra plus loin (358).

318. *Résumé et conclusion.* — Arrivé au terme de cette étude, je crois utile, avant de formuler la conclusion, de remettre sous les yeux du lecteur, brièvement résumées, les considérations que j'ai présentées sur la constitution de la marée fluviale et sur les causes du mascaret.

Tant que dure la marée montante à l'embouchure d'un fleuve, l'introduction de la marée dans ce fleuve se fait, en chacun des instants, de telle manière que l'équation $S\,vt = DLA$ soit satisfaite (160).

Dans cette équation se trouvent deux quantités S et DL, qui dépendent uniquement des circonstances locales et n'ont entre elles aucune relation.

L'égalité ci-dessus ne peut donc être assurée, dans le temps t, que par les variations de la vitesse moyenne v d'écoulement de l'eau de la mer dans la section d'embouchure, et de la distance moyenne A qui sépare les deux positions de la surface supérieure du flot, à l'origine et à la fin du temps t, autrement dit de l'accroissement de la hauteur moyenne du flot pendant le temps t.

Les deux quantités v et A ne sont pas indépendantes l'une de l'autre. Si l'une de ces quantités change de valeur, l'autre en change également, mais en sens contraire, ce qui limite le champ de leurs variations.

C'est dans ces conditions que s'unissent, pour composer le flot de la marée fluviale, les deux phénomènes qui se passent alors dans le fleuve, à savoir, l'épanchement des eaux de la mer dans le fleuve et le mouvement ondulatoire que fait naître cet épanchement.

Cet état de choses dure jusqu'au moment où l'étale de flot se produit à l'embouchure. Après ce moment, la marée fluviale se propage, en remontant le fleuve, comme le font toutes les ondes, et en vertu du seul mouvement ondulatoire.

319. C'est seulement pendant la durée de la marée montante à l'embouchure que le mascaret se manifeste sur les fleuves où il se produit.

Le mascaret se forme toutes les fois que, pour satisfaire à l'équation $S\,vt = DLA$, l'accroissement A de la hauteur moyenne du flot, dans un temps donné, doit prendre une valeur plus grande que la quantité C dont la marée s'élève à l'embouchure pendant le même temps.

C'est dans l'inégalité $A > C$ que réside ainsi la cause médiate et principale du mascaret.

L'onde du mascaret se forme, d'autre part, par l'accumulation, sur l'onde de la tête du flot, des ondes élémentaires de la marée fluviale qui suivent cette première onde et qui, dans le régime résultant de l'inégalité $A > C$, sont toutes animées d'une plus grande vitesse de propagation. Cette accumulation constitue la cause immédiate et secondaire du mascaret.

La cause secondaire du mascaret ainsi définie n'aurait ni raison d'être ni motif de s'exercer si la cause principale ci-dessus décrite n'existait pas.

320. L'inégalité $A > C$, qui est ainsi la cause réelle du mascaret, résulte des valeurs que prennent S et DL, dans le temps auquel A et C correspondent, en vertu des dimensions naturelles du lit du fleuve et de la constitution de la marée que l'on considère.

C'est par conséquent en apportant des changements dans les quantités S et DL qu'il est possible d'agir sur le mascaret, c'est-à-dire de rapprocher A de C, ce qui atténuerait le mascaret, ou de rendre $A = C$, ce qui le ferait disparaître.

On ne peut exercer aucune action sur la constitution de la marée de la mer. C'est donc en modifiant les dimensions de l'embouchure et du lit du fleuve qu'il est possible d'agir sur le mascaret.

Ce phénomène se manifeste principalement sur les fleuves dont la barre obstrue l'embouchure; et c'est sur les fleuves de cette espèce qu'il prend la plus grande intensité.

La surface S de la section mouillée de l'embouchure peut être modifiée sur les fleuves à embouchure obstruée, en changeant, soit la largeur de l'embouchure, soit l'altitude de la barre.

La distance D dépend du moment où l'élévation de la barre permet à l'eau de la mer de s'introduire dans le fleuve et de la profondeur des basses eaux du fleuve en amont de la barre.

Enfin la largeur moyenne L du lit, sur la distance D, résulte, soit de la disposition naturelle des lieux, soit des travaux exécutés dans le lit du fleuve.

321. Il serait possible de déterminer l'action exercée sur la valeur de A, et par suite sur le mascaret, quand on apporte certaines modifications aux dimensions ci-dessus indiquées de l'embouchure et du lit du fleuve, si l'une quelconque de ces dimensions pouvait être modifiée sans que les autres en subissent de changements.

Dans cette hypothèse, on obtiendrait avec certitude les résultats suivants :

On diminuerait la hauteur du mascaret, savoir :

1° En diminuant la largeur de la section S de l'embouchure ;

2° En augmentant les valeurs de D par un approfondissement du lit du fleuve en amont de la barre de l'embouchure ;

3° En augmentant la largeur L du fleuve.

On augmenterait au contraire la hauteur du mascaret, savoir :

1° En augmentant la hauteur de la section S de l'embouchure par l'abaissement de la barre ;

2° En diminuant les valeurs de D par une diminution de profondeur des basses eaux en amont de la barre ;

3° En diminuant la largeur L du lit du fleuve.

322. Mais on ne peut pas modifier isolément une des dimensions de l'embouchure ou du lit du fleuve comme je viens de le supposer. Tout changement apporté dans l'une de ces dimensions réagit sur quelques autres d'entre elles.

Ces réactions résultent de la mobilité des matières qui tapissent le fond des fleuves. La vitesse des courants de flot et de jusant se modifie sous l'influence de tout changement de dimensions du fleuve ; et suivant le sens de cette modification la profondeur du lit du fleuve peut être augmentée ou diminuée.

C'est là un élément étranger qui s'introduit dans la question du mascaret, et cet élément, très variable de sa nature, n'est pas susceptible d'une appréciation rigoureuse.

Il règnera donc toujours, pour cette cause, une grande incertitude sur les résultats à attendre d'une modification quelconque des dimensions du lit d'un fleuve, quelque rationnelle que soit cette modification au point de vue de la constitution du mascaret.

323. J'ajouterai que certaines modifications apportées aux dimensions du lit d'un fleuve sont de nature à exercer une influence nuisible, soit sur le régime général du fleuve lui-même, soit sur celui des ports situés à proximité de l'embouchure.

La difficulté de la question du mascaret en est certainement augmentée ; et c'est avec la plus grande circonspection que l'on devrait conduire toute opération au moyen de laquelle on voudrait diminuer la hauteur du mascaret.

324. En présence de ces difficultés et de l'incertitude que la mobilité du lit des fleuves laisse planer sur les résultats de tout

travail ayant pour but d'atténuer le mascaret, on est conduit à se demander s'il convient de poursuivre de pareilles entreprises.

Le mascaret est sans doute un voisin incommode et parfois dangereux. Mais ne serait-il pas possible de se garantir contre ses actions par quelques travaux de défense des rives et quelques mesures de précaution pour la navigation? S'il en était ainsi, l'emploi de ces moyens de préservation pourrait devenir préférable à celui des travaux spécialement construits dans le but d'atténuer le mascaret.

325. Cette dernière considération, quelque fondée qu'elle puisse être, ne pouvait devenir un motif pour s'abstenir de rechercher la nature du mascaret et les circonstances qui exercent une influence sur son intensité. La connaissance de la constitution du mascaret est nécessaire pour apprécier exactement l'influence des divers travaux exécutés dans le lit des fleuves et ne pas se faire d'illusions sur les effets à attendre de ces travaux. Il est d'ailleurs toujours utile d'être édifié sur le caractère et les forces d'un ennemi, ne fût-ce que pour savoir qu'il n'y a que des mesures de précautions à prendre à son égard.

J'ai donc cru devoir approfondir ce sujet autant qu'il m'a été possible de le faire, et dans cette longue étude j'ai été guidé et soutenu par les considérations que je viens d'énoncer, non moins que par l'intérêt qui s'attache toujours à l'examen et à la connaissance des phénomènes naturels.

CHAPITRE VI

DU RÉGIME DE LA PARTIE MARITIME DES PRINCIPAUX FLEUVES A MARÉE DE FRANCE

---

326. *Observations préliminaires.* — Les Notices qui vont suivre ne sont pas des monographies de la partie maritime des fleuves à marée de la France. Je n'aurais pu leur donner ce caractère qu'en multipliant outre mesure les demandes de renseignements que l'Administration a bien voulu m'autoriser à adresser aux ingénieurs, et même en visitant les lieux, toutes choses qui s'écartaient de mon programme et dont la réalisation aurait présenté de sérieuses difficultés.

Je me contenterai de consigner dans ces Notices les renseignements recueillis sur les marées de vive eau et de morte eau des 19 et 26 septembre 1876, en y ajoutant une description sommaire de l'embouchure et des observations sur quelques circonstances particulières que présentent les marées de certains fleuves.

327. Voici la nomenclature des diverses matières que renferment les Notices :

1° Description sommaire de l'embouchure ;

2° Renseignements sommaires sur la profondeur des basses eaux ;

3° Limite de la partie maritime du fleuve ;

4° Altitude du niveau moyen des marées des 19 et 26 septembre 1876, à l'embouchure du fleuve ;

5° Hauteur totale des marées des 19 et 26 septembre 1876 à l'embouchure du fleuve ;

6° Lieux géométriques des pleines mers et des basses mers sur la longueur de la partie maritime du fleuve pendant les marées des 19 et 26 septembre 1876 ;

7° Intersection des lieux géométriques des basses mers de vive eau et de morte eau des 19 et 26 septembre 1876 ;

8° Courbes locales des marées des 19 et 26 septembre 1876 ;

9° Vitesses de propagation de la tête du flot et du sommet de l'onde pendant les mêmes marées ;

10° Durée, aux différents lieux, du gagnant et du perdant des mêmes marées ;

11° Courbes instantanées de la marée de vive eau du 19 septembre 1876 ;

12° Temps pendant lequel le jusant a régné seul dans le fleuve les 19 et 26 septembre 1876 ;

13° Renseignements sur le mascaret.

328. Je dois faire connaître ici que les heures du passage de la tête du flot et du sommet de l'onde aux différents lieux, indiquées sur les courbes locales des marées, diffèrent un peu, sur quelques points, de celles qui ont été données par les observations. Ces dernières heures ont exigé quelques rectifications, au sujet desquelles je renvoie aux explications contenues dans l'Appendice de ce Mémoire (VII).

C'est d'après les heures de passage aux différents lieux, rectifiées comme je viens de le dire, quand cela est devenu nécessaire, qu'ont été calculées les vitesses de propagation de la tête du flot et du sommet de l'onde sur les différentes parties des fleuves.

329. Les durées du gagnant et du perdant des marées de vive eau et de morte eau des 19 et 26 septembre 1876 ont été établies, en chaque lieu, au moyen des documents fournis par les Tableaux des vitesses de propagation dont je viens de parler, et des durées

totales de ces marées, résultant des données de l'*Annuaire des marées de* 1876, durées totales qui sont, savoir :

Pour la marée de vive eau du 19 *septembre* 1876 :

12^h 18^m sur les côtes de l'Atlantique.
12^h 19^m sur les côtes de la Manche.

Pour la marée de morte eau du 26 *septembre* 1876 :

12^h 46^m sur les côtes de l'Atlantique.
12^h 43^m sur les côtes de la Manche.

330. On a recueilli pendant les marées des 19 et 26 septembre 1876 quelques renseignements sur la position des étales de flot et de jusant des marées fluviales. Mais ces renseignements n'ont pas été complets. En outre, dans ceux que l'on a donnés, les observateurs n'ont pas apprécié d'une manière uniforme le moment, difficile à constater, où le courant se renverse.

Par ces motifs, je me suis abstenu de consigner dans les Notices les renseignements dont je viens de parler.

§ 1ᵉʳ. — Adour.

331. *Embouchure.* — Dans sa disposition naturelle, l'embouchure de l'Adour avait une assez grande largeur. L'état primitif des lieux a disparu depuis trop longtemps pour que cette largeur puisse être précisée. Il est présumable qu'elle était au moins de 300^m.

Il se déposait alors vers l'embouchure, et probablement dans le lit même du fleuve, des sables qui rendaient la navigation difficile et ne permettaient l'entrée de l'Adour qu'aux embarcations de faible tonnage.

Aussi depuis de longues années a-t-on fait des travaux dans le but d'améliorer cet état de choses. Les premiers travaux datent de 1740. On les a continués à diverses époques et on en exécute encore aujourd'hui.

Il n'entre pas dans mon but de décrire ces travaux ni les diverses phases par lesquelles ils ont passé. Je me contenterai de dire qu'ils consistent essentiellement en deux jetées, distantes entre elles de 160^m, à l'exception d'une partie, de 250^m de longueur, à l'extrémité d'amont, où les jetées s'évasent pour se raccorder avec les rives du fleuve. Le chenal formé par ces jetées a environ 1000^m de longueur. Les premières jetées construites étaient continues. Celles que l'on construit maintenant sont à claire-voie.

La plus grande profondeur du chenal compris entre les deux jetées varie de 3^m à 10^m au-dessous des basses mers de vive eau.

Les ensablements sont rares maintenant et tout à fait accidentels dans le chenal de l'embouchure. Mais il s'est formé, en avant de l'embouchure, une barre permanente. Cette barre varie de hauteur et même de position, suivant l'importance relative des actions de la mer et du fleuve.

Le sommet de la barre se trouve le plus ordinairement à 75^m environ en avant de l'extrémité des jetées. Mais parfois il s'en éloigne davantage. Le plus grand éloignement observé est d'environ 300^m.

La barre se tient toujours au-dessous du niveau des plus basses mers, mais de quantités très variables. En basse mer de vive eau il y a toujours au moins 1^m,50 de hauteur d'eau sur le sommet de la barre. Quelquefois la barre s'est abaissée jusqu'à 3^m et 4^m au-dessous des plus basses mers.

Dans le chenal d'entrée de l'Adour ainsi constitué on peut considérer comme réglant l'introduction des eaux de la mer dans le fleuve, la section comprise entre les jetées pleines anciennement construites, vers l'extrémité d'amont du chenal de 160^m de largeur.

C'est à l'embouchure de l'Adour ainsi placée que j'ai rapporté les calculs des vitesses de propagation des marées dans la partie inférieure du fleuve.

332. *Profondeur des basses eaux.* — La plus grande profondeur des basses eaux de l'Adour dans le chenal de l'embouchure varie de 3^m à 10^m, comme je l'ai dit plus haut, en marée de vive eau.

En amont de l'embouchure et jusqu'à Bayonne, cette profondeur est à peu près constamment de 10^m.

En remontant, à partir de Bayonne, elle décroît sans cesse jusqu'à la limite de la partie maritime du fleuve où elle n'est plus que d'environ $1^m,5o$.

La décroissance de la profondeur des basses eaux se fait d'une manière assez régulière. Les hauts fonds ne s'élèvent que de faibles quantités au-dessus du fond moyen du lit, et les mouilles qui les séparent n'ont pas de grandes profondeurs.

333. *Limite de la partie maritime de l'Adour.* — Les plus grandes marées de vive eau n'arrivaient autrefois qu'à 10^{km} environ en aval de Dax. Par suite de travaux d'endiguement et d'approfondissement de l'Adour, exécutés depuis plusieurs années, elles se font maintenant sentir jusqu'au pont de Dax, à 66200^m de l'embouchure.

La marée de vive eau du 19 septembre 1876 n'est pas arrivée jusqu'à Dax. Le point précis où elle s'est arrêtée n'a pas été constaté.

La marée de morte eau du 26 septembre 1876 s'est fait sentir un peu au delà de Saubusse, jusqu'en un point situé à environ 52^{km} de l'embouchure.

334. *Limites des parties maritimes des affluents de l'Adour.* — Les marées pénètrent dans plusieurs affluents de l'Adour. Ces affluents se jettent dans l'Adour, savoir :

La Nive, à Bayonne; l'Ardenavy, à 2800^m en aval d'Urt; l'Arran, à Urt; la Bidouze, à Peyroutie; le Gave de Pau, à 716^m en amont de Peyroutie;

Les marées de vive eau se font sentir, savoir :

Sur la Nive, jusqu'à Ustaritz, où elles sont arrêtées par un barrage;

et jusqu'à environ 4800^m du confluent sur l'Ardenavy; 10 800^m sur l'Arran; 12 000^m sur la Bidouze; 10 000^m sur le Gave de Pau.

335. *Altitude du niveau moyen de la mer à l'embouchure de l'Adour.* — Le niveau moyen de la marée de vive eau du 19 septembre 1876 a été de 0^m,766, et celui de la marée de morte eau du 26 septembre de 0^m,621 au-dessus du zéro du nivellement général de la France.

Mais le niveau moyen des marées est plus élevé à l'embouchure que dans la mer au large de la barre. On évalue à 0^m,60 la différence de niveau des basses mers de vive eau en ces deux lieux. Cette dénivellation provient sans doute en partie de la pente du fleuve, à basse mer, sur la longueur du chenal de l'embouchure, et en partie du gonflement que la barre détermine dans les eaux du fleuve.

Quoi qu'il en soit, si l'on suppose que la dénivellation s'efface à pleine mer, le niveau moyen de la mer, au large de la barre, aurait été de 0^m,466 au-dessus du zéro du nivellement général de la France, dans la marée du 19 septembre 1876.

336. *Hauteur totale des marées à l'embouchure de l'Adour.* — La hauteur totale des marées, mesurée de la basse mer à la pleine mer suivante, a été à l'embouchure de l'Adour, savoir : 2^m,56 dans la marée de vive eau du 19 septembre 1876, et 0^m,95 dans la marée de morte eau du 26 du même mois.

Si l'on tient compte de la dénivellation de 0^m,60 qui existe en vive eau entre la basse mer à l'embouchure de l'Adour et au large de la barre, comme je l'ai dit plus haut, la hauteur totale de la marée de vive eau du 19 septembre 1876 a été de 3^m,16 au large de la barre.

Les hauteurs des marées de l'Adour sont les plus faibles de toutes celles que l'on observe sur les côtes de la France, dans l'Atlantique et dans la Manche.

La raison en est dans la grande profondeur de la mer à proximité de l'embouchure de l'Adour et sur toute la longueur des côtes nord de l'Espagne. Dans ces lieux, les fonds de 200^m où commence le grand talus sous-marin qui s'enfonce à 3000^m et à 4000^m, sont à 10^{km} ou au plus à 40^{km} de la côte, tandis qu'on ne les trouve qu'à 140^{km} de l'embouchure de la Gironde et à 180^{km} de celle de la Loire ([1]). Quant à la Manche, ses plus grandes profondeurs sont de 40^m à 45^m.

Or nous avons vu (121) que la hauteur des marées, dans la mer, varie en raison inverse de la racine carrée de la profondeur des eaux. Les marées doivent donc aborder les côtes avec des hauteurs totales plus faibles vers l'embouchure de l'Adour qu'en tout autre point du littoral de la France dans l'Atlantique et dans la Manche.

337. *Lieux géométriques des pleines mers et des basses mers sur l'Adour.* — *Voir* la *Planche IX* où sont figurés les lieux géométriques des pleines mers et des basses mers, aux différents postes d'observation de l'Adour, pendant les marées de vive eau et de morte eau des 19 et 26 septembre 1876.

A leur limite d'amont, ces lieux géométriques se sont élevés à environ 0^m,65 au-dessus du niveau de la pleine mer à l'embouchure.

338. *Intersection des lieux géométriques des basses mers de vive eau et de morte eau.* — Le dessin dont je viens de parler montre que les lieux géométriques des basses mers de vive eau et de morte eau des 19 et 26 septembre 1876 se sont coupés, sur l'Adour, à environ 23 700^m de l'embouchure, soit aux 0,35 de la longueur de la partie maritime du fleuve, cette fraction étant mesurée à partir de l'embouchure.

339. *Courbes locales des marées.* — *Voir* la *Planche IV*, sur laquelle sont figurées les courbes locales des marées de vive eau et de morte eau des 19 et 26 septembre 1876, aux différents postes d'observation de l'Adour.

([1]) On peut consulter à ce sujet les cartes jointes à la *Lithologie des mers* de M. Delesse.

340. *Vitesses de propagation de la tête du flot et du sommet de l'onde.* — Les vitesses de propagation de la tête du flot et du sommet de l'onde, pendant les marées de vive eau et de morte eau des 19 et 26 septembre 1876, sur les différentes parties de l'Adour, sont inscrites dans le Tableau suivant :

		TÊTE DU FLOT		SOMMET DE L'ONDE	
LIEUX	DISTANCES	HEURE du passage en chaque lieu.	VITESSE de propagation	HEURE du passage en chaque lieu.	VITESSE de propagation
	m.	h. min.	m.	h. min.	m.
Marée de vive eau du 19 septembre 1876.					
Embouchure		le 18 sept. 11 30 S		4 20 M	
	6.200		3,44		6,88
Bayonne		minuit		4 35	
	16.040	le 19 sept.	3,34		5,62
Urt		1 20 M		5 22	
	7.694		3,20		5,13
Peyroutie		2 0		5 47	
	5.766		2,74		4,17
Lanne		2 35		6 10	
	14.700		2,04		2,82
Saubusse		4 35		7 35	
	15.800				
Dax					
Marée de morte eau du 26 septembre 1876.					
Embouchure		3 6 M		9 30 M	
	6.200		4,30		5,74
Bayonne		3 30		9 48	
	16.040		3,56		5,35
Urt		4 45		10 38	
	7.694		2,72		4,75
Peyroutie		5 32		11 5	
	5.766		1,90		3,80
Lanne		6 22		11 30	
	14.700		1,71		2,72
Saubusse		8 45		1 0 S	
	15.800				
Dax					

341. *Durées en chaque lieu du gagnant et du perdant des marées.* — Les chiffres du Tableau précédent et les durées totales des marées indiquées au n° **329** donnent pour les durées du perdant et du gagnant des marées des 19 et 26 septembre 1876, aux différents postes d'observation de l'Adour, les chiffres inscrits au Tableau suivant :

LIEUX	DISTANCES	MARÉE DE VIVE EAU du 19 septembre 1876		MARÉE DE MORTE EAU du 26 septembre 1876	
		DURÉE du gagnant	DURÉE du perdant	DURÉE du gagnant	DURÉE du perdant
	mètres	h. min.	h. min.	h. min.	h. min.
Embouchure		4 5o	7 28	6 24	6 22
	6.200				
Bayonne.		4 35	7 43	6 18	6 28
	16.040				
Urt		4 2	8 16	5 53	6 53
	7.694				
Peyroutie		3 47	8 31	5 33	7 13
	5.766				
Lanne.		3 35	8 43	5 8	7 38
	14.700				
Saubusse		3 0	9 18	4 23	8 23
	15.800				
Dax					

342. *Courbes instantanées de la marée de vive eau du 19 septembre 1876.* — *Voir* la *Planche X*, sur laquelle sont figurées les courbes instantanées de la marée de vive eau du 19 septembre 1876. Les courbes de la marée de l'Adour ont été prises d'heure en heure. Elles ne présentent aucune circonstance qui mérite d'être signalée.

343. *Temps pendant lequel le jusant a régné seul dans l'Adour.* — J'ai déjà dit (130 et 175) que les parties maritimes des fleuves de France n'ont pas assez de longueur pour qu'une onde marée y existe encore quand la marée suivante commence à s'introduire à l'embouchure. Il en résulte que pendant un certain temps le jusant règne seul dans la partie maritime du fleuve.

Sur l'Adour, la marée de vive eau du 19 septembre 1876 a cessé de se faire sentir, un peu avant Dax, à peu près à 6^h du matin. La marée suivante ayant commencé à monter vers l'embouchure à $11^h 47^m$ du matin, il s'est écoulé $5^h 47^m$ pendant lesquelles le jusant a régné seul dans le fleuve.

La marée de morte eau du 26 septembre 1876 a cessé de se faire sentir à peu de distance en amont de Saubusse, vers 1^h du soir. La marée suivante ayant commencé à pénétrer dans le fleuve à $3^h 52^m$, le temps pendant lequel le jusant a régné seul a été de $2^h 52^m$.

344. *Du mascaret.* — Le mascaret ne se manifeste jamais sur l'Adour.

Il se produit parfois dans la partie inférieure de ce fleuve un gonflement subit des eaux que l'on a pu confondre avec le mascaret; mais je crois que ce phénomène provient d'une autre cause, comme je vais le dire.

345. *Des raz de marée dans l'Adour.* — Les apparitions de ces ondes élevées, qui viennent subitement inonder les rives du fleuve et les quais de Bayonne, sont très rares. Je n'ai recueilli sur ce phénomène que des données insuffisantes, et je ne pourrais en présenter une description exacte.

Il paraît toutefois que l'arrivée de ces ondes n'a point de rapport avec les marées. Elles surviennent indifféremment à toute époque des marées, et non pas, comme le mascaret, toujours en tête du flot.

De plus, après leur passage les eaux du fleuve se retrouvent dans le même état qu'auparavant, tandis qu'après le passage du mascaret le fleuve est subitement rempli à une certaine hauteur au-dessus de son niveau antérieur.

Je crois que les ondes accidentelles dont nous nous occupons en ce moment sont des raz de marée.

Le raz de marée, qui se manifeste en certains points des côtes et surtout quand les côtes sont baignées par des eaux profondes, est produit par une lame dont l'arrivée n'est signalée par aucune agitation violente de la mer. Cette lame se précipite subitement sur le rivage, s'élance avec la plus grande impétuosité, et projette, souvent à de grandes hauteurs, des quantités d'eau considérables à la puissance desquelles rien ne résiste.

On sait à combien de lamentables accidents ont donné lieu ces lames sourdes, dont on ne peut se garantir, car aucun signe précurseur ne les annonce.

Il n'arrive pas que plusieurs lames de cette espèce se succèdent. Une lame arrive, produit ses ravages, et tout rentre dans le calme antérieur.

On peut présumer que cette lame qui vient seule, et dont la formidable puissance résulte sans doute de ce qu'elle agite les eaux sur une très grande profondeur, est de l'espèce des ondes de translation.

Dans cette opinion, on pourrait attribuer cette onde de translation au choc d'une masse d'eau considérable, lancée par les convulsions d'une tempête contre une autre masse, sur laquelle s'exercerait ainsi une puissante compression horizontale, ce qui est le mode d'agir des forces qui produisent les ondes de translation (3).

En admettant cette interprétation, la lame profonde qui produit le raz de marée serait un exemple d'une onde de translation se propageant dans une masse liquide, de largeur et de profondeur indéfinies, dont j'ai parlé dans la note du n° 6. Cette onde se limiterait en largeur, car le raz de marée ne se manifeste que sur une étendue restreinte des côtes; elle se limiterait probablement aussi en profondeur. Mais l'observation et la science n'ont encore rien fait connaître sur la constitution d'une onde de translation qui se propage ainsi dans un liquide indéfini.

Une onde de translation produite, comme je l'ai dit plus haut, dans l'étendue de l'Atlantique, aurait d'ailleurs toute facilité pour se propager jusqu'à l'Adour, car la baie de Gascogne est librement accessible aux lames qui viennent de l'ouest, et les grandes profondeurs qui règnent sur tout le rivage nord de l'Espagne favorisent l'arrivée de l'onde jusqu'à l'entrée de l'Adour.

§ 2. — Gironde et Garonne.

346. *Embouchure.* — La Gironde a tous les caractères d'un fleuve à embouchure libre (262).

Ses rives, distantes l'une de l'autre de 8000^m à 10 000^m sur 30^{km} en amont de l'embouchure, se rapprochent à leur jonction avec les rives de la mer, de manière à ne laisser qu'une largeur de 4799^m au niveau des basses mers de vive eau, à la section d'embouchure qui s'étend de la pointe de Grave sur la rive gauche, à la pointe de Lavalière sur la rive droite.

La profondeur moyenne de cette section d'embouchure au-dessous des basses mers de vive eau est de 17^m,80. Les plus grandes profondeurs sont de 20^m et 24^m vers les rives et de 35^m au milieu du fleuve.

Comme toujours en pareil cas, les matières qui viennent soit du fleuve, soit de la mer, et que les courants de flot et de jusant mettent en mouvement, ont formé, à environ 10^{km} au large, des bancs qui s'étendent de la pointe de la Négade au sud à la pointe de la Coubre au nord. Sur ces bancs qui forment une barre autour de l'embouchure du fleuve, la profondeur des eaux au-dessous des plus basses mers de vive eau est médiocre et ne dépasse guère 3^m. Mais la barre est coupée par deux passes dans lesquelles on trouve des profondeurs qui, à basse mer de vive eau, n'ont pas moins de 10^m dans la passe du nord et 7^m dans celle du sud ([1]).

---

[1] Ces documents sommaires sont extraits de la dernière reconnaissance faite par M. Manen à l'embouchure de la Gironde.

347. *Profondeur des basses eaux.* — Sur environ 15^{km} en amont de l'embouchure, la plus grande profondeur de la Gironde au-dessous des basses mers de vive eau se tient dans des chiffres élevés. Elle n'est pas inférieure à 10^m.

Sur les 45^{km} suivants, jusqu'à Blaye, la profondeur des basses eaux varie de 7^m à $3^m,5o$.

A partir de Blaye jusqu'à Bordeaux, sur 35^{km} de longueur, règne une suite de hauts fonds et de mouilles. Ce sont ces hauts fonds qui constituent les difficultés de la navigation maritime de la Garonne.

Un des hauts fonds se trouve entre Blaye et le Bec d'Ambès, confluent de la Dordogne. Les autres, au nombre de quatre, sont répartis sur les 23^{km} qui séparent le Bec d'Ambès de Bordeaux.

La hauteur d'eau qui existe sur les hauts fonds à basse mer de vive eau varie suivant les circonstances naturelles et suivant les travaux d'amélioration que l'on exécute. En général cette hauteur varie de $1^m,5o$ à 3^m.

A Bordeaux cesse la navigation maritime. En amont, et sur la longueur où les marées se font sentir, la profondeur des basses eaux diminue à mesure que l'on s'avance dans le fleuve. Elle est au minimum de 6^m sur les dix premiers kilomètres en amont de Bordeaux, de 4^m vers Portets, de $3^m,5o$ vers Cadillac et de $2^m,5o$ à Langon et à Castets.

348. *Limite de la partie maritime du fleuve.* — Dans les plus grandes marées de niveau, la marée se fait sentir jusqu'à Trempesoupe, à $75oo^m$ en amont de Castets et à $156\,9oo^m$ de l'embouchure.

La marée de vive eau du 19 septembre 1876 s'est complètement effacée à peu de distance en amont de Castets, à environ $154\,ooo^m$ de l'embouchure.

La marée de morte eau du 26 septembre 1876 a disparu à 5^{km} en amont de Langon, soit à $146\,ooo^m$ de l'embouchure.

349. *Altitude du niveau moyen de la mer à l'embouchure de la Gironde.* — Le niveau moyen des marées observées pendant le mois de septembre 1876 a été plus élevé que le zéro du nivellement général de la France, savoir : de $0^m,34$ en vive eau le 19 septembre, et de $0^m,67$ en morte eau le 26 septembre.

350. *Hauteur totale des marées à l'embouchure de la Gironde.* — Mesurée de la basse mer à la pleine mer suivante, la hauteur totale de la marée de vive eau du 19 septembre 1876 à l'embouchure de la Gironde a été de $4^m,72$, et celle de la marée de morte eau du 26 septembre de $1^m,39$.

351. *Lieux géométriques des pleines mers et des basses mers sur la Gironde et la Garonne.* — *Voir* la *Planche LX* où sont figurés les lieux géométriques des pleines mers et des basses mers aux différents postes d'observation de la Gironde et de la Garonne pendant les marées des 19 et 26 septembre 1876.

Le lieu géométrique des pleines mers de vive eau s'est graduellement élevé à partir de l'embouchure avec une inclinaison qui varie de $0^m,01$ à $0^m,06$ pour 1000^m.

En morte eau le lieu géométrique s'est également élevé constamment à partir de l'embouchure. L'inclinaison de cette ligne a varié de $0^m,007$ à $0^m,05$ pour 1000^m.

Ces lignes ont atteint, à leur extrémité d'amont, l'altitude de 5^m en vive eau et 3^m en morte eau, au-dessus du zéro du nivellement général de la France, dépassant respectivement de $2^m,15$ à $1^m,63$ les hauteurs des pleines mers à l'embouchure.

Le lieu géométrique des basses mers s'est comporté en vive eau comme celui des pleines mers, s'élevant vers l'amont avec une inclinaison de $0^m,006$ pour 1000^m jusqu'à Bordeaux. En amont de Bordeaux l'inclinaison, devenue plus forte, a suivi la pente de la vallée.

Il n'en est pas ainsi du lieu géométrique des basses mers de morte eau. Cette ligne s'est d'abord abaissée de $0^m,90$ de l'embouchure à Bordeaux. Puis en amont de Bordeaux elle s'est relevée suivant la pente de la vallée, à peu près comme celle de vive eau.

352. *Intersection des lieux géométriques des basses mers de vive eau et de morte eau.* — Les lieux géométriques des basses mers de vive eau et de morte eau de la Gironde et de la Garonne, pendant les marées des 19 et 26 septembre 1876, se sont coupées, ainsi que le montre la *Planche IX*, à environ 103^{km} de l'embouchure, soit aux 0,65 de la partie maritime du fleuve.

353. *Courbes locales des marées.* — *Voir* la *Planche V* où sont figurées les courbes des marées des 19 et 26 septembre 1876 aux différents postes d'observation de la Gironde et de la Garonne.

354. *Vitesses de propagation de la tête du flot et du sommet de l'onde marée.* — Les vitesses de propagation de la tête du flot et du sommet de l'onde, pendant les marées des 19 et 26 septembre 1876, sont inscrites dans le Tableau ci-contre.

Les vitesses de propagation de la tête du flot sont plus grandes en morte eau qu'en vive eau dans les parties inférieures du fleuve ; ce qui tient à ce qu'en ces lieux les basses eaux ont leur plus grande profondeur en morte eau (134).

Les vitesses de propagation du sommet de l'onde marée ont été constamment plus fortes en morte eau qu'en vive eau, quoique les hauteurs d'eau correspondant à ce sommet fussent plus faibles. Ce résultat ne peut s'expliquer que par l'influence qu'aurait eue le vent qui a été très violent et soufflant de l'Ouest pendant la marée de morte eau, tandis que la marée de vive eau s'est passée par un temps très calme.

355. *Durée en chaque lieu du gagnant et du perdant des marées.* — Au moyen des données du Tableau ci-contre et des durées totales des marées précédemment indiquées (329), on trouve pour les durées du gagnant et du perdant des marées des 19 et 26 septembre 1876, aux différents postes d'observation de

LIEUX	DISTANCES	TÊTE DU FLOT		SOMMET DE L'ONDE	
		HEURE du passage en chaque lieu	VITESSE de propagation	HEURE du passage en chaque lieu	VITESSE de propagation
	mètres	h. min.	mètres	h. min.	mètres
Marée de vive eau du 19 septembre 1876.					
Embouchure.		le 18 sept. 10 30 S	. . . .	4 40 M	. . . .
	37.800	le 19 sept.	5,72		15,70
La Maréchale		0 20 M	. . . .	5 20	. . . .
	13.200		5,00		8,30
Pauillac.		1 4	. . . .	5 45	. . . .
	9.500		4,94		7,92
Blaye		1 36	. . . .	6 5	. . . .
	11.700		4,87		7,80
Bec d'Ambès.		2 16	. . . .	6 30	. . . .
	23.000		4,85		7,66
Bordeaux		3 35	. . . .	7 20	. . . .
	21.200		4,25		6,79
Portets.		4 58	. . . .	8 12	. . . .
	14.600		3,92		6,40
Cadillac.		6 0	. . . .	8 50	. . . .
	10.600		3,21		5,88
Langon		6 55	. . . .	9 20	. . . .
	7.800		2,36		3,25
Castets.		7 50	. . . .	10 0	. . . .
Marée de morte eau du 26 septembre 1876.					
Embouchure.		3 33 M	. . . .	9 58 M	. . . .
	37.800		17,95		19,68
La Maréchale		4 8	. . . .	10 30	. . . .
	13.200		8,80		16,92
Pauillac.		4 33	. . . .	10 43	. . . .
	9.500		7,92		15,83
Blaye		4 53	. . . .	10 53	. . . .
	11.700		4,87		13,00
Bec d'Ambès.		5 33	. . . .	11 8	. . . .
	23.000		4,51		12,77
Bordeaux		6 58	. . . .	11 38	. . . .
	21.200		4,15		9,55
Portets.		8 23	. . .	0 15 S	. . . .
	14.600		3,74		7,32
Cadillac.		9 28	. . . .	0 48	. . . .
	10.600				
Langon					

la Gironde et de la Garonne, les chiffres inscrits au Tableau suivant :

LIEUX	DISTANCES	MARÉE DE VIVE EAU du 19 septembre 1876		MARÉE DE MORTE EAU du 26 septembre 1876	
		DURÉE du gagnant	DURÉE du perdant	DURÉE du gagnant	DURÉE du perdant
	mètres	h. min.	h. min.	h. min.	h. min.
Embouchure. . .		6 10	6 8	6 25	6 21
	37.800				
La Maréchale .		5 0	7 18	6 22	6 24
	13.200				
Pauillac. . . .		4 41	7 37	6 10	6 36
	9.500				
Blaye		4 29	7 49	6 0	6 46
	11.700				
Bec d'Ambès. .		4 14	8 4	5 35	7 11
	23.000				
Bordeaux . . .		3 45	8 33	4 40	8 6
	21.200				
Portets. . . .		3 14	9 4	3 52	8 54
	14.600				
Cadillac. . . .		2 50	9 28	3 20	9 26
	10.600				
Langon		2 25	9 53		
	7.800				
Castets. . . .		2 10	10 8		

356. *Courbes instantanées de la marée de vive eau du 19 septembre 1876.* — *Voir* la *Planche X* sur laquelle sont figurées les courbes instantanées de la marée de vive eau du 19 septembre 1876, prises d'heure en heure.

Ces courbes accusent, par leur forme, la régularité de l'introduction de la marée dans le fleuve. Cette régularité n'a été troublée que sur une certaine longueur, en amont du Bec d'Ambès, par suite de l'apparition en ce lieu d'un mascaret dont je parlerai plus loin.

357. *Temps pendant lequel le jusant a régné seul dans le fleuve.* — La marée de vive eau du 19 septembre 1876 a cessé de se faire sentir un peu en amont de Castets, à peu près vers 10^h15^m du matin. La marée suivante ayant commencé à s'introduire dans la Gironde à 11^h47^m du matin, il s'est par conséquent écoulé 1^h32^m pendant lesquelles il n'y a plus eu dans le fleuve qu'un courant de jusant.

La marée de morte eau du 26 septembre 1876 a cessé d'exister un peu en amont de Cadillac vers 1^h du soir. La marée suivante a commencé à entrer dans la Gironde à 4^h19^m du soir. Il s'est donc écoulé 3^h19^m pendant lesquelles le jusant a régné seul dans le fleuve.

358. *Du mascaret.* — Pendant la marée de vive eau du 19 septembre 1876 il s'est formé sur la Garonne un mascaret dont l'existence a été constatée à 500^m environ en amont du confluent de la Garonne et de la Dordogne.

Ce mascaret ne s'est pas maintenu sur une grande longueur du fleuve. A Bordeaux il n'existait plus, et la courbe locale de la marée, relevée en ce lieu, témoigne seulement d'une assez grande rapidité d'ascension de la marée dans les premiers instants de l'arrivée du flot.

A l'échelle située un peu en amont du Bec d'Ambès, seul point où il ait été observé, le mascaret avait $0^m,73$ de hauteur au-dessus des basses eaux et dépassait d'environ $0^m,30$ la surface supérieure du flot qui le suivait.

Le mascaret du 19 septembre 1876 n'est pas un fait exceptionnel sur la Garonne. On a souvent observé ce phénomène au même lieu, dans les marées de vive eau, et surtout pendant le mois d'août et de septembre, époque des plus basses eaux du fleuve.

Il arrive même, dans les très fortes marées de vive eau de cette époque de l'année, que le mascaret se fait sentir bien en amont du point où il s'est effacé dans la marée du 19 septembre 1876. Le mascaret prend alors sa plus grande hauteur à quelque distance en amont de Bordeaux, puis il décroît progressivement jusqu'à Portets, lieu qu'il dépasse rarement.

Le mascaret qui se manifeste ainsi sur la Garonne a bien tous les caractères des mascarets des fleuves à embouchure libre (264). Il prend naissance à une grande distance de l'embouchure, et il commence en un lieu où le lit de la Garonne, rétréci par l'île Cazeau, est réduit à 750^m de largeur, et où existe un des hauts fonds que j'ai précédemment signalés (347).

Ainsi que je l'ai dit plus haut (265), le mascaret qui se forme dans ces conditions doit sans doute être attribué à deux causes : d'abord au régime général du fleuve qui conduit l'accroissement A de la hauteur moyenne du flot à augmenter de valeur quand L et D prennent des valeurs plus faibles, afin de maintenir l'égalité $S vt = DLA$ (160); ensuite à l'action qu'exerce directement le rétrécissement ou la diminution de profondeur du lit sur l'onde de la tête du flot et quelques-unes des ondes élémentaires suivantes de la marée fluviale.

Lorsque le mascaret de la Garonne se fait sentir jusqu'à Portets, c'est sans doute que la première des deux causes que je viens d'énoncer a pris plus d'importance par suite des circonstances particulières de la marée.

Il est à remarquer que, dans ce cas, le maximum de hauteur du mascaret a lieu un peu en amont de Bordeaux, à l'instant de la pleine mer à l'embouchure, et que le moment où le mascaret disparait à Portets coïncide à peu près avec celui où l'étale de flot a lieu à l'embouchure. C'est ainsi que se comportent les mascarets ayant assez d'intensité pour se manifester sur de grandes longueurs (267 à 269).

Dans la marée du 19 septembre 1876, le mascaret s'est montré sur une faible longueur, et l'on peut présumer que l'action directe de la diminution de largeur et de profondeur du lit a eu la plus grande part dans la formation de ce mascaret.

Je reviendrai plus loin (369), à l'occasion du mascaret de la Dordogne, sur cette question des mascarets des fleuves à embouchure libre.

J'ai dit plus haut que le mascaret s'est souvent manifesté sur la Garonne. Cependant il est aussi arrivé que le mascaret a cessé de s'y produire dans des conditions de hauteur de marée et de basses eaux du fleuve qui à d'autres époques avaient déterminé son apparition. On peut attribuer dans ces cas l'absence du mascaret aux changements survenus dans le lit du fleuve par suite des travaux exécutés pour améliorer la navigation.

§ 3. — Dordogne.

359. — *Confluent de la Dordogne et de la Garonne.* — La Dordogne se réunit à la Garonne au Bec d'Ambès pour former la Gironde.

Le confluent de la Dordogne et de la Garonne est à $71\,900^m$ de l'embouchure de la Gironde.

Près du confluent, le lit de la Dordogne a 920^m de largeur et $3^m,80$ de profondeur moyenne à basse mer de vive eau. La plus grande profondeur est de $7^m,80$.

360. *Profondeur des basses eaux.* — Jusqu'à Libourne la Dordogne a, en basses eaux, une profondeur moyenne assez uniforme de $2^m,80$ à $2^m,40$, plus faible que celle de $3^m,80$ qui existe au confluent. La profondeur maximum varie de 3^m à 3^m50.

A Castillon et à Branne, les profondeurs sont un peu plus grandes. Elles s'élèvent à $2^m,50$ en moyenne et $4^m,30$ au maximum.

A Pessac la profondeur maximum n'est plus que de $1^m,80$.

361. *Limite de la partie maritime de la Dordogne et de l'Isle.* — La marée de vive eau du 19 septembre 1876 s'est effacée sur la Dordogne un peu au delà de Castillon, et la marée de morte eau du 26 du même mois ne s'est pas fait sentir jusqu'à ce lieu.

Les plus grandes marées de vive eau sur la Dordogne ne dépassent pas Pessac, à 88 600^m du confluent de la Dordogne et de la Garonne, et à 160 500^m de l'embouchure de la Gironde.

La Dordogne reçoit à Libourne un affluent important, la rivière de l'Isle.

Sur cette rivière, les marées de vive eau viennent toutes s'amortir contre le barrage de Laubardemont situé à 29 900^m du confluent de l'Isle et de la Dordogne.

362. *Lieux géométriques des pleines mers et des basses mers sur la Dordogne.* — *Voir* la *Planche IX*, où sont figurés les lieux géométriques des pleines mers et des basses mers aux différents postes d'observation de la Dordogne pendant les marées des 19 et 26 septembre 1876.

Le lieu géométrique des pleines mers de la marée de vive eau du 19 septembre 1876 s'est tenu à peu près, sur toute la longueur de la Dordogne, à la hauteur qu'il a prise au confluent de la Garonne ; à peine cette ligne a-t-elle été plus élevée de 0^m,30 à son extrémité d'amont qu'au confluent.

Le lieu géométrique des pleines mers de la marée de morte eau du 26 septembre 1876 a été au contraire plus élevée, d'environ 1^m, à son extrémité d'amont qu'au confluent.

Le lieu géométrique des basses mers de la marée de vive eau du 19 septembre 1876 a suivi, dans son inclinaison vers l'aval, la pente de la rivière, et il a atteint à sa limite d'amont l'altitude de 3^m,80 au-dessus du zéro du nivellement général de la France.

Le lieu géométrique des basses mers de la marée de morte eau du 26 septembre 1876 a été plus bas au confluent de la Dordogne et de la Garonne qu'à l'embouchure de la Gironde, d'environ 0^m,70.

J'ai déjà signalé cette circonstance (351) en parlant de la Gironde et de la Garonne. Mais le lieu géométrique des basses mers de morte eau ne continue pas à s'abaisser dans la Dordogne comme il le fait dans la Garonne jusqu'à Bordeaux. A partir du confluent, il s'élève graduellement sur la Dordogne, et plus rapidement à mesure que l'on s'avance vers l'amont. Il atteint à la limite d'amont l'altitude $2^m,8o$ au-dessus du zéro du nivellement général de la France.

363. *Intersection des lieux géométriques des basses mers de vive eau et de morte eau.* — Les lieux géométriques des basses mers des marées de vive eau et de morte eau des 19 et 26 septembre 1876 se sont coupés, comme le montre le dessin de la *Planche IX*, entre Cubzac et Saint-Pardon, à $27\,000^m$ du confluent de la Dordogne et de la Garonne et à $98\,900^m$ de l'embouchure de la Gironde.

364. *Courbes locales des marées.* — *Voir* la *Planche IV* où sont figurées les courbes locales des marées des 19 et 26 septembre 1876 aux différents postes d'observation de la Dordogne.

Ces courbes indiquent, à Cubzac et à Saint-Pardon, l'existence d'un mascaret dont je parlerai plus loin.

365. *Vitesse de propagation de la tête du flot et du sommet des ondes marées.* — Le Tableau de la page 298 donne les vitesses de propagation de la tête du flot et du sommet de l'onde pour les marées des 19 et 26 septembre 1876 sur la Dordogne; j'y ai ajouté les vitesses moyennes de propagation, entre l'embouchure de la Gironde et le confluent de la Dordogne et de la Garonne.

Les vitesses de propagation des marées de la Dordogne se sont comportées dans leur ensemble comme celles des marées de la Garonne, et donnent lieu aux mêmes observations (354).

366. *Durée en chaque lieu du gagnant et du perdant des marées.* — Le Tableau de la page 299 fait connaître les durées du gagnant et du perdant des marées des 19 et 26 septembre 1876 aux différents postes d'observation de la Dordogne.

Les chiffres de ce Tableau ont été établis au moyen des données

LIEUX	DISTANCES	TÊTE DU FLOT		SOMMET DE L'ONDE	
		HEURE du passage en chaque lieu	VITESSE de propagation	HEURE du passage en chaque lieu	VITESSE de propagation
	mètres	h. min.	mètres	h. min.	mètres

Marée de vive eau du 19 septembre 1876.

LIEUX	DISTANCES	TÊTE DU FLOT — heure	TÊTE DU FLOT — vitesse	SOMMET DE L'ONDE — heure	SOMMET DE L'ONDE — vitesse
Emb. de la Gironde.		le 18 sept. 10 30 S		4 40 M	
	71.900	le 19 sept.	5,32		10,99
Pain de sucre, confluent de la Dordogne et de la Garonne.		2 15 M		6 29	
	14.000		4,48		7,77
Cubzac		3 7		6 59	
	16.400		4,41		7,19
Saint-Pardon.		4 9		7 37	
	11.000		4,36		6,55
Libourne.		4 51		8 5	
	18.900		4,25		5,72
Branne.		6 5		9 0	
	17.300		1,75		3,95
Castillon.		8 50		10 13	

Marée de morte eau du 26 septembre 1876.

LIEUX	DISTANCES	TÊTE DU FLOT — heure	TÊTE DU FLOT — vitesse	SOMMET DE L'ONDE — heure	SOMMET DE L'ONDE — vitesse
Emb. de la Gironde.		3 33 M		9 58 M	
	71.900		10,07		17,12
Pain de sucre, confluent de la Dordogne et de la Garonne.		5 32		11 8	
	14.000		4,16		11,66
Cubzac		6 28		11 28	
	16.000		3,41		9,11
Saint-Pardon.		7 48		11 58	
	11.000		3,98		6,11
Libourne.		8 34		0 28 S	
	18.900		3,35		4,20
Branne.		10 8		1 43	

du Tableau précédent et des durées totales des marées indiquées
au n° 329.

LIEUX	DISTANCES	MARÉE DE VIVE EAU du 19 septembre 1876		MARÉE DE MORTE EAU du 26 septembre 1876	
		DURÉE du gagnant	DURÉE du perdant	DURÉE du gagnant	DURÉE du perdant
	mètres	h. min.	h. min.	h. min.	h. min.
Embouchure de la Gironde. .		6 10	6 8	6 25	6 21
	71.900				
Pain de sucre, confluent de la Dordogne et de la Garonne.	14.000	4 14	8 4	5 36	7 10
Cubzac.		3 52	8 26	5 0	7 46
	16.400				
Saint-Pardon. .		3 28	8 50	4 10	8 36
	11.000				
Libourne. . . .		3 14	9 4	3 54	8 52
	18.900				
Branne.		2 55	9 23	3 35	9 11
	17.300				
Castillon. . . .		1 23	10 55		

367. *Courbes instantanées de la marée de vive eau du
19 septembre 1876.* — *Voir* la *Planche X*, sur laquelle sont figurées les courbes instantanées de la marée de vive eau du 19 septembre 1876 sur la Dordogne, courbes prises d'heure en heure.

Ces courbes accusent l'apparition sur la Dordogne du mascaret
que j'ai déjà signalé (364) et dont je parlerai plus loin.

368. *Temps pendant lequel le jusant a régné seul dans la
Dordogne.* — La marée de vive eau du 19 septembre 1876 a
terminé son évolution dans la Dordogne à $10^h 30^m$ du matin.
L'onde marée suivante n'ayant commencé à pénétrer dans la
Dordogne qu'à $2^h 40^m$ du soir, il s'est écoulé $4^h 10^m$ pendant les-
quelles le jusant a régné seul dans la rivière.

La marée de morte eau du 26 septembre 1876 a cessé de se faire sentir sur la Dordogne à 3^h du soir, et l'onde marée suivante est entrée dans cette rivière à $6^h 18^m$ du soir. Par conséquent le courant de jusant a régné seul pendant $3^h 18^m$.

369. *Du mascaret.* — Le mascaret de la Dordogne a plus de régularité dans ses apparitions que celui de la Garonne dont j'ai parlé plus haut (358).

Il est possible que la différence de régime des deux mascarets tienne à ce que le lit de la Dordogne est resté, à peu de chose près, dans son état naturel, tandis que celui de la Garonne a subi de nombreux changements par suite des travaux d'amélioration que l'on y a exécutés à diverses époques; et les modifications du lit du fleuve exercent une influence sur le régime du mascaret (292).

Quoi qu'il en soit, le régime du mascaret de la Dordogne n'a pas subi de changement sensible depuis les temps éloignés où l'on a signalé son existence, et sa permanence est sans doute la cause de l'attention qui s'est portée sur lui.

Pendant les plus basses eaux de la Dordogne, qui ont ordinairement lieu en juillet et août, le mascaret se produit à toutes les marées. Son maximum de hauteur varie d'ailleurs avec l'importance de la marée.

Pendant le reste de l'année le mascaret ne se forme sur la Dordogne que dans les marées de vive eau. Il n'a même qu'une importance très faible, soit en hauteur, soit en longueur de parcours, dans les marées de vive eau de la période des grandes eaux de la Dordogne, du mois de décembre au mois d'avril.

C'est vers le port de Plagne, à 11^{km} en amont du confluent de la Dordogne et de la Garonne, que l'onde du mascaret commence à se former.

La hauteur de cette onde augmente progressivement jusqu'à Saint-Pardon, où elle atteint sa plus grande valeur.

Elle diminue ensuite peu à peu, et le mascaret finit par disparaître en un lieu plus ou moins avancé vers l'amont, suivant l'importance de la marée et l'état des eaux de la rivière, mais sans aller jamais au delà de 3^{km} en amont de Branne.

Il importe de remarquer ici qu'au port de Plagne, où l'onde du mascaret commence à paraître, le lit de la Dordogne se rétrécit d'une manière très notable. En aval de ce lieu la largeur du lit est constamment d'environ 1000^m, et en amont elle se réduit rapidement à 650^m. Elle diminue ensuite graduellement à mesure que l'on s'avance vers l'amont, et à Libourne elle n'est plus que de 200^m.

Pendant toute sa marche, l'onde du mascaret s'étend constamment d'une rive à l'autre de la Dordogne, étant parfois normale à l'axe de la rivière, et parfois inclinée sur cet axe dans un sens ou dans l'autre.

En marée de vive eau, et dans la saison des basses eaux de la Dordogne, la plus grande hauteur du mascaret est d'environ 1^m au-dessus des eaux de la rivière.

Quelle que soit la hauteur du marcaret, son sommet dépasse d'une certaine quantité la surface supérieure du flot aux lieux où l'onde a ses plus grandes hauteurs. En ces lieux le mascaret est suivi de plusieurs ondes d'oscillation ou éteules (201) qui se succèdent pendant environ 10^{min} après le passage du mascaret.

Les observations dont le mascaret de la Dordogne a été l'objet ne paraissent pas avoir porté sur la forme de l'onde du mascaret dans les lieux où sa hauteur décroît. Il est probable qu'en ces lieux le sommet de l'onde ne dépasse plus la surface supérieure du flot, ainsi qu'on l'a constaté sur d'autres fleuves.

Pendant la marée de vive eau du 19 septembre 1876 le mascaret s'est montré à Cubzac et à Saint-Pardon.

On n'a pas signalé le lieu où ce mascaret a commencé ni celui où il a disparu.

Il est très probable que c'est toujours au rétrécissement du port de Plagne que l'onde du mascaret a pris naissance ; et cette onde a dû disparaître avant Libourne, puisqu'en ce lieu on n'a pas constaté la présence du mascaret.

Aux deux points où le mascaret a été observé il s'élevait de $0^m,8o$ à $0^m,9o$ au-dessus des eaux de la rivière, et dépassait de $0^m,4o$ à $0^m,5o$ la surface supérieure du flot.

Le mascaret était accompagné d'éteules. Les renseignements recueillis ne font pas connaître si la différence de hauteur entre le sommet de l'onde du mascaret et la surface supérieure du flot se rapporte à la position moyenne de cette surface ou au fond des éteules.

Le mascaret de la Dordogne a bien, comme celui de la Garonne (358), les caractères des mascarets des fleuves à embouchure libre (264).

Il commence à se manifester à une grande distance de l'embouchure de la Gironde, qui commande le régime hydraulique de la Dordogne comme celui de la Garonne, et il prend naissance en un lieu où le lit de la rivière diminue rapidement de largeur.

Je renvoie à ce que j'ai dit précédemment (265 et 358) sur les causes de la formation du mascaret dans ces conditions.

Je ferai en outre remarquer ici que les deux causes auxquelles on peut rapporter le mascaret des fleuves à embouchure libre (265) agissent sans doute dans des proportions différentes suivant l'importance de la marée et l'état des eaux du fleuve.

Lorsque le mascaret, dans les grandes marées, se montre jusqu'à la limite d'amont qu'il ne dépasse jamais, limite qui sur la Dordogne est à 3^{km} en amont de Branne, il est probable que le régime général du fleuve exerce une plus grande part d'influence dans la formation du mascaret.

Lorsque, comme dans la marée du 19 septembre 1876, le mascaret ne se montre que sur une faible longueur, on peut présumer, ainsi que je l'ai déjà dit (358), que l'influence directe de la diminution de largeur ou de profondeur du lit sur les ondes élémentaires situées près de la tête du flot devient alors prépondérante.

Il est une circonstance qui paraît appuyer les vues que j'ai exposées sur les mascarets de la Garonne et de la Dordogne.

On a vu (358) que le mascaret de la Garonne s'est manifesté à quelques centaines de mètres seulement du confluent de la Garonne et de la Dordogne.

Si les mascarets de ces deux fleuves avaient leur cause unique dans le régime général de la Gironde, celui de la Dordogne devrait, comme celui de la Garonne, se manifester à peu de distance du confluent.

Or c'est à une distance beaucoup plus grande, à 11^{km} du confluent, que le mascaret commence à paraître sur la Dordogne.

Ces faits paraissent établir que les mascarets de ces deux fleuves ne proviennent pas uniquement du régime général de la Gironde ; et comme ces mascarets prennent l'un et l'autre naissance en des lieux où les dimensions du lit subissent de notables diminutions, on est porté à conclure que ces diminutions exercent une action directe dans la production du mascaret.

§ 4. — Charente.

370. *Embouchure.* — Les rives de la Charente et celles de la mer présentent, à l'embouchure du fleuve, les dispositions suivantes (*fig.* 34) :

La rive droite du fleuve se continue, par une langue de terre, jusqu'à la pointe du fort d'Enet.

La rive gauche n'accompagne pas la rive droite sur toute la longueur. Elle s'arrête à la pointe de Piédemont, à environ 5^{km} en amont de l'extrémité de la rive droite ; mais à 750^{m} plus en aval se trouve l'île Madame qui se prolonge à peu près jusque vis-à-vis la pointe du fort d'Enet.

Le détroit qui sépare l'île Madame de la terre ferme a peu de profondeur. Le fond de ce détroit forme un seuil qui émerge à basse mer de vive eau, et d'autant plus, naturellement, que la marée de vive eau est plus forte. Mais dans les marées de morte eau qui succèdent aux grandes marées de vive eau le seuil du détroit en question ne découvre plus à basse mer.

Cette circonstance du régime de l'embouchure de la Charente amène des conséquences importantes, comme nous le verrons plus loin.

C'est dans le lit même de la Charente que se trouve la barre qui

Fig. 34.

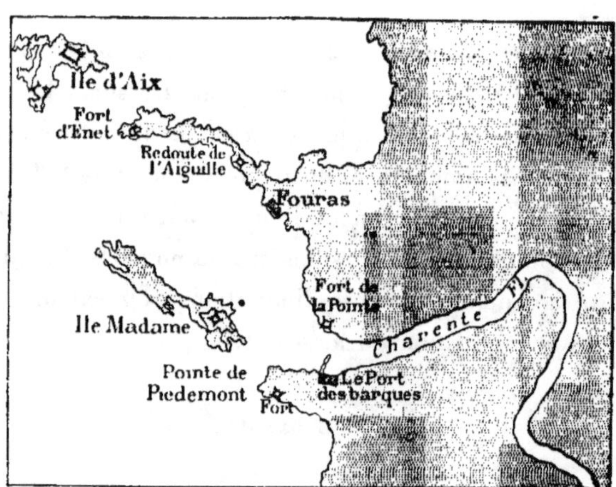

se dépose toujours à proximité de l'embouchure des fleuves à marée.

Cette barre a son extrémité d'aval à 3ooo^m environ en aval du détroit qui sépare l'île Madame de la terre ferme, et elle s'appuie du côté d'amont contre des hauts fonds du fleuve, dont elle forme pour ainsi dire le prolongement et qui s'étendent jusqu'à un point situé à 8^{km} en aval de Rochefort.

La barre et les hauts fonds qui lui font suite occupent ainsi dans le lit de la Charente une longueur d'environ 15^{km}.

En aval de la barre, le fond de la mer descend, par une pente continue d'environ 7500^m de longueur, jusqu'aux grandes profondeurs de la rade de l'île d'Aix.

La barre de la Charente, disposée comme je viens de le dire, est partout au-dessous des basses mers de vive eau, de quantités qui varient dans des limites assez étroites. Dans la marée de vive eau du 19 septembre 1876, la hauteur moyenne de l'eau sur la barre à basse mer peut être évaluée à 1^m,40.

La Charente est par conséquent du nombre des fleuves dont la barre est déposée dans le lit même du fleuve (259), et de l'espèce particulière de ces fleuves dont la barre est inférieure aux basses mers de vive eau (261).

La barre de la Charente est formée par des vases qui sont molles à la surface. Les hauts fonds qui la précèdent dans le fleuve sont formés de sables argileux compacts recouvrant un fond de rocher ou de tuf.

La présence du détroit qui sépare l'île Madame de la terre ferme rend incertaine la position de la section qui forme l'embouchure topographique (132) du fleuve. Si en morte eau il paraît rationnel de placer cette embouchure à la pointe de Piédemont, en vive eau, on devrait la reporter à l'extrémité Ouest de l'île Madame, puisqu'alors, à basse mer, les eaux du fleuve s'écoulent toutes par cette section.

Cette question toutefois a peu d'importance, et c'est surtout la position de l'embouchure effective (132) qui intéresse le régime du fleuve.

Mais sur ce point encore règne l'incertitude.

C'est sur la barre et en amont de la pointe de Piédemont que l'embouchure effective du fleuve doit se trouver. Or, à partir de la pointe de Piédemont le lit du fleuve se rétrécit progressivement et très rapidement, car il passe de 2000^m à 500^m de largeur sur 2^{km} de longueur.

Pour déterminer, sur cette longueur, la position de la section qui règle l'entrée des eaux de la mer dans le fleuve, il faudrait avoir des données sur les volumes d'eau introduits de la mer dans le fleuve pendant les marées et sur les éléments du débit des diverses sections du fleuve vers l'embouchure. Ce sont là des éléments qui exigeraient de longues études, et je n'avais pas la possibilité de les faire.

Dans l'incertitude où je restais à ce sujet, j'ai adopté pour embouchure effective de la Charente la section qui passe par la petite jetée du port des Barques. Cette section est à peu près au milieu de la partie évasée du lit dont je parlais plus haut. La jetée transversale du port des Barques lui donne des dimensions précises et une surface un peu moins grande que celle des sections les plus voisines.

Mais, je le répète, le choix de cette section ne repose pas sur des données certaines, et les documents qui se rapportent à l'embouchure ainsi déterminée n'ont pas le même degré de précision que les autres documents qui s'appuient sur des faits observés.

La largeur de l'embouchure ainsi placée est de 365^m au niveau des basses mers de vive eau, et de 1120^m au niveau des pleines mers de vive eau. La plus grande profondeur au-dessous de la basse mer de vive eau du 19 septembre 1876 a été de $2^m,80$.

Je dois faire connaître qu'il n'a pas été fait d'observations au port des Barques pendant les marées des 19 et 26 septembre 1876. Les courbes locales des marées en ce lieu, qui sont figurées sur la *Planche VI*, ont été déduites des courbes relevées au fort Boyard et à Rochefort.

371. *Profondeur des basses eaux.* — Sur la barre de la Charente, la profondeur moyenne des eaux est d'environ $1^m,15$ dans les plus basses mers de vive eau. Elle a été d'environ $1^m,40$ dans la marée du 19 septembre 1876.

En amont des hauts fonds qui précèdent la barre, et sur 16^{km} de longueur, la Charente présente en basses eaux de grandes profondeurs qui vont juqu'à 6^m. C'est au milieu de la longueur de cette fosse profonde que se trouve le port de Rochefort.

Le fond du lit, dans cette partie de la Charente, est formé par une argile dure, ou par des sables agglomérés très fermes. Les matières molles vaseuses qui composent la barre ne s'y déposent pas, sinon près des rives.

De l'extrémité d'amont de la fosse de Rochefort jusqu'à Saint-Savinien, le lit de la Charente présente une suite de hauts fonds et de mouilles. La profondeur des basses eaux sur les hauts fonds les plus élevés est d'environ o^m,75.

A Saint-Savinien existe, sur 1500^m de longueur, un rapide qui exerce une influence très marquée sur le régime des marées.

En amont de ce rapide, le lit du fleuve reprend plus de profondeur qu'à Taillebourg : les basses eaux y ont environ 4^m de hauteur. Puis en amont de Taillebourg on retrouve une suite de hauts fonds et de mouilles semblable à celle qui existait en aval de Saint-Savinien.

372. *Limite de la partie maritime de la Charente.* — A la Baine, à 80 200^m du port des Barques, se trouve un barrage contre lequel viennent s'amortir les marées de morte eau et même les marées de vive eau ordinaires.

Dans les plus grandes marées de vive eau, la marée franchit le barrage de la Baine et se fait sentir à 15 300^m en amont jusqu'au port de Lys.

373. *Altitude du niveau moyen de la mer à l'embouchure de la Charente.* — D'après les courbes locales des marées au port des Barques (*Pl. VI*), le niveau moyen de la mer, en ce lieu, aurait été plus élevé que le zéro du nivellement général de la France, savoir : de o^m,35 dans la marée de vive eau du 19 septembre 1876 et de o^m,73 dans la marée de morte eau du 26 du même mois.

Je rappelle que les courbes des marées au port des Barques ne résultent pas d'observations faites en ce lieu, mais ont été déduites des courbes du fort Boyard et de Rochefort (370).

374. *Hauteur totale des marées à l'embouchure de la Charente.* — D'après les courbes locales des marées au port des Barques, établies comme je viens de le dire, la hauteur totale de ces marée, à l'embouchure de la Charente a été, savoir : $5^m,71$ pour la marée de vive eau du 19 septembre et $1^m,66$ pour la marée de morte eau du 26 septembre 1876.

375. *Lieux géométriques des pleines mers et des basses mers.* — Le dessin des lieux géométriques des pleines mers et des basses mers de la Charente (*Pl. IX*) montre que dans la marée de vive eau du 19 septembre 1876 la ligne des pleines mers a été à peu près horizontale de l'embouchure à Saint-Savinien aval et de Saint-Savinien amont à la Baine. Mais au passage du rapide de Saint-Savinien, il s'est abaissé de $0^m,26$ de l'aval à l'amont.

Le lieu géométrique des pleines mers de la marée de morte eau du 26 septembre 1876 s'est toujours tenu très rapproché de la ligne horizontale, de l'embouchure à la Baine.

Le lieu géométrique des basses mers de la marée de vive eau du 19 septembre a constamment suivi la pente naturelle du fleuve. Au rapide de Saint-Savinien, la différence de niveau de l'aval à l'amont a été de $1^m,14$.

Le lieu géométrique des basses mers de la marée de morte eau du 26 septembre s'est d'abord abaissé de $0^m,54$ de l'embouchure à Saint-Savinien aval. A partir de ce point, il s'est comporté comme celui des basses mers de vive eau, mais en restant inférieur à ce dernier de $0^m,45$ environ en moyenne.

376. *Intersection des lieux géométriques des basses mers de vive eau et de morte eau.* — Les lieux géométriques des basses mers de vive eau et de morte eau des 19 et 26 septembre 1876 se sont coupés entre Carillon et Saint-Savinien (*Pl. IX*), à environ

36 500^m du port des Barques, soit aux 0,45 de la longueur de la partie maritime du fleuve limitée au barrage de la Baine.

377. *Courbes locales des marées de la Charente.* — *Voir* la *Planche VI*, sur laquelle sont figurées les courbes locales des marées des 19 et 26 septembre 1876, aux différents postes d'observation de la Charente.

Ces courbes accusent l'existence, dans la Charente, de phénomènes particuliers depuis longtemps connus et signalés.

La marée de morte eau du 26 septembre 1876 a eu deux maxima. Cette circonstance n'est pas accidentelle; elle se présente à toutes les marées de morte eau de la Charente, et d'autant plus marquée que la marée de morte eau a moins de hauteur totale.

La marée de vive eau du 19 septembre 1876 n'a eu, au contraire, qu'un seul maximum; et il en est également ainsi dans toutes les marées de vive eau de la Charente.

Je signalerai cependant un certain renflement, dans la branche du perdant des courbes de la marée de vive eau, qui détruit la régularité de ces courbes. Ce renflement est surtout sensible à Saint-Savinien, et on le retrouve dans la courbe de la marée de vive eau du fort Boyard (*Pl. I*), qui est situé en pleine mer, en avant de l'embouchure de la Charente.

Peut-être, comme je le dirai plus loin, ce renflement de la courbe de la marée de vive eau provient-il de la même cause que le double maximum de la marée de morte eau.

Quoi qu'il en soit, la marée de vive eau ne présente pas les deux maxima bien accentués de la marée de morte eau. On peut alors se demander pourquoi la marée de morte eau a deux maxima, tandis que la marée de vive eau n'en a qu'un seul.

Cette question n'est pas la seule que soulèvent les courbes locales des marées de la Charente.

Ces courbes montrent encore qu'entre les deux maxima de la marée de morte eau les eaux se sont abaissées de quantités différentes ; à l'embouchure, l'abaissement n'a été que de $0^m,10$, et dans l'intérieur du fleuve il s'est élevé jusqu'à $0^m,30$ et $0^m,35$.

En outre, au fort Boyard, en pleine mer, les deux maxima de la marée de morte eau existent, mais la dépression de la marée entre les deux maxima est très minime et plus faible que celle des courbes de l'intérieur du fleuve (*Pl. I*).

Dès lors se présente encore la question de savoir pourquoi, entre les deux maxima, la marée de morte eau s'abaisse plus dans l'intérieur du fleuve que dans sa partie d'aval et que dans la mer en avant de son embouchure.

Dans des études faites sur ces intéressantes questions, on a pensé que la cause du phénomène réside dans le régime de la Charente maritime, attendu que la dépression de la marée entre les deux maxima est plus forte dans l'intérieur du fleuve qu'à l'embouchure. L'effet produit par la cause fluviale, quelle qu'elle soit, se serait affaibli en s'éloignant du lieu où la cause aurait d'abord exercé son action et en s'approchant de la mer.

Je ne crois pas que ces vues soient fondées. Les ondes marées de la mer ont une importance trop grande relativement à celles du fleuve pour que ces dernières puissent réagir sur les premières.

Il faut considérer d'ailleurs que les marées n'apparaissent dans le fleuve qu'après s'être manifestées dans la mer au droit de l'embouchure, et il serait difficile d'admettre que les faits antérieurs de la mer fussent influencés par les faits postérieurs de l'intérieur du fleuve.

Le double maximum des marées de morte eau de la Charente me paraît provenir de l'interférence de deux ondes qui coexistent dans le bras de mer compris entre l'île d'Oléron et la terre ferme, et que, pour simplifier, je désignerai par le nom de *canal d'Oléron*.

J'ai dit précédemment (70) que les marées abordent la côte Ouest de la France à peu près parallèlement à cette côte. C'est ce que montre la presque simultanéité des marées à tous les points de la côte compris entre Brest et l'Adour (*Pl. I*).

Cependant l'onde marée ne s'amortit ni au même instant, ni d'une manière absolue en tous les points de cette côte. Les irrégularités du rivage de la mer doivent donner lieu à des ondes réfléchies ou dérivées.

Vers l'embouchure de la Charente, la circonstance qui donne lieu à la coexistence de deux ondes apparaît assez clairement. (*fig.* 35).

Fig. 35.

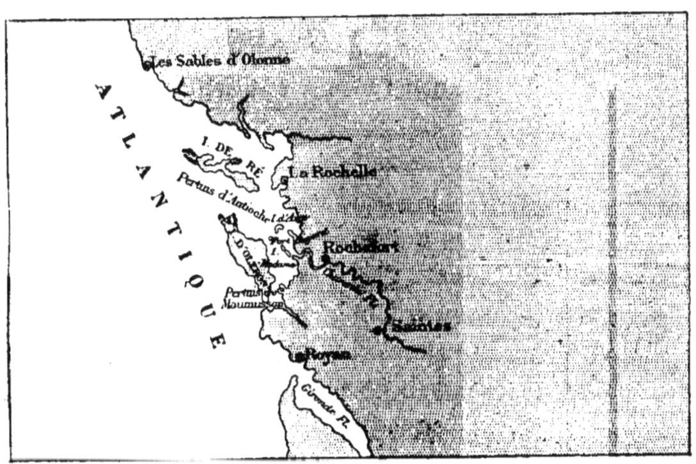

Le canal d'Oléron, à l'extrémité Nord duquel se trouve l'embouchure de la Charente, communique avec la mer, savoir : au Nord par le pertuis d'Antioche, qui sépare l'île d'Oléron de l'île de Ré, et au Sud par le pertuis de Maumusson.

Le pertuis d'Antioche a 10^{km} d'ouverture dans sa partie la plus étroite, et le pertuis de Maumusson n'a que 1600^m de largeur.

L'onde marée pénètre par ces deux ouvertures dans le canal d'Oléron, et, comme toujours en pareille circonstance, elle y donne naissance à deux ondes dérivées marchant en sens contraire. C'est ce qui donne lieu, dans le canal de Saint-Georges, entre l'Angleterre et l'Irlande, aux intéressants phénomènes d'interférence qui s'y passent.

Les deux ondes dérivées qui se forment ainsi dans le canal d'Oléron se trouvent dans des conditions différentes par rapport à l'embouchure de la Charente.

L'onde pénétrant par le pertuis d'Antioche arrive à cette embouchure presque directement, à peu près comme si l'île d'Oléron n'existait pas.

L'onde pénétrant par le pertuis de Maumusson, outre qu'elle a un plus long parcours à faire pour arriver à l'embouchure de la Charente, se propage dans une mer sinueuse et encombrée qui retarde sa marche. Elle doit donc se faire sentir à l'embouchure de la Charente plus tard que l'onde qui vient par le pertuis d'Antioche.

En fait, le second maximum de la marée de morte eau du 26 septembre 1876 a eu lieu, à l'embouchure de la Charente, $3^h 30^m$ après le premier. D'après ce qui précède, ce serait le retard que le sommet de l'onde dérivée venant du Sud aurait, à l'embouchure de la Charente, sur celui de l'onde dérivée qui vient du Nord.

Ainsi s'expliquerait l'existence des deux maxima dans les marées à l'embouchure de la Charente.

Mais pourquoi ces deux maxima ont-ils lieu en morte eau et non en vive eau?

Cela me paraît résulter de la disposition particulière des lieux à l'embouchure de la Charente.

Je rappelle qu'en prolongement de la rive gauche de la Charente (370) se trouve l'île Madame, séparée de la terre ferme par un détroit dont le fond forme un seuil assez élevé, qui découvre à basse mer dans les marées de vive eau, mais ne découvre pas dans les marées de morte eau. Ces effets sont d'autant plus marqués que les marées de vive eau ont plus d'importance, et que par suite les marées de morte eau qui leur succèdent ont moins de hauteur totale.

De cette disposition il résulte qu'en morte eau l'onde dérivée venant du Sud peut se propager sur toute la longueur de la côte, et se faire sentir à l'embouchure même de la Charente dès que son mouvement de propagation l'a conduite en ce lieu ; tandis que dans les marées de vive eau l'île Madame et le seuil du détroit qui sépare cette île de la terre ferme, alors à sec, empêchent pendant un certain temps l'onde dérivée du Sud d'arriver à l'embouchure de la Charente et la détournent de manière à la diriger sur la côte Est de l'île d'Oléron, où elle vient s'amortir.

C'est ainsi que les choses se passent en vive eau jusqu'à ce que la marée ait atteint, vers l'embouchure de la Charente, le seuil du détroit compris entre l'île Madame et la terre ferme. A ce moment, c'est la marée dérivée venant du Nord qui, en avance de quelques heures sur celle du Sud, commence à couvrir le seuil du détroit. L'onde marée venant du Sud peut sans doute alors se faire sentir au delà du détroit vers l'embouchure de la Charente; mais, vu la faible hauteur d'eau qui couvre alors le seuil, la propagation de l'onde dérivée du Sud ne saurait s'y faire régulièrement, et la présence de cette onde à l'embouchure de la Charente ne peut se manifester d'une manière accentuée. Tout au plus apporte-t-elle quelque modification dans la forme de la courbe locale de la marée en ce lieu, et l'on peut présumer que c'est à l'action de cette onde qu'est dû le renflement que j'ai signalé plus haut dans les branches du perdant des courbes locales de la marée de vive eau de la Charente du 19 septembre 1876.

Il faudrait donc, en résumé, attribuer le double maximum des marées de morte eau à l'embouchure de la Charente à l'interférence de deux ondes dérivées dans le canal d'Oléron, ondes qui, en morte eau, peuvent se faire sentir à l'embouchure de la Charente pendant toute la durée de leur évolution. Si les marées de vive eau ne présentent pas le même phénomène, c'est que la disposition des lieux empêche alors l'onde dérivée venant du Sud de pénétrer jusqu'à l'embouchure de la Charente, et détourne au contraire cette onde pour l'amortir contre l'île d'Oléron, au moins pendant les premiers temps de son évolution.

Mais, ainsi que je l'ai dit plus haut et comme le montrent les courbes locales des marées de la Charente (*Pl. VI*), le phénomène des deux maxima, en marée de morte eau, est baucoup plus accentué dans l'intérieur du fleuve qu'à l'embouchure. La dépression de la marée entre les deux maxima y est beaucoup plus forte.

Il n'y a là qu'un simple phénomène d'ondulation dont il me paraît facile de se rendre compte.

Considérons les courbes *instantanées* de deux ondes marées se suivant à un intervalle de temps moindre que la durée de leur évolution. Ces deux ondes se pénétreront en partie et formeront une onde composée ayant deux sommets (*fig.* 36 et 37). La distance

Fig. 36.

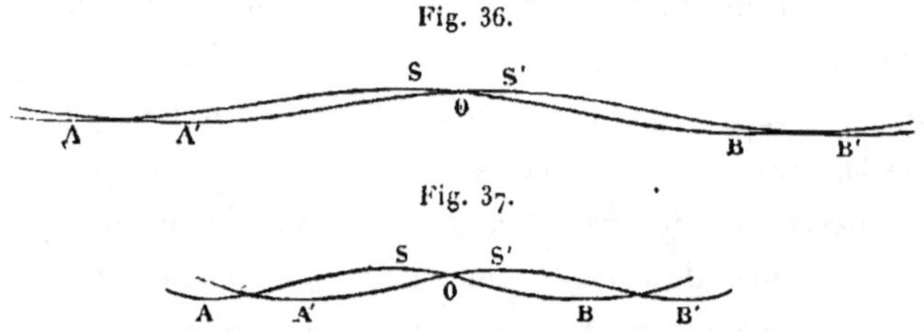

Fig. 37.

qui sépare ces sommets restera la même, ou variera, suivant que les vitesses de propagation des tranches correspondant aux sommets seront égales ou différentes.

Entre les deux sommets existe une dépression dont l'une des parties inclinées appartient au perdant de l'onde antérieure, et l'autre au gagnant de l'onde postérieure.

La profondeur de la dépression dépend d'abord de l'éloignement des deux sommets des deux ondes qui se pénètrent. Mais, pour un même éloignement, elle dépend en outre de la courbure plus ou moins grande des courbes instantanées des deux ondes près de leur sommet, courbure qui de son côté dépend de la longueur des ondes. A une grande longueur des ondes correspond une faible courbure de leur sommet et réciproquement.

C'est ce que montrent les deux figures précédentes. Il est évident que, pour des distances à peu près égales entre les sommets des ondes S et S′, et en admettant que les ondes qui se pénètrent aient à peu près même hauteur, le point O sera placé plus bas au-dessous des sommets S et S′ dans les ondes courtes de la seconde figure que dans les ondes de la première figure, qui ont plus de longueur.

Or les ondes marées qui viennent de l'Atlantique ont de très grandes longueurs. Au moment où elles abordent les côtes de France, leur longueur n'est sans doute pas inférieure à 2000^{km}; tandis que dans les fleuves les courbes instantanées, vers les sommets des marées, appartiennent à des ondes auxquelles on ne peut pas assigner plus de 150 à 200^{km} de longueur.

Il est donc dans la nature des choses que les deux ondes qui forment interférence, et qui à l'embouchure du fleuve n'ont qu'une faible dépression entre leurs sommets, acquièrent une dépression plus forte dans l'intérieur du fleuve.

J'ai considéré dans ce qui précède les courbes *instantanées* des marées; mais les conclusions s'appliquent aussi bien aux courbes *locales* des marées qu'aux courbes instantanées. Car nous avons vu (81 et 141) que ces diverses courbes affectent les mêmes formes générales dans une même localité.

Les courbes locales des ondes marées qui ont deux sommets doivent par conséquent présenter une dépression plus forte entre les deux maxima dans l'intérieur du fleuve qu'à son embouchure.

C'est ainsi en effet que se comportent les courbes locales des marées de morte eau de la Charente (*Pl. VI*).

Avant de quitter ce sujet, je ferai remarquer que l'intervalle de temps qui sépare les deux maxima en chaque lieu diminue généralement à mesure que l'on avance vers l'amont du fleuve (*voir* la *Planche VI* et le *Tableau* du n° 379).

C'est encore là une conséquence naturelle du mouvement ondulatoire. Il résulte en effet de toutes les observations que la vitesse de propagation du sommet de l'onde diminue à mesure que l'onde s'avance dans le fleuve. Il doit en être ainsi, puisqu'en remontant le fleuve les deux principaux éléments de la vitesse de propagation du sommet de l'onde, la profondeur des eaux du fleuve et la hauteur de l'onde, vont l'un et l'autre en diminuant.

Par conséquent, à quelque instant que l'on considère l'onde marée ayant deux sommets, le sommet antérieur a généralement une vitesse de propagation moindre que le sommet postérieur. Les deux sommets tendent donc constamment à se rapprocher, et le temps qui sépare le passage des deux sommets en chaque lieu doit diminuer à mesure que le lieu que l'on considère est plus éloigné de l'embouchure.

378. *Vitesse de propagation de la tête du flot et du sommet des ondes marées.*— Les vitesses de propagation de la tête du flot et du sommet ou des deux sommets des marées de vive eau et de morte eau des 19 et 26 septembre 1876 sont inscrites dans les Tableaux suivants :

Marée de vive eau du 19 septembre 1876.

LIEUX	DISTANCES	TÊTE DU FLOT		SOMMET DE L'ONDE	
		HEURE du passage en chaque lieu	VITESSE de propagation	HEURE du passage en chaque lieu	VITESSE de propagation
	mètres	h. min.	mètres	h. min.	mètres
Embouchure. (Port des Barques.) . .		le 18 sept. 11 35 S	. . . .	3 51 M	. . . .
	18.500	le 19 sept.	6,13		10,25
Rochefort		0 25 M	. . . .	4 21	. . . .
	6.400		10,66		13,33
Tonnay-Charente . .		0 35	. . . .	4 29	. . . .
	7.500		4,80		5,68
Carillon		1 1	. . . .	4 51	. . . .
	12.700		4,23		5,04
St-Savinien, aval. .		1 51	. . . .	5 33	. . . .
	1.500		1,25		1,66
St-Savinien, amont.		2 11	. . . .	5 48	. . . .
	9.700		4,04		4,62
Taillebourg		2 51	. . . .	6 23	. . . .
	11.700		3,42		4,53
Saintes		3 48	. . . .	7 6	. . . .
	12.200		3,23		4,32
La Baine.		4 51	. . . .	7 53	. . . .

Marée de morte eau du 26 septembre 1876.

LIEUX	DISTANCES	TÊTE DU FLOT		1er SOMMET DE L'ONDE		2e SOMMET DE L'ONDE	
		HEURE DU PASSAGE en chaque lieu	VITESSE de propagation	HEURE DU PASSAGE en chaque lieu	VITESSE de propagation	HEURE DU PASSAGE en chaque lieu	VITESSE de propagation
	mètres	h. min.	mètres	h. min.	mètres	h. min.	mètres
Embouchure. (Port des Barques.)	. . . .	3 5 M	. . . .	7 40 M	. . . .	11 0 M	. . .
	18.500		7,34		7,70		8,11
Rochefort	. . . .	3 47	. . . .	8 20	. . .	11 38	. . .
	6.400		9,70		11,85		10,66
Tonnay-Charente. .	. . . .	3 58	. . . .	8 29	. . . .	11 48	. . .
	7.500		5,00		8,93		8,33
Carillon.	. . . .	4 23	. . . .	8 43	. . . .	0 3 S	. .
	12.700		4,23		5,04		5,29
St-Savinien, aval. .	. . . .	5 13	. . . .	9 25	. . . .	0 43	. . .
	1.500		1,00		1,25		1,66
St-Savinien, amont.	. . . .	5 38	. . . .	9 45	. . . .	0 58	. . .
	9.700		5,38		5,77		6,46
Taillebourg	. . . .	6 8	. . . .	10 23	. . . .	1 23	. . .
	11.700		3,25		4,14		5,56
Saintes	. . . .	7 8	. . . .	11 0	. . . .	1 58	. . .
	12.200		3,69		4,09		4,52
La Baine	. . . .	8 3	. . . .	11 50	. . . .	2 43	. . .

Les plus grandes vitesses de propagation se trouvent, en général, entre Rochefort et Tonnay-Charente, où la profondeur de la Charente est très grande, et les plus faibles au rapide de Saint-Savinien, que j'ai précédemment signalé (371).

A ces exceptions près, les vitesses de propagation diminuent en avançant dans le fleuve, comme il arrive ordinairement.

On remarquera encore ici l'influence qu'exerce, sur les vitesses de propagation de la tête du flot, la profondeur des basses eaux, plus grande en morte eau qu'en vive eau, dans la partie inférieure du fleuve (134).

Les vitesses de propagation du sommet de l'onde ont été en

général plus grandes en morte eau qu'en vive eau ; ce qui peut être attribué, comme je l'ai déjà dit (354), au vent d'Ouest violent qui a régné pendant la marée du 26 septembre 1876.

379. *Durée en chaque lieu du gagnant et du perdant des marées.* — Le Tableau suivant donne les durées, en chaque lieu, du gagnant et du perdant des marées des 19 et 26 septembre 1876, et le temps qui a séparé les deux maxima de la marée de morte eau du 26 septembre.

Ce Tableau est dressé d'après les renseignements donnés au numéro précédent, et les durées totales des marées indiquées au n° 329.

LIEUX	DISTANCES	MARÉE DE VIVE EAU du 19 septembre 1876		MARÉE DE MORTE EAU du 26 septembre 1876		
		DURÉE du gagnant	DURÉE du perdant	DURÉE du gagnant	ENTRE les deux maxima	DURÉE du perdant
	mètres	h. min.	h. min.	h. min.	h. min.	h. min.
Embouchure. (Port des Barques.) . .	. . .	4 16	8 2	4 35	3 20	4 51
	18.500					
Rochefort.	. . .	3 56	8 22	4 33	3 18	4 55
	6.400					
Tonnay-Charente . .	. . .	3 54	8 24	4 31	3 19	4 56
	7.500					
Carillon.	. . .	3 50	8 28	4 20	3 20	4 56
	12.700					
St-Savinien, aval . .	. . .	3 42	8 36	4 12	3 18	5 16
	1.500					
St-Savinien, amont.	. . .	3 37	8 41	4 7	3 13	5 26
	9.700					
Taillebourg.	. . .	3 32	8 46	4 15	3 0	5 31
	11.700					
Saintes.	. . .	3 18	9 0	3 52	2 58	5 56
	12.200					
La Baine.	. . .	3 2	9 16	3 47	2 53	6 6

380. *Courbes instantanées de la marée de vive eau du 19 septembre 1876.* — *Voir* la *Planche X* sur laquelle sont figurées les

courbes instantanées de la marée de vive eau du 19 septembre 1876 sur la Charente.

Les courbes sont prises d'heure en heure.

381. *Temps pendant lequel le jusant a régné seul dans la Charente.* — La marée de vive eau du 19 septembre 1876 a cessé de monter, vers le barrage de la Baine, à 7^h53^m du matin.

L'onde suivante a commencé à s'introduire dans le fleuve à 11^h53^m du matin. Le jusant a donc existé seul pendant 4^h.

Dans la marée de morte eau du 26 septembre 1876, le second maximum a lieu à la Baine à 2^h56^m du soir, et l'onde suivante a commencé à pénétrer dans le fleuve à 3^h51^m du soir. Le temps pendant lequel le jusant a régné seul n'a donc été que de 55^m.

La courte durée du temps pendant lequel le jusant a occupé la longueur totale de la partie maritime du fleuve dans la marée du 26 septembre, est due à ce que deux ondes se propageaient alors simultanément dans le fleuve, ce qui a naturellement augmenté la durée des phénomènes d'ondulation.

382. *Du mascaret.* — Les circonstances particulières dans lesquelles se trouve la Charente à son embouchure (370) donnent au régime de ce fleuve, en ce qui concerne le mascaret, des caractères assez effacés, dont il serait difficile de donner une exacte description.

Il est certain que le mascaret se montre sur la Charente. Les mariniers affirment qu'il apparaît pendant certaines marées de vive eau, surtout en été, quand les eaux du fleuve ont leur plus faible débit. Les précautions que l'on est alors obligé de prendre à Tonnay-Charente pour garantir, à l'arrivée du flot, les grands navires qui flottent dans ce port, prouvent l'exactitude de ce témoignage.

Mais le mascaret a de faibles dimensions sur la Charente. On évalue sa plus grande hauteur à $0^m,20$ environ.

C'est sans doute ce qui a été la cause du peu d'attention qui s'est portée sur ce mascaret. En fait, on ne possède pas d'observations sur les circonstances de sa production et de sa marche.

On sait seulement que le mascaret se montre sous la forme d'une onde à large base ; qu'il acquiert sa plus grande hauteur à Tonnay-Charente ; qu'à Rochefort il a une hauteur moindre, et qu'il met environ 15^{min} à parcourir la distance de Rochefort à Tonnay-Charente.

On n'a obtenu aucun renseignement sur le mascaret en amont de Tonnay-Charente. Il est possible que les profondeurs de la Charente, assez grandes en ces lieux, aient donné à la longueur du flot de telles valeurs que les accroissements successifs de la hauteur moyenne du flot en aient été diminués, et que par suite le mascaret se soit rapidement affaissé (257). Quoi qu'il en soit, il a toujours dû s'évanouir au rapide de Saint-Savinien.

Les observations faites sur la marée de vive eau du 19 septembre 1876 n'ont point constaté de mascaret. Il se serait formé, d'ailleurs, que, vu sa faible importance, il aurait bien pu échapper à l'attention des observateurs, surtout si l'on considère que c'est pendant la nuit, de minuit à 2^h du matin environ, que la tête du flot s'est propagée depuis l'embouchure jusqu'au rapide de Saint-Savinien.

§ 5. — Loire.

383. *Embouchure.* — La Loire est un fleuve à embouchure libre (262). C'est au large de l'embouchure qu'est placée la barre qui, comme je l'ai déjà dit, accompagne toujours l'embouchure des fleuves à marée.

L'embouchure de la Loire se trouve entre Saint-Nazaire et la pointe de Mindin. Sa largeur, qui est de 2050^m à basse mer de vive eau, est de beaucoup inférieure à celle du lit en amont. Sur 20^{km} de longueur, la largeur du lit varie en effet de 3000^m à 4000^m.

La profondeur moyenne de la section d'embouchure, au-dessous des plus basses mers de vive eau, est de $6^m,29$. Les plus grandes profondeurs sont de $17^m,80$ près de la rive droite, et de $9^m,30$ et $7^m,40$ vers le milieu du fleuve.

La barre, dont le sommet est à environ 6^{km} de l'embouchure, a une grande longueur. Les sables dont elle est formée se sont principalement déposés sur la rive gauche, jusqu'à la pointe de Saint-Gildas, à 16^{km} de la pointe de Mindin.

Le sommet de la barre n'est que de 0^m,50 au-dessous des basses mers de vive eau. Mais à son extrémité Nord, vers la pointe d'Ève, la barre est coupée par une passe dont la profondeur est de 3^m à 4^m à basse mer de vive eau.

384. *Profondeur des basses eaux.* — Dans sa section d'embouchure, comme je viens de le dire, la Loire a de grandes profondeurs.

Il n'en est plus ainsi dans l'intérieur du fleuve. La profondeur des basses eaux y est généralement faible; et cet état de choses ne résulte pas, comme sur d'autres fleuves, de ce qu'une barre se serait formée dans le lit du fleuve, près de l'embouchure; car, comme nous l'avons vu au numéro précédent, la barre de la Loire est placée dans la mer à une certaine distance de l'embouchure. La faible profondeur des basses eaux de la partie maritime de la Loire tient au régime général de ce fleuve qui, sur toute sa longueur, a un lit d'une très grande largeur.

Un pareil lit est nécessaire pour l'écoulement des grandes eaux qui ont un volume considérable; mais il est exagéré par les basses eaux qui ont au contraire un volume très minime, et c'est pour cela que les eaux d'étiage y prennent une si faible hauteur.

Les ensablements qui paraissent encombrer le lit de Loire, et la faible profondeur des basses eaux, ne sont ainsi que les conséquences du régime général de ce fleuve. Le profil en long de la Loire n'en conserve pas moins une grande régularité; et dans la partie maritime, les eaux ne sont point soutenues à un niveau élevé par les ensablements de la partie inférieure du lit, comme elles le sont sur certains fleuves où les ensablements forment une véritable barre.

Les faibles profondeurs des basses eaux de la Loire commencent à peu de distance de l'embouchure ; à 7^{km} en amont on ne trouve déjà plus, à basse mer de vive eau, que $1^m,50$ de profondeur moyenne et $3^m,30$ au maximum.

La profondeur moyenne des basses eaux diminue ensuite en remontant le fleuve. Jusqu'à la Martinière, sur 28^{km} de longueur, elle ne dépasse pas 1^m, et reste inférieure à ce chiffre en plusieurs points.

De la Martinière à Nantes, sur 20^{km} de longueur, des travaux d'amélioration exécutés à diverses époques, et en dernier lieu les digues construites de 1859 à 1864, ont augmenté la profondeur moyenne des basses eaux. On trouve maintenant dans cette partie de la Loire des profondeurs variant de $1^m,70$ à 3^m.

En amont de Nantes, le lit de la Loire se retrouve dans son état naturel. La profondeur moyenne des basses eaux y est faible et le devient de plus en plus à mesure que l'on avance dans le fleuve.

385. *Limite de la partie maritime du fleuve.* — Dans les grandes marées de vive eau, la marée se fait sentir jusqu'à Mauves à 14280^m en amont de Nantes ; soit à 69780^m de l'embouchure.

La marée de vive eau du 19 septembre 1876 s'est terminée à environ 5000^m, et celle de morte eau du 26 septembre à environ 750^m en amont de Nantes.

386. *Altitude du niveau moyen de la mer à l'embouchure de la Loire.* — Le niveau moyen des marées observées en septembre 1876 a été plus élevé que le zéro du nivellement général de la France, savoir : de $0^m,87$ dans la marée de vive eau du 19 septembre, et de $1^m,12$ dans la marée de morte eau du 26 septembre.

387. *Hauteurs totales des marées à l'embouchure de la Loire.* — La hauteur totale des marées observées en septembre 1876, mesurée de la basse mer à la pleine mer suivante, à

l'embouchure de la Loire, a été, savoir : de $5^m,23$ dans la marée de vive eau du 19 septembre, et de $1^m,47$ dans la marée de morte eau du 26 septembre.

388. *Lieux géométriques des pleines mers et des basses mers.* — *Voir* la *Planche IX*, où sont figurés les lieux géométriques des pleines mers et des basses mers aux différents postes d'observation de la Loire pendant les marées de vive eau et de morte eau des 19 et 26 septembre 1876.

Le lieu géométrique des pleines mers de vive eau présente cette particularité, qu'après s'être élevé, à la Martinière, de $0^m,18$ au-dessus de la pleine mer à l'embouchure, il descend ensuite, entre la Basse-Indre et Nantes, à $0^m,22$ au-dessous du même niveau. On remarquera que la partie de la Loire où le lieu géométrique des pleines mers de vive eau s'abaisse ainsi, est celle à laquelle les ravaux d'endiguement ont donné la plus grande profondeur.

A la limite d'amont, le lieu géométrique des pleines mers de vive eau a dépassé d'environ $0^m,50$ la hauteur de la pleine mer à l'embouchure.

Le lieu géométrique des pleines mers de morte eau s'est progressivement élevé, d'une manière assez régulière, depuis l'embouchure jusqu'à un point situé un peu en amont de Nantes, et où il a dépassé d'environ $0^m,50$ la hauteur de la pleine mer à l'embouchure.

Le lieu géométrique des basses mers de vive eau a constamment suivi la pente du fleuve.

Celui des basses mers de morte eau s'est d'abord abaissé de $0^m,11$ à Paimbeuf. A partir de ce lieu, il s'est progressivement élevé jusqu'à Étier de Vert, où il s'est trouvé à peu près au niveau de la basse mer à l'embouchure. En amont d'Étier de Vert, il a suivi la pente du fleuve.

389. *Intersection des lieux géométriques des basses mers de vive eau et de morte eau.* — Le dessin des lieux géométriques

des pleines mers et des basses mers de la Loire (*Pl. IX*) montre que les lieux géométriques des basses mers de vive eau et de morte eau des 19 et 26 septembre 1876 se sont coupés entre Cordemais et Étier de Vert, à environ 28 700^m de l'embouchure, soit aux 0,41 de la longueur de la partie maritime du fleuve.

390. *Courbes locales des marées de la Loire.* — *Voir* la *Planche VII*, où sont figurées les courbes locales des marées de vive eau et de morte eau des 19 et 26 septembre 1876, aux différents postes d'observation de la Loire.

Les courbes de la marée de morte eau sont généralement aplaties pendant plusieurs heures après l'instant de la pleine mer.

La partie aplatie des courbes présente même dans son milieu un léger affaissement qui prend plus d'importance à mesure que l'on s'avance dans le fleuve et qui est surtout sensible à Couëron.

En cela les courbes de la marée de morte eau de la Loire ont de la ressemblance avec celles de la Charente (377). Il est à présumer que la forme particulière qu'elles affectent résulte, comme sur la Charente, de l'interférence d'une onde dérivée avec l'onde marée de l'Atlantique qui aborde directement les côtes ouest de la France.

Il ne serait pas impossible que l'onde dérivée fût celle qui a déjà produit le second maximum à l'embouchure de la Charente; car le temps qui sépare les deux maxima est à peu près le même à l'embouchure de la Loire qu'à celle de la Charente, et comme la pleine mer de l'onde directe a lieu à l'embouchure de la Loire 40^{min} après le moment où elle se produit à l'embouchure de la Charente, il serait possible que le sommet de l'onde dérivée, qui forme le deuxième maximum de la Charente, mît le même temps de 40^{min} à se propager le long de la côte pour venir former le deuxième maximum de la Loire.

Mais on ne pourrait être fixé sur la valeur de cette hypothèse qu'en étudiant les faits qui se passent entre l'embouchure de la

Charente et celle de la Loire, et il n'a pas été fait d'observations dans cette partie du littoral de l'Atlantique.

Quoi qu'il en soit, que le second maximum de la marée de morte eau de la Loire provienne de l'onde dérivée qui a déjà produit celui de la Charente, ou d'une autre onde dérivée qui aurait sa cause en un autre point du littoral, je pense que l'on ne peut pas attribuer la forme des courbes locales des marées de morte eau de la Loire à une autre cause que l'interférence d'une onde dérivée le long du littoral avec l'onde marée venant directement de l'Atlantique.

391. *Vitesse de propagation de la tête du flot et du sommet des ondes marées.* — Le Tableau de la page 326 fait connaître les vitesses avec lesquelles se sont propagés, dans les différentes parties de la Loire, la tête du flot et le sommet de l'onde pendant les marées de vive eau et de morte eau des 19 et 26 septembre 1876.

Les vitesses de propagation de la tête du flot, en vive eau comme en morte eau, prennent de plus grandes valeurs en amont de la Martinière. Cette augmentation de vitesse est due à la plus grande profondeur des basses eaux, occasionnée dans cette partie de la Loire par les endiguements dont j'ai précédemment parlé (384).

Les vitesses de propagation des marées de la Loire se comportent d'ailleurs comme le font généralement celles des autres fleuves. Ainsi les vitesses de la tête du flot sont plus grandes en morte eau qu'en vive eau dans la partie inférieure du fleuve; et les vitesses du sommet des ondes marées diminuent à mesure que l'on s'avance vers l'amont du fleuve.

392. *Durée en chaque lieu du gagnant et du perdant des marées.* — Les durées, aux différents postes d'observation de la Loire, du gagnant et du perdant des marées de vive eau et de morte eau des 19 et 26 septembre 1876 sont réunies dans le Tableau de la page 327. Ces durées ont été calculées d'après les données du Tableau précédent et les durées totales des marées indiquées au n° 329.

LIEUX	DISTANCES	TÊTE DU FLOT		SOMMET DE L'ONDE	
		HEURE du passage en chaque lieu	VITESSE de propagation	HEURE du passage en chaque lieu	VITESSE de propagation
	mètres	h. min.	mètres	h. min.	mètres

Marée de vive eau du 19 septembre 1876.

LIEUX	DISTANCES	TÊTE DU FLOT — HEURE	TÊTE DU FLOT — VITESSE	SOMMET — HEURE	SOMMET — VITESSE
Embouchure. . . .		le 18 sept. 11 5 S	. . . .	4 15 M	. . . .
	10.550		4,18		11,72
Donges.		11 57	. . . .	4 30	. . . .
	2.900	le 19 sept.	3,45		9,66
Paimbeuf		0 11 M	. . . .	4 35	. . . .
	4.850		2,30		6,21
Lavau.		0 46	. . . .	4 48	. . . .
	5.650		2,19		5,54
Cordemais.		1 29	. . . .	5 5	. . . .
	6.150		2,22		5,39
Etier de Vert. . .		2 15	. . . .	5 24	. . . .
	5.350		2,47		4,95
La Martinière . .		2 51	. . . .	5 42	. . . .
	4.530		3,12		4,19
Couëron.		3 12	. . . .	6 0	. . . .
	4.330		3,32		4,24
Basse-Indre . . .		3 32	. . . .	6 17	. . . .
	7.200		3,43		4,13
Chantenay. . . .		4 7	. . . .	6 46	. . . .
	4.000		3,03		3,70
Nantes.		4 29	. . . .	7 4	. . . .

Marée de morte eau du 26 septembre 1876.

LIEUX	DISTANCES	TÊTE DU FLOT — HEURE	TÊTE DU FLOT — VITESSE	SOMMET — HEURE	SOMMET — VITESSE
Embouchure. . . .		3 25 M	. . . .	8 20 M	. . . .
	10.550		6,28		7,61
Donges		3 53	. . . .	8 43	. . . .
	2.900		5,37		6,90
Paimbeuf		4 2	. . . .	8 50	. . . .
	4.850		4,25		5,77
Lavau.		4 21	. . . .	9 4	. . . .
	5.650		3,13		5,54
Cordemais. . . .		4 51	. . . .	9 21	. . . .
	6.150		2,05		5,40
Etier de Vert . .		5 41	. . . .	9 40	. . . .
	5.350		2,07		5,24
La Martinière . .		6 24	. . . .	9 57	. . . .
	4.530		4,18		4,71
Couëron.		6 42	. . . .	10 13	. . . .
	4.330		4,00		4,51
Basse-Indre . . .		7 0	. . . .	10 29	. . . .
	7.200		3,74		4,44
Chantenay. . . .		7 32	. . . .	10 56	. . . .
	4.000		3,33		4,16
Nantes.		7 52	. . . .	11 13	. . . .

LIEUX	DISTANCES	MARÉE DE VIVE EAU du 19 septembre 1876		MARÉE DE MORTE EAU du 26 septembre 1876	
		DURÉE du gagnant	DURÉE du perdant	DURÉE du gagnant	DURÉE du perdant
	mètres	h. min.	h. min.	h. min.	h. min.
Embouchure.		5 0	7 18	4 55	7 51
	10.550				
Donges.		4 33	7 45	4 50	7 56
	2.900				
Paimbeuf		4 24	7 54	4 48	7 58
	4.850				
Lavau.		4 2	8 16	4 43	8 3
	5.650				
Cordemais.		3 36	8 42	4 30	8 16
	6.150				
Etier de Vert,		3 9	9 9	3 59	8 47
	5.350				
La Martinière		2 51	9 27	3 33	9 13
	4.530				
Couëron.		2 48	9 30	3 31	9 15
	4.330				
Basse-Indre		2 45	9 33	3 29	9 17
	7.200				
Chantenay.		2 39	9 39	3 24	9 22
	4.000				
Nantes.		2 35	9 43	3 21	9 25

393. *Courbes instantanées de la marée de vive eau du 19 septembre 1876.* — *Voir* la *Planche X*, sur laquelle sont figurées les courbes instantanées de la marée de vive eau du 19 septembre 1876 sur la Loire. Ces courbes sont prises d'heure en heure.

394. *Temps pendant lequel le jusant a régné seul dans la Loire.* — La marée de vive eau du 19 septembre 1876 a cessé de se faire sentir sur la Loire à quelque distance en amont de Nantes. Le point précis où l'onde marée a disparu n'a pas été observé ; mais de la marche de cette onde vers Nantes on peut présumer qu'elle s'est effacée à $7^h 30^m$ du matin. L'onde marée suivante ayant commencé à pénétrer dans le fleuve à $11^h 25^m$ du matin, le jusant a

régné seul pendant 3ʰ55ᵐ sur toute la longueur de la partie maritime de la Loire.

La marée de morte eau du 26 septembre 1876 a cessé de se
faire sentir sur la Loire à peu près à 11ʰ30ᵐ du matin. L'onde
marée suivante a commencé à entrer dans la Loire à 4ʰ11ᵐ du
soir. Par conséquent le jusant a régné seul pendant 4ʰ41ᵐ sur
toute la longueur de la partie maritime du fleuve.

395. *Du mascaret.* — Le mascaret ne se montre jamais sur la
Loire. L'arrivée du flot ne se manifeste même que par une ascension lente et régulière de l'eau, ainsi que le témoigne la forme de
la branche du gagnant des courbes locales de la marée de vive eau
du 19 septembre 1876 (*Pl. VII*).

§ 6. — Orne.

396. *Embouchure.* — L'Orne débouche dans la mer en un
point des côtes du Calvados où se trouve une petite baie d'environ
2000ᵐ de largeur et de 2300ᵐ de profondeur, qui s'avance dans les
terres jusqu'à la pointe de Laroque où la vallée de l'Orne prend
sa forme et ses dimensions ordinaires.

Du côté de la mer et à 450ᵐ environ en arrière du rivage, la
baie dont je viens de parler est fermée en partie par une ligne
de dunes, à l'extrémité Est de laquelle se trouve le village de la
Pointe du Siège. Entre la Pointe du Siège et la rive droite de la
baie, il reste une ouverture d'environ 800ᵐ de largeur.

C'est cette ouverture que l'on considère comme l'embouchure
de l'Orne.

Mais en ce lieu le fond du lit de l'Orne est élevé de 3ᵐ environ
au-dessus des basses mers de vive eau ; et il s'est formé, en avant
de l'embouchure de l'Orne, un delta d'environ 1400ᵐ de largeur
et 7000ᵐ de longueur, à travers lequel les eaux de l'Orne se sont
creusé un chenal sinueux qu'elles suivent aux époques de basse
mer de vive eau.

A ces époques, la véritable embouchure de l'Orne se trouve donc reportée en mer à environ 1400^m en avant du rivage ; et l'on verra plus loin (402) que c'est l'heure de la basse mer de vive eau en pleine mer, au large du delta de l'Orne, qu'indique l'*Annuaire des marées*, et non l'heure de la basse mer à la Pointe du Siège.

La plage sous-marine qui fait suite au delta de l'embouchure de l'Orne a une inclinaison très faible, mais constamment dirigée du côté du large, jusqu'aux plus grandes profondeurs de la baie de Seine, qui sont, en ce lieu, de 30^m à 34^m, et qui se trouvent à 15^{km} de la côte. Il n'existe donc pas, en mer, de barre qui entoure l'embouchure de l'Orne ; et c'est dans le lit même de ce fleuve que la barre s'est déposée.

Le delta dont j'ai parlé plus haut forme l'extrémité d'aval de cette barre, et son extrémité d'amont se trouve dans le fleuve à environ 4^{km} du rivage.

Dans une localité ainsi disposée, on est fondé à considérer comme embouchure du fleuve la section transversale du lit de l'Orne faite à la Pointe du Siège et qui se trouve sur le sommet de la barre.

Toutefois on peut se demander si cette section d'embouchure règle, avec toute sa largeur de 800^m, la quantité d'eau qui entre de la mer dans le fleuve à la marée montante, ou si le rétrécissement du lit de l'Orne, qui existe à peu de distance en amont, ne rend pas une partie de la section de la Pointe du Siège non effective.

La solution de cette question exigerait la connaissance des volumes d'eau reçus par l'Orne pendant la marée montante, ainsi que des courants qui s'établissent alors dans la section de la Pointe du Siège ; et c'est une étude que je n'étais pas en position de faire.

397. *Profondeur des basses eaux.* — Sur la longueur de la barre de l'Orne, la profondeur moyenne des basses eaux n'est que de 0^m,50 environ.

En amont de la barre et jusqu'à Caen, les basses eaux ont en moyenne 1^m,30 de profondeur.

Elles conservent ce régime jusqu'à 5^{km} à 6^{km} en amont de Caen. Après quoi, leur profondeur diminue et se réduit à environ 0^m,40 à Saint-André.

398. *Limite de la partie maritime du fleuve.* — Les marées de vive eau s'étendent jusqu'à Saint-André, à 26 208^m de la Pointe du Siège.

En ce lieu existe un barrage de moulin qui empêche toute extension des marées de vive eau en amont.

399. *Altitude du niveau moyen de la mer à l'embouchure de l'Orne.* — À la Pointe du Siège, considérée comme embouchure de l'Orne, le niveau moyen des marées de vive eau et de morte eau observées en septembre 1876 a été plus élevé que le zéro du nivellement général de la France, savoir : de 2^m,12 à la marée du 19 septembre et de 1^m,08 à la marée du 26 septembre.

Mais, ainsi que je l'ai dit (396), le fond du lit de l'Orne, à la Pointe du Siège, est plus élevé que les basses mers au delà du delta de l'embouchure de l'Orne. Le niveau moyen de la marée de la mer, au large de l'embouchure de l'Orne, est donc moins élevé que celui de la marée de l'Orne à la Pointe du Siège.

On peut évaluer approximativement de 1^m à 1^m,05 la hauteur du niveau moyen de la marée de vive eau du 19 septembre 1876, au large de l'embouchure, au-dessus du zéro du nivellement général de la France.

400. *Hauteur totale des marées à l'embouchure de l'Orne.* — La hauteur totale des marées des 19 et 26 septembre 1876 a été, à la Pointe du Siège, de 3^m,89 pour la marée de vive eau du 19 septembre et de 2^m,20 pour la marée de morte eau du 26 septembre.

Au large de l'embouchure de l'Orne, et pour les motifs rappelés au numéro précédent, la hauteur totale des marées est plus grande qu'à la Pointe du Siège. Celle de la marée de vive eau du 19 septembre 1876 peut être évaluée de 5^m,90 à 6^m.

401. *Lieux géométriques des pleines mers et des basses mers.*
— *Voir* la *Planche IX*, où sont figurés les lieux géométriques des
pleines mers et des basses mers de l'Orne pendant les marées de
vive eau et de morte eau des 19 et 26 septembre 1876.

Ces lieux géométriques présentent les particularités suivantes :

La marée de vive eau a eu deux maxima, ce qui a produit les
deux lieux géométriques des pleines mers de cette marée, tracés
sur la figure de la *Planche IX*. Nous verrons plus loin les causes de
cette circonstance.

Les lieux géométriques des basses mers de vive eau et de morte
eau ne sont pas disposés sur l'Orne comme sur les autres fleuves.
Celui des basses mers de vive eau est constamment supérieur à
celui des basses mers de morte eau jusqu'à la Pointe du Siège ;
tandis que sur les autres fleuves, ces deux lieux géométriques se
coupent dans l'intérieur du fleuve, et celui des basses mers de vive
eau se place au-dessous de celui des basses mers de morte eau,
sur une certaine longueur à partir de l'embouchure.

Cela provient de l'élévation déjà signalée (396) du fond du
fleuve à la Pointe du Siège, au-dessus des basses mers de vive eau,
au large du delta de l'Orne.

Si l'on prolongeait les deux lieux géométriques des basses mers
de vive eau et de morte eau de l'Orne jusqu'à l'extrémité du delta
de l'embouchure, ces lieux géométriques se couperaient comme
le font ceux des autres fleuves.

402. *Courbes locales des marées de l'Orne.* — *Voir* la
Planche VI, où sont figurées les courbes locales de marées des 19 et
26 septembre 1876 aux différents postes d'observation de l'Orne.

Les courbes de la Pointe du Siège ont une forme particulière sur
laquelle j'appellerai d'abord l'attention.

Contrairement à ce qui se passe à l'embouchure des autres
fleuves, ces courbes sont entièrement placées au-dessus du zéro
du nivellement général de la France, et même la courbe de la

marée de vive eau s'élève plus que celle de morte eau au-dessus de ce niveau.

Ce que j'ai dit aux numéros précédents rend compte de cette disposition des courbes locales de l'embouchure de l'Orne. Ces courbes reprendraient les formes ordinaires si les observations étaient faites à l'extrémité du delta de l'Orne, au lieu de l'être à la Pointe du Siège, sur le sommet de la barre.

Voici du reste une circonstance qui, tout en justifiant cette manière de voir, permet de tracer d'une manière approximative la courbe locale de la marée de vive eau du 19 septembre 1876 au large de l'embouchure de l'Orne.

Les observations faites à la Pointe du Siège ont donné, pour cette marée, les heures suivantes (*Pl. VI*) :

$$\text{Basse mer.} \ldots \ldots \ldots \ldots \quad 7^{h}\,20^{m}$$
$$\text{Pleine mer.} \ldots \ldots \ldots \ldots \quad 9^{h}\,30^{m}$$

L'*Annuaire des marées* s'accorde bien avec les observations pour l'heure de la pleine mer; mais il indique $5^{h}\,9^{m}$ pour celle de la basse mer.

Si l'on adopte cette dernière heure pour celle de la basse mer, et si l'on prolonge les courbes du gagnant et du perdant au-dessous du zéro du nivellement général de la France, comme je l'ai figuré sur les *Planches II* et *VI*, on obtient une courbe qui est si semblable à la courbe voisine du Havre qu'elle acquiert un grand degré de probabilité.

D'après cela, la courbe locale de la marée de vive eau à la Pointe du Siège ne serait que la courbe de la marée au large du delta de l'Orne, tronquée par le fait de l'élévation de la barre de l'Orne au-dessus des basses mers de vive eau.

Si la basse mer, à la Pointe du Siège, ne se trouve pas à la même heure que la basse mer du large, c'est que les eaux de l'Orne continuent leur mouvement de décroissance à l'embouchure, pendant que la marée suivante s'élève de son niveau le plus bas, au large, à celui du fond du lit de l'Orne, à la Pointe du Siège.

Ces diverses considérations rendent compte de ce qui se passe, tant à l'embouchure de l'Orne qu'au large de cette embouchure, à mer basse et aux premiers instants de la marée montante.

Mais ce n'est pas seulement aux environs de la basse mer que les marées présentent des circonstances exceptionnelles à l'embouchure de l'Orne; il en existe également à l'époque du plein des marées, comme je vais le dire.

403. Les courbes locales des marées et principalement celles des marées de vive eau, à l'embouchure de l'Orne, se distinguent par la longue durée de la pleine mer.

En réalité, même ces courbes ont deux maxima, entre lesquels la hauteur des eaux s'abaisse d'une certaine quantité.

C'est toujours ainsi que se comportent les marées de l'Orne, surtout en vive eau; et ce caractère ne leur est pas particulier; il se retrouve dans toutes les marées de la côte du Calvados, à Dives, à Courseulles et jusqu'au Havre, comme nous le verrons plus loin.

L'existence des deux maxima de ces marées ne peut résulter que de l'interférence de deux ondes qui se propageraient simultanément dans la baie de Seine.

Ce phénomène d'interférence paraît assez clairement accusé par la forme de plus en plus accentuée des courbes locales de la baie de Seine, en passant de Saint-Wast à Isigny, à la Pointe du Siège et au Havre (*Pl. III*).

C'est sans doute au rétrécissement opéré dans la Manche par la presqu'île du Cotentin, à l'Ouest de la baie de Seine, qu'il faut rapporter le phénomène dont je parle.

Considérons en effet une onde marée de la Manche au moment où l'arête de basse mer se trouve au cap de Barfleur (*fig.* 38). L'arête de basse mer a, en ce lieu, une forme que je figure approximativement en ABC.

A partir du moment dont je viens de parler, l'arête de la basse mer s'avance dans la Manche, et après un certain temps le sommet de la courbe de la basse mer sera passé de B en B'.

Comment cette courbe se comportera-t-elle du côté de la baie de Seine?

Fig. 38

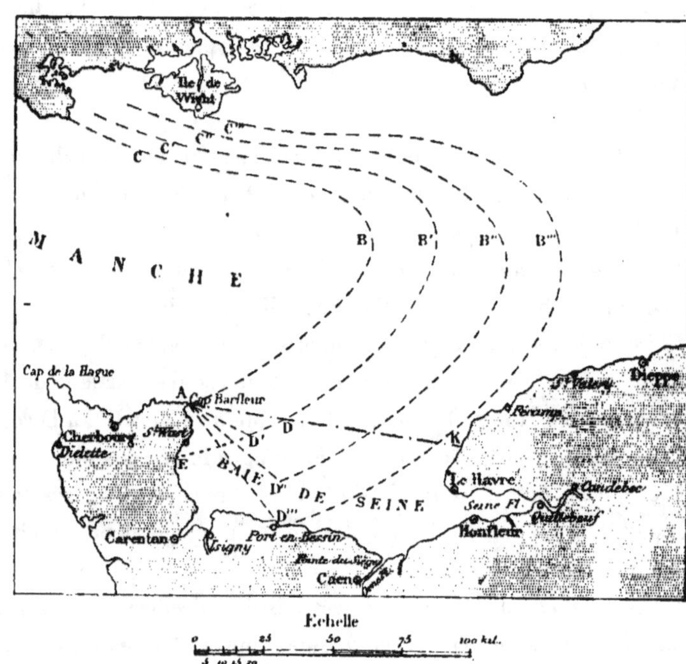

La courbe ne se portera certainement pas en avant, suivant la direction AK, dans le prolongement de la ligne qui l'avait limitée jusque-là dans son passage du cap de la Hougue au cap Barfleur; et le point A de la courbe n'ira pas se placer en D.

La courbe ne s'étendra pas davantage de suite jusqu'en E, touchant la côte Est de la presqu'île du Cotentin.

Le vide que trouve l'onde du côté de la baie de Seine, après avoir franchi le cap Barfleur, doit sans aucun doute occasionner la diffusion de l'onde du côté du vide; mais cette diffusion est graduelle et ne s'opère pas tout d'un coup sur toute l'étendue du vide.

Lorsque le sommet de la courbe de la basse mer sera parvenu en B′, l'extrémité de cette courbe du côté de la baie de Seine parviendra en un point intermédiaire tel que D′.

Après un second temps, le sommet de la courbe de la basse mer parviendra en B″. Pendant ce temps, la diffusion de l'onde du côté du vide continuera, et l'extrémité de la courbe parviendra en un point D″ placé sur une ligne AD″ plus rapprochée de la presqu'île du Cotentin que la ligne AD′.

Le mouvement de diffusion de l'onde continuant, la courbe de la basse mer arrivera dans une position telle que B‴D‴ où elle touchera la côte du Calvados.

A partir de ce moment, l'onde marée se propagera directement à l'Est du point D‴, et, toujours par diffusion, à l'Ouest de ce point, jusqu'à la côte Est de la presqu'île du Cotentin.

Mais à tous les instants compris entre le moment de la basse mer au cap de Barfleur et celui où l'onde arrive en contact avec la côte Est de la presqu'île du Cotentin, la face latérale de l'onde, du côté de la baie de Seine, face qui occupe les positions successives AD′, AD″, AD‴, se trouve surélevée par rapport à la partie de la baie de Seine comprise entre elle et la presqu'île du Cotentin; car, pendant tout le temps que nous considérons, la mer s'élève sans cesse au point A. Il doit donc incessamment aussi s'opérer un déversement de l'onde, dont la surface supérieure est plus élevée, dans la partie plus basse de la baie de Seine dont je viens de parler. Ce déversement donne lieu à une suite d'ondes élémentaires semblables à celles que produit dans un fleuve le déversement de la marée montante (152). La production de ces ondes élémentaires le long de la côte Est de la presqu'île du Cotentin continue tant que, par sa diffusion progressive, l'onde marée principale de la Manche n'est pas venue en contact avec cette côte.

Alors cesse la production des ondes élémentaires dont je viens de parler, et l'ensemble de celles qui se sont produites forme une onde dérivée qui se propage le long des côtes contre lesquelles elles ont été dirigées.

Ainsi s'expliquerait la présence, sur la côte Est du Cotentin et sur celle du Calvados, d'une onde dérivée qui, par son interférence avec l'onde marée principale de la Manche, produirait les effets constatés le long de ces deux côtes.

Il serait difficile de déterminer la part de chacune des deux ondes dans la composition de telle ou telle partie de la marée aux différents points du littoral de la presqu'île du Cotentin et du Calvados. Mais il paraît admissible que l'onde dérivée arrive vers l'embouchure de l'Orne après l'onde principale, et que l'intervalle de deux heures qui existe entre les deux maxima de la marée en ce lieu mesure le retard de la première de ces ondes sur la seconde.

Dans l'intérieur de l'Orne, la courbe de la marée de vive eau du 19 septembre 1876 a présenté, à Caen, les mêmes caractères que celle de la Pointe du Siège.

L'intervalle de temps compris entre les deux maxima est moins grand à Caen qu'à l'embouchure. J'ai donné à la fin du n° 377 la cause de cette diminution de durée.

404. *Vitesse de propagation de la tête du flot et du sommet de l'onde.* — Les Tableaux suivants font connaître les vitesses de propagation de la tête du flot et du sommet de l'onde, dans les différentes parties de l'Orne, pendant les marées des 19 et 26 septembre 1876.

LIEUX	DISTANCES	TÊTE DU FLOT		1ᵉʳ SOMMET DE L'ONDE		2ᵉ SOMMET DE L'ONDE	
		HEURE DU PASSAGE en chaque lieu	VITESSE de propagation	HEURE DU PASSAGE en chaque lieu	VITESSE de propagation	HEURE DU PASSAGE en chaque lieu	VITESSE de propagation
	mètres	h. min.	mètres	h. min.	mètres	h. min.	mètres

Marée de vive eau du 19 septembre 1876.

LIEUX	DISTANCES	h. min.	mètres	h. min.	mètres	h. min.	mètres
Embouch. (Pointe du Siège.)...	....	7 20 M	....	9 30 M	....	11 30 M	....
	15.793		2,50		3,50		4,38
Caen........	....	9 5	....	10 45	....	0 30 S	....
	10.415		1,50		1,65		
Saint-André....	....	11 0	....	0 30 S	....		

LIEUX	DISTANCES	TÊTE DU FLOT		SOMMET DE L'ONDE	
		HEURE du passage en chaque lieu	VITESSE de propagation	HEURE du passage en chaque lieu	VITESSE de propagation
	mètres	h. min.	mètres	h. min.	mètres

Marée de morte eau du 26 septembre 1876.

LIEUX	DISTANCES	h. min.	mètres	h. min.	mètres
Embouch. (Pointe du Siège.)....	....	9 45 M	....	2 0 S	....
	15.793		1,03		2,28
Caen...........	....	2 0 S	....	3 55	....

405. *Durées en chaque lieu du gagnant et du perdant des ondes marées.* — Les durées aux différents postes d'observation de l'Orne, du gagnant et du perdant des marées des 19 et 26 septembre, calculées d'après les données des Tableaux précédents et les durées totales des marées indiquées au n° 329, sont réunies dans le Tableau suivant :

LIEUX	DISTANCES	MARÉE DE VIVE EAU du 19 septembre 1876			MARÉE DE MORTE EAU du 26 septembre 1876	
		DURÉE du gagnant	ENTRE les deux maxima	DURÉE du perdant	DURÉE du gagnant	DURÉE du perdant
	mètres	h. min.	h. min.	h. min.	h. min.	h. min.
Embouchure. (Pointe du Siège.)........		2 10	2 0	8 9	4 15	8 28
	15.793					
Caen............		1 40	1 45	8 54	1 55	10 48
	10.145					
Saint-André........		1 30		10 49		

406. *Courbes instantanées de la marée de vive eau du 19 septembre 1876.* — *Voir* la *Planche X*, où sont figurées les courbes instantanées de la marée de vive eau de l'Orne du 19 septembre 1876. Ces courbes sont prises d'heure en heure.

407. *Temps pendant lequel le jusant a régné seul dans l'Orne.* — La marée de vive eau du 19 septembre 1876 a cessé de s'élever contre le barrage de Saint-André à midi 30^{min}; à partir de ce moment, le jusant a régné seul jusqu'à l'arrivée, à l'embouchure, de l'onde marée suivante, à 7^{h}39^m du soir, c'est-à-dire pendant 6^{h}9^m.

On n'a pas observé la marée de morte eau du 26 septembre 1876 en amont de Caen. D'après la marche de cette marée en aval de Caen, on peut présumer que l'onde s'est effacée à 4^{h}20^m. L'onde suivante étant entrée dans le fleuve à 10^{h}28^m, le jusant a régné seul pendant 6^{h}8^m.

La durée du jusant a été beaucoup plus longue sur l'Orne que sur les autres fleuves. Ce résultat est la conséquence naturelle de la faible longueur de la partie maritime de ce fleuve, et de la situation élevée de l'embouchure dont le fond est à 3^m au-dessus des plus basses mers.

408. *Du mascaret.* — Un mascaret se forme sur l'Orne, mais

seulement dans les marées de vive eau dont le coefficient dépasse 90.
Ce mascaret a en général une faible hauteur : 0^m,40 au plus.

Le mascaret commence ordinairement vers l'entrée du nouveau
lit de l'Orne, à environ 2^{km} de l'embouchure.

On n'a pas observé le lieu où il atteint son maximum de hauteur.

Il disparaît entièrement à Caen vis-à-vis le bassin à flot. L'augmentation considérable que ce bassin apporte tout à coup dans la
surface supérieure du flot est sans doute la principale cause de la
disparition du mascaret en ce lieu.

§ 7. — Seine.

409. *Embouchure.* — La Seine est le fleuve de France dont les
marées offrent au plus haut degré les caractères que leur donne
la présence de la barre dans le lit même du fleuve. Le dépôt de la
barre dans le lit de la Seine a sans aucun doute été déterminé par
la grande largeur de ce lit, à proximité de l'embouchure.

Dans son état naturel, le lit de la Seine commençait à s'élargir
vers Caudebec, à environ 50^{km} de la mer. Sa largeur, qui variait
d'abord de 2^{km} à 5^{km} jusqu'à Tancarville, s'élevait de 6^{km} à 10^{km}
en aval de ce dernier lieu.

La barre s'étendait alors depuis un point situé à 4^{km} environ en
aval de Honfleur, jusqu'un peu au delà de Caudebec. Elle avait
ainsi environ 55^{km} de longueur.

Cet état de choses a subi de notables changements, par suite des
digues construites, dans ces derniers temps, de Caudebec à Berville.

Les parties de l'ancien lit de la Seine, qui se trouvaient en dehors
des digues, ont été promptement atterries, et, sur la longueur de
l'endiguement, la largeur du lit du fleuve est réduite à environ 400^m.
Mais le lit de la Seine a conservé son ancienne largeur de Berville
à la mer.

Les digues ont occasionné l'approfondissement du lit jusqu'à leur
extrémité d'aval, à Berville. C'est donc à ce dernier lieu que commence actuellement la barre de la Seine. Elle règne toujours d'ail-

leurs d'une manière continue de ce point jusqu'à son ancienne limite située à 4^{km} en aval de Honfleur. Elle a encore ainsi une longueur d'environ 14^{km}.

À partir de l'extrémité d'aval de la barre, le fond de la mer s'abaisse, par une pente assez irrégulière mais continue, jusqu'aux grandes profondeurs de la Manche qui sont, en ce lieu, de 35^m à 40^m.

Je borne à ces indications sommaires les renseignements sur la forme générale de la Seine près de son embouchure et sur les modifications qu'y ont apportées les endiguements construits depuis quelques années.

Il n'entrait pas dans le plan de cet écrit de donner plus de détails sur les endiguements et sur les résultats qu'ils ont produits. Mais il convenait de les signaler et de rappeler que la barre de la Seine, quoique diminuée de longueur par les endiguements, existe toujours dans l'intérieur du fleuve.

Dans l'état primitif, le point le plus élevé de la barre se trouvait à 37^{km} de Honfleur, ainsi que j'ai déjà eu l'occasion de le dire (288), et il n'y avait alors que $3^m,40$ de hauteur d'eau sur ce sommet de la barre en marée de vive eau.

Actuellement, la barre réduite à 14^{km} de longueur, à partir de Berville, présente, en vive eau, une profondeur de $7^m,60$. Son altitude moyenne ne varie que d'environ $0^m,70$ d'une extrémité à l'autre, et c'est à l'extrémité d'aval qu'elle est le plus élevée.

C'est vis-à-vis Honfleur que la barre atteint sa plus grande élévation. En ce lieu, elle est moyennement à $4^m,15$ au-dessous du zéro du nivellement général de la France. Le zéro des cartes marines de l'embouchure de la Seine étant à $4^m,289$ au-dessous du même niveau, la surface supérieure de la barre est en moyenne, au lieu indiqué, à $0^m,14$ au-dessus du zéro des cartes marines, qui correspond aux plus basses mers connues.

Au même lieu, entre la côte de Honfleur et la pointe du Hoc, la largeur du lit de la Seine est de 6300^m; et cette largeur est la moins grande de toutes celles qui existent sur la longueur de la barre.

Par ces motifs, on peut considérer la section de la Seine comprise entre la côte de Honfleur et la pointe du Hoc comme celle qui règle l'entrée des eaux de la mer dans le fleuve et qui forme l'embouchure effective du fleuve (132).

410. *Profondeur des basses eaux*. — A l'extrémité inférieure du lit de la Seine, de Berville à la mer, le fond du fleuve, qui forme la surface supérieure de la barre, est sillonné par divers chenaux dont la position varie suivant les circonstances, et qui ont en général de faibles profondeurs. Si sur un chenal la profondeur devient plus grande en un lieu, souvent un peu plus loin un haut fond se produit sur le même chenal.

Ces variations de profondeur se produisent toujours quand les fonds sont aussi mobiles que ceux qui forment la surface supérieure de la barre de la Seine, et sur de pareils fonds aucun régime permanent des chenaux ne saurait s'établir.

En ne considérant que l'altitude moyenne de la barre en chaque lieu, la profondeur des basses eaux serait de $0^m,14$ seulement à l'extrémité d'aval de la barre et de 2^m environ à son extrémité d'amont.

Au delà de Berville, en remontant le fleuve, la profondeur des basses eaux entre dans un régime plus régulier.

Sans parler des mouilles où l'on trouve des profondeurs de 8^m à 10^m, les plus faibles hauteurs existant, en basses eaux, sur les hauts fonds du fleuve, varient de $2^m,40$ à $3^m,80$ jusqu'à Aizier. Sur le banc des meules, entre Caudebec et La Meilleraie, la profondeur des basses eaux est de $3^m,30$; et de là jusqu'à Rouen elle n'est pas inférieure à $3^m,50$.

En amont de Rouen jusqu'à la limite de la partie maritime, les plus faibles hauteurs des basses eaux varient entre $1^m,50$ et $1^m,80$.

411. *Limite de la partie maritime du fleuve*. — Les plus grandes marées de vive eau se faisaient autrefois sentir jusqu'à Poses, à 144500^m de l'embouchure; mais depuis la construction

du barrage de Martot, à 3150^m en amont d'Elbeuf, elles ne dépassent
pas ce barrage.

La longueur de la partie maritime de la Seine, ainsi limitée, est
de 129450^m.

412. *Altitude du niveau moyen de la mer à l'embouchure
de la Seine.* — Le niveau moyen des marées observées à l'embouchure de la Seine les 19 et 26 septembre 1876 a été plus élevé
que le zéro du nivellement général de la France, savoir : de 0^m,61
dans la marée de vive eau du 19 septembre, et de 0^m,59 dans la
marée de morte eau du 26 septembre.

413. *Hauteurs totales des marées à l'embouchure de la
Seine.* — La hauteur totale des marées observées en septembre 1876 à l'embouchure de la Seine, mesurée de la basse mer
à la pleine mer suivante, a été, savoir : 6^m,62 dans la marée de
vive eau du 19 septembre, et de 2^m,58 dans la marée de morte eau du
26 septembre.

414. *Lieux géométriques des pleines mers et des basses mers
sur la Seine.* — *Voir* la *Planche LX*, où sont figurés les lieux géométriques des pleines mers et des basses mers aux différents postes
d'observation de la Seine pendant les marées de vive eau et de
morte eau des 19 et 26 septembre 1876.

En vive eau, les marées de la Seine ont eu, en chaque lieu, deux
maxima distincts, au sujet desquels je donnerai plus loin quelques
explications. Ces deux maxima donnent lieu à deux lieux géométriques des pleines mers de vive eau, ainsi que l'indique le profil
en long de la Seine (*Pl. IX*).

De ces deux lieux géométriques, celui du premier maximum est
supérieur à celui du deuxième maximum dans la partie d'aval du
fleuve, et inférieur sur le reste de la longueur de la partie maritime. Les deux lieux géométriques se sont coupés à environ 5^{km} en
aval de Duclair.

Les lieux géométriques des pleines mers de vive eau, dont il est question en ce moment, ont été plus élevés, de $0^m,30$ et $0^m,50$, à Tancarville et à Quillebeuf qu'à l'embouchure. Ils se sont ensuite abaissés d'une certaine quantité pour se relever, mais assez faiblement, à la limite de la partie maritime du fleuve.

Le lieu géométrique du premier maximum a eu son point le plus bas à La Bouille, où il a été de $0^m,70$ environ au-dessous du niveau qu'il a atteint à l'embouchure, et celui du deuxième maximum à Caudebec, où il est revenu au niveau qu'il avait à l'embouchure.

Les marées de morte eau ont, sur la Seine, deux maxima comme celles de vive eau, quoique d'une manière moins marquée. Je parle plus loin de cette circonstance (416). Les deux lieux géométriques des pleines mers de la marée de morte eau du 26 septembre 1876 n'ont pas été tracés sur le profil en long de la Seine (*Pl. IX*). On s'est contenté d'y dessiner le lieu géométrique du premier maximum.

Ce dernier lieu géométrique s'est comporté à peu près comme celui du premier maximum des pleines mers de vive eau, en s'élevant un peu moins à Tancarville au-dessus du niveau atteint par cette marée à l'embouchure, et un peu plus à la limite de la partie maritime du fleuve.

En vive eau comme en morte eau, les lieux géométriques des basses mers ont, sur la Seine, une forme particulière qui est due à la hauteur de la barre déposée dans le lit du fleuve. Cette barre forme un véritable barrage qui maintient en amont les eaux à une hauteur assez grande au-dessus du niveau des basses mers. Les lieux géométriques des basses eaux prennent par suite, vers le milieu de la longueur de la partie maritime du fleuve, une courbure convexe du côté de la surface libre des eaux, contrairement à ce qui se passe sur les autres fleuves où la courbure de ces lieux géométriques est constamment concave (*Pl. IX*).

J'ai déjà fait remarquer que sur la Garonne (351), sur la Charente (375) et sur la Loire (388), le lieu géométrique des basses mers de morte eau a été plus bas, en un certain point, dans l'intérieur du fleuve qu'à l'embouchure. Cette circonstance s'est encore présentée sur la Seine. Toutefois le point le plus bas de ce lieu géométrique n'a été éloigné de l'embouchure que de 10^{km}, et ne s'est abaissé que de 0^m,15 au-dessous du niveau de la basse mer à l'embouchure.

415. *Intersection des lieux géométriques des basses mers de vive eau et de morte eau.* — Les lieux géométriques des basses mers, en vive eau et en morte eau, ont entre eux, sur la Seine, les mêmes rapports que sur l'Adour, la Garonne, la Charente et la Loire. Celui de vive eau est placé au-dessous de celui de morte eau sur une certaine longueur à partir de l'embouchure du fleuve, et au-dessus sur le reste de la longueur de la partie maritime du fleuve (*Pl. IX*).

Ces deux lieux géométriques se sont coupés entre Quillebeuf et Villequiers, à environ 37 200^m de l'embouchure ; soit aux 0,26 de la longueur totale de la partie maritime du fleuve.

416. *Courbes locales des marées de la Seine.* — *Voir* la *Planche VIII*, sur laquelle sont figurées les courbes locales des marées de vive eau et de morte eau des 19 et 26 septembre 1876, aux différents postes d'observation de la Seine.

J'ai déjà présenté, dans la Notice sur l'Orne (403), des observations sur les circonstances au milieu desquelles les marées se propagent dans la baie de Seine, entre la presqu'île du Cotentin et le Havre. Ces circonstances donnent lieu à deux ondes qui coexistent dans la baie de Seine à chaque marée, savoir : l'onde principale de la Manche, qui se propage de l'Ouest à l'Est, et une onde dérivée qui suit avec une moindre vitesse les contours de la baie de Seine. Le sommet de l'onde dérivée arrive, en chaque lieu, après celui de l'onde principale ; et c'est à l'interférence de ces deux ondes qu'il faut attribuer les deux maxima que présentent les marées de vive eau sur toute la longueur des côtes du Calvados jusqu'au Havre.

Le retard du sommet de l'onde dérivée sur celui de l'onde principale a été de 2^h à l'embouchure de l'Orne, et de $2^h 3o^m$ à celle de la Seine (*Pl. VI* et *VIII*).

Les deux maxima de la marée de vive eau ainsi formés à l'embouchure de la Seine se reproduisent nécessairement sur toute la longueur du fleuve.

En outre, le creux qui existe entre les deux maxima est plus accentué dans l'intérieur du fleuve qu'à l'embouchure ; et j'ai indiqué la cause de cette augmentation de profondeur du creux du sommet de l'onde en parlant des deux maxima que présentent les marées de morte eau de la Charente (377).

A mesure que la marée s'avance dans la Seine, l'intervalle de temps qui sépare, en chaque lieu, les deux sommets de la marée, va en diminuant. J'ai également donné (377) les motifs de cette diminution de durée à l'occasion des marées de morte eau de la Charente, pendant lesquelles la même circonstance se produit.

Les causes auxquelles il faut attribuer les deux maxima des marées de la Seine agissent en morte eau comme en vive eau. Aussi peut-on reconnaître dans les courbes locales de la marée de morte eau du 26 septembre 1876, sur la Seine, l'existence du deuxième maximum, quoique d'une manière moins marquée qu'en vive eau. Il a été possible, en s'aidant des données assez certaines de plusieurs courbes, d'indiquer, sur toutes les courbes, la position du deuxième maximum ; et l'on peut voir que les deux maxima de la marée de morte eau se comportent comme ceux de la marée de vive eau, quant au temps qui les sépare, aux différents postes d'observation.

417. *Vitesse de propagation de la tête du flot et du sommet des ondes marées.* — Les Tableaux suivants font connaître les vitesses de propagation de la tête du flot et du sommet de l'onde, dans les différentes parties de la Seine, pendant les marées de vive eau et de morte eau des 19 et 26 septembre 1876.

LIEUX	DISTANCES	TÊTE DU FLOT		1er SOMMET DE L'ONDE		2e SOMMET DE L'ONDE	
		HEURE DU PASSAGE en chaque lieu	VITESSE de propagation	HEURE DU PASSAGE en chaque lieu	VITESSE de propagation	HEURE DU PASSAGE en chaque lieu	VITESSE de propagation
	mètres	h. min.	mètres	h. min.	mètres	h. min.	mètres
Marée de vive eau du 19 septembre 1876.							
Emb. Honfleur		7 0 M		9 28 M		0 0 S	
	10.000		3,14		8,33		9,26
La Rille		7 53		9 48		0 18	
	8.000		5,12		8,33		9,52
Tancarville		8 19		10 4		0 32	
	6.000		7,69		8,33		10, 0
Quillebeuf		8 32		10 16		0 42	
	18.000		7,89		8,57		9,37
Villequiers		9 10		10 51		1 14	
	4.000		8,14		9,16		9,16
Caudebec		9 19		10 59		1 22	
	14.300		8,22		8,51		8,51
Jumiège		9 48		11 27		1 50	
	17.100		7,30		7,50		8,63
Duclair		10 27		0 5 S		2 23	
	17.900		7,27		7,50		9,04
La Bouille		11 8		0 45		2 56	
	18.100		6,42		6,55		8,62
Rouen		11 55		1 31		3 31	
	22.500		3,75		4,41		6,25
Elbeuf		1 35 S		2 56		4 31	

Les vitesses de propagation de la tête du flot deviennent plus grandes, en morte eau comme en vive eau, en amont de la Rille. La cause en est dans la plus grande profondeur des basses eaux, qui règne dans la Seine en amont de la barre.

Il arrive encore ici que les vitesses de la tête du flot sont plus grandes en morte eau qu'en vive eau dans la partie inférieure du fleuve, ce qui tient à ce qu'en ces lieux les basses eaux ont leur plus grande profondeur en morte eau (134).

LIEUX	DISTANCES	TÊTE DU FLOT		1er SOMMET DE L'ONDE		2e SOMMET DE L'ONDE	
		HEURE DU PASSAGE en chaque lieu	VITESSE de propagation	HEURE DU PASSAGE en chaque lieu	VITESSE de propagation	HEURE DU PASSAGE en chaque lieu	VITESSE de propagation
	mètres	h. min.	mètres	h. min.	mètres	h. min.	mètres

Marée de morte eau du 26 septembre 1876.

LIEUX	DISTANCES	TÊTE DU FLOT		1er SOMMET		2e SOMMET	
Emb. Honfleur.		9 57 M		2 30 S		5 13 S	
	10.000		5,55		8,33		11,33
La Rille.		10 27		2 50		5 28	
	8.000		5,33		7,84		11,11
Tancarville.		10 52		3 7		5 40	
	6.000		7,14		7,69		11,11
Quillebœuf.		11 6		3 20		5 49	
	18.000		7,14		7,50		11,11
Villequiers.		11 43		4 0		6 16	
	4.000		6,66		7,33		10,47
Caudebec		11 59		4 10		6 23	
	14.300		5,95		7,00		9,93
Jumiège.		0 39 S		4 44		6 47	
	17.100		5,70		6,63		9,50
Duclair		1 29		5 27		7 17	
	17.900		5,32		6,34		9,04
La Bouille.		2 25		6 14		7 50	
	18.100		5,11		6,03		8,38
Rouen.		3 24		7 4		8 26	
	22.500		2,55		2,95		3,30
Elbeuf.		5 51		9 11		10 23	

418. *Durées en chaque lieu du gagnant et du perdant des marées.* — Le Tableau suivant fait connaître les durées, aux différents postes d'observation de la Seine, du gagnant et du perdant des marées de vive eau et de morte eau des 19 et 26 septembre 1876, ainsi que le temps qui s'est écoulé entre les deux maxima.

Les chiffres de ce Tableau ont été établis au moyen des données des Tableaux précédents et d'après les durées totales des marées indiquées au n° 329.

LIEUX	DISTANCES	MARÉE DE VIVE EAU du 19 septembre 1876			MARÉE DE MORTE EAU du 26 septembre 1876		
		DURÉE du gagnant	ENTRE les deux maxima	DURÉE du perdant	DURÉE du gagnant	ENTRE les deux maxima	DURÉE du perdant
	mètres	h. min.	h. min.	h. min.	h. min.	h. min.	h. min.
Emb. Honfleur. . . .		2 28	2 32	7 19	4 33	2 43	5 27
	10.000						
La Rille.		1 55	2 30	7 54	4 23	2 38	5 42
	8.000						
Tancarville		1 45	2 28	8 6	4 15	2 33	5 55
	6.000						
Quillebeuf.		1 44	2 26	8 9	4 14	2 29	6 0
	18.000						
Villequiers		1 41	2 23	8 15	4 17	2 16	6 10
	4.000						
Caudebec		1 40	2 23	8 16	4 11	2 13	6 19
	14.300						
Jumiège.		1 39	2 23	8 17	4 5	2 3	6 35
	17.100						
Duclair.		1 38	2 18	8 23	3 58	1 50	6 55
	17.900						
La Bouille.		1 37	2 18	8 24	3 49	1 36	7 18
	18.100						
Rouen.		1 36	2 0	8 43	3 40	1 22	7 41
	22.500						
Elbeuf.		1 21	1 35	9 23	3 20	1 12	8 11

419. *Courbes instantanées de la marée de vive eau du 19 septembre 1876 sur la Seine.* — *Voir* la *Planche X*, où sont figurées les courbes instantanées de la marée de vive eau du 19 septembre 1876 sur la Seine.

Ces courbes n'ont pas été espacées d'heure en heure, pendant la marée montante, comme on l'a fait pour d'autres fleuves, mais de temps variables, afin de faire ressortir le plus clairement possible la marche du mascaret. De l'origine de la marée montante jusqu'à 9ʰ, les courbes sont prises toutes les demi-heures. Après 9ʰ et jusqu'à 1ʰ, les différentes courbes se rapportent aux heures de passage de la tête du flot à chacun des postes d'observation.

Pendant la marée descendante les courbes sont espacées d'heure en heure.

420. *Temps pendant lequel le jusant a régné seul dans le fleuve.* — Le second maximum de la marée de vive eau du 19 septembre 1876 est arrivé au barrage de Martot à $4^h 40^m$ du soir. L'onde marée suivante ayant commencé à pénétrer dans le fleuve à $7^h 19^m$ du soir, le jusant a régné seul pendant $2^h 29^m$ sur toute la longueur de la partie maritime de la Seine.

Le second maximum de la marée de morte eau du 29 novembre 1876 est arrivé au barrage de Martot à $10^h 40^m$ du soir. C'est l'heure à laquelle la marée suivante a commencé à pénétrer dans le fleuve. Ainsi, dans cette marée, au moment où le mouvement ondulatoire cessait à l'amont de la partie maritime du fleuve, il recommençait à l'embouchure. Le jusant n'a donc régné qu'un seul instant sur toute la longueur du fleuve.

421. *Du mascaret.* — La Seine est le fleuve de France sur lequel le mascaret se manifeste avec le plus d'intensité.

Pendant la marée du 19 septembre 1876, le mascaret s'est formé et propagé sur la Seine dans des conditions qui justifient les considérations que j'ai présentées sur ce phénomène au Chapitre IV de ce Mémoire.

Aux premiers instants de la propagation de la marée, la tête du flot ne s'est pas élevée au-dessus des basses eaux du fleuve; mais la surface supérieure du flot a pris une courbure plus accentuée, comme nous avons vu (**249**) que cela peut arriver quand l'accroissement moyen A de la hauteur du flot, pendant un temps t, commence à devenir plus grand que la quantité C, dont la marée s'élève à l'embouchure pendant le même temps.

La croissance de la marée, après le passage de la tête du flot était de plus en plus rapide, et la courbure de la surface supérieure du flot devenait de plus en plus accentuée, à mesure que l'on s'éloignait de l'embouchure.

Enfin le mascaret s'est formé aux environs de Villequiers. Il s'est alors élevé rapidement et a atteint sa plus grande hauteur à Caudebec, précisément au moment où la marée atteignait aussi sa plus grande hauteur à l'embouchure (267).

En ce lieu le sommet du mascaret était à $2^m,17$ au-dessus des basses eaux du fleuve, et dépassait de $0^m,80$ la surface supérieure du flot qui le suivait. Ce mascaret a été suivi de dix éteules dont la plus grande hauteur mesurée du fond des creux au sommet des ondes a été de $1^m,40$.

A 8^{km} en amont de Caudebec, l'onde du mascaret, déjà diminuée de hauteur, ne dépassait plus la hauteur du flot. Elle n'était plus suivie d'éteules, et il se produisait seulement quelques vagues sur les rives, pendant un quart d'heure après le passage du mascaret (204).

Plus en amont encore, ces vagues ont disparu, et le mascaret, qui s'atténuait toujours et ne dépassait plus la surface supérieure du flot, a présenté les diverses hauteurs suivantes :

<pre>
A Jumiège. . . . .   1ᵐ,17.
A Duclair   1   06.
A La Bouille.   0   97.
</pre>

Enfin le mascaret a disparu entre La Bouille et Rouen, à peu près à 11^h30^m, c'est-à-dire 2^h après l'instant où le premier maximum de la marée s'est produit à l'embouchure.

On n'a pas fait d'observations sur les courants de l'embouchure ni sur les heures de leur renversement. Mais il n'y a rien d'improbable à ce que la fin du mascaret ait eu lieu à peu près à l'instant où l'étale de flot se produisait à l'embouchure, comme nous l'avons vu (268 et 269).

En amont du lieu où le mascaret a disparu, l'ascension des eaux a été très rapide aux premiers instants de la marée montante, comme le montre la courbe instantanée de la marée, prise à l'heure où la tête du flot est arrivée à Rouen (*Pl. X*). Mais, plus en amont encore, l'ascension des eaux a été moins rapide après le passage de la tête du flot. Les courbes instantanées de la marée ont pris des courbures de moins en moins fortes, et la marche de l'onde marée s'est continuée sans nouvel incident jusqu'à la limite de la partie maritime du fleuve (*Pl. X*).

§ 8. — Caractères des fleuves qui produisent le mascaret.

422. *Résumé des renseignements sur le mascaret, contenus dans les Notices précédentes.* — Les renseignements que renferment les Notices précédentes établissent que les fleuves à marée ont des caractères différents suivant qu'ils produisent ou ne produisent pas le mascaret.

Le mascaret se forme, à toutes les grandes marées, sur la Charente, l'Orne et la Seine.

Il ne se manifeste jamais sur l'Adour, la Gironde et la Loire.

Or, ces deux séries de fleuves diffèrent entre elles par la position de la barre.

Sur les fleuves de la première série, la barre est placée dans le lit même du fleuve.

Sur ceux de la deuxième série, elle est placée dans la mer en avant de l'embouchure.

Ces faits s'accordent avec les considérations que j'ai précédemment présentées sur ce sujet (**263**).

L'intensité du mascaret varie, sur les fleuves de la première série, suivant que la barre est supérieure ou inférieure au niveau des plus basses mers.

C'est ainsi que sur la Seine, dont la barre s'élève à $0^m,14$ moyennement au-dessus des plus basses mers, le mascaret a souvent plus de 2^m de hauteur, tandis qu'il ne dépasse guère $0^m,20$ sur la Charente, dont la barre est à $1^m,50$ au-dessous des plus basses mers.

La barre de l'Orne est, comme celle de la Seine, plus élevée que les plus basses mers. Elle les surmonte d'environ 3^m. Le mascaret de ce fleuve n'a cependant qu'une hauteur de $0^m,60$ au plus, beaucoup plus faible que celle du mascaret de la Seine. C'est sans doute aux très faibles dimensions en longueur et en largeur de la partie maritime de l'Orne, comparativement à celles de la Seine, qu'il faut rapporter la différence de hauteur des mascarets de ces deux fleuves.

Nous avons vu plus haut que le mascaret ne se forme pas sur les fleuves de la deuxième série, dont la barre est placée en mer, en avant de l'embouchure.

Cependant un mascaret se produit sur la Garonne et la Dordogne, quoique ces deux affluents de la Gironde appartiennent à un système fluvial dont la barre est placée dans la mer.

Mais les mascarets de ces fleuves se manifestent dans des circonstances particulières qui leur donnent un caractère exceptionnel. Je renvoie, à ce sujet, aux considérations que j'ai présentées précédemment (265), et qui tendent à établir que, si les conditions résultant de la constitution générale du fleuve ne sont pas étrangères à la formation des mascarets de cette espèce, elles n'en sont pas la seule cause, et qu'il faut attribuer en outre ces mascarets à l'influence directe du rétrécissement ou de la diminution de profondeur du lit, qui existe toujours alors au lieu où le mascaret commence à se former.

423. *Caractères des fleuves qui produisent le mascaret.* — J'ai précédemment examiné au Chapitre IV (258 à 265) et au Chapitre V (297 et 314) l'influence qu'exerce la nature de l'embouchure sur la constitution des fleuves à marée, au point de vue du mascaret. Les conclusions de cette étude sont confirmées par les faits recueillis sur les principaux fleuves à marée de France, et que je viens de résumer. Les caractères des fleuves qui produisent le mascaret peuvent donc se définir de la manière suivante :

1° Le mascaret se forme, pendant les grandes marées, sur les fleuves dont la barre obstrue l'embouchure.

2° La hauteur du mascaret des fleuves de cette espèce est beau-

. coup plus grande quand le sommet de la barre s'élève au-dessus du niveau des plus basses mers, que quand il reste au-dessous de ce niveau.

3° Le mascaret ne se manifeste pas ordinairement sur les fleuves dont la barre est située dans la mer, en avant de l'embouchure.

4° Cependant un mascaret se produit quelquefois sur les fleuves de cette espèce; et dans ce cas le mascaret prend toujours naissance en des lieux où le lit du fleuve présente une diminution notable, soit dans sa largeur, soit dans sa profondeur.

424. *Exemples tirés d'autres fleuves.* — Les circonstances principales auxquelles se rattache l'apparition du mascaret, et que je viens de résumer, se retrouvent sur les autres fleuves à marée de France, qui n'ont en général qu'une faible importance.

Je n'ai pu étendre mes recherches à tous ces fleuves d'ordre secondaire. Cependant j'ai recueilli sur deux d'entre eux, la Vilaine et le Couesnon, quelques renseignements qui s'accordent avec les conclusions précédentes.

425. *Renseignements sur la Vilaine.* — La Vilaine est l'un des plus importants parmi les petits fleuves dont je viens de parler. Elle a même un bassin plus étendu que l'Orne, et j'aurais désiré m'éclairer complètement sur son régime; mais les circonstances ne l'ont pas permis.

Des renseignements qui m'ont été donnés, il résulte qu'il se forme sur la Vilaine, pendant les marées de vive eau et certaines marées de morte eau, un mascaret dont la hauteur ne dépasse pas $0^m,20$.

Ce mascaret prend naissance à environ 24^{km} de l'embouchure, à un moment où la marée doit encore monter à l'embouchure pendant 2^h. Il se propageait autrefois jusqu'à 6^{km} à 7^{km} en amont de Redon, qui est à 50^{km} de l'embouchure, en diminuant progressivement de hauteur jusqu'au point où il disparaissait. Depuis que l'on a fait le dévasement du lit de la Vilaine en amont de Redon, le mascaret ne dépasse pas ce dernier lieu.

23

Le lit de la Vilaine a 2000^m environ de largeur à partir de la· mer et sur 4^{km} de longueur.

A l'extrémité d'amont de cette première partie du cours de la Vilaine, la largeur du lit se réduit subitement à environ 500^m. Elle décroît ensuite progressivement jusqu'à Redon, où elle n'est plus que de 40^m.

A l'embouchure, entre les pointes de Halguen et de Penlan, la largeur de la Vilaine est de 1700^m au niveau des basses mers de vive eau et de 2100^m au moment de la pleine mer.

Dans cette embouchure, la profondeur moyenne des eaux est d'environ 2^m à basse mer de vive eau.

Cette faible profondeur règne dans le lit de la Vilaine sur environ 4^{km} de longueur. Au delà, en remontant le fleuve, la profondeur augmente rapidement et s'élève en général à 8^m et 9^m sur environ 15^{km} de longueur, à l'exception de quelques points où elle n'est que de 4^m à 5^m.

En aval de l'embouchure, le fond de la mer s'élève encore, et à environ 2^{km} de distance, la profondeur des plus basses mers est réduite en moyenne à 1^m,60.

Au delà de cette arête élevée, le fond de la mer s'abaisse progressivement jusqu'aux grandes profondeurs, qui sont de 40^m et que l'on trouve près de l'île d'Haedik, à 32^{km} de l'embouchure de la Vilaine.

La barre de la Vilaine a donc son sommet un peu en dehors de l'embouchure du fleuve. Mais elle n'en est pas moins déposée dans le lit du fleuve qu'elle encombre sur 4^{km} de longueur.

Cette barre a son sommet, comme je viens de le dire, à 1^m,60 au-dessous des basses mers de vive eau. Elle est principalement formée de matières vaseuses. Les sables ne s'y montrent que par exception.

La Vilaine est du nombre des fleuves (**423**) dont la barre se trouve dans le lit même du fleuve, et est inférieure aux basses mers de vive eau, fleuves dont la Charente est le type.

L'analogie qui existe ainsi entre la Vilaine et la Charente se retrouve dans l'ensemble de leur régime. Un mascaret se forme, dans les grandes marées, sur l'un et l'autre de ces fleuves, et ce mascaret a une faible hauteur.

La Vilaine justifie donc ce que j'ai dit plus haut (423) sur les caractères des fleuves qui donnent naissance au mascaret.

426. On signale sur la Vilaine l'existence d'un autre mascaret qui ne se montre que pendant les gros temps, et qui commence à l'embouchure même du fleuve. Ce mascaret apparaît même aux époques des grandes eaux de la Vilaine, pendant lesquelles le courant de jusant ne se renverse pas.

Je n'ai pas assez de renseignements sur le phénomène dont je viens de parler pour en déterminer le caractère avec certitude, mais je doute que l'onde dont il s'agit soit un mascaret.

Le mascaret, qui naît de la surabondance des eaux versées par la mer dans le fleuve, est toujours nécessairement suivi d'un courant de flot; et l'on ne saurait assimiler à un mascaret une onde qui se propage vers l'amont du fleuve, quoique le courant de jusant ne se renverse pas.

En outre, une onde ayant les caractères d'un mascaret ne saurait se manifester dès l'embouchure dans un fleuve dont la barre est couverte de 2^m de hauteur d'eau à basse mer de vive eau.

Toutes les circonstances dans lesquelles se produit ce phénomène porteraient à penser qu'il ne s'agit ici que de la propagation, dans le lit du fleuve, d'une forte vague venant de la mer.

427. *Renseignements sur le Couesnon.* — Le Couesnon est l'un des cours d'eau qui se jettent dans la mer en traversant les grèves du mont Saint-Michel.

Avant d'arriver sur les grèves, le Couesnon coule dans un lit endigué de 75^m de largeur, qui a environ 4000^m de longueur et se termine, en aval, près de la caserne de la Douane.

Dans cette partie d'aval de son cours, le Couesnon traverse des terrains conquis sur la mer. Mais les digues qui entourent ces terrains forment en réalité le rivage actuel de la mer, et l'extrémité du lit endigué dont je viens de parler, voisine de ce rivage, doit être considérée comme l'embouchure actuelle du Couesnon.

A la sortie de cette embouchure, les eaux du Couesnon parcourent toute la largeur des grèves pour arriver à la mer. Cette largeur est d'environ 14^{km} jusqu'à la laisse des basses mers de vive eau.

A partir de l'embouchure, les eaux du Couesnon coulent d'abord, sur 1600^m de longueur, dans un lit ébauché qui prolongera jusqu'au mont Saint-Michel, quand il sera terminé, le lit endigué dont j'ai parlé plus haut. La largeur de ce lit ébauché varie de 80^m à 120^m.

Du mont Saint-Michel à la mer, les eaux du Couesnon s'écoulent dans une dépression des grèves, dont la largeur augmente en s'approchant de la mer et s'élève environ à 400^m vers la laisse des basses mers de vive eau.

Les eaux de deux autres rivières, la Sée et la Sélune, se réunissent dans cette dépression de la grève à celles du Couesnon, entre le mont Saint-Michel et la mer.

La profondeur du lit des eaux fluviales ainsi creusé dans les grèves est probablement moindre à l'aval qu'à l'amont. Elle doit varier d'ailleurs, dans ces terrains très mobiles, suivant le volume des eaux fluviales.

Mais, quelle que soit la profondeur de ce lit, ses talus ont toujours une base très grande et ses formes sont très peu accusées, de telle manière qu'à une certaine distance on ne peut plus juger de ses dimensions, et que l'on ne reconnaît même sa position que par la présence de l'eau qui s'y écoule.

En aval de l'embouchure dans le lit ébauché, et en amont dans le lit endigué dont j'ai parlé plus haut, la hauteur des basses eaux du Couesnon n'est que de $0^m,50$ environ, et se réduit même à $0^m,40$ dans l'anse de Moidrey, à l'amont du lit endigué.

En remontant le Couesnon au delà de l'anse de Moidrey, la profondeur des basses eaux augmente progressivement jusqu'à Pontorson, où elle s'élève jusqu'à 3^m.

En amont de Pontorson la profondeur des basses eaux est encore de 2^m sur une assez grande longueur.

A l'embouchure du Couesnon, vers la caserne de la Douane, les basses eaux se trouvent à environ 8^m au-dessus du niveau que prennent les basses mers de vive eau en avant des grèves. C'est la pente totale du lit dans lequel s'écoulent les eaux fluviales sur toute la largeur des grèves.

Par suite de ces diverses circonstances, et quoique le fond du lit endigué, à l'embouchure, soit très élevé au-dessus des basses mers, on doit assimiler le Couesnon aux fleuves dont la barre est placée dans le lit même du fleuve et dépasse le niveau des basses mers de vive eau (423).

Ce sont les conditions dans lesquelles se trouvent la Seine et l'Orne.

L'élévation de la barre au-dessus du niveau des basses mers de vive eau a pour effet de retarder le moment où la marée s'introduit dans le fleuve.

Sur la Seine, le retard est faible, la barre n'étant que de $0^m,14$ au-dessus des basses mers de vive eau.

Sur l'Orne, dont la barre s'élève à 3^m au-dessus des basses mers, ce retard est d'environ 2^h.

Il est de $3^h 45^m$ sur le Couesnon, dont la barre est à 8^m au-dessus des basses mers.

L'analogie entre le Couesnon et les deux fleuves dont je viens de parler est donc justifiée sur ce point.

Cette analogie existe encore en ce qui concerne le mascaret qui se manifeste sur le Couesnon, comme sur la Seine et l'Orne.

Mais le mascaret du Couesnon diffère de ceux des deux autres fleuves en ce qu'il prend naissance sur les grèves, en dehors de l'embouchure, tandis que les mascarets de la Seine et de l'Orne commencent à se former dans l'intérieur de ces fleuves.

Cependant, malgré cette différence, le mascaret du Couesnon est bien régi, comme nous allons le voir, par les mêmes principes que les mascarets des autres fleuves.

428. J'ai dit plus haut que le mascaret du Couesnon prend naissance, sur les grèves, dans le lit que les eaux fluviales s'y sont creusé.

Quand le mascaret ainsi formé arrive à l'embouchure du Couesnon, il a environ $0^m,5o$ de hauteur dans les marées de vive eau.

En se propageant dans le Couesnon, le mascaret augmente d'abord de hauteur pendant un certain temps, comme il le fait ordinairement; puis il s'atténue progressivement et finit par disparaître.

Les périodes de croissance et de décroissance du mascaret ne sont pas les mêmes maintenant qu'avant l'exécution des travaux de redressement et d'approfondissement du lit du Couesnon, qui datent de plusieurs années.

Autrefois le mascaret augmentait de hauteur jusqu'à Pontorson, à 7000^m de la caserne de la Douane, et peut-être même un peu au delà.

Depuis l'exécution des travaux d'amélioration du Couesnon, le maximum de hauteur du mascaret a lieu à l'anse de Moidrey, à 4000^m environ de la caserne de la Douane. Le mascaret atteint en ce lieu $0^m,7o$ à 1^m de hauteur, suivant l'importance de la marée. C'est à Pontorson qu'il disparaît maintenant, après s'être progressivement affaibli depuis l'anse de Moidrey.

Dans le régime actuel, le mascaret atteint sa plus grande hauteur à un moment où la marée doit encore monter à l'embouchure du Couesnon pendant environ $1^h 3o^m$.

Deux circonstances contribuent à l'affaiblissement du mascaret pendant ces derniers temps de la marée montante.

En premier lieu, les travaux d'amélioration du Couesnon ont donné au lit de ce fleuve, de l'anse de Moidrey à Pontorson, de plus grandes profondeurs.

En second lieu, les eaux de la marée pénètrent maintenant dans le Couesnon par de plus larges sections, que donnent, en quelques points, les bras anciens et nouveaux du fleuve.

Il résulte de là que les quantités D et L (160) ont maintenant des valeurs plus grandes que par le passé, à partir du moment où la tête du flot a dépassé l'anse de Moidrey. Par suite, les accroissements successifs A de la hauteur moyenne du flot sont diminués, afin que l'égalité $S vt = DLA$ subsiste; et l'affaiblissement de A entraîne celui du mascaret (257).

Les effets de l'augmentation qui survient dans les valeurs successives de D et L, après que le mascaret a dépassé l'anse de Moidrey, sont très marqués sur le Couesnon, à cause de la faible longueur de la partie de ce fleuve sur laquelle le mascaret se manifeste.

Le mascaret du Couesnon affecte d'ailleurs diverses formes qui ont toutes leur raison d'être dans les conditions où se trouvent les différentes parties du lit du Couesnon.

De l'embouchure à l'anse de Moidrey, où il atteint son maximum de hauteur, le mascaret déferle presque constamment; et ce déferlement résulte de ce que, dans cette partie de son cours, le Couesnon n'a qu'une faible profondeur, variant de $0^m,40$ à $0^m,50$ (199).

En un point seulement de cette partie du Couesnon, la profondeur des basses eaux s'élève à $1^m,70$, sur 75^m de longueur; et en se propageant dans ces eaux profondes le mascaret ne déferle plus. Il présente des surfaces lisses et est suivi de plusieurs éteules.

Pendant la période de décroissance, entre l'anse de Moidrey et Pontorson, le mascaret, qui se propage dans des eaux relativement profondes et qui s'affaiblit sans cesse, ne présente plus que des surfaces lisses.

Toutes ces circonstances montrent que, dans le lit même du Couesnon, le mascaret se comporte comme il le fait généralement sur les autres fleuves.

On peut s'assurer qu'en dehors du lit du Couesnon, sur les grèves où il commence à se manifester, le mascaret se produit également, en vertu des lois qui lui donnent naissance sur les fleuves ordinaires.

Considérons, en effet, la laisse des eaux le long des grèves à l'instant de la basse mer. Elle forme une courbe qui, au droit de la dépression des grèves par laquelle s'écoulent les eaux fluviales, s'avance d'une certaine quantité dans l'intérieur des grèves et forme saillie sur la ligne des basses mers qui borde les parties élevées des grèves, à droite et à gauche du lit des eaux fluviales.

Quand la marée commence à monter, l'eau de la mer s'introduit dans le lit des eaux fluviales par la section de ce lit faite à son extrémité d'aval.

L'introduction de l'eau de la mer dans le lit des eaux fluviales y développe, comme dans les fleuves ordinaires (151), une suite d'ondes élémentaires de translation.

L'embouchure par laquelle les eaux de la mer pénètrent dans le lit des eaux fluviales n'est pas toujours placée au même lieu, comme celle des fleuves ordinaires. A chaque instant, cette embouchure s'avance vers l'amont, par suite de l'envahissement des grèves par la marée montante. Mais à chaque instant aussi, par l'embouchure du moment, l'eau de la mer continue à pénétrer dans le lit des eaux fluviales et à y produire les ondes élémentaires dont j'ai parlé plus haut.

Le lit des eaux fluviales des grèves diffère de celui des fleuves ordinaires en ce que, dans ces derniers, la longueur du flot augmente sans cesse tant que dure la marée montante, tandis que le flot du lit des eaux fluviales des grèves conserve à peu près la même longueur, étant diminué à chaque instant du côté d'aval par la marée montante qui envahit les grèves, pendant qu'il s'agrandit du côté d'amont.

Il résulte de ce régime particulier que, suivant la longueur que prend en chaque lieu le flot du lit des eaux fluviales, quelques-unes des ondes élémentaires déjà développées s'effacent dans la masse des eaux d'aval, ou qu'au contraire quelques ondes nouvelles s'ajoutent à celles qui se propageaient déjà dans le lit des eaux fluviales.

Mais, de quelque manière que le flot se règle ainsi de longueur, il se compose toujours, comme celui des fleuves ordinaires, d'une suite d'ondes élémentaires développées par la pression de la marée montante sur les eaux fluviales coulant dans la dépression des grèves.

Or ces ondes élémentaires ne peuvent se propager qu'avec la vitesse que leur donne la profondeur des eaux fluviales, qui est très faible dans le lit des grèves. Il peut donc arriver, comme sur les fleuves ordinaires, que la tête du flot ne s'avance pas assez dans le lit des eaux fluviales, à un certain moment, pour que la capacité de ce lit destinée à recevoir l'eau qui peut alors s'épancher par la section momentanée d'embouchure, soit égale au volume de cette eau. Lorsque cette circonstance se présente, la surface supérieure du flot prend une inclinaison moindre, en se soulevant par son extrémité d'amont (166), et la tête du flot s'exhausse alors par l'accumulation, sur l'onde de tête, d'un certain nombre des ondes élémentaires suivantes, ondes qui sont toutes alors animées de vitesses de propagation plus grandes. Cet effet continue à se produire jusqu'à ce que l'égalité nécessaire se soit établie entre le volume d'eau versé par la mer dans le lit des eaux fluviales et la capacité offerte par le lit pour recevoir cette eau (251). C'est ainsi que se forme le mascaret qui se propage ensuite vers l'amont, dans le lit des eaux fluviales, comme il le fait dans les fleuves ordinaires (¹).

(¹) Quelques auteurs ont pensé que le mascaret se forme sur toute l'étendue des grèves de la baie du mont Saint-Michel, aussi bien sur les parties élevées de ces grèves que dans le lit des eaux fluviales. Il n'en est pas ainsi, et l'envahissement des parties élevées des grèves par la marée montante se fait régulièrement sans donner lieu à aucun phénomène analogue au mascaret.

Le relief des parties élevées des grèves sur le fond du lit des eaux fluviales est si faible, que l'on a bien pu faire confusion et appliquer à toute l'étendue des grèves ce que l'on observait dans une partie seulement. Mais il paraît bien constant que le mascaret ne se forme que dans les parties déprimées des grèves où coulent les eaux fluviales.

Le mascaret ainsi formé dans le lit des eaux fluviales s'annonce au loin par un bruit assez fort. Ce bruit est produit par le déferlement du mascaret qu'occasionne la faible profondeur des eaux fluviales dans la dépression des grèves.

Il n'y a par conséquent rien, dans les circonstances exceptionnelles où se produit le mascaret du Couesnon, qui sorte des règles auxquelles ce phénomène est soumis.

§ 9. — De l'accroissement A de la hauteur moyenne du flot dans ses rapports avec le caractère des marées fluviales.

429. *Rôle important de la quantité* A *dans les marées fluviales.* — Les développements dans lesquels je suis entré, aux Chapitres III et IV de cette étude, sur la fonction que remplit dans les marées fluviales l'accroissement A de la hauteur moyenne du flot à chaque instant de la marée montante à l'embouchure, et les renseignements donnés au présent Chapitre sur les différents fleuves de France, montrent que cette quantité A joue un rôle important dans les marées fluviales. Elle en constitue, à vrai dire, le trait saillant, et c'est à la manière dont cet élément se comporte que les marées fluviales doivent leurs divers caractères.

Il serait donc intéressant de déterminer les lois suivant lesquelles la quantité A varie aux différents instants de la marée montante sur les différents fleuves.

Je ne suis pas en mesure de donner des indications précises à ce sujet, les observations faites sur les marées dans le mois de septembre 1876 n'ayant pas été dirigées vers ce but.

Toutefois j'ai pu recueillir quelques-uns des éléments nécessaires; et, m'aidant d'hypothèses plausibles pour les autres, j'ai essayé de calculer les valeurs de A sur les différents fleuves de France, ou tout au moins de déterminer le sens et l'importance des variations de ces valeurs.

Quoique ces recherches reposent sur des bases qui n'ont pas

toutes, quant aux chiffres, la certitude désirable, j'ai cru devoir les mentionner en terminant ce Mémoire, à cause de l'importance qui paraît s'attacher à cette question.

430. *Loi suivant laquelle varie la quantité* A *pendant la marée montante.* — Nous avons vu (160) que pendant l'introduction d'une marée dans un fleuve, et à chaque instant de la marée montante à l'embouchure, il s'établit entre les divers éléments qui règlent l'entrée des eaux de la mer dans le fleuve la relation

$$S\,vt = \mathrm{DLA},$$

S étant la superficie moyenne de la section mouillée de l'embouchure pendant le temps t,

v la vitesse moyenne par seconde de l'eau dans la section S pendant le temps t,

D la distance moyenne de l'embouchure à l'étale de jusant pendant le temps t,

L la largeur moyenne du lit du fleuve sur la distance D,

A l'accroissement de la hauteur moyenne du flot au-dessus des basses eaux du fleuve pendant le temps t.

De cette formule on déduit

$$A = \frac{S}{DL}\, vt.$$

En considérant ce qui se passe pendant chacune des secondes de la marée montante à l'embouchure, la formule ci-dessus devient

$$A = \frac{S}{DL}\, v,$$

les valeurs de S, DL et v étant celles qui se rapportent à la seconde que l'on considère.

Au moyen de cette formule, on peut obtenir les valeurs de A pour chacune des secondes de la marée montante, si l'on connaît celles des éléments naturels du fleuve qui s'y rapportent.

Je ferai remarquer qu'en supposant ces éléments naturels connus, il ne serait pas nécessaire de calculer les valeurs de A pour toutes les secondes pendant lesquelles la mer s'élève à l'embouchure, et qu'il suffirait de les connaître pour un certain nombre de secondes convenablement placées dans la durée de la marée montante. Les ordonnées ainsi obtenues permettraient de construire avec assez d'exactitude la courbe représentant le lieu géométrique des valeurs de A.

Parmi les éléments de la valeur de A, il en est que l'on peut obtenir facilement par l'observation : ce sont les quantités S, D et L.

Mais il n'en est pas ainsi de la vitesse moyenne v d'écoulement de l'eau dans la section d'embouchure. Il serait impossible de se procurer cette vitesse par l'observation pour un temps très court, tel qu'une seconde, et surtout pour un certain nombre de secondes dans la même marée montante.

Toutefois, on peut déterminer le sens des variations de A sans connaître les valeurs absolues de v.

En effet, l'équation précédente peut se mettre sous la forme

$$\frac{A}{v} = \frac{S}{DL},$$

Les diverses valeurs de $\frac{A}{v}$ subissent donc exactement les mêmes modifications que celles de $\frac{S}{DL}$; et nous venons de voir qu'il est possible d'obtenir ces dernières par l'observation.

Or nous avons vu (166) que les deux quantités A et v sont assujetties, par leur nature, à varier en sens contraire. Si dans un temps donné, A prend une valeur plus ou moins grande, la pente de la surface du flot et par suite la vitesse v devient plus ou moins petite.

Il résulte de là que si A augmente de valeur, le rapport $\frac{A}{v}$

augmente davantage, puisque v devient plus petit, et réciproquement.

Le rapport $\dfrac{A}{v}$ reproduit ainsi, en les exagérant, les variations en plus ou en moins que A subit lui-même. On peut par conséquent employer le rapport $\dfrac{A}{v}$, ou le rapport $\dfrac{S}{DL}$ qui lui est égal, comme moyen d'apprécier les sens des variations de A.

431. *Valeurs du rapport* $\dfrac{S}{DL}$ *sur les principaux fleuves à marée de France.* — Ainsi que je l'ai dit plus haut (429), les observations faites sur les marées du mois de septembre 1876 n'ont pas été dirigées de manière à obtenir tous les éléments qui entrent dans le rapport $\dfrac{S}{DL}$.

Au moyen de documents donnés par ces observations, et en me servant en outre de renseignements recueillis soit sur les cartes marines, soit dans les écrits de divers auteurs, j'ai pu calculer assez exactement les valeurs de S et de L.

En ce qui concerne les valeurs de D, les observations de septembre 1876 ont permis de calculer la longueur totale du flot pour tel instant que l'on voulait considérer ; mais il fallait en outre connaître la distance qui, à chacun des instants, séparait la tête du flot de l'étale de jusant, et ce document faisait à peu près complètement défaut. J'ai donc dû faire des hypothèses sur les valeurs de ces distances. Je me suis appuyé pour cela sur quelques documents recueillis en septembre 1876 et sur des chiffres donnés par d'autres observateurs. J'espère ne m'être pas beaucoup éloigné de la vérité dans les appréciations que j'ai faites ; mais il règne, pour la cause que je viens d'exposer, quelque incertitude sur les résultats obtenus, et je ne donne les chiffres du Tableau suivant que pour ce qu'ils peuvent valoir, établis dans ces conditions.

Je dois cependant dire que les nombreux calculs que j'ai faits, dans différentes hypothèses, ont montré que les plus grands écarts qu'il est possible d'admettre dans la position des étales de jusant, n'apportent que des changements très faibles dans les valeurs du rapport $\frac{S}{DL}$, et surtout, ce qui importe principalement, ne changent pas le sens des variations de ce rapport.

Si donc les bases adoptées ne conduisent pas aux véritables valeurs du rapport $\frac{S}{DL}$, elles donnent au moins des indications assez exactes sur la nature des modifications que subit ce rapport.

C'est dans les conditions que je viens d'indiquer qu'ont été calculées les diverses valeurs du rapport $\frac{S}{DL}$, réunies dans le Tableau suivant. Ces valeurs se rapportent à la marée de vive eau du 19 septembre 1876.

DATES ET HEURES	ÉTATS DE LA MARÉE à l'embouchure	VALEURS de $\frac{S}{DL}$	OBSERVATIONS
	Adour.		
Le 18 sept. 1876, 11ʰ 30ᵐ S	Basse mer		
Le 19. . . . . . . 1 0 M	. . . . .	0,000248	
id. 2 0	. . . . .	0,000157	
id. 3 0	. . . . .	0,000139	
id. 4 0	. . . . .	0,000120	
id. 4 20	Pleine mer		
	Gironde, Garonne et Dordogne.		
Le 18 sept. 1876, 10ʰ 30ᵐ S	Basse mer		
id . . . . . . minuit	. . . . .	0,000477	
Le 19. . . . . . 1 0 M	. . . . .	0,000282	
id 2 0	. . . . .	0,000253	
id 2 16	. . . . .	0,000237	Heure à laquelle le mascaret a été observé à l'échelle du Bec d'Ambès.
id 3 0	. . . . .	0,000232	
id 3 7	. . . . .	0,000231	Heure à laquelle le mascaret a été observé sur la Dordogne, à Cubzac.
id 4 0	. . . . .	0,000227	
id 4 40	Pleine mer		

DATES ET HEURES	ÉTATS DE LA MARÉE à l'embouchure	VALEURS de $\frac{S}{DL}$	OBSERVATIONS
Charente.			
Le 18 sept. 1876, $11^h 35^m$ S	Basse mer		
id . . . . . . minuit	. . . . .	0,000591	
Le 19. . . . . . 0 30 M	. . . . . .	0,000367	
id 1 0	. . . .	0,000306	A 1^h la tête du flot était arrivée à Carillon, à $32,400^m$ de l'embouchure.
id 2 0	. . . . .	0,000398	
id 3 0	. . . . .	0,000468	
id 4 0	Pleine mer		
Loire.			
Le 18 sept. 1876, $11^h 7^m$ S	Basse mer		
id . . . . . . minuit	. . . . .	0,000767	
Le 19. . . . . . 1 0 M	. . . . .	0,000329	
id 2 0	. . . . .	0,000275	
id 3 0	. . . . .	0,000257	
id 4 0	. . . . .	0,000241	
id 4 12	Pleine mer		
Seine.			
Le 19 sept. 1876, $7^h 0^m$ M	Basse mer		
id 7 30	. . . . .	0,000513	
id 8 0	. . . . .	0,000368	A 8^h la tête du flot était arrivée à $12,200^m$ de l'embouchure.
id 8 30	. . . . .	0,000402	
id 9 0	. . . .	0,000423	
id 9 17	. . . . .	0,000430	Heure à laquelle le mascaret a été observé à Caudebec.
id 9 38	Pleine mer		

Les chiffres de ce Tableau donnent pour lieux géométriques des valeurs du rapport $\frac{S}{DL}$, sur les différents fleuves, les courbes qui sont figurées à la page 368 (*fig.* 39).

Les valeurs du rapport $\frac{S}{LD}$ et leurs lieux géométriques se comportent de diverses manières, suivant que l'embouchure du fleuve est libre ou obstruée.

Fig. 39.

Adour.
Basse mer
Pleine mer

Gironde, Garonne et Dordogne.
Basse mer
Pleine mer

Charente.
Basse mer
Pleine mer

Loire.
Basse mer
Pleine mer

Seine.
Basse mer
Pleine mer

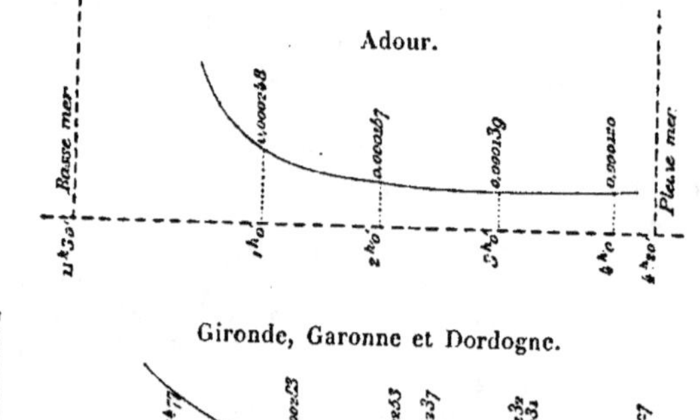

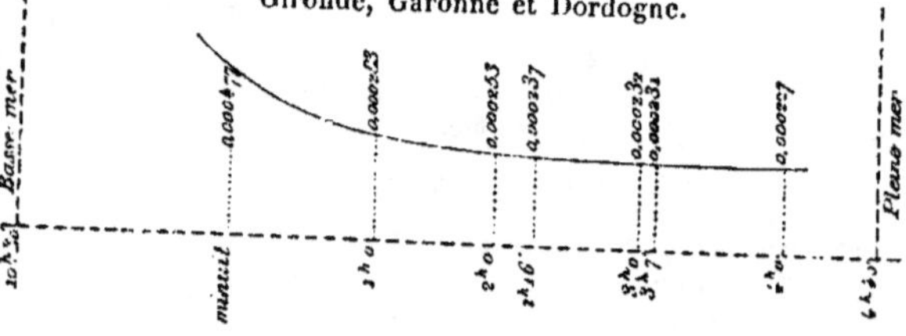

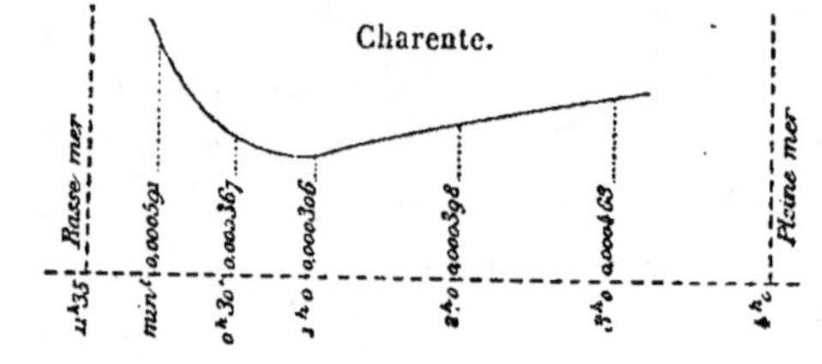

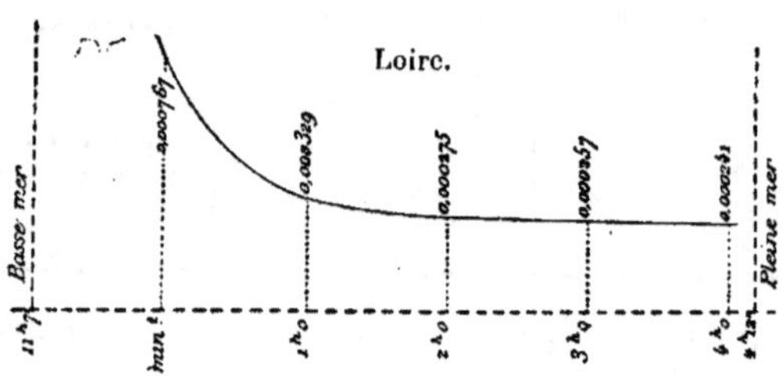

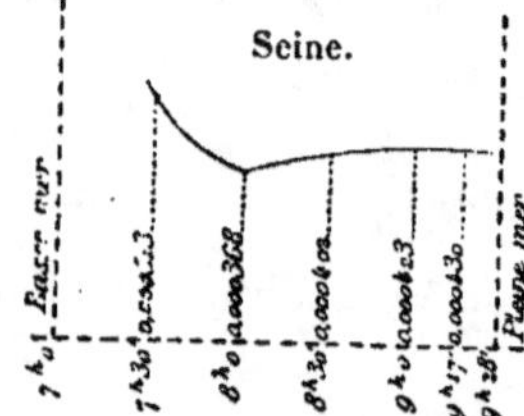

Sur les fleuves dont l'embouchure est libre, tels que l'Adour, la Gironde et la Loire, les valeurs successives du rapport $\frac{S}{DL}$ diminuent constamment pendant la durée de la marée montante, et la courbe du lieu géométrique de ces valeurs a sa convexité tournée du côté de l'axe des x.

Sur les fleuves dont la barre obstrue l'embouchure, tels que la Charente et la Seine, les valeurs successives du rapport $\frac{S}{DL}$ diminuent d'abord depuis l'origine de la marée montante jusqu'à un certain moment. Puis, après ce moment, elles augmentent jusqu'à la pleine mer. La courbe du lieu géométrique des valeurs de $\frac{S}{DL}$ se brise au moment où la variation de ces valeurs change de sens. Convexe du côté de l'axe des x quand les valeurs successives de $\frac{S}{DL}$ diminuent, elle devient concave vers le même axe, quand ces valeurs augmentent.

Il est probable que le moment auquel, sur les fleuves à embouchure obstruée, correspond le changement de courbure du lieu géométrique des valeurs de $\frac{S}{DL}$, dont je viens de parler, est celui où le mascaret prend naissance.

Je dois faire remarquer que les lieux géométriques des valeurs de $\frac{S}{DL}$, dessinés plus haut, ne doivent pas être considérés comme donnant la position exacte du changement de courbure du lieu géométrique sur la Charente et la Seine. Cette position exacte ne pourrait être déterminée qu'au moyen d'un plus grand nombre de valeurs du rapport $\frac{S}{DL}$ calculées aux époques convenables; ce que les documents incomplets dont je disposais ne m'ont pas permis de faire.

Il ne faut voir, dans les dessins des lieux géométriques que

24

j'ai donnés, qu'une indication sommaire et approximative des variations diverses que subit le rapport $\dfrac{S}{DL}$.

432. Nous avons vu plus haut (422) qu'en général il n'y a pas de mascaret sur les fleuves à embouchure libre, et qu'au contraire le mascaret se manifeste pendant les grandes marées sur les fleuves dont la barre obstrue l'embouchure.

D'après ce qui précède, le régime des fleuves à marée, sous le rapport du mascaret, pourrait encore se définir par le caractère qu'affectent les valeurs du rapport $\dfrac{S}{DL}$ aux différents instants de la marée montante à l'embouchure, puisque ce caractère est différent suivant que l'embouchure est libre ou obstruée.

Dans cet ordre d'idées, les fleuves aptes à produire le mascaret se distingueraient de ceux qui ne le sont pas, par le sens des variations des valeurs successives de $\dfrac{S}{DL}$ et par la nature de la courbe du lieu géométrique de ces valeurs.

Mais ici se présente encore l'exception déjà signalée (423). Sur l'ensemble de la Gironde et de ses deux affluents, la Garonne et la Dordogne, les valeurs de $\dfrac{S}{DL}$ et la courbe du lieu géométrique de ces valeurs ont constamment les caractères qui conviennent aux fleuves à embouchure libre sur lesquels le mascaret ne se manifeste pas. Cependant il se produit un mascaret, dans certaines marées, sur la Garonne et la Dordogne.

En parlant (265) du mascaret que l'on observe quelquefois sur les fleuves à embouchure libre, j'ai dit que si la constitution générale du fleuve n'est pas étrangère à la production de ce mascaret, elle n'en est pas la seule cause, et qu'il faut sans doute attribuer en partie l'apparition du mascaret dont il s'agit à l'augmentation occasionnée, dans la hauteur d'un certain nombre des ondes élémentaires de la marée fluviale, par la diminution de largeur ou de profondeur du lit, aux lieux où se manifeste le mascaret sur les fleuves de cette espèce.

La part d'action de l'une ou de l'autre de ces deux causes dans la production du mascaret dépend sans doute, ainsi que je l'ai déjà fait observer (369), de l'importance de la marée et de l'état des eaux du fleuve; et la faible longueur sur laquelle le mascaret s'est montré sur la Garonne et la Dordogne, le 19 septembre 1876, porterait à penser que ces mascarets sont principalement dus à l'influence directe de la diminution des dimensions du lit de ces fleuves.

C'est peut-être à cela que les valeurs du rapport $\dfrac{S}{DL}$, sur la Garonne et la Dordogne, doivent de ne pas subir d'augmentation aux heures où le mascaret a été observé sur ces fleuves.

Toutefois, attendu que les diverses valeurs de $\dfrac{S}{DL}$ n'ont pas une certitude qui permette de les considérer comme représentant l'état exact des choses, quelques-unes des bases du calcul de ces valeurs étant hypothétiques (431), on ne peut affirmer que les augmentations des valeurs de $\dfrac{S}{DL}$ dont je parlais plus haut ne se sont pas produites. Car il est présumable que, dans l'espèce, ces augmentations auraient été très faibles, et la méthode approximative employée pour calculer les valeurs de $\dfrac{S}{DL}$ aurait bien pu ne pas les constater.

433. Quoi qu'il en soit, je n'ai pas cru devoir m'arrêter devant ces incertitudes. Il paraît hors de doute que la loi qui règle les accroissements de la hauteur moyenne du flot à chaque instant de la marée montante à l'embouchure, loi variable suivant les circonstances au milieu desquelles les marées fluviales se produisent, exerce une influence marquée sur le régime de la partie maritime des fleuves. Il ne peut donc qu'être utile d'appeler l'attention sur cette intéressante question, ne fût-ce que pour en provoquer un

nouvel examen. C'est dans ce but que j'ai donné, malgré leur insuffisance, les résultats des recherches que j'ai faites à ce sujet; et j'exprime, en terminant, le vœu que des études plus complètes et plus fructueuses viennent mettre dans tout son jour cet élément important des marées fluviales.

APPENDICE

I. — MARÉES DE L'ATLANTIQUE ET DE LA MANCHE.

I. Il règne toujours un peu d'incertitude, dans les observations de marées, sur les instants de la basse mer et de la pleine mer, à cause des faibles variations que subit la hauteur des eaux aux approches du minimum et du maximum.

Afin de diminuer les chances d'erreur, on a étendu les observations aux deux marées qui ont suivi chacune de celles qui avaient été primitivement désignées, à savoir : la marée de vive eau du 19 septembre 1876, et la marée de morte eau du 26 du même mois.

L'Administration a bien voulu autoriser cette addition au programme des observations qu'elle avait antérieurement approuvé.

Il a été plus facile alors de reconnaître les erreurs de lecture, et l'on a pu déterminer avec plus d'exactitude les instants de basse mer et de pleine mer dans chacun des groupes de marées de vive eau et de morte eau.

On s'est toutefois contenté de dessiner sur les *Planches I* et *II* les courbes locales de la première marée de chacun des deux groupes.

II. Les courbes locales des marées de l'Atlantique et de la Manche que renferment les *Planches I* et *II* sont rapportées à l'heure du méridien du lieu, comme le sont les indications des heures de pleine mer et de basse mer données par l'*Annuaire des marées*.

Les deux Tableaux suivants résument, pour les deux marées des 19 et 26 septembre 1876, les heures de basse mer et de pleine mer observées, en regard des mêmes heures extraites de l'*Annuaire des marées*.

Marée de vive eau du 19 septembre 1876.

INDICATION DES LIEUX	HEURES DE LA BASSE MER		HEURES DE LA PLEINE MER		OBSERVATIONS
	d'après les observations	d'après l'*Annuaire des marées*	d'après les observations	d'après l'*Annuaire des marées*	
	h. min.	h. min.	h. min.	h. min.	
Brest	10 30 S	10 20 S	4 35 M	4 21 M	
Côtes de l'Atlantique.					
Port-Louis.	10 0 S	10 0 S	4 0 M	4 1 M	
Saint-Nazaire	11 7	10 30	4 12	4 12	
Fort Boyard.	10 20	10 8	4 10	4 0	
Royan	10 30	10 20	4 40	4 30	
Embouch. de l'Adour.	11 30	11 0	4 20	4 28	
Côtes de la Manche.					
Portrieux	0 45 M	0 45 M	6 37 M	6 37 M	
Saint-Malo	1 33	1 15	6 59	6 47	
Cherbourg.	3 0	2 45	8 45	8 35	
Pointe du Siège . . .	5 9	5 9	9 30	9 38	Basse mer au large de l'embouchure. Basse mer à la Pointe du Siège.
(Emb. de l'Orne) . .	7 20	» »			
Le Havre	5 26	5 19	9 45	9 48	
Dieppe.	6 14	6 14	11 43	11 43	
Boulogne	6 59	6 59	0 2 S	0 2 S	
Calais.	7 13	7 13	0 23	0 23	
Dunkerque.	7 46	7 26	1 8	0 48	

Marée de morte eau du 26 septembre 1876.

INDICATION DES LIEUX	HEURES DE LA BASSE MER		HEURES DE LA PLEINE MER		OBSERVATIONS
	d'après les observations	d'après l'*Annuaire des marées*	d'après les observations	d'après l'*Annuaire des marées*	
	h. min.	h. min.	h. min.	h. min.	
Brest	3 5 M	3 5 M	9 0 M	9 37 M	
Côtes de l'Atlantique.					
Port-Louis.	3 0 M	2 45 M	10 0 M	9 7 M	
Saint-Nazaire	3 25	3 15	8 20	9 24	L'heure moyenne entre les deux maxima observés est 10ʰ30ᵐ.
Fort Boyard.	3 15	2 58	7 48	9 52	L'heure moyenne entre les deux maxima observés est 9ʰ28ᵐ.
Royan.	3 40	3 5	9 50	9 46	
Embouch. de l'Adour.	3 6	3 45	9 30	9 44	
Côtes de la Manche.					
Portrieux	4 27 M	5 30 M	10 34 M		
Saint-Malo.	5 14	6 0	10 38	11 23 M	
Cherbourg.	7 30	7 30	1 24 S	1 24 S	
Pointe du Siège . . . (Emb. de l'Orne) . .	9 45	9 27	2 10	2 55	
Le Havre	9 0	9 37	2 30	3 5	
Dieppe.	10 32	10 27	4 20	4 20	
Boulogne	11 17	11 17	4 46	4 46	
Calais.	11 31	11 31	5 19	5 19	
Dunkerque.	0 17 S	11 46	6 0	5 46	

Les heures observées diffèrent sur plusieurs points de celles que donne l'*Annuaire des marées*.

Les différences proviennent sans doute, en partie, de l'incertitude qui règne, dans l'observation des marées, sur les instants de basse mer et de pleine mer, ainsi que je l'ai dit plus haut. Elles peuvent en outre résulter du défaut de concordance des horloges employées dans les observations, et de circonstances accidentelles qui sont de nature à accélérer ou à retarder la marche des marées, comme, par exemple, le vent violent qui a soufflé de l'Ouest pendant la marée de morte eau du 26 septembre 1876 (354).

Quoi qu'il en soit, en faisant accorder autant que possible les durées des trois marées consécutives observées avec les indications de l'*Annuaire des marées*, les heures de basse mer et de pleine mer que l'on en déduit pour les marées des 19 et 26 septembre 1876 donnent les résultats suivants :

Sur soixante observations, tant de basse mer que de pleine mer, il y a eu vingt fois accord avec les indications de l'*Annuaire des marées*.

Dans les quarante autres cas, l'heure observée a été quatorze fois en avance et vingt-six fois en retard sur l'heure de l'*Annuaire*.

L'écart a été inférieur à 20^{min} dans vingt-deux de ces dernières observations. Pour les dix-huit autres, il s'est élevé de 30^{min} à 1^h.

De ces dix-huit dernières observations où l'écart a été le plus grand, seize appartiennent à la marée de morte eau du 26 septembre 1876, et il est probable que le fort écart de ces observations est principalement dû au vent violent d'Ouest qui a régné pendant cette marée.

III. Les heures de basse mer et de pleine mer indiquées aux Tableaux précédents sont, pour chaque poste d'observation, celles du méridien du lieu.

Ces heures varient suivant la longitude. Elles ne peuvent par conséquent pas servir à faire juger du temps que les marées ont mis à se propager d'un lieu à un autre.

Pour apprécier ces durées de propagation, il faut rapporter toutes les heures des observations à un même méridien.

En adoptant pour cela le méridien de Brest, qui est le plus occidental des lieux où les marées ont été observées, la correction à faire aux heures des Tableaux précédents consiste à retrancher de chacune de ces heures un temps correspondant à la différence de longitude entre Brest et le lieu que l'on considère.

Les différences entre l'heure de Brest et les heures des divers postes d'observation sont, en se bornant aux minutes, savoir :

Sur l'Atlantique.

Port-Louis	5^m
Saint-Nazaire	9
Fort Boyard.	13
Royan.	14
Embouchure de l'Adour	12

Sur la Manche.

Portrieux.	6^m
Saint-Malo	10
Cherbourg	11
Pointe du Siège.	17
Le Havre	18
Dieppe	22
Boulogne	24
Calais.	25
Dunkerque	27

Si, des heures de basse mer et de pleine mer données, pour chaque lieu, par les observations, on retranche le temps indiqué ci-dessus, qui se rapporte à ce lieu, on arrive aux chiffres renfermés dans le Tableau suivant :

Heures de basse mer et de pleine mer rapportées au méridien de Brest.

INDICATION DES LIEUX	MARÉE du 19 septembre 1876		MARÉE du 26 septembre 1876		OBSERVATIONS
	HEURE de la basse mer	HEURE de la pleine mer	HEURE de la basse mer	HEURE de la pleine mer	
	h. min.	h. min.	h. min.	h. min.	
Brest.	10 30 S	4 35 M	3 5 M	9 0 M	
Côtes de l'Atlantique.					
Port-Louis. . . .	9 55 S	3 55 M	2 55 M	9 55 M	
Saint-Nazaire . .	10 58	4 3	3 16	8 11	L'heure moyenne entre les deux maxima est $10^h 1^m$ pour la marée du 26 sept.
Fort Boyard. . .	10 7	3 57	3 2	7 35	L'heure moyenne entre les deux maxima est $9^h 15^m$ pour la marée du 26 sept.
Royan.	10 16	4 26	3 26	9 36	
Emb. de l'Adour.	11 18	4 8	2 54	9 18	
Côtes de la Manche.					
Portrieux.	0 39 M	6 31 M	4 21 M	10 28 M	
Saint-Malo. . . .	1 23	6 49	5 4	10 28	
Cherbourg. . . .	2 49	8 34	7 19	1 13	
Pointe du Siège.	4 52	9 13	9 28	1 53	Basse mer au large de l'embouchure, le 19 septembre. Basse mer à la Pointe du Siège, le 19 septembre.
(Emb. de l'Orne).	7 3				
Le Havre	5 8	9 27	8 42	2 12	
Dieppe.	5 52	11 21	10 10	3 58	
Boulogne.	6 35	11 38	10 53	4 22	
Calais.	6 48	11 58	11 6	4 53	
Dunkerque. . . .	7 19	0 41 S	11 50	5 33	

Les heures de ce Tableau, toutes rapportées à un même méridien, permettent de calculer, par une simple soustraction, le temps qu'a mis, soit la basse mer, soit la pleine mer, pour passer d'un lieu à un autre.

IV. Pendant les marées des 19 et 26 septembre 1876, on a fait au port de Calais des expériences, remarquablement conçues et exécutées, sur la vitesse des courants de marée.

Au moyen de deux instruments convenablement placés, on a constaté la position exacte de flotteurs successivement abandonnés aux courants. Ces constatations ont eu lieu à divers instants très rapprochés les uns des autres, et rarement éloignés de plus de 5^{min}.

Les flotteurs successifs parcouraient des distances totales variant de 800^m à 1000^m, et le champ des expériences était éloigné de 300^m à 500^m de l'extrémité des jetées du port de Calais.

Les nombreuses vitesses de courant ainsi obtenues sont réparties, savoir : dans la marée de vive eau du 19 septembre 1876, sur toute la durée du flot et deux demi-durées du jusant, avant et après le flot; et dans la marée de morte eau du 26 septembre, sur toute la durée du jusant et deux demi-durées du flot, avant et après le jusant.

Je ne rapporterai pas tous les détails de ces expériences; ils n'auraient d'utilité que si l'on possédait des documents analogues pour un grand nombre de marées. Mais j'indiquerai sommairement les principaux résultats obtenus.

La vitesse des courants, nulle aux instants de renversement, s'est élevée aux maxima suivants :

$1^m,30$ dans le courant de flot de la marée de vive eau du 19 septembre; $0^m,80$ dans le courant de jusant de la même marée; $0^m,90$ dans le courant de flot de la marée de morte eau du 26 septembre; $0^m,40$ dans le courant de jusant de la même marée.

Le courant de flot de la marée du 19 septembre a duré 5^h40^m, depuis 10^h20^m du matin jusqu'à 4^h du soir.

Sa vitesse a augmenté pendant 1^h20^m. Elle a conservé son maximum de valeur pendant 1^h, puis elle a diminué pendant 3^h20^m.

Dans la même marée du 19 septembre 1876, la basse mer a eu lieu à Calais à 7^h13^m du matin, et la pleine mer à 0^h23^m du soir. Le maximum de vitesse du courant de flot, qui a régné de 11^h40^m du matin à 0^h40^m du soir, a donc correspondu au maximum de hauteur de la marée.

Il est inutile de faire remarquer que les vitesses dont je viens de parler, quoique étant l'un des éléments de la vitesse moyenne du courant soit de flot, soit de jusant, dans la section de la Manche correspondant au port de Calais, ne peuvent faire juger de l'importance de ces vitesses moyennes. Sans aucun doute les vitesses observées sont plus faibles que les vitesses moyennes, parce qu'elles se rapportent à la surface des eaux et parce que le lieu où les observations ont été faites est très rapproché du rivage.

La vitesse d'un courant est en effet toujours plus grande au milieu des eaux que vers les rives. C'est un fait connu et qui n'aurait pas besoin d'être justifié. Je citerai cependant quelques observations très intéressantes faites en avant de l'entrée de Port-en-Bessin, et qui montrent que la vitesse des courants augmente à mesure que l'on s'éloigne de la côte.

Dans la marée de vive eau du 15 février 1877 la vitesse du courant de jusant, mesurée 3^h52^m après la pleine mer, a été trouvée de : $0^m,31$ à 100^m en avant des jetées du port; $0^m,35$ à 250^m en avant des mêmes jetées.

Dans la marée de morte eau du 22 mars 1877, la vitesse du courant de flot, mesurée 3^h2^m après la basse mer, a été trouvée de : $0^m,67$ à 450^m en avant des jetées du port; $0^m,72$ à 775^m en avant des mêmes jetées.

Et la vitesse du courant de jusant, mesurée 2^h16^m après la pleine mer, a été trouvée de : $0^m,34$ à 250^m en avant des jetées du port; $0^m,38$ à 450^m en avant des mêmes jetées.

V. J'ai dit, au deuxième Chapitre de ce Mémoire (102), que lorsque l'onde marée se propage parallèlement aux côtes, les étales de flot et de jusant sont différemment placées dans les diverses sections longitudinales de l'onde.

Voici quelques faits d'observation qui justifient cette assertion.

Au port de Dunkerque, les heures de renversement du courant de flot, dans la marée du 19 septembre 1876, ont été observées en trois points placés à diverses distances de la côte, savoir :

Au Snouw . . . . à 2600^m de la côte.
Au Dyck . . . . à 5000 —
Au Ruytingen. . . . . à 12000 —

La pleine mer avait eu lieu à 1^{h}8^m du soir, et l'étale de flot s'est produite, savoir :

Au Snouw . . . . à 4^{h}15^m S.
Au Dyck . . . . à 4 45 —
Au Ruytingen. . . . . à 5 30 —

Mais les trois postes d'observation ne sont pas placés sur une même courbe cotidale; par conséquent les chiffres précédents ne sont pas comparables.

Le Snouw se trouve entre les deux autres postes d'observation, à environ 10 000^m à l'Est du Dyck et 13 000^m à l'Ouest du Ruytingen, ces distances étant mesurées dans le sens de la propagation de l'onde marée.

Si l'on applique à ces distances les vitesses de propagation de la marée qui conviennent aux profondeurs de la mer en ces lieux, on trouve que les renversements du courant, à la distance où le Dyck et le Ruytingen sont de la côte, auraient eu lieu, sur la courbe cotidale du Snouw, savoir :

11^{min} plus tard pour le Dyck et 12^{min} plus tôt pour le Ruytingen.

Par conséquent les heures de renversement du courant que' l'on doit comparer sont, savoir :

Au Snouw . . . . à 4^{h}15^m S.
Au Dyck . . . . à 4 56 —
Au Ruytingen. . . . . à 5 18 —

D'après ces chiffres, le renversement du courant se produirait d'autant plus tard que le lieu que l'on considère est plus éloigné de la côte.

Dans les expériences faites à Port-en-Bessin, et dont j'ai parlé plus haut (IV), on a observé des circonstances analogues.

Pendant la marée de vive eau du 1er mars 1877, la pleine mer ayant eu lieu à 10^{h}7^m du matin, l'étale de flot s'est produite, savoir :

> A 400^m des jetées. . . . . à 11^{h}15^m M.
> A 1000 — . . . . à 11 50 —

Pendant la marée de morte eau du 23 mars 1877, la pleine mer ayant eu lieu à 2^{h}45^m du soir, l'étale de flot s'est produite, savoir :

> A 300^m des jetées . . . . à 3^{h}30^m S.
> A 1000 — . . . . à 4 50 —

Et dans la même marée, la basse mer ayant eu lieu à 9^{h}5^m du matin, l'étale de jusant s'est produite, savoir :

> A 200^m des jetées. . . . . à 10^h 5^m M.
> A 1500 — . . . . à 10 45 —

Il est possible que cette règle ait des exceptions. Les incidents qui, sans altérer la périodicité des marées, en font varier la forme, peuvent en certaines circonstances établir d'autres rapports entre les heures des étales dans les différentes sections longitudinales de l'onde marée. Mais les observations dont j'ai rapporté les résultats portent à penser qu'en général, et quand l'onde marée se propage parallèlement au rivage de la mer, les étales de flot et de jusant se produisent d'autant plus tard que l'on s'éloigne davantage de la côte.

II. — MARÉES FLUVIALES.

VI. Pour les motifs déjà exposés (I) à l'occasion des marées de l'Atlantique et de la Manche, les observations faites sur les marées fluviales, pendant le mois de septembre 1876, ont porté sur trois marées consécutives de vive eau à partir du 19 septembre, et sur trois marées consécutives de morte eau à partir du 26 septembre.

Toutefois, comme pour les marées de l'Atlantique et de la Manche, on n'a figuré sur les *Planches IV* à *VIII* que les courbes locales de la marée de vive eau du 19 et celles de la marée de morte eau du 26 septembre.

VII. Les courbes locales de chaque fleuve sont toutes rapportées à l'heure du méridien de l'embouchure ou d'un lieu important situé près de l'embouchure.

Les heures de basse mer et de pleine mer inscrites sur ces courbes diffèrent un peu presque partout de celles qu'ont données les observations.

Les changements introduits dans ces heures tiennent à plusieurs causes.

Les corrections les plus importantes et les plus nombreuses ont été motivées par le défaut d'uniformité de l'heure employée dans les observations.

Les courbes locales ont été rapportées tantôt au méridien de Paris, tantôt à celui d'un lieu situé sur le fleuve. Il est même arrivé que les deux modes ont été employés sur le même fleuve, quand ce fleuve formait deux services d'ingénieur ordinaire.

Il est d'abord devenu nécessaire d'adopter une heure unique pour un même fleuve, afin de rendre les courbes locales de ce fleuve comparables entre elles.

On a adopté pour cela l'heure du méridien de l'embouchure. Quelquefois cependant on a rapporté les courbes locales au méridien d'un lieu important situé près de l'embouchure, tel que Rochefort pour la Charente, et le Havre pour la Seine.

Après avoir ainsi ramené, pour chaque fleuve, les heures des courbes locales au méridien adopté pour ce fleuve, il s'est encore trouvé, entre ces heures, quelques incohérences qui sont résultées sans aucun doute de la difficulté de déterminer avec précision les instants de la basse mer et de la pleine mer, à cause des variations très minimes que subit la hauteur des eaux à ces instants, et du défaut d'accord des montres dont se sont servis les observateurs.

En l'absence de documents qui permissent de faire disparaître ces incohérences, j'ai employé le procédé usité en cas semblable, et qui, dans l'espèce, consiste à construire graphiquement la position des heures de basse mer et de pleine mer, aux différents postes d'observation, au moyen des distances de ces postes à l'embouchure comme ordonnées et des heures comme abscisses.

On obtient ainsi, pour la basse mer et la pleine mer, une suite de points qui donnent lieu, en les réunissant, à une ligne brisée plus ou moins irrégulière. En traçant au milieu de ces points une courbe régulière qui s'éloigne le moins possible de la ligne brisée, on se rapproche très probablement de l'exactitude.

Je dois ajouter que, dans ce travail de rectification, les courbes que j'ai adoptées et qui ont servi à fixer les heures de basse mer et de pleine mer aux différents postes d'observation, ne se sont généralement écartées que de quelques minutes, en plus ou en moins, des lignes brisées construites au moyen des heures données par les observateurs; ces dernières heures étant toutefois ramenées, comme je l'ai dit plus haut, au méridien du lieu adopté pour les courbes locales de chacun des fleuves.

FIN

TABLE DES MATIÈRES

———

Avant-propos.   1

CHAPITRE PREMIER

DES ONDES DE TRANSLATION ET D'OSCILLATION

Origine des mouvements ondulatoires   7

§ 1er. — Caractères généraux.

1° *Ondes de translation*. — Mode de génération. — Une onde unique pour chaque action exercée sur les eaux. — De là le nom d'onde *solitaire*. — Agitation causée dans les eaux par le passage de l'onde de translation. — Formes et dimensions des ondes. — Vitesse de propagation en eau stagnante. — Vitesse de propagation en eau courante. — Réunion et séparation d'ondes animées de vitesses différentes. — Modifications de l'onde en eau stagnante de profondeur constante. — Modifications de l'onde en eau stagnante de profondeur variable. — Déferlement causé par le défaut de profondeur [des eaux. — De la hauteur de l'onde considérée comme cause de déferlement.   8

2° *Ondes d'oscillation*. — Modes de génération des ondes d'oscillation ordinaires et des ondes périodiques. — Les ondes d'oscillation se succèdent toujours en plus ou moins grand nombre. — Forme des ondes d'oscillation ordinaires et périodiques. — Ondes d'oscillation produites par le vent. — Agitation causée dans les eaux par les ondes d'oscillation. — Vitesse de propagation. — Atténuation des ondes d'oscillation. — Déferlement causé par le défaut de profondeur des eaux. — Déferlement causé par la hauteur de l'onde. . . .   17

§ 2. — Mode de propagation des ondes. — Vitesse de propagation et vitesse du déplacement horizontal du liquide.

Les ondes se propagent par simple communication de mouvement. — Leur propagation entraîne un certain déplacement horizontal de liquide.   28

1° *Ondes de translation*. — Propagation des différentes tranches verticales de l'onde. — Expression de la vitesse de propagation de ces différentes tranches. — Forme de l'onde qui assure l'égalité de vitesse à toutes les tranches. — Expression de cette vitesse unique. — Rapports entre elles des tranches animées de vitesses différentes. — Mouvements des molécules d'eau d'une masse liquide parcourue par une onde de translation. — Expression de la vitesse du déplacement horizontal du liquide. — Égalité entre l'accroissement du gagnant et la diminution du perdant dans un déplacement minime de l'onde. — Courant unique dans le sens de la marche de l'onde produit par le déplacement horizontal du liquide 30

2° *Ondes d'oscillation.* — Expression de la vitesse de propagation en eau profonde. — Expression de la vitesse de propagation en eau de médiocre profondeur. — Déferlement dans les eaux profondes. — Déferlement dans les eaux de faible profondeur. — Mouvement des molécules d'eau d'une masse liquide parcourue par des ondes d'oscillation. — Deux courants alternatifs, de sens contraire, produits par le déplacement horizontal du liquide 44

CHAPITRE II

DES ONDES MARÉES

Causes des marées. — Forme et nature des ondes marées. 53

§ 1er. — Caractères généraux.

Durées et hauteurs des marées. — Agitation causée dans la mer par les ondes marées. — Vitesse de propagation. — Retard des marées par rapport à la position des astres. — Établissement des ports. — Désaccord entre la direction des ondes marées et celle des astres. — Influence des continents. — Influence de la profondeur de la mer. — Périodicité des ondes marées. — Partage de la durée de la marée entre le gagnant et le perdant. — Unités de hauteur. — Courants de flot et de jusant. — Étales de flot et de jusant. — Courbes locales. — Courbes instantanées. — Courbes cotidales 55

§ 2. — Propagation des ondes marées. — Courants de marées.

Mode de propagation. — Longueur des ondes marées dans une mer de profondeur égale. — Longueur des ondes marées dans une mer de profondeur variable. — Cause des courants de marée. — Mouvement des molécules d'eau de la mer pendant le passage de l'onde marée. — Position des étales de flot et de jusant. — Distinction entre les courants *de pente* et les courants *d'ondulation.* — Nature des courants de marée. — Zones de flot et de jusant. — Expression de la vitesse de l'eau dans les courants de marée. — Longueur du trajet d'une molécule d'eau dans un courant de marée. — Relation entre la hauteur de l'onde marée et la profondeur de la mer. — Valeurs numériques, pour différentes profondeurs de la mer, des vitesses des courants de flot. — Valeurs numériques des longueurs du trajet d'une molécule d'eau dans le courant de flot 69

CHAPITRE III

DES ONDES MARÉES DÉRIVÉES DANS LES FLEUVES

Origine des marées fluviales 107

§ 1er. — Caractères généraux.

Dispositions générales des ondes marées fluviales. — Cas où l'embouchure est obstruée par des hauts fonds. — Lieux géométriques des pleines mers. — Lieux géométriques des basses eaux. — Variations de longueur du gagnant de l'onde marée fluviale.— Vitesses de propagation de la tête du flot et du sommet de l'onde. Courbes locales. — Courbes instantanées. — Courants de flot et de jusant. — Étales de flot et de jusant. — Retards des étales de flot et de jusant sur les instants de pleine et de basse mer. — Durées des étales de flot et de jusant. . 107

§ 2. — Nature, composition et propagation de l'onde marée fluviale. Courants de flot et de jusant.

Double caractère de la marée fluviale. — Mouvement ondulatoire et épanchement de l'eau de la mer dans le fleuve. — Nature du mouvement ondulatoire. — Division de l'évolution de la marée fluviale en trois périodes. — Division du gagnant de la marée fluviale, dans la première période, en *arrière-flot* et *avant-flot*. — Mouvement des eaux pendant la première période. — Effets produits dans l'arrière-flot par l'épanchement des eaux de la mer dans le fleuve et par le mouvement ondulatoire. — Effets produits dans l'avant-flot par le mouvement ondulatoire. — Mouvement des eaux pendant la deuxième période. — Mouvement des eaux pendant la troisième période. — Caractère du courant de flot. — Caractère du courant de jusant. — Zones de flot et de jusant. — Vitesse de propagation de la marée fluviale. — Vitesse du courant de flot. — Trajet d'une molécule d'eau dans le courant de flot. — Limite de la salure des eaux. 126

CHAPITRE IV

DU MASCARET

§ 1er. — Description du mascaret.

Définition du mascaret. — Irrégularité de ses apparitions.'— Variations dans sa hauteur. — Limites de son apparition. — Sa forme en plan. — Son aspect. — État des eaux du fleuve après le passage du mascaret. — Des éteules. — Nature et vitesse de propagation du mascaret. — Changements de forme de l'onde du mascaret. 176

§ 2. — État actuel de la question du mascaret.

Opinion de Brémontier; — De Babinet; — De M. Partiot; — De Dupuit; — De M. Bazin. 187

§ 3. — Observations sur les opinions analysées au paragraphe précédent.

Opinion qui considère le flot de la marée fluviale comme un courant. — Opinion qui considère le flot comme une ondulation. 196

§ 4. — Recherches sur la constitution du mascaret.

Résumé de la constitution de la marée fluviale. — Influence de la vitesse moyenne v du courant de flot, et de l'augmentation A de la hauteur moyenne du flot, dans un temps donné, sur la forme de l'arrière-flot. — Influence de la quantité A sur la forme de l'avant-flot. — Forme de la surface supérieure du flot lorsque A est égal à la hauteur C dont la mer s'élève à l'embouchure dans le même temps. — Forme de la surface supérieure du flot lorsque $A > C$; cas où se forme le mascaret. — Forme de la surface supérieure du flot lorsque $A < C$. — Cause médiate et cause immédiate du mascaret. — En quoi l'explication précédente du mascaret diffère de celles qui sont analysées au paragraphe deuxième. — Modifications ultérieures de la surface supérieure du flot. — Influence de l'embouchure sur le régime de la marée fluviale. — Des embouchures obstruées par la barre. — Des embouchures libres. — Commencement du mascaret. — Influence des hauts fonds sur sa formation. — Croissance et maximum du mascaret. — Décroissance et fin du mascaret. — Changements accidentels de hauteur du mascaret 204

CHAPITRE V

INFLUENCE DES TRAVAUX D'AMÉLIORATION DE LA PARTIE MARITIME DES FLEUVES SUR LES MARÉES FLUVIALES.

But et nature des travaux d'amélioration de la partie maritime des fleuves. — Variétés de régime des marées fluviales 233

§ 1ᵉʳ. — Généralités.

Relation entre la largeur de l'embouchure des fleuves à marée et la position de la barre. — Relation entre la position de la barre et le mascaret. — Importance qui s'attache au volume maximum des ondes marées fluviales. — Instant où le volume de l'onde marée fluviale atteint son maximum. — Distribution des eaux de provenances différentes dans l'onde marée fluviale à l'instant de son maximum de volume. — Volume de l'arrière-flot et de l'avant-flot au moment du maximum de volume de l'onde marée fluviale. — Volume de l'eau transportée à la mer par le jusant. 235

§ 2. — Modifications apportées par les travaux d'amélioration dans les marées des fleuves à embouchure libre.

Caractères divers des fleuves à embouchure libre. — Effets produits sur les fleuves ayant une faible profondeur en basses eaux. — Effets produits sur les fleuves ayant en général une grande profondeur en basses eaux. 243

§ 3. — Modifications apportées par les travaux d'amélioration dans les marées des fleuves à embouchure obstruée.

Caractères divers des fleuves à embouchure obstruée. — Effets produits sur les fleuves dont la barre est inférieure aux plus basses mers. — Effets produits sur les fleuves dont la barre s'élève au-dessus des plus basses mers 248

§ 4. — Effets produits sur le mascaret par les changements apportés dans les dimensions du lit des fleuves.

Conséquences indirectes de toute modification apportée aux dimensions du lit des fleuves. — Modifications du lit des fleuves, de nature à influer sur le mascaret. — Effets directs produits sur les fleuves à embouchure obstruée par l'abaissement de la barre. — Dangers de la suppression des hauts fonds de l'embouchure. — Effets directs produits sur les fleuves à embouchure obstruée par la diminution de largeur de l'embouchure. — Effets directs produits par un changement de profondeur des basses eaux. — Effets directs produits par un changement de largeur du lit. — Observations sur les effets indirects produits

par ces diverses modifications. — Atténuation du mascaret sur les fleuves à
embouchure libre. — Résumé et conclusion 355

CHAPITRE VI

DU RÉGIME DE LA PARTIE MARITIME DES PRINCIPAUX FLEUVES À MARÉE DE FRANCE

Observations préliminaires. 276

§ 1 à § 7. — Notices sur l'Adour, la Gironde et la Garonne, la Dordogne, la Charente, la Loire, l'Orne et la Seine.

Description sommaire de l'embouchure. — Profondeurs des basses eaux. —
Limite de la partie maritime. — Renseignements sur les marées des 19 et
26 septembre 1876, savoir : — Altitude du niveau moyen de la mer à l'embouchure. — Hauteur totale des marées à l'embouchure; — Lieux géométriques
des pleines mers et des basses mers; — Intersection des lieux géométriques des
basses mers de vive eau et de morte eau; — Courbes locales; — Vitesses de
propagation de la tête du flot et du sommet de l'onde; — Durées du gagnant
et du perdant; — Courbes instantanées de la marée de vive eau du 19 septembre
1876; — Temps pendant lequel le jusant a régné seul dans le fleuve; — Renseignements sur le mascaret. 278

§ 8. — Caractères des fleuves qui produisent le mascaret.

Résumé des renseignements sur le mascaret contenus dans les Notices précédentes. — Exemples tirés de quelques autres fleuves. — Renseignements sur la
Vilaine. — Renseignements sur le Couesnon. 351

§ 9. — De l'accroissement A de la hauteur moyenne du flot dans ses rapports avec le caractère des marées fluviales.

Rôle important de la quantité A dans les marées fluviales. — Loi suivant laquelle
A varie pendant la marée montante. — Valeurs du rapport $\frac{S}{D}$ suivant les principaux fleuves à marée de France 362

APPENDICE

1° Marées de l'Atlantique et de la Manche. 373
2° Marées fluviales. 382

FIN DE LA TABLE DES MATIÈRES.

Paris. — Imp. Gauthier-Villars, 55, quai des Grands-Augustins.

EXTRAIT DU CATALOGUE

DE LA

Librairie GAUTHIER-VILLARS

Successeur de MALLET-BACHELIER

Imprimeur-Libraire-Éditeur du Bureau des Longitudes — de l'Observatoire de Paris — de l'École Polytechnique
de l'École centrale des Arts et Manufactures
des Comptes rendus hebdomadaires des séances de l'Académie des Sciences, etc.

Quai des Grands-Augustins, 55, a Paris.

Envoi *franco*, contre mandat de poste ou valeur sur Paris, dans les *pays faisant partie de l'Union postale.*

ARITHMÉTIQUE.

BACHET, sieur de MÉZIRIAC.—**Problèmes plaisants et délectables qui se font par les nombres.** 4ᵉ édition, revue, simplifiée et augmentée par A. LABOSNE, Professeur de Mathématiques. Petit in-8, caractères elzévirs, titre en deux couleurs; 1879.
Tirage sur papier vélin.   6 fr.
Tirage sur papier vergé.   8 fr.

BOURDON, ancien examinateur d'admission à l'Ecole Polytechnique. — **Eléments d'Arithmétique.** 36ᵉ édition. In-8; 1878. *(Adopté par l'Université.)*   4 fr.

FATON (le P.). —**Traité d'Arithmétique théorique et pratique,** terminé par une petite Table de Logarithmes. 9ᵉ édition, revue et corrigée. In-12; 1879. *(Autorisé par l'Université.)*   2 fr. 75
Cartonné, 3 fr. 20

FATON (le P.). — **Premiers Eléments d'Arithmétique,** à l'usage des Classes inférieures. 6ᵉ édition. In-12; 1878.   1 fr. 50
Cartonné, 1 fr. 90

FINANCE (Ch.), officier d'Académie, professeur au collège de Saint-Dié. — **Arithmétique,** à l'usage des Elèves des Ecoles normales primaires, des collèges, des lycées et des pensions, comprenant les matières exigées pour le Brevet d'instituteur et pour l'admission aux Ecoles des Arts et Métiers. Nouvelle édition, revue et augmentée. In-12; 1874.
2 fr. 50

LIONNET (E.), examinateur suppléant à l'Ecole navale. — **Eléments d'Arithmétique.** *(Autorisé par l'Université.)* 3ᵉ édition, rédigée conformément au *Programme* officiel des Lycées. In-8; 1857.   4 fr.

LIONNET (E.). — **Complément des Éléments d'Arithmétique,** comprenant les **Approximations numériques,** à l'usage des candidats aux Ecoles du gouvernement et au baccalauréat ès sciences. *(Autorisé par l'Université.)* 2ᵉ édit. In-8; 1857.   2 fr. 50

— Les **Approximations numériques** se vendent séparément.   1 fr.

SERRET (J.-A.), membre de l'Institut. — **Traité d'Arithmétique,** à l'usage des candidats au Baccalauréat ès sciences et aux Ecoles spéciales. 6ᵉ édition, revue et mise en harmonie avec les derniers programmes officiels par J.-A. SERRET et par Ch. DE COMBEROUSSE, professeur de Cinématique à l'Ecole Centrale et de Mathématiques spéciales au collège Chaptal. In-8; 1875.   4 fr. 50

VIEILLE. — **Théorie générale des approximations numériques,** à l'usage des candidats aux Ecoles spéciales du gouvernement. 2ᵉ édit. In-8; 1854.   3 fr. 50

ALGÈBRE.

AMADIEU (P.-F.), ancien officier d'état-major.— **Notions élémentaires d'Algèbre,** exigées pour l'admission à l'Ecole navale, à l'Ecole de Saint-Cyr et à l'Ecole forestière. 3ᵉ édit. In-12 avec fig.; 1867.   3 fr.

BENOIT (P.-M.-N.). — **La Règle à Calcul expliquée,** ou **Guide du Calculateur à l'aide de la Règle logarithmique à tiroir.** Fort volume in-12 avec planches.   5 fr.

BIEHLER, directeur des Études à l'École préparatoire du Collège Stanislas. — **Sur la théorie des Équations.** (Thèse d'Algèbre). In-4; 1879.   5 fr.

BOSET, professeur à l'Athénée royal de Namur. — **Traité élémentaire d'Algèbre.** In-8; 1880.   7 fr. 50

BOURDON.—**Éléments d'Algèbre,** avec Notes de M. PROUHET. 15ᵉ édition. In-8; 1877. *(Adopté par l'Université.)*   8 fr.

CAMPOU (de), professeur au collège Rollin. —**Théorie des quantités négatives.** In-8, avec fig.; 1879.   1 fr. 50

CHOQUET, docteur ès sciences. — **Traité d'Algèbre.** In-8; 1856. *(Autorisé.)*   7 fr. 50

DOSTOR (G.), docteur ès sciences, professeur à la Faculté des Sciences de l'Université catholique de Paris. — **Eléments de la théorie des déterminants,** avec application à l'Algèbre, la Trigonométrie et la Géométrie analytique dans le plan et dans l'espace. In-8; 1877.   8 fr.

LACROIX. — **Eléments d'Algèbre**, à l'usage des candidats aux Ecoles du Gouvernement. 24ᵉ édition, revue, corrigée et annotée par M. PROUHET. In-8; 1879. (*Autorisé par décision ministérielle.*)   6 fr.

LACROIX. — **Complément des Eléments d'Algèbre**. 7ᵉ édit. In-8; 1863. 4 fr.

LAURENT (H.), répétiteur d'Analyse à l'Ecole Polytechnique. — **Traité d'Algèbre**, *à l'usage des candidats aux Ecoles du Gouvernement*. 3ᵉ édit., revue et mise en harmonie avec les nouveaux programmes.

PREMIÈRE PARTIE, à l'usage des classes de *Mathématiques élémentaires*. In-8, 1879. 4 fr.

SECONDE PARTIE, à l'usage des classes de *Mathématiques spéciales*. In-8, 1881. 4 fr.

LEFÉBURE DE FOURCY. — **Leçons d'Algèbre**. 8ᵉ édit.; 1870.   7 fr. 50

LEMONNIER, docteur ès sciences, professeur au Lycée Henri IV. — **Mémoire sur l'élimination**. In-4; 1879.   6 fr.

LIONNET. — **Algèbre élémentaire**, à l'usage des candidats au baccalauréat ès sciences et aux Ecoles du gouvernement. 3ᵒ édit., comprenant toutes les matières exigées pour l'admission à l'Ecole centrale des Arts et Manufactures. In-8; 1868.   4 fr.

ROUCHÉ, ancien élève de l'Ecole Polytechnique, professeur au Lycée Charlemagne. — **Eléments d'Algèbre**, à l'usage des candidats au baccalauréat ès sciences et aux Ecoles spéciales, rédigés conformément aux *Programmes* de l'enseignement scientifique des Lycées. In-8, avec 28 fig.; 1857.   4 fr.

SERRET (J.-A.), membre de l'Institut. — **Cours d'Algèbre supérieure**. 4ᵉ édition. Deux forts volumes in-8; 1877-79.   25 fr.

GÉOMÉTRIE.

CHASLES, membre de l'Institut. — **Aperçu historique sur l'origine et le développement des Méthodes en Géométrie, particulièrement de celles qui se rapportent à la Géométrie moderne**, suivi d'un *Mémoire de Géométrie sur deux principes généraux de la science : la Dualité et l'Homographie*. 2ᵉ édit., conforme à la première. Un beau vol. in-4, de 850 pages; 1875.   35 fr.

CHASLES. — **Traité de Géométrie supérieure**. Deuxième édition. 1 beau vol. grand in-8, avec 12 pl.; 1880.   24 fr.

CHASLES. — **Traité des Sections coniques**, faisant suite au **Traité de Géométrie supérieure**. *Première Partie*. In-8, avec 5 planches gravées sur cuivre, et contenant 133 figures; 1865.   9 fr.

La seconde Partie, qui est sous presse, se vendra de même séparément.

COMPAGNON. (P.-F.), professeur au collège Stanislas. — **Eléments de Géométrie**. Cet Ouvrage est surtout destiné aux jeunes gen. qui se préparent aux Ecoles du gouvernement. 2ᵉ édition. In-8, avec figures; 1876.   7 frt

COMPAGNON (P.-F.). — **Abrégé des Eléments de Géométrie**. Cet Ouvrage s'adresse plus particulièrement aux élèves de l'enseignement secondaire spécial et aux candidats aux baccalauréats. 2ᵉ édition. In-8, avec figures; 1876. (*Ouvrage approuvé pour l'enseignement secondaire spécial*).   4 fr. 50

COMPAGNON (P.-F.). — **Questions proposées sur les Eléments de Géométrie**, divisées en livres, chapitres et paragraphes, et contenant quelques indications *sur la manière de résoudre certaines questions*. In-8, avec figures dans le texte; 1877.   5 fr.

CREMONA (L.), directeur de l'Ecole d'application des ingénieurs à Rome. — **Eléments de Géométrie projective** (GÉOMÉTRIE SUPÉRIEURE), traduits par Ed. DEWULF, chef de bataillon du génie. Un beau vol. in-8, 216 fig. sur cuivre, en relief, dans le texte; 1875. 6 fr.

HOÜEL (J.), professeur de Mathématiques pures à la Faculté des Sciences de Bordeaux. — **Essai critique sur les principes fondamentaux de la Géométrie élémentaire, ou Commentaires sur les XXXII premières propositions des Eléments d'Euclide**. In-8, avec fig.; 1867.   2 fr. 50

LACROIX (S.-F.). — **Eléments de Géométrie**, suivis de *Notions sur les courbes usuelles*. 21ᵒ édition, revue et corrigée par M. PROUHET. In-8, avec 220 fig.; 1880. (*Autorisé par décision ministérielle.*)   4 fr.

MARIE (F. C.-M.) — **Géométrie stéréographique, ou Reliefs des Polyèdres pour faciliter l'étude des Corps**, en 25 pl. gravées, dont 24 sur carton et découpées, d'après l'Ouvrage anglais de COWLEY. In-8; 1835.   5 fr.

PETERSEN (JULIUS), membre de l'Académie royale des sciences, professeur à l'Ecole royale polytechnique de Copenhague. — **Méthodes et théories pour la résolution des problèmes de constructions géométriques**, *avec application à plus de 400 problèmes*. Traduit par O. CHEMIN, ingénieur des ponts et chaussées. Petit in-8, avec fig.; 1880.   4 fr.

PONCELET, membre de l'Institut. — **Traité des propriétés projectives des figures**. Ouvrage utile à ceux qui s'occupent des applications de la Géométrie descriptive et d'opérations géométriques sur le terrain. 2ᵒ édition. 2 beaux volumes in-4, d'environ 450 pages chacun, imprimés sur carré fin satiné, avec de nombreuses planches gravées sur cuivre; 1865-1866.   40 fr.

Le IIᵒ volume se vend séparément.   20 fr.

ROUCHÉ (EUGÈNE), professeur à l'Ecole centrale, répétiteur à l'Ecole polytechnique, etc., et DE COMBEROUSSE (Charles), professeur à l'École centrale et au collège Chaptal, etc. — **Traité de Géométrie**, conforme aux programmes officiels, renfermant un très grand nombre d'Exercices et plusieurs Appendices consacrés à l'exposition des PRINCIPALES MÉTHODES DE LA GÉOMÉTRIE MODERNE. 4ᵉ édition, revue et notablement augmentée. In-8 de xxxvi-900 pages, avec 616 figures dans le texte et 1087 questions proposées ; 1879.　　14 fr.

On vend séparément, savoir :

Iʳᵉ PARTIE. — *Géométrie plane.*　　6 fr.

IIᵉ PARTIE. — *Géométrie dans l'espace et Courbes usuelles.*　　8 fr.

ROUCHÉ (EUGÈNE) et DE COMBEROUSSE (Charles). — **Éléments de Géométrie**, rédigés conformément aux Progr. 2ᵉ édition. In-8, avec fig. dans le texte ; 1873.　　5 fr.

SERRET (PAUL), docteur ès sciences. — **Géométrie de direction**. APPLICATION DES COORDONNÉES POLYÉDRIQUES. *Propriété de dix points de l'ellipsoïde, de neuf points d'une courbe gauche du quatrième ordre, de huit points d'une cubique gauche.* In-8, avec fig.; 1869.　　10 fr.

TARNIER, inspecteur de l'instruction primaire à Paris, — **Éléments de Géométrie pratique**, conformes au programme de l'enseignement secondaire spécial (année préparatoire, sciences), à l'usage des Écoles primaires et des divers établissements scolaires. In-8, avec figures dans le texte, accompagné d'un atlas in-folio contenant une planche typographique et 7 belles planches coloriées, gravées sur acier ; 1872. Prix du texte broché, avec l'Atlas en feuilles dans une couverture imprimée.　　6 fr.

Prix du texte cartonné et de l'Atlas cartonné sur onglets.　　8 fr. 75

On vend séparément :

Le texte, broché.	2 fr. 50
Le texte, cartonné,	3 fr. 50
L'Atlas, en feuilles.	3 fr. 25
L'Atlas, cart. sur onglets.	5 fr. 50

Les 8 planches, collées sur toile, et formant une *grande carte murale*, vernie, avec gorge et rouleau.　　12 fr.

Les 8 planches, collées séparément sur carton, avec anneau de suspension.　　10 fr.

TILLY (DE). — **Essai sur les principes fondamentaux de la Géométrie et de la Mécanique.** Grand in-8 ; 1878.　　6 fr.

VIANT (J.), agrégé de l'Université. — **Notions sur quelques courbes usuelles**, rédigées conformément au nouveau programme de Saint-Cyr, à l'usage des candidats à ladite École, aux Écoles navale et forestière et au Baccalauréat ès sciences. In-8, avec planches ; 1864.　　2 fr. 50

TRIGONOMÉTRIE

BOURDON. — **Trigonométrie rectiligne et sphérique.** 2ᵉ édition, revue et annotée par M. BRISSE, agrégé de l'Université, professeur au lycée Fontanes. In-8, avec figures dans le texte ; 1877. (*Adopté par l'Université.*)　　3 fr.

CARÊME. — **Trigonométrie rectiligne.** In-8, avec figures ; 1869.　　2 fr. 50

DELISLE, examinateur de la Marine, et GERONO, professeur de Mathématiques. — **Éléments de Trigonométrie rectiligne et sphérique.** 7ᵉ édition, revue et augmentée. In-8, avec planches ; 1876.　　3 fr. 50

LACROIX. — **Traité élémentaire de Trigonométrie rectiligne et sphérique et d'application de l'Algèbre à la Géométrie.** 11ᵉ édition, revue et corrigée. In-8, avec planches ; 1863.　　4 fr.

LE COINTE (le P.). — **Leçons sur la Théorie des fonctions circulaires et la Trigonométrie.** Cet Ouvrage est destiné à la préparation aux Écoles du gouvernement, et spécialement à l'École Polytechnique. Il renferme un grand nombre d'Exercices. In-8, avec figures dans le texte ; 1858.　　4 fr.

SERRET (J.-A.), membre de l'Institut, professeur au Collège de France. — **Traité de Trigonométrie.** 6ᵉ édition, revue et augmentée. In-8, avec planches ; 1880. (*Autorisé par décision ministérielle.*)　　4 fr.

APPLICATION DE L'ALGÈBRE A LA GÉOMÉTRIE

BOSET, professeur à l'Athénée royal de Namur. — **Traité de Géométrie analytique**, précédé des *Éléments de la Trigonométrie rectiligne et sphérique.* In-8, avec 322 figures dans le texte ; 1878.　　12 fr.

BOURDON. — **Application de l'Algèbre à la Géométrie**, comprenant la *Géométrie analytique à deux et à trois dimensions.* 9ᵉ édition, revue et annotée par M. G. DARBOUX, agrégé de l'Université, professeur de Mathématiques spéciales au lycée Descartes. In-8 ; 1880. *Ouvrage adopté par l'Université.*）　　9 fr.

Des Notes importantes, traitant de différents sujets de Géométrie analytique à deux et à trois dimensions, ont été rédigées par M. DARBOUX, et placées à la fin du volume.

CARNOY, professeur à l'Université de Louvain. — **Cours de Géométrie analytique.** 2 volumes gr. in-8, avec figures dans le texte.　　21 fr.

On vend séparément :

Géométrie plane, 3ᵉ édition ; 1880.　　10 fr.

Géométrie de l'espace, 2ᵉ édition ; 1877.　　11 fr.

CLEBSCH (ALFRED). — **Leçons sur la Géométrie**, recueillies et complétées par Ferdinand LINDEMANN, professeur à l'Université de Fribourg en Brisgau, et traduites par Adolphe Benoist, docteur en droit. 3 vol. gr. in-8, avec figures dans le texte ; 1879.

Tome Ier. — Traité des sections coniques et Introduction à la théorie des formes algébriques. 12 fr.

Tome II. — Courbes algébriques en général et courbes du troisième ordre. 14 fr.

Tome III. — Intégrales abéliennes et connexes. (*Sous presse.*)

DELISLE et GERONO. — **Géométrie analytique.** In-8, avec planches. 5 fr.

LEFÉBURE DE FOURCY. — **Leçons de Géométrie analytique.** 9e édition ; 1871. Prix. 7 fr. 50

PAINVIN (L.). — **Principes de Géométrie analytique.** 2 vol. grand in-4 lithographiés, de plus de 800 pages chacun, avec nombreuses figures dans le texte.

Ire Partie.— *Géométrie plane ;* 1866. (*Epuisé.*)

IIe Partie. — *Géométrie de l'espace ;* 1871. Prix. 23 fr.

PONCELET, membre de l'Institut. — **Applications d'Analyse et de Géométrie** qui ont servi de principal fondement au **Traité des propriétés projectives des figures,** avec Additions par MM. Mannheim et Moutard, anciens élèves de l'Ecole Polytechnique. 2 forts vol. in 8, avec figures dans le texte. Imprimé sur carré fin satiné; 1862-1864. 20 fr.

Chaque volume se vend séparément. 10 fr.

GÉOMÉTRIE DESCRIPTIVE ET APPLICATIONS

CABANIE, charpentier, professeur du Trait de Charpente, de Mathématiques, etc.—**Charpente générale théorique et pratique.** 2 vol. in-folio, avec planches. 2e édit. ; 1868. 50 fr.

On vend séparément :

Le tome Ier : *Bois droit.* 25 fr.

Le tome II : *Bois croche.* 25 fr.

Pour recevoir l'ouvrage *franco,* ajouter 2 fr. 50 par volume.

GOURNERIE (de la). — **Traité de Géométrie descriptive.** In-4, publié en trois Parties avec Atlas; 1873-1880-1864. 30 fr.

Chaque Partie se vend séparément. 10 fr.

La 1re Partie (2e édition, 1873) contient tout ce qui est exigé pour l'admission à l'Ecole Polytechnique.

Les deux dernières Parties sont le développement du Cours de Géométrie descriptive actuellement professé à l'Ecole Polytechnique.

JULLIEN (A.), licencié ès sciences mathématiques et physiques. — **Méthode nouvelle pour l'enseignement de la Géométrie descriptive (Perspective et Reliefs).**

La Méthode se compose d'un Cours élémentaire et d'une Collection de Reliefs, qui se vendent séparément, savoir :

Cours élémentaire de Géométrie descriptive, conforme au programme du Baccalauréat ès sciences. In-18 jésus, avec figures et 143 pl. intercalées dans le texte. 2e édition ; 1878. Cartonné. 3 fr. 50

Collection de Reliefs à pièces mobiles se rapportant aux questions principales du Cours élémentaire :

Petite boite, comprenant 30 reliefs, avec 118 pièces métalliques pour monter les reliefs, et une Notice explicative. (*Port non compris.*) Prix. 10 fr.

Grande boite, comprenant les mêmes reliefs tout montés. (*Port non compris.*) 15 fr.

LEFÉBURE DE FOURCY.—**Traité de Géométrie descriptive.** 7e édition. 2 vol. in-8, dont un se compose de 32 planches ; 1870. 10 fr.

LEROY, ancien professeur à l'Ecole Polytechnique et à l'Ecole Normale supérieure. — **Traité de Géométrie descriptive,** 10e édition, revue et annotée par M. Martelet, professeur de Géométrie descriptive à l'Ecole centrale des arts et manufactures. In-4, avec Atlas de 71 planches ; 1877. 16 fr.

LEROY. — **Traité de Stéréotomie,** comprenant les **Applications de la Géométrie descriptive à la Théorie des Ombres, la Perspective linéaire, la Gnomonique, la Coupe des Pierres et la Charpente.** 7e édition, revue et annotée par M. Martelet. In-4, avec Atlas de 74 planches in-fol.; 1877. 26 fr.

MANNHEIM (A.), chef d'escadron d'artillerie, Professeur à l'Ecole Polytechnique. — **Cours de Géométrie descriptive de l'Ecole Polytechnique,** comprenant les Eléments de la Géométrie cinématique. Grand in-8, illustré de 249 figures dans le texte ; 1880. 17 fr.

VIANT (J.). — **Éléments de Géométrie descriptive,** rédigés conformément au programme de Saint-Cyr, à l'usage des candidats à ladite Ecole, à l'Ecole navale, à l'Ecole forestière et au Baccalauréat ès sciences. In-8, avec Atlas de 16 pl.; 1862. 2 fr. 50

CALCUL DIFFÉRENTIEL ET INTÉGRAL
ANALYSE MATHÉMATIQUE

AOUST (l'abbé), professeur d'Analyse à la Faculté de Marseille.—**Analyse infinitésimale des courbes tracées sur une surface quelconque.** In-8, avec figures dans le texte ; 1869. 7 fr.

AOUST (l'abbé). — **Analyse infinitésimale des courbes planes,** contenant la résolution d'un grand nombre de problèmes choisis, à l'usage des candidats à la licence ès sciences. In-8, avec 80 figures dans le texte ; 1873. 8 fr. 50

Suite des Publications de la Librairie **GAUTHIER-VILLARS**.

AOUST (l'abbé). — **Analyse infinitésimale des courbes dans l'espace.** In-8 ;
1877. 11 fr.

ARGAND (R.).—**Essai sur une manière
de représenter les quantités imaginaires dans les constructions géométriques.** 2ᵉ édition, précédée d'une préface par M. J. Hoüel, et suivie d'un Appendice
contenant des extraits des *Annales de Ger-
gonne*, relatifs à la question des imaginaires.
In-8, avec fig. dans le texte ; 1874. 5 fr.

BERTRAND (J.), membre de l'Institut, professeur à l'Ecole Polytechnique et au Collège
de France. — **Traité de Calcul différentiel et de Calcul intégral.**

Calcul différentiel. In-4 de 836 pages,
avec 100 figures dans le texte; 1864. (*Rare.*)

Calcul intégral (*Intégrales définies et indéfinies*). In-4 de 696 pages, avec 88 figures
dans le texte ; 1870. 30 fr.

Le troisième et dernier volume, Calcul
intégral (*Équations différentielles*), est sous
presse.

BOUCHARLAT. — **Éléments de Calcul
différentiel et de Calcul intégral.**
8ᵉ édition, revue et annotée par M. Laurent,
répétiteur à l'Ecole Polytechnique. In-8, avec
pl.; 1880. 8 fr.

BRIOT (Ch.), professeur à la Faculté des
Sciences de Paris. — **Théorie des fonc-
tions abéliennes.** Un beau vol. in-4; 1879.
Prix. 15 fr.

BRIOT (Ch.). — **Essais sur la Théorie
mathématique de la Lumière.** In-8,
avec figures dans le texte; 1864. 4 fr.

BRIOT et BOUQUET, professeurs à la Faculté
des Sciences. — **Théorie des fonctions
elliptiques.** 2ᵉ édition. Un beau vol. in-4,
avec fig.; 1875. 30 fr.

CATALAN (E.). - **Cour d'Analyse** (*Algèbre ; — Calcul différentiel ;—première Partie
du Calcul intégral*). 2ᵉ édition, revue et augmentée. Un fort volume in-8, avec fig. dans le
texte ; 1879. 12 fr.

CATALAN (E.). — **Traité élémentaire
des Séries.** Gr. in-8, avec fig.; 1860. 5 fr.

CLAUSIUS (R.), professeur à l'Université de
Bonn, correspondant de l'Institut de France.
—**De la fonction potentielle et du potentiel ;** traduit de l'allemand, sur la 2ᵉ édition, par F. Folie. In-8; 1870. 4 fr.

D'ESCLAIBES (l'abbé), ancien élève de
l'Ecole Polytechnique. — **Sur les applications des fonctions elliptiques à l'é-
tude des courbes du premier genre.**
In-4 ; 1880. 8 fr.

DUHAMEL, membre de l'Institut. — **Eléments de Calcul infinitésimal.** 3ᵉ édit.,
revue et annotée par M. Bertrand, membre
de l'Institut. 2 vol. in-8; 1874, 1876. 15 fr.

FAA DE BRUNO (Fr.), docteur ès sciences.

— **Théorie générale de l'élimination.**
Gr. in-8; 1859. 3 fr. 50

FAA DE BRUNO (Fr.). — **Théorie des
formes binaires.** Un fort volume in-8 ;
1876. 16 fr.

FAURE (H.), Chef d'escadron d'Artillerie.—
— **Théorie des indices.** In-8; 1878. 5 fr.

FRENET (F.), professeur honoraire à la
Faculté des Sciences de Lyon. — **Recueil
d'Exercices sur le Calcul infinitésimal,**
ouvrage destiné aux candidats à l'Ecole Polytechnique, à l'Ecole Normale, aux élèves de
ces Ecoles et aux personnes qui se présentent
à la licence. 3ᵉ édition. In-8, avec figures ;
1873. 7 fr. 50

GILBERT (Ph.). — **Cours d'Analyse
infinitésimale.** Partie élémentaire. 2ᵉ édit.
Grand in-8 ; 1878. 9 fr. 50

HERMITE (Ch.), membre de l'Institut, professeur à l'Ecole Polytechnique et à la Faculté
des Sciences. — **Cours d'Analyse de
l'Ecole Polytechnique.** Première Partie,
contenant le *Calcul différentiel* et les *Premiers
principes du Calcul intégral*. Un fort vol. in-8,
imprimé sur vélin, avec figures dans le texte ;
1873. 14 fr.

La Seconde Partie contiendra la fin du Calcul intégral.

HOÜEL (J.), professeur de Mathématiques à la
Faculté des Sciences de Bordeaux. — **Cours
de Calcul infinitésimal.** Trois beaux vol.
grand in-8, avec figures dans le texte ; 1878-
1879.

On vend séparément :

Tome I.	15 fr.
Tome II.	15 fr.
Tome III.	10 fr.
Tome IV.	(*Sous presse.*)

JORDAN (Camille), ingénieur des mines.
— **Traité des substitutions et des
Équations algébriques.** In-4; 1870. 30 fr.

JOURNAL DE L'ECOLE POLYTECHNIQUE,
publié par le Conseil d'instruction de cet Eta-
blissement. 47 cahiers, formant 28 vol. in-4,
avec figures et planches. 720 fr.

Le XLVIIIᵉ cahier, qui vient de paraître,
se vend 12 fr.

Le XLVIIIᵉ cahier est sous presse.

LACROIX (S. F.). — **Traité élémentaire
de Calcul différentiel et de Calcul intégral.** 8ᵉ édition, revue et augmentée de
Notes par MM. Hermite et J.-A. Serret, membres de l'Institut. 2 vol. in-8, avec planches ;
1874. 15 fr.

LAGRANGE. — **Œuvres de Lagrange,**
publiées par les soins de M. J.-A. Serret, membre de l'Institut, sous les auspices du Ministre
de l'Instruction publique. Tomes I, II, III, IV,
V, VI, et VII In-4; 1867-1879.

Chaque volume se vend séparément. 30 fr.

Les Tomes I à VII forment la 1ʳᵉ série des

œuvres de Lagrange, et comprennent tous les Mémoires publiés séparément.

La 11ᵉ Série, qui est sous presse, se composera de 6 volumes qui renfermeront les Ouvrages didactiques, la Correspondance et les Mémoires inédits, savoir :

> Tome VIII. *Résolution des équations numériques.* In-4; 1879. 18 fr.
>
> Tome IX. — *Théorie des fonctions analytiques.* (*Sous presse*).
>
> Tome X. — *Leçons sur le calcul des fonctions.* *Sous presse*).
>
> Tome XI. — *Mécanique analytique* (1ʳᵉ Partie). (*Sou s presse*)
>
> Tome XII. — *Mécanique analytique* (2ᵉ Partie). (*Sous presse*).
>
> Tome XIII. — *Correspondance et Mémoires inédits.* (*Sous presse*).

LAISANT, capitaine du génie. — **Essai sur les fonctions hyperboliques.** Gr. in-8 avec figures dans le texte; 1874. 3 fr. 50

LAISANT, ancien élève de l'Ecole Polytechnique. — **Applications mécaniques du Calcul des quaternions. — Sur un nouveau mode de transformation des courbes et des surfaces** (Thèses). In-4; 1877. 5 fr.

LAMÉ (G.). — **Leçons sur les Fonctions inverses des transcendantes et les surfaces isothermes.** In-8, avec fig. dans le texte; 1857. 5 fr.

LAMÉ (G.). — **Leçons sur les Coordonnées curvilignes et leurs diverses applications.** In-8, avec figures dans le texte; 1859. 5 fr.

LAPLACE. — **Œuvres complètes de Laplace,** publiées sous les auspices de l'Académie des Sciences, par MM. les Secrétaires perpétuels, avec le concours de M. Puiseux, membre de l'Institut, et de M. J. Houël, professeur à la Faculté des Sciences de Bordeaux. Nouvelle édition, avec un beau portrait de Laplace, gravé sur cuivre par Tony Goutière. In-4; 1878.

Les éditions précédentes, qui sont devenues très rares, ne contenaient que 7 volumes, savoir : *Traité de Mécanique céleste* (5 volumes), *Exposition du système du Monde et Théorie analytique des probabilités.* La nouvelle édition comprendra de plus 6 volumes renfermant tous les autres Mémoires de Laplace, dont la dissémination dans de nombreux Recueils académiques et périodiques rendait jusqu'à ce jour l'étude si difficile.

Souscription aux 5 volumes de la *Mécanique céleste.*

(Envoi franco dans toute l'Union postale.)

Le tirage est fait sur trois papiers différents : 1º sur papier vergé semblable à celui des Œuvres de Fresnel, de Lavoisier et de Lagrange; 2º sur papier vergé fort, au chiffre de Laplace; 3º sur papier de Hollande, au chiffre de Laplace (à petit nombre).

Le prix des 5 volumes du Traité de Mécanique céleste *est fixé ainsi qu'il suit* (prix à solder en souscrivant) :

1º Tirage sur papier vergé; 5 vol. in-4. 80 fr.

2º Tirage sur papier vergé fort, au chiffre de Laplace; 5 vol. in-4. 90 fr.

3º Tirage sur papier de Hollande, au chiffre de Laplace (à petit nombre); 5 vol. in-4. 120 fr.

Le prix de chaque volume du Traité de Mécanique céleste, *acheté séparément, est fixé ainsi qu'il suit :*

1º Tirage sur papier vergé; chaque volume in-4. 20 fr.

2º Tirage sur papier vergé fort, aux armes de Laplace; chaque volume in-4. 22 fr. 50

Les volumes tirés sur papier de Hollande ne se vendent pas séparément.

Les Tomes I, II, III et IV sont en distribution; le Tome V est sous presse.

LAURENT (H.), répétiteur d'Analyse à l'Ecole Polytechnique. — **Traité du Calcul des probabilités.** In-8; 1873. 7 fr. 50

LAURENT (H.). — **Théorie élémentaire des fonctions elliptiques.** In-8; 1880. 3 fr. 50

LEBESGUE (V.-A.), correspondant de l'Institut de France. — **Exercices d'Analyse numérique,** extraits, commentaires et recherches relatives à l'*Analyse indéterminée et à la Théorie des nombres.* In-8; 1859. 2 fr. 50

LE PAIGE, chargé du Cours d'Analyse à l'Université de Liège. — **Mémoire sur quelques applications de la théorie des formes algébriques à la Géométrie.** In-4; 1879. 4 fr.

LIAGRE (J.-B.-J.), lieutenant général, secrétaire perpétuel de l'Académie Royale de Belgique. — **Calcul des probabilités et Théorie des erreurs,** avec des applications aux Sciences d'observation en général et à la Géodésie en particulier. 2ᵉ édition, revue par le capitaine C. Peny, professeur à l'Ecole militaire. In-8; 1879. 10 fr.

MANSION (Paul), professeur à l'Université de Gand. — **Théorie des équations aux dérivées partielles du premier ordre.** In-8; 1875. 6 fr

MANSION (Paul). — **Éléments de la théorie des déterminants,** *avec de nombreux exercices.* 3ᵉ édition. In-8; 1880. 2 fr

MARIE (Maximilien), répétiteur à l'Ecole Polytechnique. — **Théorie des fonctions des variables imaginaires.** 3 vol. grand in-8; 1874-1875-1876. 20 fr

Chaque volume se vend séparément 8 fr

MATHIEU (Emile), professeur à la Faculté des Sciences de Besançon. — **Cours de**

Physique mathématique. In-4, avec figures dans le texte ; 1873. 15 fr.

MOIGNO (l'abbé). — **Leçons de Calcul différentiel et de Calcul intégral**, rédigées d'après les méthodes et les ouvrages publiés ou inédits de A.-L. CAUCHY. Tome IV, *premier fascicule*. — **Calcul des variations**, rédigé en collaboration avec M. LINDELOF. In-8 ; 1861. 6 fr.

PICTET (RAOUL) et CELLÉRIER (G.). — **Méthode générale d'intégration continue d'une fonction numérique quelconque**, à propos de quelques théorèmes fournis par l'Analyse mathématique appliquée au *calcul des courbes d'un nouveau thermographe*. In-8, avec figures dans le texte et 6 planches ; 1879. 6 fr.

SERRET (J.-A.), membre de l'Institut. — **Cours de Calcul différentiel et intégral**. 2e édit. 2 forts vol. in-8, avec figures ; 1879-1880. 24 fr.

STURM, membre de l'Institut. — **Cours d'Analyse de l'Ecole Polytechnique.** 6e édition, revue et corrigée par M. E. PROUHET, et suivie de la Théorie élémentaire des fonctions elliptiques par M. H. LAURENT. 2 vol. in-8, avec figures dans le texte ; 1880. 14 fr.

TISSERAND, correspondant de l'Institut, directeur de l'Observatoire de Toulouse, ancien maître de Conférences à l'Ecole des hautes Etudes de Paris. — **Recueil complémentaire d'Exercices sur le Calcul infinitésimal**, à l'usage des candidats à la Licence et à l'Agrégation des sciences mathématiques. (Cet Ouvrage forme une suite naturelle à l'excellent *Recueil d'exercices* de M. FRENET.) In-8, avec figures dans le texte ; 1876. 7 fr. 50

VALLÈS (F.), inspecteur général honoraire des ponts et chaussées. — **Des formes imaginaires en Algèbre.**

1re PARTIE. — *Leur interprétation en abstrait et en concret.* In-8 ; 1869. 5 fr.

2e PARTIE. — *Intervention de ces formes dans les équations des cinq premiers degrés.* Gr. in-8 lithographié, avec 3 planches ; 1873. Prix. 6 fr.

3e PARTIE. — *Représentation, à l'aide de ces formes, des directions dans l'espace.* In-8 ; 1876. 5 fr.

MÉCANIQUE APPLIQUÉE ET RATIONNELLE

BELLANGER (C.-A.), ancien élève de l'École Polytechnique, professeur d'Hydrographie. — **Petit Catéchisme de machines à vapeur**, à l'usage des candidats aux grades de la marine de commerce, etc. Nouvelle édition. 3 fr.

BOUCHARLAT (J.-L.). — **Éléments de Mécanique.** 4e édition. 1 vol. in-8, avec pl. ; 1861. 8 fr.

BOUR (EDM.), ingénieur des Mines. — **Cours de Mécanique et Machines**, professé à l'Ecole Polytechnique.

Cinématique. In-8, avec Atlas de 30 pl. in-4 gravées sur cuivre ; 1865. 10 fr.

Statique et travail des forces dans les machines à l'état de mouvement uniforme. In-8, avec Atlas de 8 planches in-4 grav. sur cuivre ; 1868. 6 fr.

Dynamique et Hydraulique. In-8, avec 125 fig. dans le texte ; 1874. 7 fr. 50

BRESSE, professeur de Mécanique à l'École des ponts et chaussées. — **Cours de Mécanique appliquée**, professé à l'École des ponts et chaussées. 3 vol. in-8 et Atlas in-folio de 24 planches. 39 fr.

Chaque Partie se vend séparément :

Ire PARTIE. — *Résistance des matériaux et stabilité des constructions.* 3e édition. In-8, avec figures dans le texte ; 1880. 13 fr.

IIe PARTIE. — *Hydraulique.* 3e édition. In-8, avec figures dans le texte et une planche ; 1879. 10 fr.

IIIe PARTIE. — *Calcul des moments de flexion dans une poutre à plusieurs travées solidaires.* In-8, avec planche et atlas in-fol. de 24 planches sur cuivre ; 1865. 16 fr.

CALLON (CH.). — **Cours de construction de machines**, professé à l'Ecole centrale des arts et manufactures. Album cartonné, contenant 118 planches in-folio de dessins, avec cotes et légendes (*Matériel agricole, Hydraulique*) ; 1875. 30 fr.

CONTAMIN, professeur à l'École centrale. — **Cours de Résistance appliquée.** Grand in-8, avec 236 figures dans le texte ; 1878. 16 fr.

DENFER, chef des travaux graphiques à l'Ecole centrale des arts et manufactures. — **Album de serrurerie**, conforme au cours de Constructions civiles professé à l'Ecole Centrale par E. MULLER, et contenant *l'emploi du fer dans la maçonnerie et dans la charpente en bois, la charpente en fer, les ferrements des menuiseries en bois, la menuiserie en fer, les grosses fontes et articles divers de quincaillerie.* Gr. in-4, contenant 100 belles planches lithogr. ; 1872. 13 fr.

DULOS (PASCAL), professeur de Mécanique à l'Ecole d'arts et métiers et à l'Ecole des sciences d'Angers. — **Cours de Mécanique**, à l'usage des écoles d'arts et métiers et de l'enseignement spécial des lycées. 4 vol. in-8, avec belles figures gravées sur bois dans le texte ; 1875-1879.

On vend séparément chaque tome :

Ire PARTIE. — *Composition des forces. — Equilibre des corps solides. — Centre de gravité. — Machines simples. — Ponts suspendus. Travail des forces. — Principe des forces vives. — Moments d'inertie. — Force centrifuge. —*

Pendule simple et pendule composé. — Centre de percussion. — Régulateur à force centrifuge. — Pendule balistique. 7 fr. 50

IIᵉ Partie. — *Résistances nuisibles ou passives. — Frottement. — Application aux machines. — Roideur des cordes. — Application du théorème des forces vives à l'établissement des machines. — Théorie des volants. — Résistance des matériaux.* 7 fr. 50

IIIᵉ Partie. — *Hydraulique. — Écoulement des fluides. — Jaugeage des cours d'eau. — Établissement des canaux à régime constant. — Récepteurs hydrauliques. — Travail des pompes. — Bélier hydraulique. — Vis d'Archimède. — Moulins à vent.* 7 fr. 50

IVᵉ Partie. — *Machines à vapeur. — Notions générales sur la Thermodynamique. — Chaudières à vapeur. — Calcul des volants. — Appareils dynamométriques.* 9 fr. 50

ERMEL, professeur à l'École centrale des arts et manufactures. — **Album des éléments et organes de machines**, traités dans le cours de constructions de machines, à l'École Centrale, suivi de planches relatives aux machines soufflantes, par M. Jordan, professeur du cours de Métallurgie. Portefeuille oblong, cartonné, contenant 19 planches de texte explicatif et 102 planches de dessins cotés; 1870. 13 fr.

FAVARO (Antonio), professeur à l'Université royale de Padoue. — **Leçons de Statique graphique**, traduites de l'italien par Paul Terrier, ingénieur des Arts et Manufactures. 3 beaux volumes grand in-8, se vendant séparément :

Iʳᵉ Partie. — *Géométrie de position*; 1879. 7 fr.

IIᵉ Partie. — *Calcul graphique (Sous presse).*

IIIᵉ Partie. — *Statique graphique*, théorie et applications. *(Sous presse.)*

GILBERT (Ph.), professeur à l'Université catholique de Louvain. — **Cours de mécanique analytique**. *Partie élémentaire.* Gr. in-8, avec figures dans le texte; 1877. 9 fr. 50

HABICH, directeur de l'École des Constructions civiles et des Mines, à Lima. — **Études cinématiques**. In-8, avec figures dans le texte; 1879. 4 fr.

HALLAUER (O.). — **Moteurs à vapeur.** — Expériences dirigées par M. *G.-A. Hirn* et exécutées en 1873 et 1875 par MM. *Dwelshauvers-Dery, W. Grosseteste* et *O. Hallauer.* Grand in-8, avec 3 planches; 1877. 2 fr. 50

HALLAUER (O.). — **Expériences sur le rendement des moteurs à vapeur,** faites sur les machines Voolf horizontales et sur les machines verticales Compound de la Marine française. Grand in-8, avec 4 planches; 1878. 3 fr.

HALLAUER (O.). — **Étude expérimen-** tale comparée sur les moteurs à un et à deux cylindres. *Influence de la détente.* Grand in-8; 1879. 2 fr. 50

HATON DE LA GOUPILLIÈRE (J.-N.). — **Traité des mécanismes,** renfermant la théorie géométrique des organes et celle des résistances passives. In-8, avec pl.; 1864. 10 fr.

LAGRANGE. — **Mécanique analytique** 3ᵉ édition, revue, corrigée et annotée par M. J. Bertrand, membre de l'Institut. 2 vol. in-4; 1853. *(Rare.)*

LAURENT (H.). — **Traité de Mécanique rationnelle,** à l'usage des candidats à l'Agrégation et à la Licence. 2ᵉ édition. 2 vol. in-8, avec fig. dans le texte; 1877-78. 12 fr.

LEVY (Maurice), ingénieur des ponts et chaussées, docteur ès sciences. — **La Statique graphique** et ses *Applications aux constructions.* Un beau vol. grand in-8, avec un Atlas, même format, comprenant 24 planches doubles; 1874. 16 fr. 50

LOYAU (Achille), ingénieur des arts et manufactures. — **Album de Charpentes en bois,** renfermant différents types de *planchers, pans de bois, combles, échafaudages, ponts provisoires,* etc. Gr. in-4, contenant 120 planches de dessins cotés; 1873. 25 fr.

MAHISTRE. — **Cours de Mécanique appliquée.** In-8, avec 211 fig. dans le texte; 1858. 8 fr.

MARINE A L'EXPOSITION UNIVERSELLE DE 1878 (LA). Ouvrage publié par ordre de M. le Ministre de la Marine et des Colonies. Deux beaux volumes grand in-8, avec 102 fig. dans le texte, et deux Atlas in-plano contenant 161 planches; 1879. 80 fr.

MASTAING (de), professeur à l'École centrale des Arts et Manufactures. — **Cours de Mécanique appliquée à la résistance des matériaux.** Leçons professées à l'École Centrale, de 1862 à 1872, par M. de Mastaing, et rédigées par M. Courtès-Lapeyrat, ingénieur des Arts et Manufactures, répétiteur du Cours. Gr. in-8, avec nombreuses figures dans le texte et planche; 1874. 15 fr.

MATHIEU (Émile), professeur à la Faculté des Sciences de Besançon. — **Dynamique analytique.** In-4; 1878. 15 fr.

MAYEVSKI (le général), membre du Comité de l'artillerie russe, professeur de Balistique à l'Académie d'artillerie de Saint-Pétersbourg. — **Traité de Balistique extérieure.** Gr. in-8, avec 20 tables et 5 pl.; 1872. 18 fr.

Mémorial de l'Officier du Génie, ou Recueil de mémoires, expériences, observations et procédés généraux propres à perfectionner la fortification et les constructions militaires, rédigé par les soins du Comité des fortifications. In-8, avec nombreuses figures dans le texte et planches. Chaque volume, à partir du n° **21**, se vend séparément. 7 fr. 50

Les nᵒˢ **21** (1873), **22** (1874), **23** (1874), **24** (1875), **25** (1876), sont en vente. Le nᵒ **26** est sous presse. Pour recevoir franco, ajouter 70 centimes par volume.

MOIGNO (l'abbé). — **Leçons de Méca nique analytique**, rédigées principalement d'après les méthodes de CAUCHY, et étendues aux travaux les plus récents. **Statique**. In-8, avec planches ; 1868.   12 fr.

ORTOLAN (J.-A.), mécanicien en chef de la marine. — **Mémorial du mécanicien d'usine et de navigation**. Calculs d'application ; Tables et tableaux de résultats pour la construction, les essais et la conduite des machines à vapeur. In-18 de 520 pages, avec plus de 200 fig. dans le texte ; 1870.   4 fr. 50
                  Cartonné,   5 fr. 50

PERRODIL (GROS DE), ingénieur en chef des Ponts et Chaussées. — **Résistance des matériaux. — Résistance des voûtes et arts métalliques employés dans la construction des ponts.** In-8, avec deux grandes planches ; 1879.   7 fr. 50

PHILLIPS, membre de l'Institut. — **Cours d'Hydraulique et d'Hydrostatique**, professé à l'Ecole centrale des arts et manufactures. (La rédaction est de M. AL. GOUILLY, agrégé des lycées, répétiteur du cours de M. Phillips.) Gr. in-8, avec fig. dans le texte ; 1875.   15 fr.

PIARRON DE MONDESIR, ingénieur des Ponts et Chaussées.— **Dialogues sur la Mécanique**, *Méthode nouvelle* pour l'enseignement de cette science, résultats scientifiques nouveaux. In-8, avec figures dans le texte ; 1870.   6 fr.

POINSOT (L.), membre de l'Institut. — **Éléments de Statique**, précédés d'une *Notice sur Poinsot*, par M. J. BERTRAND. (*Ouvrage adopté pour l'instruction publique.*) 12ᵉ édition ; in-8, avec planches ; 1877.   6 fr.

POISSON (S.-D.), membre de l'Institut. — **Traité de Mécanique**. 2ᵉ édition ; 2 forts vol. in-8 ; 1833.   18 fr.

PONCELET, membre de l'Institut. — **Introduction à la Mécanique industrielle, physique ou expérimentale.** 3ᵉ édition, publiée par M. KRETZ, ingénieur en chef des manufactures de l'Etat. In-8 de 755 pages, avec 3 planches ; 1870.   12 fr.

PONCELET. — **Cours de Mécanique appliquée aux Machines**, publié par M. KRETZ, ingénieur en chef des manufactures de l'Etat. 2 vol. in-8.

Iʳᵉ PARTIE. — *Machines en mouvement, Régulateurs et transmissions, Résistances passives*, avec 117 figures dans le texte et 2 planches ; 1874.   12 fr.

IIᵉ PARTIE. — *Mouvement des fluides, Moteurs, Ponts-levis*, avec 111 figures ; 1876. Prix.   12 fr.

PRESLE (DE), ancien élève de l'Ecole Polytechnique. — **Traité de Mécanique rationnelle**. In-8, avec 95 fig. ; 1869.   5 fr.

RESAL (H.), Ingénieur des Mines. — **Traité de Cinématique pure.** In-8, avec figures dans le texte ; 1862.   6 fr.

RESAL (H.). — **Éléments de Mécanique**, rédigés d'après les leçons de Mécanique physique professées à la Faculté de Paris par Poncelet. Nouvelle édition, revue et corrigée. In-8, avec pl. ; 1862.   4 fr. 50

RESAL (H.), membre de l'Institut, ingénieur des Mines, adjoint au Comité d'artillerie pour les études scientifiques. — **Traité de Mécanique générale**, comprenant les *Leçons professées à l'Ecole Polytechnique*. 6 vol. in-8, se vendant séparément.

TOME I. — *Cinématique.* — *Théorèmes généraux de la Mécanique.* — *De l'équilibre et du mouvement des corps solides.* In-8, avec fig. dans le texte ; 1873.   9 fr. 50

TOME II. — *Frottement.* — *Équilibre intérieur des corps.* — *Théorie mathématique de la poussée des terres.* — *Equilibre et mouvements vibratoires des corps isotropes.* — *Hydrostatique.* — *Hydrodynamique.* — *Hydraulique.* — *Thermodynamique, suivie de la théorie des armes à feu.* In-8 ; 1874.   9 fr. 50

TOME III. — *Des machines considérées au point de vue des transformations de mouvement et de la transformation du travail des forces.* — *Application de la Mécanique à l'Horlogerie.* In-8, avec belles figures ombrées dans le texte ; 1875.   11 fr.

TOME IV. — *Moteurs animés.* — *De l'eau et du vent considérés comme moteurs* — *Machines hydrauliques et élévatoires.* — *Machines à vapeur, à air chaud et à gaz.* In-8, avec 200 belles figures levées et dessinées d'après les meilleurs types ; 1876. Prix.   15 fr.

TOME V. — *Résistance des matériaux.* — *Constructions en bois.* — *Maçonneries.* — *Fondations.* — *Murs de soutènement.* — *Réservoirs.* In-8, avec 308 belles figures dans le texte, levées et dessinées d'après les meilleurs types ; 1880.   12 fr. 50

TOME VI. — *Voûtes droites et biaises, en dôme, etc.* — *Ponts en bois.* — *Planchers et combles en fer.* — *Ponts suspendus.* — *Ponts-levis.* — *Cheminées.* — *Fondations de machines industrielles.* — *Amélioration des cours d'eau.* — *Navigation intérieure.* — *Ports de mer.*
                  (*Sous presse.*

SAINT-GERMAIN (DE), professeur de Mécanique à la Faculté des Sciences de Caen, ancien maître de Conférences à l'Ecole des hautes Etudes de Paris. — **Recueil d'Exercices sur la Mécanique rationnelle**, à l'usage des candidats à la Licence et à l'Agrégation des sciences mathématiques. In-8, avec figures dans le texte ; 1876.   8 fr. 50

*

STURM, membre de l'Institut. — **Cours de Mécanique de l'Ecole Polytechnique**, publié, d'après le vœu de l'auteur, par M. E. Prouhet, 3e édition. 2 vol. in-8, avec fig.; 1875. 12 fr.

TIMMERMANS, professeur à la Faculté des Sciences de l'Université de Gand. — **Traité de Mécanique rationnelle.** Grand in-8 ; 1862. 9 fr.

VIEILLE (J.), inspecteur général de l'instruction publique. — **Eléments de Mécanique**, rédigés conformément au programme du nouveau plan d'études des Lycées. 3e édit. In-8, avec fig. dans le texte ; 1875. 4 fr. 50

VIEILLE (J.).— **Cours complémentaire d'Analyse et de Mécanique rationnelle**, professé à l'Ecole Normale. In-8, avec planches ; 1851. 7 fr.

THÉORIE MÉCANIQUE DE LA CHALEUR.

BOURGET, directeur des études à l'École Sainte-Barbe. — **Théorie mathématique des machines à air chaud.** In-4, avec fig.; 1871. 4 fr.

DUPRÉ (Ath.), doyen de la Faculté des Sciences de Rennes. — **Théorie mécanique de la chaleur** (partie expérimentale en commun avec M. Paul Dupré). In-8, avec figures dans le texte ; 1869. 8 fr.

CARNOT (Sadi), ancien élève de l'École Polytechnique. — **Réflexions sur la puissance motrice du feu et sur les machines propres à développer cette puissance.** In-4, suivi d'une *Notice biographique sur Sadi Carnot*, par H. Carnot, sénateur, et de *Notes inédites de Sadi Carnot sur les Mathématiques, la Physique et autres sujets.* 2e édition, contenant un beau portrait de Sadi Carnot et un fac-similé ; 1878. 6 fr.

COMBES, membre de l'Institut. — **Exposé des principes de la Théorie mécanique de la Chaleur et de ses applications principales.** In-8, avec fig.; 1867. 6 fr.

HIRN (G.-A.), correspondant de l'Institut. — **Théorie mécanique de la chaleur.** Première et seconde Partie.

Iro Partie. — *Exposition analytique et inexpérimentale de la Théorie mécanique de la Chaleur.* 3e édition, entièrement refondue. 2 vol. in-8 grand raisin, avec figures dans le texte.

Tome I ; 1875. 12 fr.

Tome II ; 1876. 12 fr.

IIe Partie (formant ouvrage séparé). — *Conséquences philosophiques et métaphysiques de la Thermodynamique.* Analyse élémentaire de l'Univers. In-8 grand raisin ; 1868. 10 fr.

HIRN (G.-A.), — **Mémoire sur la Thermodynamique.** In-8, avec 2 pl.; 1867. 5 fr.

JACQUIER, licencié ès sciences. — **Exposition élémentaire de la Théorie mé-** canique de la Chaleur appliquée aux machines. In-8, avec fig. ; 1867. 2 fr.

MOUTIER (J.), professeur au collège Stanislas. — **Éléments de Thermodynamique.** In-18 jésus; 1872. 2 fr. 50

PICTET (Raoul). — **Synthèse de la chaleur**, suivie de considérations sur la *Possibilité expérimentale de la dissociation de quelques métalloïdes.* In-8, avec une planche ; 1879. 3 fr.

REECH.— **Théorie générale des effets dynamiques de la Chaleur.** In-4, avec planches ; 1854. 6 fr.

TYNDALL (J.).— **La Chaleur**, considérée comme mode de mouvement. Traduit de l'anglais, sur la 4e édition, par M. l'abbé Moigno. In-18 jésus, avec nombreuses figures ; 1874. 8 fr.

ZEUNER, professeur de Mécanique à l'Ecole Polytechnique fédérale de Zurich. — **Théorie mécanique de la Chaleur**, avec ses Applications aux machines. 2e édition, entièrement refondue, avec figures dans le texte et nombreux tableaux. Ouvrage traduit de l'allemand et augmenté d'un *Appendice* comprenant les travaux postérieurs à la publication du texte allemand, en particulier les importantes Recherches de M. Zeuner sur les propriétés de la vapeur d'eau surchauffée, par M. Arnthal, ancien élève de l'Ecole des ponts et chaussées, et M. Ach. Cazin, professeur de Physique au Lycée Bonaparte. Un fort vol. in-8 ; 1869. 10 fr.

TABLES DE LOGARITHMES, D'INTÉRÊTS, ETC.

CHARLON (H.). — **Théorie mathématique des Opérations financières.** 2e édit. Grand in-8, avec Tables numériques relatives aux emprunts par obligations, Tables numériques relatives aux calculs d'intérêts composés et d'annuités, et Tables logarithmiques de Fedor Thoman, relatives aux calculs d'intérêts composés et d'annuités ; 1878. 12 fr. 50

CHARLON (H.). — **Théorie élémentaire des Opérations financières.** Grand in-8, avec Tables ; 1880. 6 fr. 50

DORMOY (E.). — **Théorie mathématique des assurances sur la vie.** 2 vol. grand in-8 ; 1878. 20 fr.

Chaque volume se vend séparément. 10 fr.

GALEZOWSKI (J.), Sous-Chef de bureau au Crédit foncier de France. — **Tables des annuités** calculées d'après la méthode logarithmique de Fedor Thoman, et précédées d'une instruction sur l'emploi de cette méthode. In-8 ; 1880. 2 fr.

HOÜEL (J.). — **Tables de Logarithmes à CINQ DÉCIMALES pour les nombres et les Lignes trigonométriques.** suivies des Logarithmes d'addition et de soustraction ou Logarithmes de Gauss, et de diverses Tables usuelles. Nouvelle édit., revue et augmentée. In-8 grand raisin ; 1879. (*Autorisé par décision ministérielle.*) 2 fr.

HOÜEL (J.). — **Recueil de Formules et de Tables numériques**, formant le complément des *Tables de Logarithmes à cinq décimales* du MÊME AUTEUR. 2e édit. In-8 grand raisin ; 1868. 4 fr. 50

LACOMBE. — **Nouveau Manuel de l'escompteur, du banquier, du capitaliste et du financier**, ou **Nouvelles Tables de calculs d'intérêts simples, avec le Calendrier de l'escompteur.** Nouvelle édition, précédée d'une *Instruction sur les calculs d'intérêts et l'usage des Tables,* par M. LAAS D'AGUEN, éditeur des Tables de Violeine, et terminée par un Exposé des lois sur les intérêts, les rentes, les effets de commerce, les chèques, etc., par M. B., docteur en droit. Un fort vol. in-18 jésus ; 1877. 6 fr.

LALANDE. — **Tables de Logarithmes pour les Nombres et les Sinus à CINQ DÉCIMALES**, revues par le baron REYNAUD. Edition augmentée de *Formules pour la résolution des Triangles,* par M. BAILLEUL, typographe, et d'une *Nouvelle introduction.* In-18 ; 1880. (*Autorisé par décision ministérielle.*) 2 fr.

LALANDE. — **Tables de Logarithmes** étendues à **SEPT DÉCIMALES**, par M. MARIE, précédées d'une instruction par le baron REYNAUD. Nouvelle édition, augmentée de *Formules pour la résolution des Triangles,* par M. BAILLEUL, typographe. In-12 ; 1880 ; 3 fr. 50.

LEONELLI. — **Supplément logarithmique**, précédé d'une NOTICE SUR L'AUTEUR, par M. J. HOÜEL, professeur de Mathématiques pures à la Faculté des Sciences de Bordeaux. 2e édition. In-8 ; 1876. 4 fr.

NOURY. — **Tarifs d'après le Système métrique décimal pour cuber les bois carrés en grume ou ronds, et tous les corps solides quelconques, ainsi que les colis ou ballots, caisses,** etc. 3e édit. In-8 ; 1877. (*Approuvé par les Ministres de l'Intérieur et de la Marine.*) 4 fr.

PEREIRE (EUGÈNE). — **Tables de l'intérêt composé des annuités et des rentes viagères.** 2e édition, corrigée et augmentée de 8 *Tableaux graphiques.* In-4 en tableaux ; 1873. 10 fr.

SCHRÖN (L.). — **Tables de Logarithmes à sept décimales** pour les nombres de 1 jusqu'à 108,000 et pour les lignes trigonométriques de 10 secondes en 10 secondes ; et **Tables d'interpolation pour le Calcul des parties proportionnelles,** précédées d'une *Introduction* par J. HOÜEL, professeur à la Faculté des Sciences de Bordeaux. 2 beaux vol. grand in-8 jésus, tirés sur papier vélin collé. Paris, 1880.

	PRIX	
	Broché.	Cart.
Tables de Logarithmes. . . .	8 »	9 75
Tables d'Interpolation	2 »	3 25
Tables de Logarithmes et Tables d'Interpolation réunies en un seul volume. .	10 »	11 75

THOMAN (Fedor). — **Théorie des intérêts composés et des annuités,** suivie de Tables logarithmiques. Ouvrage traduit de l'anglais par M. l'abbé BOUCHARD, et précédé d'une préface de M. J. BERTRAND, secrétaire perpétuel de l'Académie des Sciences. (Cette édition française renferme plusieurs Tables inédites de FEDOR THOMAN. Gr. in-8 ; 1878. 10 fr.

VASQUEZ QUEIPO, membre de l'Académie royale des Sciences de Madrid. — **Tables de Logarithmes à SIX DÉCIMALES,** pour les nombres depuis 1 jusqu'à 20.000, et pour les lignes trigonométriques, le rayon étant pris égal à l'unité ; suivies de plusieurs Tables très utiles. 2e édition française. In-8 ; 1876. 3 fr.

VASSAL (le major Vladimir), ex-ingénieur. — **Nouvelles Tables donnant avec cinq Décimales les Logarithmes vulgaires et naturels des nombres de 1 à 10,800 et les fonctions circulaires et hyperboliques pour tous les degrés du quart de cercle de minute en minute.** In-4 ; 1872. 12 fr.

VIOLEINE (A.-P.), chef de bureau au Ministère des finances. — **Nouvelles Tables pour les calculs d'Intérêts composés, d'Annuités et d'Amortissement.** 3e édition (nouveau tirage), revue et développée par M. LAAS D'AGUEN, gendre de l'Auteur. In-4 ; 1876. 15 fr.

COURS DE MATHÉMATIQUES,
TRAITÉS DIVERS, COLLECTIONS.

CATALAN (E.), ancien élève de l'École Polytechnique. — **Manuel des Candidats à l'Ecole Polytechnique.** 2 vol. in-18, avec 306 fig. 9 fr.

Chaque volume se vend séparément :

TOME 1er. — **Algèbre, Trigonométrie, Géométrie analytique à deux dimensions.** In-18, avec 167 figures ; 1857. 5 fr.

TOME II. — **Géométrie analytique à trois dimensions. Mécanique.** In-18, avec 139 figures ; 1858. 4 fr.

CHEVALIER et MUNTZ. — **Problèmes de Mathematiques,** avec leurs solutions développées, à l'usage des Candidats au Baccalauréat ès sciences et aux Ecoles du Gouvernement. In-8, lithographié ; 1872. 4 fr.

COMBEROUSSE (CH. DE), ingénieur, professeur de mécanique et examinateur d'admission à l'Ecole centrale des Arts et Manufactures, professeur de mathématiques spéciales au collège Chaptal. — **Cours de Mathéma-**

Suite des Publications de la Librairie **GAUTHIER-VILLARS.**

tiques, à l'usage des Candidats à l'Ecole polytechnique, à l'Ecole normale supérieure et à l'Ecole centrale des Arts et Manufactures. 4 vol. in-8, avec figures dans le texte et planches.

Chaque volume se vend séparément :

TOME Ier. — *Arithmétique, Algèbre élémentaire* (avec 38 figures dans le texte). 2e édition ; 1876.	10 fr.

On vend à part : *Arithmétique.*	4 fr.
Algèbre élémentaire.	6 fr.

TOME II. — *Géométrie élémentaire, plane et dans l'espace, Trigonométrie rectiligne et sphérique. Notions sur la résolution des problèmes, éléments de Géométrie supérieure.* 2e édit.
(Sous presse.)

TOME III. — *Algèbre supérieure.* 2e édition.
(Sous presse.)

TOME IV. — *Géométrie analytique, plane et dans l'espace, éléments de Géométrie descriptive* (avec atlas de 53 planches.)
(Sous presse.)

DUHAMEL. — Des méthodes dans les sciences de raisonnement. 5 vol. in-8 ; 1865-1872.	27 fr. 50

On vend séparément :

Ire PARTIE. — *Des méthodes communes à toutes les sciences de raisonnement,* 2e édit. In-8 ; 1875.	2 fr. 50

IIe PARTIE. — *Application des méthodes à la science des nombres et à la science de l'étendue.* 2e édit. In-8, avec fig. ; 1877.	7 fr. 50

IIIe PARTIE. — *Application de la science des nombres à la science de l'étendue.* In-8, avec figures ; 1868.	7 fr. 50

IVe PARTIE. — *Application des méthodes générales à la science des forces.* In-8, avec figures ; 1870.	7 fr. 50

Ve PARTIE. — *Essai d'une application des méthodes à la science de l'homme moral.* In-8 ; 1872.	2 fr. 50.

INSTITUT DE FRANCE. — Mémoires présentés par divers savants à l'Académie des sciences, et imprimés par son ordre. 2e série. In-4 ; tomes I à XXVI ; 1827-1879.

Chaque volume se vend séparément 15 fr.

Mémoires de l'Académie des Sciences. In-4 ; tomes I à XLI ; 1816 à 1879.

Chaque volume, sauf les tomes VI, XXI et XXXIII, se vend séparément.	15 fr.

La librairie Gauthier-Villars, qui, depuis le 1er janvier 1877, a seule le dépôt des *Mémoires* publiés par l'Académie des Sciences, envoie franco, sur demande, la Table générale des matières contenues dans ces *Mémoires.*

JACQUIER. — **De l'esprit des Mathé-**

matiques supérieures. In-18, avec fig. ; 1873.	3 fr. 50

LE COINTE (le P.). — **Solutions développées de 300 problèmes,** qui ont été proposés dans les compositions mathématiques pour l'admission au grade de bachelier ès sciences dans diverses Facultés de France. In-8, avec fig. dans le texte ; 1865.	6 fr.

LONCHAMPT (A.). — **Recueil des principaux Problèmes** posés dans les examens pour l'Ecole Polytechnique et pour l'Ecole centrale des Arts et Manufactures, ainsi que dans les conférences des Ecoles préparatoires les plus importantes ; **Énoncés et solutions.** 1 vol. gr. in-8, lith. ; 1865.	8 fr.

LONCHAMPT (A.)., préparateur aux baccalauréats ès lettres et ès sciences, et aux Ecoles du Gouvernement. — **Recueil des Problèmes** tirés des *compositions données à la Sorbonne,* de 1853 à 1875-1876, pour les *Baccalauréats ès sciences,* suivis des compositions de Mathématiques élémentaires, de Physique, de Chimie et de Sciences naturelles, données aux *Concours généraux* de 1846 à 1875-1876, et de *types d'examens* du baccalauréat ès lettres et des baccalauréats ès sciences. 2e édition. In-18 jésus, avec figures dans le texte et planches ; 1876-1877.

Ire PARTIE. — **Arithmétique. Algèbre, Trigonométrie.** *Questions.*	1 fr. »
Solutions.	1 fr. 80

IIe PARTIE. — **Géométrie.**

Questions.	1 fr. »
Atlas.	» 60
Solutions.	2 fr. 80

IIIe PARTIE. — **Approximations numériques** (THÉORIE ET APPLICATION). — **Maxima et minima** (THÉORIE ET QUESTIONS). — **Courbes usuelles, Géométrie descriptive, Cosmographie, Mécanique.** *Théories et Questions.*	1 fr. 50

Solutions.	1 fr. 50

IVe PARTIE. — **Physique, Chimie.**

Questions.	1 fr. »
Solutions.	2 fr. 50

MOUCHOT, professeur au lycée de Tours. — **La Réforme cartésienne étendue aux diverses branches des Mathématiques pures.** Grand in-8 ; 1876.	5 fr. »

ASTRONOMIE ET COSMOGRAPHIE

ANDRÉ et RAYET, astronomes adjoints de l'Observatoire de Paris, et ANGOT, professeur de Physique au Lycée Fontanes. — **L'Astronomie pratique et les Observatoires en Europe et en Amérique,** depuis le milieu du XVIIe siècle jusqu'à nos jours. In-18 jésus, avec belles figures dans le texte et planches en couleur.

Ire PARTIE : *Angleterre ;* 1874.....	4 fr. 50

Suite des Publications de la Librairie **GAUTHIER-VILLARS.**

IIe Partie : *Écosse, Irlande et Colonies anglaises*; 1874.............. 4 fr. 50

IIIe Partie : *Amérique du Nord*; 1877   4 fr. 50

IVe Partie : *Amérique du Sud. (Sous presse.)*

Ve Partie : *Italie*; 1878........ 4 fr. 50

ANNUAIRE pour l'an 1880, publié par le **Bureau des Longitudes**; contenant les Notices suivantes : *Deux ascensions au Puy-de-Dôme à dix ans d'intervalle*; par M. *Faye*. — *Jonction géodésique de l'Algérie avec l'Espagne* (opération internationale exécutée sous la direction de MM. le général Ibañez et le commandant F. Perrier); par M. le commandant *F. Perrier* (avec deux vues de la station géodésique de M' Sabiha). — *Jonction astronomique de l'Algérie avec l'Espagne* (deuxième opération exécutée sous la direction de MM. le général Ibañez et le commandant F. Perrier); par M. le commandant *F. Perrier*. — *Discours prononcés à l'inauguration de la statue d'Arago*, à Perpignan (avec une belle gravure sur bois de la statue d'Arago). In-8 de 748 pages, avec la Carte des courbes d'égale déclinaison magnétique en France, au 1er janvier 1879. 1 fr. 50

*Pour recevoir l'**Annuaire** franco par la poste en France, ajouter 35 c.*

ANNUAIRE de l'Observatoire de Montsouris pour l'an 1880. Météorologie, Agriculture, Hygiène. 9e année, contenant le résumé des travaux de l'année 1879 : *Magnétisme terrestre, Electricité atmosphérique, Hauteurs barométriques, Températures de l'air et du sol, Actinométrie, Etat du ciel et des vents, Analyse chimique de l'air et des pluies, Météorologie agricole, Climatologie appliquée à l'hygiène, Poussières organiques de l'air et des eaux, Carte magnétique de la France, Déclinaison et inclinaison de l'aiguille aimantée.* In-18 de 522 pages, avec des figures représentant les divers organismes microscopiques rencontrés dans l'air, le sol et leurs eaux.   2 fr. »

*Cet **Annuaire** paraît tous les ans depuis 1872. On peut se procurer les années précédentes, sauf 1872, au prix de 2 fr.*

BABINET, de l'Institut. — **Études et lectures sur les sciences d'observation et leurs applications pratiques.** 8 vol. in-12 sur papier fin; 1855-1868.

Chaque vol. se vend séparément. 2 fr. 50

BERRY (C.), lieutenant de vaisseau. — **Théorie complète des occultations, à l'usage spécial des officiers de Marine et des astronomes.** Publication approuvée par le Bureau des Longitudes, et autorisée par M. le Ministre de la Marine et des Colonies. In-4, avec figures; 1880.   6 fr. »

BIOT, membre de l'Académie des Sciences. — **Traité élémentaire d'Astronomie physique.** 3e édition, corrigée et augmentée. 5 vol. in-8, avec 94 planches; 1857. 40 fr. »

BRUNNOW (F.), directeur de l'Observatoire de Dublin. — **Traité d'Astronomie sphérique et d'Astronomie pratique.** Édition française, publiée par E. Lucas, agrégé des Sciences mathématiques, Astronome adjoint à l'Observatoire de Paris, et C. André, agrégé des Sciences physiques, Astronome adjoint à l'Observatoire de Paris; avec une préface de M. C. Wolf, Astronome titulaire de l'Observatoire de Paris. 2 volumes in-8, avec figures.

Ire Partie. — *Astronomie sphér.*; 1869. (Ep.)

IIe Partie. — *Astronomie prat.*; 1872. 10 fr.

BUREAU CENTRAL MÉTÉOROLOGIQUE DE FRANCE. — **Instructions météorologiques,** suivies de *Tables diverses pour la réduction des observations.* In-8, avec belles figures dans le texte; 1879.   2 fr. 50

— **Annales pour l'année 1879. — Etude des orages en France et Mémoires divers.** Un beau volume grand in-4 avec 47 planches; 1879.   15 fr. »

CONNAISSANCE DES TEMPS ou des **mouvements célestes,** publiée par le Bureau des Longitudes **pour l'année 1882.**

Prix : 4 fr.

Pour recevoir l'Ouvrage franco par la poste, en France, ajouter 1 fr.

Depuis le volume pour l'année 1879, la Connaissance des Temps ne contient plus d'*Additions* et son prix a été abaissé à 4 fr. Les Mémoires qui composaient autrefois les *Additions* sont publiés dans les Annales du Bureau des Longitudes et de l'Observatoire de Montsouris.

DIEN (Ch.) — **Atlas céleste,** contenant toutes les cartes de l'ancien *Atlas de Dien*, rectifiées et beaucoup augmentées, et 5 cartes nouvelles, par M. C. Flammarion, Astronome, avec une *Instruction* détaillée pour les diverses cartes de l'Atlas. In-folio, cartonné avec luxe, de 31 planches gravées sur cuivre, dont 5 doubles. 3e édition; 1877.

Prix : En feuilles, dans une couverture imprimée.   40 fr. »

Cartonné avec luxe, toile pleine.   45 fr. »

Pour recevoir franco, par poste, dans tous les pays de l'Union postale, l'Atlas *en feuilles*, soigneusement enroulé et enveloppé, ajouter.   2 fr. »

Les dimensions (0^m,50 sur 0^m,35) de l'Atlas *cartonné* ne permettant pas de l'expédier par la poste, cet Atlas *cartonné*, dont le poids est de 2^{kg},9, sera envoyé, aux frais du destinataire, soit par les messageries grande vitesse, soit par tout autre mode indiqué.

On vend séparément :

Fascicule contenant les 5 cartes nouvelles de l'Atlas céleste. 15 fr. »

Ces cartes sont renfermées dans une couverture imprimée, avec l'*Instruction* composée pour la nouvelle édition de l'Atlas : I. Mouvements propres séculaires des Etoiles (Carte double); — II. Carte générale des Etoiles multiples, montrant leur distribution dans le Ciel (Carte double); — III. Etoiles multiples en mouvement relatif certain; — IV. Orbites d'Etoiles doubles et groupe d'Etoiles les plus curieux du ciel; — V. Les plus belles nébuleuses du ciel.

FAYE (H.), membre de l'Institut et du Bureau des Longitudes. — **Cours d'Astronomie nautique.** In-8, avec figures dans le texte; 1880.   10 fr. »

FLAMMARION (Camille), astronome. — **Études et Lectures sur l'Astronomie.** In-12; tomes I, II, III, IV, V, VI, VII, VIII et IX, avec de nombreuses figures dans le texte et cartes; 1867-1869-1872-1873-1874-1875-1876-1877-1880.

Chaque volume se vend séparément. 2 fr. 50

FLAMMARION (Camille), astronome. — **Catalogue des Etoiles doubles et multiples en mouvement relatif certain,** comprenant *toutes les observations* faites sur chaque couple depuis sa découverte et les *résultats conclus* de l'étude des mouvements Grand in-8; 1878.   8 fr. »

FRANCŒUR (L.-B). — **Traité de Géodésie,** comprenant la Topographie, l'Arpentage, le Nivellement, la Géomorphie terrestre et astronomique, la Construction des cartes, la Navigation; augmenté de **Notes sur la mesure des bases,** par M. Hossard, et d'une **Note sur la méthode et les instruments d'observation employés dans les grandes opérations géodésiques ayant pour but la mesure des arcs de méridien et de parallèle terrestres,** par M. Perrier, chef d'escadron d'Etat-Major, Membre du Bureau des Longitudes. 6e édition. In-8, avec figures dans le texte et 11 planches; 1878.   12 fr. »

FRANCŒUR (L.-B.). — **Uranographie ou Traité élémentaire d'Astronomie.** Edition revue, corrigée et augmentée d'une **Notice sur la Vie et les Ouvrages de l'Auteur,** par M. Francœur fils, professeur de Mathématiques spéciales au collège Chaptal et à l'Ecole des Beaux-Arts. (Dédié à M. F. Arago.) In-8, avec pl.; 1853.   10 fr. »

HARANT (H.) et **LAFFITTE** (P.). — **Leçons de Cosmographie.** In-8, avec pl.; 1853. Prix.   3 fr. 50

HIRN (G.-A.) — **Conditions d'équilibre et nature probable des anneaux de Saturne.** In-4; 1873.   4 fr. »

HIRN (G.-A.) — **Étude sur une classe particulière de Tourbillons,** qui se manifestent, sous de certaines conditions spéciales, dans les liquides. Analogie existant entre le mécanisme de ces tourbillons et celui des trombes. Grand in-8, avec 3 planches; 1878.   2 fr. 50

HOÜEL (J.). — **Sur le développement de la fonction perturbatrice** suivant la forme adoptée par Hansen dans la théorie des petites planètes. In-8; 1875.   3 fr. »

INSTITUT DE FRANCE. — **Recueils de Mémoires, Rapports et Documents relatifs à l'observation du passage de Vénus sur le Soleil.**

Tome I. — Ire Partie. *Procès-verbaux des séances tenues par la Commission.* In-4; 1877 Prix.   12 fr. 50

— IIe Partie avec Supplément. — *Mémoires.* In-4, avec 7 pl., dont 3 en chromolithographie; 1876.   12 fr. 50

Tome II. — Ire Partie. *Mission de Pékin et Mission de l'île Saint-Paul.* In-4 de 682 pages, avec 25 planches, dont 12 en chromolithographie; 1878.   25 fr. »

— IIe Partie. *Mission de Saint-Paul* (Météorologie, Géologie, etc.). — *Mission du Japon* (Rapports de MM. Tisserand et Picard). — *Mission de Saigon.* In-4.   (Sous presse.).

Tome III. — Ire Partie. *Mission de l'île Campbell.* — *Mission de Nouméa* In-4. (Sous pr.)

— IIe Partie. *Mesures des plaques photographiques.*   (Sous presse.)

LACROIX. — **Introduction à la connaissance de la sphère.** In-18, avec planches; 1872.   1 fr. 25

LAPLACE (de). — **Précis de l'histoire de l'Astronomie.** 2e édit. In-8; 1863. 3 fr.

LAPLACE (de). — **Œuvres complètes de Laplace.** (Voir page 6.)

PETIT (F.), Correspondant de l'Institut, directeur de l'Observatoire de Toulouse, professeur à la Faculté des Sciences. — **Traité d'Astronomie pour les gens du monde,** avec des *Notes complémentaires* pour les candidats au Baccalauréat, aux Ecoles spéciales et à la Licence ès sciences mathématiques. 2 volumes in-18 jésus, avec 286 figures dans le texte et une Carte céleste; 1866.   7 fr. »

POEY (André), Fondateur de l'Observatoire physique et météorologique de la Havane. — **Comment on observe les nuages pour prévoir le temps.** 3e édition, revue et augmentée. Petit in-8, contenant 17 planches chromolithographiques et 3 planches sur bois; 1879.   4 fr. 50

RESAL (H.). — **Traité élémentaire de Mécanique céleste.** In-8, av. pl.; 1865. 8 fr.

SCOTT (Robert-H.), directeur du Service météorologique de l'Angleterre. — **Cartes du temps et avertissements de tempêtes.** Ouvrage traduit de l'anglais par MM. *Zürcher* et *Margollé.* Petit in-8, avec nombreuses figures dans le texte, et 2 planches en couleur ; 1879. Prix. 4 fr. 50

SECCHI (le P. A.), directeur de l'Observatoire du Collège Romain, correspondant de l'Institut de France. — **Le Soleil**, 2° édition. Première et seconde Partie. Deux beaux volumes grand in-8 avec Atlas ; 1875-1877. 30 fr.

On vend séparément :

Ire Partie. — Un volume grand in-8, avec 150 figures dans le texte, et un Atlas comprenant 6 grandes planches gravées sur acier I. *Spectre ordinaire du Soleil* et *Spectre d'absorption atmosphérique.* — II. *Spectre de diffraction*, d'après la photographie de M. Henry Draper. — III, IV, V et VI. *Spectre normal du Soleil*, d'après Angström, et *Spectre normal du Soleil, portion ultra-violette*, par M. A. Cornu) ; 1875. 18 fr.

IIe Partie. — Un volume grand in-8, avec nombreuses figures dans le texte, 10 planches chromolithographiques de *protubérances solaires et spectres d'étoiles*, et 3 pl. gravées sur acier de *taches solaires* et *nébuleuses ;* 1877. 18 fr.

VIDAL (l'abbé). — **L'Art de tracer les Cadrans solaires par le calcul et le mètre à la main**, mis à la portée des ouvriers et de ceux qui ne savent faire que l'addition et la soustraction. In-8, avec 2 planches ; 1875. 2 fr. 50

YVON VILLARCEAU, membre de l'Institut, et AVED DE MAGNAC, lieutenant de vaisseau. — **Nouvelle Navigation astronomique**. (L'heure du premier méridien est déterminée par l'emploi seul des chronomètres.) **Théorie et Pratique.** Un beau volume in-4, avec planche ; 1877. 20 fr.

On vend séparément :
Théorie, par M. Yvon Villarceau. 10 fr.
Pratique, par M. Aved de Magnac. 12 fr.

CHIMIE.

BARRESWIL et DAVANNE. — **Chimie photographique**, contenant les éléments de Chimie expliqués par des exemples empruntés à la Photographie, les procédés de Photographie sur glace (collodion humide, sec ou albuminé), sur papiers, sur plaques ; la manière de préparer soi-même, d'essayer, d'employer tous les réactifs, d'utiliser les résidus, etc. 4° édit., revue, augmentée et ornée de figures dans le texte. In-8 ; 1864. 8 fr. 50

BASSET, professeur de Chimie appliquée. — **Précis de Chimie pratique ou Éléments de Chimie vulgarisée.** In-18 jésus de 642 p., avec fig. dans le texte ; 1861. 5 fr.

BERTHELOT (Marcellin), professeur de Chimie organique à l'École de Pharmacie et chargé de cours au Collège de France. — **Le**çons sur les **Méthodes générales de Synthèse en Chimie organique.** (Cours du Collège de France). In-8 ; 1864. 8 fr.

BOUSSINGAULT, membre de l'Institut. — **Agronomie, Chimie agricole et Physiologie.** 2° *édition.* Tomes I, II, III, IV, V et VI. In-8, avec planches sur cuivre et figures dans le texte ; 1860-1861-1864-1868-1874-1878. 32 fr.

Chacun des tomes I à IV se vend séparément. 5 fr.

Chacun des tomes V et VI se vend séparément. 6 fr.

BOUSSINGAULT. — **Études sur la transformation du fer en acier par la cémentation**, précédées de la description des procédés adoptés pour doser le fer, le manganèse, le carbone, le silicium, le soufre, le phosphore, et de recherches sur le maximum de carburation du fer. In-8 ; 1875. 4 fr.

BRODIE (F. R. S.), professeur de Chimie à l'Université d'Oxford. — **Le Calcul des opérations chimiques**, soit une Méthode pour la recherche, par le moyen des symboles, des *lois de la distribution du poids dans les transformations chimiques.* Traduit de l'anglais par le Dr A. Naquet. Grand in-8 ; 1879. 7 fr. 50

CAHOURS (Auguste), membre de l'Académie des Sciences. — **Traité de Chimie générale élémentaire.**

Chimie inorganique. *Leçons professées à l'École Centrale des Arts et Manufactures.* 4e édition. 3 volumes in-18 jésus avec figures et planches ; 1878. (*Autorisé ar décision ministérielle.*) 15·fr.

Chaque volume se vend séparément. 6 fr.

Chimie organique. *Leçons professées à l'École Polytechnique.* 3e édition.] 3 volumes in-18 jésus, avec figures ; 1874-75. 15 fr.

Chaque volume se vend séparément. 6 fr.

CROOKES (William), membre de la Société Royale de Londres. — **La matière radiante.** In-8, avec 21 figures dans le texte ; 1880. 1 fr. 50

DUMAS, secrétaire perpétuel de l'Académie des Sciences. — **Leçons sur la Philosophie chimique** professées au Collège de France en 1836, recueillies par M. Bineau. 2° édition. In-8 ; 1878. 7 fr.

DUMAS. — **Etudes sur le Phylloxera et sur les sulfocarbonates.** In-8, avec planches ; 1876. 3 fr.

DUPLAIS (aîné). — **Traité de la Fabrication des Liqueurs et de la Distillation des Alcools.** 4e édition, revue et augmentée par Duplais jeune. 2 volumes in-8, avec 14 planches ; 1877. 16 fr.

Suite des Publications de la Librairie **GAUTHIER-VILLARS**.

GRANDEAU (L.), docteur ès sciences, et TROOST (L.), professeur de Physique et de Chimie au Lycée Bonaparte. — **Traité pratique d'Analyse chimique**, par F. Wœhler, associé étranger de l'Institut de France. Édition française. In-18 jésus, avec 76 figures dans le texte et 1 pl. ; 1866.   4 fr. 50

INSTITUT DE FRANCE. — **Mémoires relatifs à la nouvelle maladie de la vigne,** présentés par divers savants à l'Académie des Sciences. (*Voir*, pour le détail de ces *Mémoires*, le Catalogue général, ou le Prospectus spécial qui est envoyé sur demande.)

SALVETAT (A.), chef des travaux chimiques à la Manufacture de Sèvres. — **Leçons de Céramique**, professées à l'École centrale des Arts et Manufactures. 2 vol. in-18 jésus, avec 479 figures dans le texte.   12 fr.

VALERIUS (B.), docteur ès sciences. — **Traité théorique et pratique de la fabrication du fer et de l'acier**, accompagné d'un *Exposé des améliorations dont elle est susceptible*, principalement en Belgique. — 2e édition originale française, publiée d'après le manuscrit de l'auteur, et augmentée de plusieurs articles par H. Valérius, professeur à l'Université de Gand. Un volume grand in-8 de 880 pages, texte compacte, avec un Atlas in-folio de 45 planches (dont deux doubles) gravées ; 1875.   75 fr.

VINCENT, répétiteur de Chimie industrielle à l'École Centrale. — **Carbonisation des Bois en vase clos** et utilisation des produits dérivés. Grand in-8, avec belles figures gravées sur bois; 1873.   5 fr.

PHYSIQUE. — TÉLÉGRAPHIE.

BILLET, professeur de Physique à la Faculté des Sciences de Dijon. — **Traité d'Optique physique.** 2 forts vol. in-8, avec 14 planches renfermant 337 fig.; 1858-1859.   15 fr.

BOUTY, professeur de Physique au Lycée Saint-Louis. — **Théorie des phénomènes électriques** (*Théorie du potentiel*). Supplément au tome I de la 3e édition du *Cours de Physique de l'École Polytechnique*, par MM. Jamin et Bouty. In-8, avec figures dans le texte et une planche; 1878.   2 fr. 50

CHEVALLIER et MUNTZ. — **Problèmes de Physique**, avec leurs solutions développées, à l'usage des candidats aux baccalauréats ès sciences et aux Écoles du Gouvernement. In-8, lithographié ; 1872.   2 fr. 75

DU MONCEL (Th.), ingénieur électricien de l'Administration des lignes télégraphiques. — **Traité théorique et pratique de Télégraphie électrique**, à l'usage des employés télégraphistes, des ingénieurs, des constructeurs et des inventeurs. Volume in-8 de 642 pages, avec 156 fig. dans le texte et 3 pl., imprimé sur carré fin satiné; 1864.   10 fr.

DU MONCEL (Th.), ingénieur électricien de l'Administration des lignes télégraphiques. — **Exposé des Applications de l'Électricité.** *Technologie électrique.* 3e édition, entièrement refondue. Cette édition forme 5 volumes grand in-8 cartonnés.   72 fr.

On vend séparément :

Tome I, 516 pages, 1 planche et 99 figures : 1872. Cartonné.   14 fr.

Tome IV, 570 pages, 9 planches et 123 figures ; 1876. Cartonné.   14 fr.

Tome V, 672 pages, 3 planches et 169 figures; 1878. Cartonné.   16 fr.

FOUCAULT (Léon), membre de l'Institut. — **Recueil des travaux scientifiques de Léon Foucault,** publié par Mme Ve Foucault, sa mère, mis en ordre par M. Gariel, ingénieur des Ponts et Chaussées, professeur agrégé de Physique à la Faculté de Médecine de Paris, et précédé d'une Notice sur les Œuvres de L. Foucault, par M. J Bertrand, secrétaire perpétuel de l'Académie des Sciences. Un beau volume in-4, avec un Atlas de même format contenant 19 planches sur cuivre ; 1878.   30 fr.

JAMIN (J.), membre de l'Institut, professeur à l'École Polytechnique, et BOUTY, professeur au Lycée Saint-Louis. — **Cours de Physique de l'École Polytechnique.** 3e édition, augmentée et entièrement refondue. 4 forts vol. in-8, avec 1200 figures environ dans le texte et 10 planches sur acier; 1878-1880. (*Autorisé par décision ministérielle.*)

On vend séparément :

Tome I.

1er fascicule. — *Instruments de mesure. Hydrostatique.* (Cours de Mathématiques spéciales). (*Sous presse, pour paraître le 1er octobre.*)

2e fascicule. — *Actions moléculaires.*
(*Sous presse.*)

3e fascicule. — *Electricité statique.*
(*Sous presse.*)

Tome II. — Chaleur.

1er fascicule. — *Thermométrie. Dilatations* (Cours de Mathématiques spéciales.)   5 fr.

2e fascicule. — *Calorimétrie. Théorie mécanique de la chaleur. Conductibilité.*   7 fr.

Tome III. — Acoustique ; Optique.

1er fascicule. — *Acoustique.*   4 fr.

2e fascicule. — *Optique géométrique* (Cours de Mathématiques spéciales).   4 fr.

3e fascicule. — *Etude des radiations lumineuses, chimiques et calorifiques. Optique physique.*   (*Sous presse.*)

Tome III. — Acoustique; Optique.

1er Fascicule. — **Acoustique.**   4 fr.
2e Fascicule. — **Optique géométrique** (*Cours de Mathé-matiques spéciales*).   4 fr.
3e Fascicule. — **Étude des radiations lumineuses, chi-miques et calorifiques. Optique physique.** (Sous presse.)

Tome IV. — Électricité dynamique; Magnétisme.

1er Fascicule. — **Électricité dynamique.**   (Sous presse.)
2e Fascicule. — **Magnétisme.**   (Sous presse.)

Le 1er Fascicule du Tome I. le 1er Fascicule du Tome II et le 2e Fascicule du Tome III comprennent les **matières exigées pour l'admission à l'Ecole Polytechnique,** traitées avec des développements très complets. Les Elèves de Mathématiques spéciales, qui possèderont ces 3 Fascicules auront ainsi entre les mains le commencement d'un grand Traité qu'ils pourront compléter ultérieurement, si, poursuivant l'étude de la Physique, ils se préparent à la Licence ou entrent dans une des grandes Ecoles du Gouvernement.

JAMIN (J.). — Petit Traité de Physique, à l'usage des Etablissements d'Instruction, des aspirants aux Baccalauréats et des candidats aux Ecoles du Gouvernement. In-8, avec 686 figures dans le texte; 1870.   8 fr.

Ce Livre élémentaire est conçu dans un esprit nouveau. Dès les premiers mots, l'Auteur démontre que la chaleur est un mouvement moléculaire, et cette idée guide ensuite le lecteur dans toutes les expériences et les explique. La Terre et les aimants n'étant que des solénoïdes, on fait dépendre le magnétisme de l'électricité. L'Acoustique montre dans leurs détails les vibrations longitudinales, transversales, circulaires et elliptiques, elle prépare à l'Optique. Cette dernière Partie enfin est l'étude des vibrations de toute sorte qui se produisent dans l'éther; les interférences et la polarisation sont expliquées de la manière la plus élémentaire, et la Théorie vibratoire est rendue accessible à tous. L'auteur espère que les modifications qu'il propose dans l'enseignement de la Physique seront approuvées par ses collègues, et qu'elles seront profitables aux élèves en les délivrant de ce que les savants ont abandonné, en élevant leur esprit jusqu'à de plus hautes conceptions, en leur montrant l'ensemble philosophique d'une science déjà très avancée, et qui semble toucher à son terme.

Paris. — Imp. Gauthier-Villars, 55, quai des Augustins

LIBRAIRIE DE GAUTHIER-VILLARS,
QUAI DES AUGUSTINS, 55, A PARIS,

(Envoi franco contre mandat de poste ou valeur sur Paris).

MARINE A L'EXPOSITION UNIVERSELLE DE 1878 (LA).
Ouvrage publié par ordre de M. le Ministre de la Marine et des Colonies. Deux beaux volumes grand in-8°, avec 102 figures dans le texte et deux Atlas in-plano contenant 161 planches; 1879 . . . . 80 fr.

Le programme que s'est tracé la Commission chargée de la publication de cet Ouvrage comprend le matériel naval et les moyens de le produire.

Le matériel naval à lui seul embrasse un champ très vaste : non seulement la Marine construit ses navires, leurs machines, leurs canons, les mille détails de leur matériel, mais encore elle nourrit, elle habille, elle instruit leurs équipages, et partout elle doit rechercher les moindres perfectionnements ; elle doit marcher en tête du progrès. Mais ce n'est pas tout : les arsenaux de la Marine, ses usines, emploient les matières premières les plus diverses, nécessitant un outillage très varié. La Commission s'est trouvée ainsi amenée à étudier l'ensemble de l'Exposition et à publier des documents utiles pour tous les industriels ; elle l'a fait avec une compétence toute spéciale, dont il est facile de se rendre compte en parcourant la liste des hommes éminents qui la composent.

Après avoir décrit dans les cinq premières Parties de l'Ouvrage le matériel naval proprement dit (Navires et Matériel nécessaire pour l'installation des navires, — Matériel d'artillerie, — Machines à vapeur marines, — Instruments de navigation), elle a passé en revue les matières premières et l'outillage des chantiers et ateliers. Dans le Chapitre relatif aux matières premières, nous citerons les travaux se rapportant aux expositions de bois, de cordages, de toiles à voiles, et surtout les études nouvelles sur la fabrication des métaux : fer, fonte, acier. Dans l'examen de l'outillage, nous signalerons les descriptions des machines et des chaudières à vapeur fixes, des machines-outils à bois ou à métaux, de l'outillage des forges et de la corderie, des engins de levage, etc. Des résumés généraux exposent, pour chacune des branches principales de cette étude, l'ensemble des progrès réalisés depuis 1867 jusqu'en 1878.

161 grandes planches, un nombre considérable de figures dans le texte, complètent ce remarquable Ouvrage, qui donne l'étude la plus détaillée de l'Exposition au point de vue non seulement de l'industrie maritime, mais encore des nombreuses industries que celle-ci touche par bien des côtés.

Extrait de la Table analytique des matières.

TOME I. — Ire Partie. — TYPES DE NAVIRES ET CONSTRUCTIONS NAVALES ; par MM. Marielle, Dislere et Valin. — *Navires de guerre.* — I. Bâtiments de combat. — II. Bâtiments d'attaque et de défense des côtes. — III. Croiseurs. — IV. Avisos. — V. Transports. — VI. Bâtiments de flottille. — *Navires de commerce.* — I. Paquebots des grandes lignes. — II. Paquebots du service côtier. — III. Porteurs de marchandises. — IV. Bateaux de rivières. — V. Navires à voiles. — VI. Modèles divers. — Tableaux relatifs aux navires de commerce exposés. — *Constructions navales.* — I. Modèles de systèmes de construction de navires. — III. Préservation des carènes et des métaux. — III. Cuirassement des navires.

IIe Partie. — INSTALLATIONS DES NAVIRES ET MATÉRIEL D'ARMEMENT ; par MM. de Jonquières, Duperré, Dislere, Valin, de Langsdorff, Kœnig, Guillaume. — I. Mâture. Voilure. Gréement. — II. Ancres et chaînes. — III. Cabestans. Treuils. Bossoirs. — IV. Gouvernails. Appareils pour gouverner. — V. Transmetteurs d'ordres. — VI. Ventilateurs. — VII. Installations diverses dans les emménagements. — VIII. Moyens de transport des blessés. — IX. Pompes. — X. Eclairage extérieur et intérieur des navir s. — XI. Signaux de jour et de nuit. — XII. Cuisines. — XIII. Appareils pour pétrir le pain. — XIV. Fours. — XV. Filtres. — XVI. Appareils pour laver le linge. — XVII. Embarcations. — XVIII. Embarcations de sauvetage. — XIX. Appareils de sauvetage maritimes — XX. Appareils pour combattre l'incendie. — XXI. Appareils plongeurs et respiratoires. — XXII. Vêtements de mauvais temps.

TOME II. — IIIe Partie. — MACHINES MARINES ; par MM. Guède et Guillaume. — I. Machines à vapeur. — II. Considérations générales sur les machines et chaudières marines. — IV. Compteurs de nombres de tours de machines. — V. Propulseurs. — VI. Combustibles.

IVe Partie. — ARTILLERIE ET DÉFENSES SOUS-MARINES ; par MM. de Jonquières, Virgile et de Poyen-Bellisle. — I. Matériel d'artillerie de différents pays. — II. Mitrailleuses. — III. Torpilles.

Ve Partie. — HYDROGRAPHIE ET INSTRUMENTS DE NAVIGATION, par M. Ploix. — Cartes. — Compas. — Instruments de navigation et d'Astronomie nautique. — Montres marines. — Appareils de sondage. — Instruments pour observer les roulis.

VIe Partie. — MATIÈRES PREMIÈRES ; par MM. Virgile, Marielle et Dislere. — I. Bois. — II. Métaux employés dans les constructions navales. — III. Métaux employés dans l'artillerie. — IV. Machines à essayer les métaux. — V. Cordages. — VI. Toiles à voiles.

VIIe Partie. — OUTILLAGE DES CHANTIERS ET ATELIERS ; par MM. Guède, Dislere. Valin et Guillaume. — I. Machines à vapeur fixes. — II. Régulateurs. — III. Chaudières à vapeur fixes. — IV. Machines-outils à métaux. — V. Machines-outils à bois. — VI. Outillage des forges. — VII. Outillage des ateliers de corderie. — VIII. Outillage des ateliers de voilerie. — IX. Appareils de levage. — X. Courroies et paniers en papier. — XI. Emploi des locomotives dans les arsenaux. — XII. Bassins de radoub, etc. — XIII. Appareils de dragage.

VIIIe Partie. — OBJETS DIVERS ; par MM. Dislere, de Langsdorff et Kœnig. — I. Bateaux et engins de pêche. — II. Machines à écrire. — III Objets divers.

Suite des Publications de la Librairie **GAUTHIER-VILLARS**.

Tome IV. — Electricité dynamique ; Magnétisme.

1er fascicule. — *Electricité dynamique*.
(*Sous presse.*)

2e fascicule. — *Magnétisme*. (*Sous presse.*)

Le 1er fascicule du Tome I et les deux fascicules composant le Tome II comprennent les Matières exigées pour l'admission a l'École Polytechnique. Les élèves de Mathématiques spéciales qui suivront le *Cours de Physique* de MM. Jamin et Bouty (1er fasc. du Tome I et Tome II) auront ainsi entre les mains le commencement d'un grand Traité qu'ils pourront compléter ultérieurement, si, poursuivant l'étude de la Physique, ils se préparent à la Licence ou entrent dans une des grandes Ecoles du gouvernement.

JAMIN (J.). — Cours de Physique de l'Ecole Polytechnique. **Appendice.** *Thermométrie, Dilatations, Optique géométrique, Problèmes et Solutions*, rédigé conformément au nouveau programme d'admission à l'Ecole Polytechnique. In-8 de viii-214 pages, avec 132 belles figures dans le texte ; 1875. 3 fr. 50

JAMIN (J). — **Petit Traité de Physique**, à l'usage des Etablissements d'instruction, des aspirants aux baccalauréats et des candidats aux Ecoles du Gouvernement. In-8, avec 686 figures dans le texte et un spectre en couleur; 1870. (Ouvrage complet.) 8 fr.

LECOQ DE BOISBAUDRAN. — **Spectres lumineux ;** *spectres prismatiques et en longueurs d'ondes*, destinés aux recherches de Chimie minérale. Un volume de texte grand in-8 et un Atlas, même format, de 29 belles planches gravées sur acier, contenant 56 spectres; 1874. 20 fr.

PIERRE (J.-I.), correspondant de l'Institut (Académie des Sciences), professeur à la Faculté des Sciences de Caen.—**Exercices sur la Physique**, ou Recueil de questions susceptibles de faire l'objet de compositions écrites, soit dans les classes supérieures des Lycées, soit aux examens du baccalauréat ès sciences, soit aux examens d'admission aux principales Ecoles, avec l'indication des solutions. 2e édit. In-8, avec 4 pl.; 1862. 4 fr.

ROUIS, médecin principal d'armée. — **Recherches sur la transmission du son dans l'oreille humaine.** In-4, avec fig.; 1877. 8 fr.

SAINT-EDME, professeur de Physique aux Ecoles municipales Colbert, Lavoisier, Turgot et à l'Ecole normale d'Auteuil. — **L'Electricité appliquée aux arts mécaniques, à la Marine, au Théâtre.** In-8, avec belles fig. gravées sur bois dans le texte ; 1871. 4 fr.

TRUCHOT, professeur à la Faculté des Sciences de Clermont-Ferrand — **Les instruments de Lavoisier.** *Relation d'une visite à la Canière (Puy-de-Dôme) où se trouvent réunis les instruments ayant servi à Lavoisier.* In-8, avec belles figures dans le texte ; 1879. 1 fr. 50

TYNDALL (John). — **La Lumière;** *six*

Lectures faites en Amérique en 1872-1873 ; ouvrage trad. de l'anglais par M. l'abbé *Moigno*. In-8, avec portrait de l'auteur et nombreuses figures dans le texte ; 1875. 7 fr.

VIOLLE, professeur à la Faculté des Sciences de Lyon. — **Sur la radiation solaire.** — I. Mesure de l'intensité de la radiation solaire. — II. Absorption atmosphérique. Rôle de la vapeur d'eau. — III. Conclusions. Table. In-8 ; 1879. 2 fr.

GÉOGRAPHIE ET HISTOIRE.

OGER (F.), professeur d'Histoire et de Géographie, maître de conférences au collège Sainte-Barbe.—**Géographie de la France et Géographie générale, physique, militaire, historique, politique, administrative et statistique**, rédigée conformément ou *Programme* officiel. 7e édit., entièrement refondue et mise au courant des derniers changements politiques et des plus récentes découvertes géographiques. Volume in-8 ; 1880. 3 fr.

Cet Ouvrage correspond à l'*Atlas de Géographie générale* du même auteur.

OGER (F.). — **Atlas de Géographie générale**, à l'usage des lycées, des collèges, des institutions préparatoires aux Ecoles du Gouvernement et de tous les établissements d'instruction publique ; 10e édition. In-plano, cartonné, contenant 33 *cartes coloriées* ; 1878. 14 fr.

Voir, page 32, les autres Atlas de M. Oger pour les diverses classes.

OGER (F.). — **Cours d'Histoire générale**, à l'usage des lycées, des établissements d'instruction publique, des candidats aux Ecoles du Gouvernement et aux baccalauréats, rédigé conformément aux programmes officiels :

I. *Histoire de l'Europe, depuis l'invasion des Barbares jusqu'au XIVe siècle.* 2e édit. In-8 ; 1875. 3 fr. 50

II. *Histoire de l'Europe, depuis le XIVe jusqu'au milieu du XVIIe siècle.* 2e édition. In-8; 1875. 3 fr. 50

III. *Histoire de l'Europe de* 1610 *à* 1848 ; 3e édition. In-8 ; 1875. 6 fr. 50

IV. *Histoire de l'Europe, de* 1610 *à* 1815 (Cours de rhétorique.) 2e édition. In-8; 1875. Prix. 7 fr. 50

DESSIN LINÉAIRE. — PERSPECTIVE.

BOUCHET (Jules). — **Exercices de dessin linéaire et de lavis**, à l'usage des aspirants à l'Ecole centrale des Arts et Manufactures. (Recueil approuvé par le Conseil des études.) In-fol. oblong. 6 fr.

CHEVILLARD (A.), professeur à l'Ecole des beaux-arts. — **Leçons nouvelles de Perspective.** 2e édition. In-8, avec Atlas de 32 planches in-4, gravées sur acier; 1878. 12 fr.

CRESSON (A.-J.), professeur à l'Ecole d'artillerie et au lycée de Rennes. — **Principes de dessin, grands modèles gradués** pour préparation à tous les genres. *Portefeuille* de 40 planches format demi-jésus (55 cent. sur 38 cent.), imprimées sur papier fort, et *texte* in-8; 1865. **8 fr.**

DELAISTRE (L.), professeur de dessin général.—**Cours complet de dessin linéaire, gradué et progressif,** contenant la Géométrie pratique, élémentaire et descriptive; l'arpentage, le levé des plans et le nivellement, etc. Quatre Parties, composées de 60 planches et 70 pages de texte in-4 oblong à deux colonnes, tirées sur jésus. 3e édit.; 1880. Prix de l'Ouvrage complet cartonné. **15 fr.**

GOURNERIE (DE LA). — **Traité de perspective linéaire.** 1 vol. in-4, avec Atlas in-folio de 45 pl., dont 8 doubles; 1859. **40 fr.**

POUDRA, officier supérieur d'état-major.—**Traité de Perspective-Relief,** contenant la construction des bas-relief, le tracé des décorations théâtrales, la théorie des apparences, etc. In-8, avec atlas oblong de 18 planches; 1862. **8 fr. 50**

THIERRY fils, graveur, éditeur du *Vignole de poche.* — **Méthode graphique et géométrique,** ou le **Dessin linéaire** appliqué aux arts en général, et en particulier à la projection des ombres, à la pratique de la coupe des pierres, à la perspective linéaire et aux cinq ordres d'architecture. 2e édition, revue et corrigée par M. MARIE. Grand in-8 oblong, avec 50 planches; 1846. **6 fr.**

Ouvrage choisi par M. le Ministre de l'Instruction publique pour les bibliothèques scolaires.

ARCHITECTURE, GÉODÉSIE, TRAVAUX PUBLICS,
PONTS ET CHAUSSÉES.

BRETON DE CHAMP. — **Traité du levé des plans et de l'Arpentage.** In-8, avec 9 pl. gravées sur cuivre; 1865. **7 fr. 50**

BRETON DE CHAMP.—**Traité du nivellement.** 3e édition. In-8; 1873. **6 fr.**

CABANIÉ. — **Charpente.**(Voir page 14 de la livraison.)

ENDRÈS (E.), ingénieur en chef des Ponts et Chaussées. — **Manuel du Conducteur des Ponts et Chaussées,** d'après le dernier *Programme officiel* des examens. Ouvrage indispensable aux Conducteurs et Employés des Ponts et Chaussées et des Compagnies de Chemins de fer, aux Gardes et Sous-Officiers de l'Artillerie et du Génie, aux Agents Voyers et Candidats à ces emplois. 6e édition.

On vend séparément :

TOME I. PARTIE THÉORIQUE, avec 301 figures dans le texte; et TOME II, PARTIE PRATIQUE, avec 311 figures dans le texte et 4 planches d'instruments dessinés et gravés d'après les meilleurs modèles. 2 vol. in-8; 1880. **18 fr.**

TOME III. APPLICATIONS. Ce dernier volume est consacré à l'exposition des doctrines spéciales qui se rattachent à l'*Art de l'ingénieur* en général et au service des Ponts et Chaussées en particulier. 2e édition. In-8, avec figures dans le texte. (*Sous presse.*)

FREYCINET (CH. DE). —**Des Pentes économiques en chemins de fer.** *Recherches sur les dépenses des Rampes.* In-8; 1861. **6 fr.**

GÉRARDIN (H.), ingénieur en chef des Ponts et Chaussées. — **Théorie des moteurs hydrauliques;** *Applications et travaux exécutés pour l'alimentation du canal de l'Aisne à la Marne par des machines.* In-8, avec Atlas contenant 25 belles planches in-plano raisin; 1872. **20 fr.**

GIRARD (L.-D.). — **Hydraulique. Utilisation de la force vive de l'eau appliquée à l'industrie.** In-4, avec Atlas de 13 pl. in-folio; 1863. **8 fr.**

Le prospectus détaillé des Ouvrages de L.-D. GIRARD est envoyé aux personnes qui en font la demande par lettre affranchie. (La librairie Gauthier-Villars vient d'acquérir la propriété de tous les Ouvrages de M. L.-D. Girard, et en a diminué les prix de vente.)

LA GOURNERIE (DE).—**Études économiques sur l'exploitation des chemins de fer.** In-8 jésus; 1880. **4 fr. 50**

LEFORT (F.), inspecteur général des Ponts et Chaussées. — **Sur les bases des calculs de stabilité des ponts à tabliers métalliques.** Examen critique des bases de calculs habituellement en usage pour apprécier la stabilité des ponts à tabliers métalliques soutenus par des poutres droites prismatiques, et *propositions pour l'adoption de bases nouvelles.* In-4, précédé du Rapport de M. de Saint-Venant à l'Académie des Sciences, et accompagné de 4 grandes planches; 1876. **4 fr.**

MARINE A L'EXPOSITION UNIVERSELLE DE 1878 (LA). — *Voir aux* OUVRAGES DIVERS, page 1511.

NAUDIER, docteur en droit, conseiller de préfecture de l'Aube. — **Traité théorique et pratique de la Législation et de la Jurisprudence des Mines, des Minières, Mines de fer, Mines de sel et des Carrières.** In-8; 1877. **10 fr.**

PEAUCELLIER, lieutenant-colonel du Génie. — **Mémoire sur les conditions de stabilité des voûtes.**— In-8, avec figures; 1875. **2 fr.**

PERRODIL (GROS DE), ingénieur en chef des Ponts et Chaussées. — **Résistance des matériaux.**—**Résistance des voûtes et arcs métalliques employés dans la construction des ponts.** In-8, avec 2 gr. planches; 1879. **7 fr. 50**

PRÉFECTURE DE LA SEINE. — **Assainissement de la Seine.—Épuration et utilisation des eaux d'égout.** 4 beaux vol. in-8 jésus, avec 17 planches, dont 10 en chromolithographie ; 1876-1877.   26 fr.

On vend séparément :

Les 3 premiers volumes (*Documents administratifs.—Enquêtes.—Annexes*).   20 fr.

Le 4e volume (*Documents anglais*)   6 fr.

PRÉFECTURE DE LA SEINE.—**Assainissement de la Seine. — Épuration et utilisation des eaux d'égout.** — Rapport de M. H. VILMORIN au nom de la commission d'études chargée d'étudier les *procédés de culture horticole à l'aide des eaux d'égout.* In-8 jésus, avec pl.; 1878.   1 fr. 50

PRÉFECTURE DE LA SEINE. — **Assainissement de la Seine.—Épuration et utilisation des eaux d'égout.** — Rapport de M. ORSAT au nom de la commission d'études chargée d'étudier *l'influence exercée dans la presqu'île de Gennevilliers par l'irrigation en eau d'égout sur la valeur vénale et locative des terres de culture.* In-18 jésus, avec 3 planches en chromolithographie ; 1878.   3 fr.

REGNAULT (J.-J.). — **Traité de Géométrie pratique et d'Arpentage,** comprenant les *Opérations graphiques* et de nombreuses *Applications aux travaux de toute nature,* à l'usage des Ecoles professionnelles, des Écoles normales primaires, des Employés des Ponts et Chaussées, des Agents Voyers, etc. 2e édition, revue et augmentée. In-8, avec 14 planches ; 1860.   5 fr.

REGNAULT (J.-J.). — **Cours pratique d'Arpentage,** à l'usage des Instituteurs, des Élèves des Ecoles normales primaires, des Propriétaires et des Cultivateurs. 2e édit. In-18 jésus, avec figures dans le texte ; 1870. Prix.   1 fr. 50

Ouvrage choisi par le Ministre de l'Instruction publique pour les bibliothèques scolaires.

THOREL, géomètre de première classe du Cadastre du département de l'Oise. — **Arpentage et Géodésie pratique,** Ouvrage dans lequel on peut apprendre le Système métrique, l'Arpentage, la Division des terres, la Trigonométrie rectiligne, le Levé des plans, la Gnomonique, etc. In-4, avec pl.; 1843. 4 fr.

(Voir précédemment, sous le titre *Mécanique appliquée et rationnelle,* les Ouvrages de MM. BRESSE, CALLON, DENFER, DULOS, ERMEL, LOYAU, DE MASTAING ET RESAL).

OUVRAGES DIVERS.

BREWER (Dr). — **La Clef de la Science** ou les *Phénomènes de la nature expliqués.* 5e édition, revue, transformée et considérablement augmentée, par l'abbé Moigno. In-18 jésus, xv-727 pages; 1874.   4 fr. 50

CAUCHY (le baron Aug.), membre de l'Académie des Sciences. — **Sa vie et ses travaux,** par C.-A. VALSON, professeur à la Faculté des Sciences de Grenoble, avec une préface de M. HERMITE, membre de l'Académie des Sciences. 2 vol. in-8 ; 1868.   8 fr.

COMBEROUSSE (Ch. DE), ingénieur civil, professeur de Mécanique à l'Ecole centrale, ancien élève et membre du Conseil de l'Ecole. — **Histoire de l'École Centrale des Arts et Manufactures, depuis sa fondation jusqu'à ce jour.** Un beau volume grand in-8, orné de 4 planches à l'eau-forte, tirées sur chine ; 1879.   12 fr.

DISLERE (P.). — **La Guerre d'escadre et la guerre de côtes.** (*Les nouveaux navires de combat.*) Un beau volume grand in-8, avec nombreuses figures gravées sur bois dans le texte ; 1876.   7 fr.

DURUTTE (le comte C.), compositeur, ancien élève de l'Ecole Polytechnique.—**Esthétique musicale. Résumé élémentaire de la Technie harmonique et Complément de cette Technie,** suivie de l'*Exposé de la loi de l'enchaînement dans la mélodie, dans l'harmonie et dans leur concours,* et précédé d'une *lettre de* M. CH. GOUNOD, *membre de l'Institut.* Un beau volume in-8; 1876.   10 fr.

LE TELLIER (le Dr Ed.). — **Nouveau système de Sténographie.** In-8 raisin, avec 37 planches; 1869.   2 fr. 50

MARINE A L'EXPOSITION UNIVERSELLE de 1878 (LA). — Ouvrage publié par ordre de M. le Ministre de la Marine et des Colonies. Deux beaux volumes grand in-8, avec 102 figures dans le texte et deux Atlas in-plano contenant 161 planches; 1879.   80 fr.

MOIGNO (l'abbé), chanoine de Saint-Denis. — **Les Splendeurs de la Foi.** Accord parfait de la Révélation et de la Science, de la Foi et de la Raison. 4 forts volumes in-8 (T. I : la Foi. — T. II et III : la Révélation et la Science. — T. IV : la Foi et la Raison); 1877-1879.   32 fr.

MOIGNO (l'abbé). — **Actualités scientifiques.** Volumes in-18 jésus et petit in-8.

PREMIÈRE SÉRIE.

1o **Analyse spectrale des corps célestes,** par HUGGINS.   1 fr. 50

2o **Calorescence. — Influence des couleurs,** par TYNDALL.   1 fr. 50

3o **La Matière et la Force,** par TYNDALL.   1 fr. 50

4o **Les Eclairages modernes,** par l'abbé MOIGNO.   (*Epuisé.*)

5o **Sept Leçons de Physique générale,** par A. CAUCHY.   (*Sous presse.*)

6o **Physique moléculaire,** par l'abbé MOIGNO.   2 fr. 50

7° **Chaleur et Froid**, par Tyndall. (Sous presse.)

8° **Sur la Radiation**, par Tyndall. 1 fr. 25

9° **Sur la force de combinaison des atomes**, aHofmann. 1 fr. 25

10° **Faraday inventeur**, par Tyndall. 2 fr.

11° **Saccharimétrie optique, chimique et mélassimétrique**, par l'abbé Moigno. 3 fr. 50

12° **La Science anglaise, son bilan en 1868**, par l'abbé Moigno. 2 fr. 50

13° **Mélanges de Physique et de Chimie, pures et appliquées**, par Frankland, Graham, Macquorn-Rankine, Perkin, Henri Sainte-Claire Deville, Tyndall. 3 fr. 50

14° **Les Aliments**, par Letheby. 3 fr.

15° **Constitution de la Matière et ses mouvements**, par le P. Leray. (*Epuisé.*)

16° **Esquisse historique de la Théorie dynamique de la Chaleur**, par Tait. 3 fr. 50

17° **Théorie du Vélocipède**. — Sur les lois de l'écoulement de la vapeur. 1 fr. 25

18° **Les Métamorphoses chimiques du carbone**, par Odling. 2 fr.

19° **Programme d'un cours en sept leçons sur les phénomènes et les théories électriques**, par Tyndall. (Sous presse.)

20° **Géologie des Alpes et du tunnel des Alpes**, par Elie de Beaumont et Sismonda. Prix : 2 fr.

21° **La Science anglaise, son bilan en 1869** (Réunion à Exeter). 3 fr. 50

22° **La Lumière**, par Tyndall. 2 fr.

23° **Recherches sur les Agents explosifs modernes et sur leurs applications récentes**, par l'abbé Moigno. 2 fr.

24° **Religion et Patrie**, par l'abbé Moigno. 1 fr. 50

25° **Éléments de Thermodynamique**, par M. J. Moutier. 2 fr. 50

26° **Sur la force de la poudre et des matières explosives**, par M. Berthelot. Prix : 3 fr. 50

27° **Sursaturation**, par Tomlinson. 2 fr.

28° **Optique moléculaire. Effets de précipitation, de décomposition, d'illumination produits par la lumière**, par l'abbé Moigno. Prix : 2 fr. 50

29° **L'Architecture du monde des atomes**, avec 100 figures dans le texte, par Gaudin. Prix : 5 fr.

30° **Etude sur les Eclairs**, par P. Perrin. Prix : 2 fr. 50

31° **Manuel pratique militaire des Chemins de fer**, par le capitaine Issalène. Prix : 2 fr. 50

32° **Instruction sur les paratonnerres**, par Gay-Lussac et Pouillet. Nouvelle édition, avec 58 figures et planches, adoptée par l'Académie des Sciences. 2 fr. 50

33° **Tables barométriques et hypsométriques pour le calcul des hauteurs**, précédées d'une *instruction*, par M. Radau. Prix : 1 fr.

34° **Les Passages de Vénus sur le disque solaire**, avec figures, par Edm. Dubois. Prix : 3 fr. 50

35° **Manuel élémentaire de Photographie au collodion humide**, avec figures, par Dumoulin. 1 fr. 50

36° **Problèmes plaisants et délectables qui se font par les nombres**, par Bachet, sieur de Méziriac. 4° édition, revue par Labosne. Un joli volume petit in-8, elzévir, papier vélin. 6 fr.

Tirage sur papier vergé. 8 fr.

37° **La Chaleur**, considérée comme un mode de mouvement, par Tyndall. 2° édition française; 1874. 8 fr.

38° **L'Astronomie pratique et les Observatoires en Europe et en Amérique**, depuis le milieu du XVII° siècle jusqu'à nos jours, par André, Rayet et Angot. In-18 jésus, avec belles figures dans le texte et planche en couleur.

Ire Partie. — *Angleterre.* 4 fr. 50

II° Partie. — *Ecosse, Irlande et Colonies anglaises.* 4 fr. 50

III° Partie. — *Amérique du Nord.* 4 fr. 50

IV° Partie. — *Amérique du Sud, et Météorologie américaine.* (Sous presse.)

V° Partie. — *Italie.* 4 fr. 50

39° **Méthodes chimiques pour la recherche des falsifications, l'essai, l'analyse des matières fertilisantes**, par Ferdinand Jean. Prix : 3 fr. 50

40° **Premières Leçons de Photographie**, avec figures, par Perrot de Chaumeux. 2° édit. 2° tirage; 1878. Prix : 1 fr. 50

41° **Les Mines dans la guerre de campagne, exposé des divers procédés d'inflammation des mines et des pétards de rupture; emploi des préparations pyrotechniques**, avec figures dans le texte, par le capitaine Picardat. 2 fr. 50

42° **Essai sur une manière de représenter les quantités imaginaires dans les constructions géométriques**, par R. Argand. 2° édition, précédée d'une préface par M. J. Houel. 5 fr.

43° **Essai sur les piles**, par A. Callaud. 2° édition, avec 2 planches. (Ouvrage couronné par l'Académie des Sciences de Lille.) Prix : 2 fr. 50

44° **Matière et Éther** : indication d'une méthode pour établir les propriétés de l'éther,

ₐar KRETZ, ingénieur en chef des manufac-
₍ures de l'Etat. 1 fr. 50

**45° L'Unité dynamique des forces et de
phénomènes de la nature, ou l'Atome tours
billon**, par F. MARCO, professeur au lycée Ca-
₍our, à Turin. 2 fr. 50

46° Physique et Physique du Globe. Di-
₋ers Mémoires de MM. TYNDALL, CARPENTER,
RAMSAY, RAPHAEL DE ROSSI et FÉLIX PLATEAU.
Traduit par l'abbé MOIGNO. 2 fr. 50

**47° La grande pyramide, pharaonique de
nom, humanitaire de fait;** ses merveilles,
ses mystères et ses enseignements, par
M. PIAZZI SMITH, astronome royal d'Ecosse.
Traduit de l'anglais par l'abbé MOIGNO.
Prix : 3 fr. 50

48° La Foi et la Science ; explosion de la
libre pensée en août et septembre 1874.
Discours annotés de MM. TYNDALL, DE BOIS-
REYMOND, OWEN, HUXLEY, HOOKER et Sir JOHN
LUBBOCK, par l'abbé MOIGNO. (*Epuisé.*)

**49° Les insuccès en photographie, causes
et remèdes,** suivis de la retouche des clichés
et du gélatinage des épreuves, par CORDIER.
3° édition. 1 fr. 75

**50° La Photolithographie, son origine, ses
procédés, ses applications,** par G. FORTIER.
Petit in-8, orné de planches, fleurons, culs-
de-lampe, obtenus au moyen de la Photolithographie. 3 fr. 50

51° Procédé au collodion sec, par F. BOI-
VIN. 2° édition, augmentée du *Formulaire* de
Th. SUTTON, des *Tirages aux poudres inertes*
(procédé au charbon), ainsi que de notions
pratiques sur la photolithographie, l'électro-
gravure et l'impression à l'encre grasse.
Prix : 1 fr. 50

**52° Les Pandynamomètres de torsion et
de flexion,** *Théorie et application,* avec 2 grandes planches, par M. G.-A. HIRN. 2 fr.

**53° Notice sur les Aréomètres employés
dans l'industrie, le commerce et les Scien
ces,** avec figures dans le texte, par BASERGA,
constructeur d'instruments. 1 fr. 50

54° Manuel du Magnanier. *Application des
théories de M. PASTEUR à l'éducation des vers à
soie,* par L. ROMAN. In-18 jésus, avec nombreuses figures ombrées dans le texte et
6 planches en couleur. 4 fr. 50

**55° Les Couleurs reproduites en Photogra-
phie.** Historique, théorie et pratique, par EUG.
DUMOULIN. 1 fr. 50

**56° Progrès récents de l'Astronomie stel-
laire,** par R. RADAU. 1 fr. 50

57° Les Observatoires de montagne (avec
figures dans le texte), par R. RADAU. 1 fr. 50

58° Les Poussières de l'air, avec figures
dans le texte et 4 planches, par GASTON TIS-
SANDIER. 2 fr. 25

59° Traité pratique de Photographie au

charbon, complété par la description de divers *Procédés d'impressions inaltérables* (*Photochromie et tirages photomécaniques*) ; par
LÉON VIDAL. 3° édition, avec une planche spécimen de photochromie, et 2 planches spécimens d'impressions à l'encre grasse ; 1877.
4 fr. 50

60° Le Procédé au gélatino-bromure,
suivi d'une *Note* de M. MILSOM *sur les clichés
portatifs* et de la traduction des *Notices* de
R. KENNETT et Rev. H.-G. PALMER, avec figures
dans le texte ; par H. ODAGIR. 1 fr. 50

**61° La Science des nombres d'après la
tradition des siècles.** Explication de la Table
de Pythagore ; par l'abbé MARCHAND. 3 fr.

62° La Lumière et les Climats ; par R. RA-
DAU. 1 fr. 75

63° Les Radiations chimiques du Soleil ;
par R. RADAU. 1 fr. 50

64° L'Actinométrie ; par R. RADAU. 2 fr.

**65° Traité pratique complet d'impressions
photographiques aux encres grasses, de
phototypographie et de photogravure ;** par
MOOCK. 2° édition ; 1877. 3 fr.

66° La Spectroscopie, avec nombreuses
gravures dans le texte ; par CAZIN. 2 fr. 75

**67° Formulaire pratique de la Photo-
graphie aux sels d'argent ;** par HUBERSON.
Prix : 1 fr. 50

68° Leçons sur l'électricité, traduites de
l'anglais par FRANCISQUE MICHEL. 2 fr. 75

**69° Traité élémentaire et pratique de
Photographie au charbon ;** par AUBERT.
1 fr. 50

70° La prévision du temps ; par W. de
FONVIELLE ; 1878. 1 fr. 50

**71° La Photographie et ses applications
scientifiques ;** par R. RADAU. 1 fr. 75

72° L'Ozone ; ce qu'il est, ses propriétés
physiques et chimiques, son existence et son
rôle dans la nature. Analyse des recherches et
des travaux dont il a été l'objet ; par l'abbé
MOIGNO. 3 fr. 50

73° Les Microbes organisés ; leur rôle dans
la fermentation, la putréfaction et la conta-
gion ; Mémoires de MM. Tyndall et Pasteur ;
par l'abbé MOIGNO. 3 fr. 50

74° Le R. P. Secchi ; sa Vie, son Observatoire, ses Travaux, ses Ecrits ; ses titres à la
gloire, hommages rendus à sa mémoire, ses
grands Ouvrages ; par l'abbé MOIGNO. In-18
jésus, avec un portrait et 3 planches. 3 fr. 50

**75° Cartes du temps et Avertissements de
tempête ;** par ROBERT H. SCOTT. Traduit de
l'anglais par MM. ZURCHER et MARGOLLÉ. Petit
in-8, avec 2 planches et nombreuses figures.
4 fr. 50

**76° La Photographie appliquée à l'Archéo-
logie ;** Reproduction des *Monuments, Œuvres*

d'art, Mobilier, Inscriptions, Manuscrits : par E. TRUTAT. In-18 jésus, avec cinq photolithographies. 3 fr.

77° **La Photographie des peintres, des voyageurs et des touristes.** *Nouveau procédé sur papier huilé,* simplifiant le bagage et facilitant toutes les opérations, avec indication de la manière de construire soi-même la plupart des instruments nécessaires; par PÉLEGRY. In-18 jésus, avec un spécimen; 1879. 1 fr. 75

78° **Comment on observe les nuages pour prévoir le temps;** par André POEY. Petit in-8, avec 17 planches chromolithographiques. 4 fr. 50

79° **Traité pratique de Phototypie ou Impression à l'encre grasse sur couche de gélatine;** par Léon VIDAL. In-18 jésus, avec belles figures dans le texte et spécimens; 1879. 8 fr.

80° **Observations météorologiques en ballon;** Résumé de vingt-cinq ascensions aérostatiques; par Gaston TISSANDIER. In-18 jésus, avec fig.; 1879. 1 fr. 50

81° **Précis de Microphotographie;** par G. HUBERSON. In-18 jésus, avec figures dans le texte et une planche en photogravure. 1879. 2 fr.

82° **La Photographie appliquée aux arts industriels de reproduction;** par Léon VIDAL. In-18 jésus, avec figures; 1880. 1 fr. 50

83° **Constitution intérieure de la Terre;** par R. RADAU; 1880. 1 fr. 50

84° **Le rôle des vents dans les climats chauds; la pression barométrique et les climats des hautes régions;** par R. RADAU; 1880. 1 fr. 50

85° **Méthode pratique pour déterminer exactement le temps de pose en Photographie,** par CLÉMENT; 1880. 1 fr. 50

86° **La Photographie sur plaque sèche.** Emulsion au coton-poudre avec bain d'argent, par FABRE; 1880 1 fr. 75

87° **La Machine de Gramme;** sa théorie et ses applications; par A. BRÉGUET. 1880. 2 fr.

IIe SÉRIE. — COURS DE SCIENCE ILLUSTRÉE.

1° **L'Art des Projections,** par l'abbé MOIGNO (103 fig. dans le texte). 2 fr. 50

2° **La Photomicrographie** en 100 tableaux pour projection, texte explicatif, par M. Jules GIRARD. 1 fr. 50

3° **Les Accidents.** Secours à donner en cas d'absence de l'homme de l'art, par Alfr. SMÉE. 1 fr. 25

4° **L'Anatomie et l'Histologie** enseignées par les projections lumineuses, par le Dr LE BON. 1 fr.

5° **Manuel de Mnémotechnie,** *Application à l'histoire;* par l'abbé MOIGNO. 3 fr.

MILNE EDWARDS, membre de l'Institut, doyen de la Faculté des Sciences, président de l'Association scientifique de France. **Nouvelles Causeries scientifiques,** ou *Notes adressées aux Membres de l'Association à l'occasion de l'Exposition internationale de 1878.* In-8; 1880 (Se vend au profit de l'Association.) 6 fr.

MOUCHOT. — **La chaleur solaire et ses applications industrielles.** Deuxième édition, revue et considérablement augmentée. In-8, avec figures; 1879. 6 fr.

PASTEUR (L.), membre de l'Institut. — **Études sur la maladie des vers à soie,** *moyen pratique assuré de la combattre et d'en prévenir le retour.* 2 beaux volumes grand in-8, avec figures dans le texte et 38 planches; 1870. 20 fr.

PASTEUR (L.). — **Études sur le Vinaigre,** sa Fabrication, ses Maladies; moyen de les prévenir; nouvelles Observations sur la Conservation des Vins par la chaleur. In-8; 1868. 4 f.

PASTEUR (L.). — **Études sur la Bière,** *ses maladies, causes qui les provoquent, procédé pour la rendre inaltérable;* avec une THÉORIE NOUVELLE DE LA FERMENTATION. Grand in-8, avec 85 figures dans le texte et 12 planches gravées; 1876. 20 fr.

Pour recevoir *franco,* dans tous les pays faisant partie de l'Union postale, l'Ouvrage soigneusement emballé entre cartons, ajouter 1 fr.

PASTEUR (L.). — **Examen critique d'un écrit posthume de Claude Bernard sur la fermentation.** In-8; 1879. 5 fr.

ROMAN (L.). — **Manuel du magnanier,** précédé d'une dédicace à M. PASTEUR. Un beau volume in-18 jésus, avec nombreuses figures ombrées dans le texte et 6 planches en couleurs; 1877. 4 fr. 50

VALÉRIUS (H.), professeur à l'Université de Gand. — **Les applications de la Chaleur, avec un exposé des meilleurs systèmes de chauffage et de ventilation.** 3e édition. Grand in-8, avec 122 figures dans le texte et 14 planches; 1879. 18 fr.

Suite des Publications de la Librairie **GAUTHIER-VILLARS**.

PUBLICATIONS PÉRIODIQUES

(LES ABONNEMENTS SONT ANNUELS ET PARTENT DE JANVIER)

Annales scientifiques de l'Ecole Normale supérieure. In-4 ; mensuel, 2e série, t. IX ; 1880.

Paris.	30 fr.
Départements et Union postale.	35 fr.
Autres pays.	40 fr.

Les 7 volumes de la 1re Série, 1864-1870, se vendent 150 fr.

Bulletin de la Société française de Photographie. Grand in-8, mensuel; 26e année ; 1880.

Paris et les départements.	12 fr.
Etranger.	15 fr.

On peut se procurer à la même Librairie les *années antérieures*, sauf les années 1855 et 1856, au prix de 12 fr. l'une, — les *numéros séparés* au prix de 1 fr. 50, — et la **Table décennale**, par ordre de matières et par noms d'auteurs des tomes 1 à X (1855 à 1864), au prix de 1 fr. 50.

Bulletin de la Société mathématique de France, publié par les Secrétaires. Grand in-8; 6 numéros par an. T. VIII; 1880.

Paris.	15 fr.
Départements.	16 fr.
Union postale.	16 fr.
Autres pays.	18 fr.

Bulletin des Sciences mathématiques et astronomiques, rédigé par MM. Darboux et Hoüel, avec la collaboration de plusieurs savants, sous la direction de la Commission des Hautes Etudes. Grand in-8, mensuel. IIe Série. Tome III (en 2 Parties); 1880.

Paris.	18 fr.
Départements et Union postale.	20 fr.
Autres pays.	24 fr.

La 1re Série, tomes 1 à XI, 1870 à 1876, suivie de la Table générale des onze volumes, se vend. 90 fr.

Comptes rendus hebdomadaires des séances de l'Académie des Sciences. In-4, hebdomadaire. Tomes XC et XCI; 1880.

Paris.	20 fr.
Départements.	30 fr.
Union postale.	34 fr.
Autres pays.	65 fr.

Journal de Mathématiques pures et appliquées, fondé par M. Liouville et rédigé par M. Resal, depuis 1875. In-4, mensuel. 3e série, tome VI; 1880.

Paris.	30 fr.
Départements et Union postale.	35 fr.
Autres pays.	40 fr.

1re Série. 20 volumes in-4, années 1836 à 1855 (au lieu de 600 fr.). 400 fr.

Chaque volume pris séparément (au lieu de 30 fr.). 25 fr.

2e Série. 19 volumes in-4, années 1856 à 1874 (au lieu de 570 fr.). 380 fr.

Chaque volume pris séparément (au lieu de 30 fr.). 25 fr.

Journal de Physique théorique et appliquée, publié par M. d'Almeida. Grand in-8, mensuel. Tome IX, 1880.

Paris.	12 fr.
Départements et Union postale.	14 fr.
Autres pays.	17 fr.

Journal des Actuaires français, publié par le Cercle des Actuaires. Grand in-8, trimestriel. Tome IX, 1880.

Paris et départements.	20 fr.
Union postale.	22 fr.
Autres pays.	25 fr.

Journal de l'Industrie photographique; *Organe de la Chambre syndicale de la Photographie.* Grand in-8, mensuel. 1re année ; 1880.

Prix pour un an : Paris, France et Etranger. 7 fr.

La première partie de ce Journal est consacrée à l'insertion des procès-verbaux des séances et des documents qui émanent de la Chambre syndicale.

La seconde partie, composée d'articles divers, fournis par les collaborateurs du journal, traite de questions de législation, de jurisprudence, de règlements administratifs, se rapportant à la Photographie; elle reproduit les programmes et les récompenses des expositions photographiques; elle donne, au fur et à mesure de leur publication, les listes des brevets français et étrangers; en un mot, elle centralise tous les faits, documents et annonces dont la connaissance peut être utile à l'industrie photographique.

Nouvelles Annales de Mathématiques, rédigées par MM. Gerono et Brisse. In-8, mensuel. 2e Série, tome IX ; 1880.

Paris.	15 fr.
Départements et Union postale.	17 fr.
Autres pays.	20 fr.

1re Série. 20 vol. in-8, années 1842 à 1861. 300 fr.

Le Catalogue général est expédié FRANCO *à toutes les personnes qui en font la demande par lettre affranchie.*

**On se charge des Abonnements
à toutes les publications scientifiques de la France et de l'étranger.**

Suite des Publications de la Librairie **GAUTHIER-VILLARS**.

OUVRAGES SUR LA PHOTOGRAPHIE [*]

ABNEY (le capitaine), Professeur de Chimie et de Photographie à l'Ecole militaire de Chatham. — *Cours de Photographie*. Traduit de l'anglais par Léonce Rommelaer. 3° éd. Gr. in-8, avec planche photoglyptique ; 1877.
5 fr.

Aide - Mémoire de Photographie pour 1880, publié sous les auspices de la Société photographique de Toulouse, par M. C. Fabre. Cinquième année, contenant de nombreux renseignements sur les procédés rapides à employer pour portraits dans l'atelier, les émulsions au coton-poudre, à la gélatine, etc. In-18, avec nombreuses figures dans le texte.

Prix : Broché.	1 fr. 75
Cartonné.	2 fr. 25

Les volumes des années 1876, 1877, 1878 se vendent aux mêmes prix.

Annuaire photographique, par A. Davanne. 2 volumes in-8, années 1867-1868.

On vend séparément chaque volume :

Broché.	1 fr. 75
Cartonné.	2 fr. 25

AUBERT. — **Traité élémentaire et pratique de Photographie au charbon.** In-18 jésus ; 1878.
1 fr. 50

BARRESWIL et DAVANNE. — **Chimie photographique**, contenant les éléments de Chimie expliqués par des exemples empruntés à la Photographie ; les procédés de Photographie sur glace (collodion humide, sec ou albuminé), sur papiers, sur plaques ; la manière de préparer soi-même, d'essayer, d'employer tous les réactifs, d'utiliser les résidus, etc. 4° édition, revue, augmentée et ornée de figures dans le texte. In-8 ; 1864.
8 fr. 50

BELLOC (A.). — **Photographie rationnelle Traité complet, théorique et pratique.** Applications diverses ; Ouvrage précédé de l'histoire de la Photographie et suivi d'éléments de Chimie appliquée à cet art. In-8 ; 1862.
5 fr.

BLANQUART-EVRARD. — **Intervention de l'art dans la Photographie.** In-12, avec une photographie ; 1864.
1 fr. 50

BOIVIN. — **Procédé au collodion sec.** 2° édition, augmentée du *Formulaire* de Th. Sutton, des procédés de *tirage aux poudres colorantes inertes* (procédé au charbon), ainsi

de notions pratiques sur la Photolithographie, l'électro-gravure et l'impression à l'encre grasse. In-18 jésus ; 1876.
1 fr. 50

Bulletin de la Société française de Photographie, rédigé par la Société française de Photographie, paraissant depuis l'année 1855. Mensuel.

Prix de l'abonnement par an :

Pour Paris et les Départements.	12 fr.
Pour l'Etranger.	15 fr.

On peut se procurer à la même Librairie les années antérieures, sauf les années 1855 et 1856, au prix de 12 fr. l'une, et les numéros séparés au prix de 1 fr. ; ainsi que la *Table des matières et des noms d'auteurs* des tomes I à X (1855-1864) au prix de 1 fr. 50.

CHARDON (Alfred). — **Photographie par émulsion sèche au bromure d'argent pur.** Grand in-8, avec figures ; 1877.
4 fr. 50

CHARDON (Alfred). — **Photographie par émulsion sensible au bromure d'argent et à la gélatine.** Grand in-8, avec figures ; 1880.
3 fr. 50

CLÉMENT. — **Méthode pratique pour déterminer exactement le temps de pose en Photographie ;** 1880.
1 fr. 50

CORDIER (V.) — **Les insuccès en Photographie ; causes et remèdes ;** 3° édition, refondue et augmentée, avec figures. In-12.
1 fr. 75

DAVANNE. — **Les Progrès de la Photographie.** Résumé comprenant les perfectionnements apportés aux divers procédés photographiques pour les épreuves négatives et les épreuves positives, les nouveaux modes de tirage des épreuves positives par les impressions aux poudres colorées et par les impressions aux encres grasses. In-8 ; 1877.
6 fr. 50

DAVANNE. — **La Photographie, ses origines et ses applications.** (Conférence faite à la Sorbonne le 20 mars 1879, pour les réunions de l'Association scientifique de France. Grand in-8, avec figures dans le texte ; 1879.
1 fr. 25

DUCOS DU HAURON (A. et L.). — **Traité pratique de la Photographie des couleurs** (*Héliochromie*). Description détaillée des moyens d'exécution récemment découverts. In-8 ; 1878.
3 fr.

DUMOULIN. — **Manuel élémentaire de Photographie au collodion humide.** In-18 jésus, avec figures; 1874. 1 fr. 50

DUMOULIN (Eug.). — **Les Couleurs reproduites en Photographie.** *Historique, Théorie et Pratique.* In-18 jésus; 1876. 1 fr. 50

FABRE. — **La Photographie sur plaque sèche.** Émulsion au coton-poudre avec bain d'argent. In-18 jésus; 1880. 1 fr. 75

FORTIER (G.). — **La Photolithographie,** *son origine, ses procédés, ses applications.* Petit in-8, orné de planches, fleurons, culs-de-lampe, etc., obtenus au moyen de la Photolithographie; 1876. 3 fr. 50

FOUQUE (V.), correspondant du Ministère de l'Instruction publique. — **La Vérité sur l'invention de la Photographie. — Nicéphore Niepce, sa vie, ses essais et ses travaux,** d'après sa correspondance et autres documents inédits. In-8, avec planches photolithographiques, reproduisant diverses pièces authentiques; 1867. 6 fr.

GODARD (Emile), photographe. — **Encyclopédie des virages** ou réunion, expérimentation et description des meilleurs procédés; contenant tous les renseignements nécessaires pour obtenir photographiquement des épreuves positives sur papier avec une grande variété et une grande richesse de tons. 2e édition, revue et augmentée, contenant la *préparation des sels d'or et d'argent.* In-8; 1871. Prix : 2 fr.

HANNOT (A.), capitaine, chef du service de la Photographie au Dépôt de la Guerre de Belgique. — **Les Éléments de la Photographie :** I. *Aperçu historique et exposition des opérations de la Photographie.* — II. *Propriété des sels d'argent.* — III. *Optique photographique.* In-8; 1874. 1 fr. 50

HANNOT. — **Exposé complet du procédé photographique à l'émulsion,** de M. Warnecke, lauréat du Concours international pour le meilleur procédé au collodion sec rapide, institué par l'Association belge de Photographie en 1876. In-18 jésus; 1879. 1 fr. 50

HUBERSON. — **Formulaire pratique de la Photographie aux sels d'argent.** In-18 jésus; 1878. 1 fr. 50

HUBERSON. — **Précis de Microphotographie.** In-18 jésus, avec figures dans le texte et une planche en photogravure; 1879. 2 fr.

KLARY. — **Retouche photographique,** par un Spécialiste. Gr. in-8, de 48 pages, orné de deux belles études de retouche d'après un cliché de M. Fritz Luckhardt, de Vienne; 1875. 5 fr.

LA BLANCHÈRE (H. de). — **Monographie du Stéréoscope et des épreuves stéréoscopiques.** Seul Ouvrage complet, résumant tout ce qui a été écrit sur le stéréoscope. In-8, avec figures. 5 fr.

LALLEMAND. — **Nouveaux procédés d'impression autographique et de Photolithographie.** In-12; 1867. 1 fr.

LIESEGANG, docteur ès sciences. — **Notes photographiques.** Collodion humide, émulsion au collodion, à la gélatine, papier albuminé; procédé au charbon, agrandissements, photomicrographie, ferrotypie, construction des galeries vitrées. Petit in-8, avec gravures dans le texte et une phototypie. 2e édition, revue et augmentée; 1880. 5 fr.

MONCKHOVEN (Van). — **Traité général de Photographie,** suivi d'un chapitre spécial sur le *gélatino-bromure d'argent.* 7e édition. Grand in-8, avec pl. et figures dans le texte; 1880. 16 fr.

MONCKHOVEN (Van). — **Nouveaux procédés de Photographie sur plaques de fer,** et notice sur les vernis photographiques et le collodion sec. In-8; 1858. 3 fr.

MOOCK (L.). — **Traité pratique complet d'impressions photographiques aux encres grasses, de Phototypographie et de Photogravure.** 2e édition, beaucoup augmentée. In-18 jésus; 1877. 3 fr.

ODAGIR (H.). — **Le Procédé au gélatino-bromure,** suivi d'une *Note* de M. Milsom *sur les clichés portatifs* et de la traduction des *Notices* de MM. Kennett et Rev. G. Palmer. In-18 jésus, avec figures dans le texte; 1877. 1 fr. 50

PÉLEGRY, peintre amateur, membre de la Société photographique de Toulouse. — **La Photographie des peintres, des voyageurs et des touristes.** *Nouveau procédé sur papier huilé,* simplifiant le bagage et facilitant toutes les opérations, avec indication de la manière de construire soi-même la plupart des instruments nécessaires. In-18 jésus, avec un spécimen; 1879. 1 fr. 75

PERROT DE CHAUMEUX (L.). — **Premières leçons de Photographie.** 2e édition, revue et augmentée. 2e tirage. In-18 jésus, avec fig. dans le texte; 1878. 1 fr. 50

PHIPSON (le Dr). — **Le Préparateur photographe,** ou Traité de Chimie à l'usage des photographes et des fabricants de produits photographiques. In-12, avec figures; 1864. Prix : 3 fr.

RADAU (R.). — **La Photographie et ses applications scientifiques.** In-18 jésus; 1878. 1 fr. 75

Suite des Publications de la Librairie **GAUTHIER-VILLARS**

RODRIGUES (J.), chef de la Section photographique du Gouvernement portugais. — **Procédés photographiques et méthodes diverses d'impressions aux encres grasses,** *employés à la Société photographique et artistique.* Grand in-8 ; 1879. 2 fr. 50

RUSSEL (C.). — **Le Procédé au Tannin,** traduit de l'anglais, par *M. Aimé Girard.* 2e édit., renfermant la description des nouveaux procédés de préparation, de développement, etc. In-18 jésus, avec figures ; 1864. Prix : 2 fr. 50

TRUTAT (E.). — **La Photographie appliquée à l'Archéologie.** Reproduction des *Monuments, Œuvres d'art, Mobilier, Inscriptions, Manuscrits.* In-18 jésus, avec cinq photolithographies ; 1879. 3 fr.

VIDAL (Léon). — **Traité pratique de Photographie au charbon,** complété par la description de divers *Procédés d'impressions inaltérables (Photochromie et tirages photomécaniques).* 3e édition. In-18 jésus, avec une planche spécimen de Photochromie et 2 planches spécimens d'impression à l'encre grasse ; 1877. 4 fr. 50

VIDAL (Léon). — **Traité pratique de Phototypie,** ou *impression à l'encre grasse sur une couche de gélatine.* In-18 jésus, avec belles gravures sur bois dans le texte et spécimens ; 1879. 8 fr.

VIDAL (Léon). — *La Photographie appliquée aux arts industriels de reproduction.* In-10 jésus, avec figures ; 1880. 1 fr. 58

OUVRAGES DE M. OGER

Professeur d'Histoire et de Géographie au Collège Sainte-Barbe.

Géographie de la France et Géographie générale, physique, militaire, historique, politique, administrative et statistique, *rédigées conformément au programme officiel,* à l'usage des Candidats aux Baccalauréats ès lettres et ès sciences. 7e édit., entièrement refondue pour la Géographie générale et mise au courant des derniers changements politiques et des plus récentes découvertes géographiques. In-8 ; 1880. 3 fr.

*Cet Ouvrage correspond à l'*ATLAS DE GÉOGRAPHIE GÉNÉRALE *du même auteur.*

Atlas de Géographie générale, à l'usage des Lycées, des Collèges, des institutions préparatoires aux Ecoles du Gouvernement et de tous les Etablissements d'Instruction publique. 10e édition. In-plano, cartonné, contenant 33 *cartes coloriées* ; 1879. 14 fr.

Atlas Géographique et Historique. à l'usage de la Classe de **Quatrième.** 2e édition. In-plano cartonné, contenant 16 *cartes coloriées* ; 1878. 8 fr. 50

Atlas Géographique et Historique, à l'usage de la Classe de **Cinquième.** In-plano cartonné contenant 18 *cartes coloriées* ; 1875. 8 fr. 50

Atlas Géographique et Historique, à l'usage de la Classe de **Sixième.** In-plano cartonné, contenant 10 *cartes coloriées* ; 1875. Prix : 6 fr.

Atlas Géographique et Historique, à l'usage des **Classes élémentaires** (9e 8e et 7e), contenant 13 *cartes coloriées* ; 1875. 6 fr.

Cours d'Histoire générale, à l'usage des Lycées, des Etablissements d'instruction publique, des Candidats aux Ecoles du Gouvernement et aux Baccalauréats, *rédigé conformément aux programmes officiels* ;

I.—*Histoire de l'Europe depuis l'invasion des Barbares jusqu'au* XIVe *siècle.* 2e édition. In-8 ; 1875. 3 fr. 50

II. — *Histoire de l'Europe depuis le* XIVe *jusqu'au milieu du* XVIIe *siècle.* 2e édition. In-8 ; 1875. 3 fr. 50

III. — *Histoire de l'Europe de 1610 à 1848.* 3e édition. In-8 ; 1875. 6 fr. 50

IV. — *Histoire de l'Europe de 1610 à 1815.* 2e édition. In-8 ; 1875 (Cours de Rhétorique). 7 fr. 50

THÉORIE

COMPLÈTE

DES OCCULTATIONS

A L'USAGE SPÉCIAL

DES OFFICIERS DE MARINE ET DES ASTRONOMES,

Publication approuvée par le Bureau des Longitudes et autorisée par M. le Ministre de la Marine et des Colonies.

IN-4, AVEC FIGURES; 1880. — PRIX : 6 FRANCS.

Sous ce titre, M. Berry (François-Calixte), lieutenant de vaisseau, vient de faire paraître un travail étendu sur les méthodes de calcul les plus propres à faciliter la détermination de la longitude des lieux, d'après les observations des occultations d'étoiles par le disque lunaire.

Ce travail est destiné à combler une lacune plusieurs fois signalée dans le courant de ces dernières années. Les additions et modifications apportées à la *Connaissance des Temps* pendant qu'il était en voie de publication lui donnent une actualité toute particulière.

D'ailleurs, son utilité a été reconnue et consacrée par le Bureau des Longitudes, comme l'indique la lettre suivante, adressée par son Président à M. le Ministre de la Marine et des Colonies :

« Paris, le 27 novembre 1878.

» MONSIEUR LE MINISTRE,

» M. Berry (François-Calixte), lieutenant de vaisseau, vient de soumettre à l'appréciation du Bureau des Longitudes un travail étendu sur les méthodes de calcul relatives à la prévision des occultations d'étoiles par le disque lunaire et sur les procédés à suivre pour tirer de l'observation de ce phénomène la longitude des lieux. Ce travail est très important et très sérieux.

» Les méthodes exposées par M. Berry sont à peu près les mêmes que celles qui ont été établies par M. Lœwy pour servir de base aux calculs de la *Connaissance des Temps* et pour faciliter les recherches des longitudes au moyen de l'introduction de nouveaux éléments; mais M. Berry, ignorant les progrès de nos travaux, a calculé de son côté des Tables qui, n'étant pas limitées, comme dans notre publication, aux plus belles étoiles jusqu'aux quatrième et cinquième grandeurs, peuvent être utiles dans tous les cas que nous n'avons pas prévus.

» M. Berry expose dans un Chapitre la signification géométrique de toutes les quantités qui entrent dans les formules. Cette recherche est très bien faite et permet de saisir aisément les diverses phases des opérations successives qui conduisent au résultat; ce Chapitre constitue une heureuse addition à la théorie des occultations.

» En résumé, le travail de M. Berry peut être considéré comme un Traité complet sur la matière, possédant une valeur originale et pouvant figurer au nombre des travaux utiles et méritoires.

» En conséquence, le Bureau des Longitudes, d'après le Rapport de sa Commission, n'hésite pas, Monsieur le Ministre, à recommander à votre haute sollicitude et à votre bienveillance le travail de M. Berry, qui mériterait les honneurs de l'impression sous les auspices de Votre Excellence.

» J'ai l'honneur d'être, Monsieur le Ministre, avec le plus profond respect, votre très dévoué serviteur.

» *Le Président du Bureau des Longitudes.*

» Signé : FAYE. »

Les nouvelles méthodes exposées par l'auteur reposent dans leur ensemble sur des considérations purement géométriques et sont par cela même d'une clarté et d'une simplicité extrêmes.

Nul doute que cette manière d'opérer soit appréciée du plus grand nombre. Nul doute aussi qu'elle contribue puissamment à vulgariser des notions jusqu'ici trop souvent délaissées, à cause du voile qui les entourait, les rendait trop peu explicites et ne permettait pas suffisamment de saisir la marche à suivre pour en déduire avec facilité d'importants résultats.

Si l'on veut bien parcourir la Table des matières, que nous reproduisons ci-après, on verra que l'auteur n'a rien négligé pour présenter la question dans ses détails les plus complets et atteindre le but qu'il s'était proposé.

EXTRAIT DE LA TABLE DES MATIÈRES.

CHAPITRE I. De l'équation de condition des occultations. Solution de cette équation. Des angles au pôle de la Lune. — CHAPITRE II. Interprétations graphiques de chacun des éléments de la formule de solution des occultations. Importance de ces interprétations. Règles simples et absolues qui en dérivent pour les grandeurs et les signes de ces éléments. — CHAPITRE III. Simplification des calculs de prédiction et de longitude. Établissement et discussion rigoureuse des formules. Erreurs limites sur les résultats obtenus d'après leurs applications. Formules pour les calculs approchés des prédictions. Formules réduites pour servir aux déterminations de la longitude du navire et de l'état du chronomètre. Applications numériques. — CHAPITRE IV. Solution graphique du problème de la prédiction des occultations. — CHAPITRE V. Longitudes par les occultations. Considérations générales. Exposé complet de la méthode; exemple numérique. Influence des erreurs des Tables de la Lune sur les longitudes; exemple numérique. Pratique de la navigation. Application des formules réduites (Chapitre III) aux déterminations de la longitude du navire et de l'état du chronomètre; exemple numérique. Longitudes par les culminations lunaires; exemple numérique. Rectification des longitudes. Conclusions importantes relatives aux déterminations des longitudes par les occultations et par les culminations lunaires. Avantages de la méthode des occultations sur toutes celles employées jusqu'à ce jour pour obtenir directement la longitude du navire et l'état du chronomètre. Influence des erreurs des Tables de la Lune sur les prédictions. Vérification et rectification des longitudes; exemple numérique. Application des Tables à la solution rapide et précise de ce dernier problème. — TABLES.

C175   Paris. — Imprimerie de GAUTHIER-VILLARS, quai des Augustins, 55.

CATALOGUE

DES

ÉTOILES DOUBLES ET MULTIPLES

EN MOUVEMENT RELATIF CERTAIN,

COMPRENANT

TOUTES LES OBSERVATIONS FAITES SUR CHAQUE COUPLE DEPUIS SA DÉCOUVERTE ET LES RÉSULTATS CONCLUS DE L'ÉTUDE DES MOUVEMENTS;

PAR M. CAMILLE FLAMMARION.

GRAND IN-8; 1878. — PRIX : 8 FRANCS.

Extrait du Journal LES MONDES (n° du 5 juin 1879).

Il y a deux siècles que les premières lunettes ont montré des étoiles juxtaposées (γ du Bélier a été vue comme formée de deux étoiles en 1644, ζ de la Grande Ourse en 1650, α du Centaure en 1689); il y a un siècle que la comparaison des premières mesures de ces étoiles a démontré à Herschel que ces groupes ne sont pas toujours apparents, ne tiennent pas tous au rapprochement sur le même rayon visuel de deux étoiles très différemment éloignées, mais que certains résultent d'une association physique, l'une des étoiles tournant autour de l'autre, et c'est en 1828 que Savary a calculé la première orbite d'étoile double.

Aujourd'hui que l'on connaît 11 000 étoiles multiples, sur lesquelles il a été fait, depuis leur découverte, deux cent mille observations (cent mille de distance, cent mille de position relative), il devenait nécessaire d'inventorier ces richesses, de discuter ces observations, pour savoir quels sont les groupes physiques cheminant de concert à travers l'espace ou gravitant autour l'un de l'autre. Pour arriver à ce résultat, il fallait d'abord construire un Catalogue des mouvements propres des étoiles dans l'espace (et non plus des étoiles satellites relativement à l'astre principal), afin de distinguer les systèmes emportés par un mouvement propre commun des étoiles doubles optiques dont les composantes ne partagent pas toutes deux le même mouvement d'ensemble sur la sphère étoilée. Or les distances stellaires sont si énormes, que, pour la très grande majorité des systèmes multiples, depuis qu'on les étudie, tout mouvement, quel qu'il soit, mouvement propre du groupe, mouvement relatif des composantes, est entièrement nul, ou tout au moins les observations ne sont pas assez nombreuses et précises pour permettre de le faire ressortir. Dans ces cas, l'absence de tout mouvement ne permet pas de préjuger la nature du groupe, et les savants des siècles futurs pourront seuls la découvrir.

L'élimination, pour cette cause, a été si considérable, que, sur les 11000 multiples, il n'en est resté que 817 dont une des composantes, au moins, présente un mouvement relativement aux autres, plus 83 groupes dont les composantes semblent immobiles par rapport les unes aux autres, mais partagent le même mouvement propre dans l'espace. Sur les 817 groupes en mouvement relatif, 358 sont sûrement associés physiquement ensemble, 200 le sont probablement; les autres ne sont réunis que par les hasards de la perspective. Mais il n'est pas douteux que les couples animés d'un mouvement commun dans l'étendue ne soient liés physiquement; seulement i. suffit que leur révolution dure neuf à dix mille ans pour que le déplacement des astres par rapport l'un à l'autre soit inappréciable en un siècle, c'est-à-dire au-dessous des erreurs de mesure. Pour les trois plus brillantes composantes de la célèbre sextuple θ^1 d'Orion, on connaît leur position depuis 223 ans, et pourtant elle est si profondément enfoncée dans le ciel, qu'elle paraît immobile : déplacement relatif et absolu, tout est nul depuis ce temps. Aussi les couples excessivement rapprochés, les plus difficiles à séparer, présentent-ils pour l'humanité cet intérêt de plus que leur révolution doit être la plus rapide et devenir calculable en un petit nombre d'années. Le groupe le plus serré que l'on puisse entrevoir est ι du Bouvier AB, que personne n'a jamais vu divisé en deux astres ; mais le satellite forme une protubérance allongeant l'étoile suivant une direction qui tourne rapidement. On ne connaît pas encore la durée de révolution de ce couple, mais celle de δ Petit Cheval AB ne dépasse pas 7 ans ; d'après Otto Struve, c'est la plus rapide connue; la plus longue dont la durée soit mesurée avec précision est Castor AB, dont la révolution en demande, d'après les calculs concordants de Thiele et de Doberck, presque exactement 1000. Au delà, on n'a plus que des appréciations; c'est ainsi que M. Flammarion estime que la révolution de ζ de la Grande Ourse peut durer environ 18000 ans, et celle de γ d'Andromède AB le double de ce temps. Mais ceci n'est encore rien auprès des systèmes stellaires. De la période de μ^2 du Bouvier, qui est bien connue et s'élève à 280 ans, M. Flammarion conclut avec une assez grande probabilité que cette étoile double, d'après la troisième loi de Kepler, doit tourner autour de μ^1 (qui est entraînée dans le ciel par le même mouvement propre, ce qui prouve la liaison des trois étoiles) en 120000 ans. Enfin, l'auteur évalue le temps de révolution des composantes des deux groupes conjugués ε^1, ε^2 de la Lyre à 1 million d'années.

M. Flammarion aurait pu peut-être encore aller plus loin, car les deux étoiles doubles ε^1, ε^2 de la Lyre ne sont séparées que par une distance de $3'27''$; or le laborieux astronome a découvert un système tout semblable, formé de deux étoiles doubles chacune, 17χ Cygne et 2576 Struve, également emporté dans l'espace par un mouvement propre commun, et dont les deux doubles ont écartées de $15'$.

Il n'y a que 83 groupes pour lesquels M. Flammarion se soit hasardé à ndiquer la période de révolution possible, et sur ce nombre il n'en est que 28 dont on ait calculé l'orbite.

En général, en cas de doute sur la nature du mouvement, quand la distance ne dépasse pas $1''$, le couple est orbital; quand elle dépasse $25''$, il y a probabilité qu'il est optique; entre ces extrêmes, si l'une des étoiles est beaucoup plus brillante que l'autre, il est aussi plus probable que le couple est optique : la petite est fixe au fond du ciel, la grande passe devant. Mais toutes les anomalies se rencontrent : pour 1516 Struve du Dragon, les composantes sont presque du même éclat, et se sont approchées à 2″,5, et pourtant l'une d'elles doit être beaucoup plus brillante, puisqu'elle est enfoncée tellement plus loin dans la profondeur céleste, que sa compagne apparente passe devant, en vertu de son mouvement propre, sans que l'autre étoile exerce sur elle aucune attraction sensible qui modifie sa marche. De très petites étoiles, au contraire, peuvent avoir un mouvement propre, comme M. Flammarion l'a découvert pour le compagnon optique d'Aldébaran et pour l'étoile E du superbe système 36 Ophiuchus — 3o Scorpion (dont les étoiles brillantes ne sont évidemment pas moins éloignées que la plus faible). D'autres étoiles, comme la 61° du Cygne, tout en formant un système physique dont les composantes sont rapprochées en réalité, ne tournent cependant pas autour l'une de l'autre, mais, entraînées par une force qui les domine toutes deux, marchent en ligne droite.

Dans cette étude, l'auteur a trouvé ainsi maintes fois des conséquences qui bouleversent les idées reçues. Il a terminé par l'examen des 5000 nébuleuses connues, et sur ce nombre il a relevé 10 nébuleuses doubles en mouvement relatif, 2 nébuleuses en mouvement relativement aux étoiles qu'elles renferment, 1 nébuleuse dont le centre est occupé par une étoile double tournante.

Cet immense travail a demandé cinq années; l'astronome a dû d'abord, par la comparaison des positions anciennes et actuelles et par le dépouillement des travaux antérieurs, dresser le Catalogue des mouvements propres (le Catalogue est encore manuscrit, mais l'auteur en a condensé les résultats dans une des Cartes dont il a enrichi le bel Atlas céleste de Dien). Il a fallu ensuite fouiller les publications en toutes langues des observatoires des deux hémisphères pour y relever les mesures d'angle de position et de distance d'étoiles doubles, et insérer dans le Catalogue *toutes* celles qui ont décelé un mouvement relatif. Ces dernières mesures sont au nombre de 28 000; elles sont toutes reproduites dans ce mince Volume à trois colonnes, par ordre chronologique pour chaque groupe, les groupes se succédant par ordre d'ascension droite, commençant à l'équinoxe de 1880 : ordre adopté déjà par Struve et facilitant les recherches.

Par le récolement et le collationnement de toutes les mesures d'étoiles doubles en mouvement relatif, l'auteur a facilité la besogne aux calculateurs qui voudront déterminer les orbites; ils n'auront qu'à prendre ces chiffres, au lieu de recommencer le travail rebutant fait une fois pour toutes par M. Flammarion. Non content d'avoir fait avancer la Science par lui-même, il a encore facilité la voie à ceux qui viendront après lui. Il ne lui a pas suffi de discuter les observations des autres et de tirer de leur comparaison des conclusions que personne ne soupçonnait; joignant l'acte aux paroles, le premier, en France, il a effectué une série de mesures d'étoiles doubles négligées ou incertaines.

Il y a dans cette œuvre une quantité de travail qui donne le vertige; la passion scientifique n'aurait peut-être pas suffi à l'astronome pour mener à bien cette tâche désintéressée et volontaire, s'il ne possédait une puissance et une facilité de travail exceptionnelles, et s'il n'avait eu l'heureuse fortune de trouver une collaboration précieuse et indispensable dans l'éditeur, qui, par amour de la Science, a libéralement mis ses presses et son personnel de typographes mathématiciens à sa disposition, et dans le secrétaire, qui deux fois a copié chiffre par chiffre, *sans erreur*, les vingt-huit mille nombres, et qui, lui aussi, pour ne pas succomber en chemin, a dû être guidé par un sentiment d'amour. Ils méritent l'un et l'autre, avec l'auteur, la reconnaissance des savants.

Charles Boissay.

5067   Paris. — Imprimerie de GAUTHIER-VILLARS, quai des Augustins, 55.

LIBRAIRIE DE GAUTHIER-VILLARS

QUAI DES AUGUSTINS, 55, A PARIS.

COURS

D'ASTRONOMIE NAUTIQUE

PAR

M. H. FAYE

Membre de l'Institut et du Bureau des longitudes.

Un volume in-8, avec 12 planches, 1880................. 24 fr.

TRAITÉ

DE

GÉOMÉTRIE SUPÉRIEURE

PAR

M. CHASLES

Membre de l'Institut, professeur à la Faculté des sciences de Paris.

DEUXIÈME ÉDITION

Un volume grand in-8, avec 12 planches, 1880.......... 24 fr.

Paris. — Typ. Pillet et Dumoulin, 5, rue des Grands-Augustins.